MBA、MPA、MPAcc 等管理类联考

数学 考点精讲

周远飞　熊敬松◎编著

企业管理出版社

图书在版编目（CIP）数据

MBA、MPA、MPAcc 等管理类联考数学考点精讲 / 周远飞，熊敬松编著 .—北京：企业管理出版社，2018.1
ISBN 978-7-5164-1647-1

Ⅰ.①M… Ⅱ.①周… ②熊… Ⅲ.①高等数学 – 研究生 – 入学考试 – 自学参考资料 Ⅳ.①O13

中国版本图书馆 CIP 数据核字（2017）第 304899 号

书　　名：	MBA、MPA、MPAcc 等管理类联考数学考点精讲
作　　者：	周远飞　熊敬松
责任编辑：	陈　静
书　　号：	ISBN 978-7-5164-1647-1
出版发行：	企业管理出版社
地　　址：	北京市海淀区紫竹院南路 17 号　　邮编：100048
网　　址：	http://www.emph.cn
电　　话：	编辑部（010）68701661　发行部（010）68701816
电子信箱：	78982468@qq.com
印　　刷：	北京宝昌彩色印刷有限公司
经　　销：	新华书店
规　　格：	185 毫米 ×260 毫米　16 开本　20.25 印张　458 千字
版　　次：	2018 年 1 月第 1 版　2018 年 1 月第 1 次印刷
定　　价：	59.00 元

版权所有　翻印必究　·　印装有误　负责调换

管理类联考数学高分规划方案

  本系列图书不仅针对考点进行详尽透彻的解析，帮助大家在考场上游刃有余，而且本系列图书编者在线通过微博（weibo.com/zyfmba）、博客（blog.sina.com.cn/zyfmba）、QQ（674663736）、YY（418348208）网络全程为大家进行详细的疑难讲解，考前的"临门一脚"更是锦上添花。本系列图书的编者在整编过去几年考生意见的基础之上继续陪伴大家一路同行。为了帮助考生创造更加优异的成绩，顺利渡过考研难关，下一页详细介绍了本系列图书的使用方法。

  本系列图书在编写过程中征询了过去几年考生的宝贵意见，尤其是几个数学满分同学提出的修改建议。本系列图书编者将为全国考生开通绿色在线全程服务，不定期地举办讲座活动，与考生在线沟通复习中的重点、难点，中后期还会针对《MBA、MPA、MPAcc 等管理类联考数学真题全解》《MBA、MPA、MPAcc 等管理类联考数学全真模拟密卷（10套）》进行 YY 远程讲解，从而使未能听取编者面授课程的学生也能有所收获。

  新的一年，新的梦想起航，在此恭祝全国考生：健康快乐！考试必胜！

周远飞
全国管理类联考数学辅导首席讲师
MBA 面试辅导专家
2017 年 12 月

	参考用书	备考阶段	备考目标
基础篇	MBA、MPA、MPAcc 等管理类联考 数学考点精讲	1～7月	拾起基础，完善体系 明确考点，稳中求高
修炼篇	MBA、MPA、MPAcc 等管理类联考 数学精选500题	1～7月	强化知识，熟练方法 提高速度，总结技巧
提高篇	MBA、MPA、MPAcc 等管理类联考 数学真题全解	8～11月	把脉命题，理清思路 演练技巧，明确重点
冲刺篇	MBA、MPA、MPAcc 等管理类联考 数学全真模拟密卷（10套）	12月～次年1月	考场重现，查漏补缺 提升技巧，智取高分

周老师说

俗话说"行家一出手，就知有没有"，绝世高手是通过内功体现。考研犹如闯荡江湖，每位考生就是江湖中的一员，要想让江湖中流传你的传说，那么修炼内功必不可少。《MBA、MPA、MPAcc 等管理类联考数学考点精讲》针对考点进行详尽讲解，是一本修炼内功的独家秘籍。基础不好的考生可以借此拾起多年未曾触及的知识，基础好的考生可以借此完善知识体系，弥补漏洞，从而为冲刺高分打下稳固的基础

修炼了上乘武功者，不加练习肯定等于没有修行，考生复习亦如此。各位考生在看了上述书籍后，知识点肯定已经全部熟练掌握，烂熟于心，但是那些知识还是作者的，考生需要做的是，通过练习消化这些知识，化作者有为我有，甚至在其基础之上青出于蓝。其实很多考生尤其是在职考生离校多年，一开始接触这些知识时会感觉困难，练习后很多知识就会回忆起来，复习备考也会信心十足了。另外，各位考生还可以借鉴作者博客上很多大龄考生的成功经验分享

基础已经夯实，练习也已完毕，接下来就是在此基础之上清晰把控命题者的思路。历年真题是命题者的影子，只有精准地分析真题、解析真题、掌握真题，才能够从真题中找寻出自己的欠缺所在，从而加以完善和弥补，然后明确复习重点，更加接近、迎合考试的目的，大大减轻复习负担

在完成上述三个阶段以后，即将进入紧张的 12 月，这个月利用得如何对于考试结果起着至关重要的作用，尤其是考前的模拟考试训练很是关键。根据历年考生反馈的信息，我们不难发现，十套密卷真正切合考试题型，难易度适中，尤其是做题技巧能从中得到很好的演练，令很多考生在考试过程中如鱼得水。同时该阶段的训练可以帮助考生体验答题节奏，查缺补漏，完善做题技巧，恒定做题速度，最终取得优异的成绩

前　言

经过 2011 年的改革，MPAcc（会计硕士）去掉了专业课和政治的考试内容，专业硕士 MBA（工商管理硕士）、MPA（公共管理硕士）、MPAcc、MEM（工程管理硕士）、MTA（旅游管理硕士）、MLIS（图书管理硕士）、MAud（审计硕士）七个报考项目在 2012 年 1 月研究生考试中正式划归全国统一管理类研究生入学考试，国家同时出台了一个又一个的政策来激励各大高校发展专业硕士，同时提高用人企业对专业硕士的社会认可度，所以近几年专业硕士的报考人数也在激增。

专业硕士的报考人群不仅有在职人员，还有应届毕业生。应届毕业生往往轻视管理类研究生数学，有大意之心。在职人员参加工作年限不一，但工作时间太久让众多考生遗忘了数学的基本知识和解题思路，加之有些考生需要同时照顾家庭和工作，故复习之艰难可想而知。为了兼顾这两类人群的复习，最大限度地帮助考生减轻压力，节省时间成本，编者经过长久的策划，并与以往考生进行深入交流，最终决定编写本书，希望给广大考生的复习带来更大的帮助。

一流的师资，权威的专家，深入的研究，精心的服务，这是本书编写的前提。

本书严格按照考试大纲，同时结合历年命题走势，将内容分为考点透析、技巧精编、模拟实战三大部分。其中"考点透析"分为五大章：算术、代数、应用题、几何、数据描述，目的是突出应用题知识点在考试中的重要性，引起考生的高度重视，熟练掌握各大题型的解题方法；"技巧精编"是编者根据多年对教学和考试题型的深入研究所总结的快速准确的解题方法，目的是帮助考生在考场上最大限度地节省时间，准确高效地找准答案；"模拟实战"要求考生通过全真模拟训练，达到知识的融会贯通，可以在考场上淋漓尽致地发挥。特别在"考点透析"的编写设计上，编者通过微博和博客征求了考生的意见，形成三个基本构思。

（1）**知识框架图**　每章中都绘制了该章的知识框架图，并在图中标注了考点的重要程度，目的是帮助考生对章节的宏观框架有个整体把握。考生可以对该章的知识模块一目了然，然后尝试回忆，针对不明之处再继续后面的内容复习。

（2）**考点说明**　每章中都会给出各个考点在考试中所占的比重，以及考生需要理解和掌握的要点，目的是希望考生在复习章节内容以前做到心中有数，有针对性地复习，提高复习效率。

（3）**模块化讲解**　针对每个知识点，设置了基本概念、例题精讲、真题解析、评注四个部分。"基本概念"主要是介绍基本定义和性质，帮助考生理解；"例题精讲"是编者精选的与考题难度相符合的题型，首先点拨考生的解题思路，然后给出每题详细的解释，有些题目为了便于考生理解，编者归纳总结了多种解法，以加深考生对知识点的理解；"真题解析"总结归纳了历年对应知识点所考查的题型，并进行了深入分析，目的是帮助考生一方面知道各个知识点的重要程度，另一方面了解考试题型的设置模式，精准把握考试脉搏；"周老师提醒您"主要是对每个知识点总的标注，提醒考生需要注意的问题以及需要掌握的一些解题技巧。

考生在使用本书的过程中，如果结合编者的另一本书《MBA、MPA、MPAcc 等管理类联考数学精选 500 题》，效果将会更加明显。经过长期的教学实践，编者发现很多考生在拿到题目后往往观察大于动手。这造成考生对有些题目的解题思路是正确的，一旦亲自动手去运算，却出现了不该有的简单计算失误。这主要是因为他们工作太久，计算能力严重下降，而平时在备考过程中，又未曾给予足够重视。望各位考生在使用本书的过程中，针对例题先自己动手去做，在不明白的情况下，再查看编者给出的答案。

为了提高服务质量，编者还实时在线答疑。考生可通过编者的微博（weibo.com/zyfmba）及博客（blog.sina.com.cn/zyfmba）给编者留言；若需要咨询报考院校和专业，可以直接发邮件到编者邮箱（zyfmba@gmail.com）。邮件请务必注明个人详细信息和职业规划，以便编者推荐时参考。

本书不仅适用于广大考生，也可作为相关辅导教师的参考教材。

在编写本书的过程中，编者参阅了有关书籍，引用了一些例题，恕不一一指明出处，在此一并向有关作者致谢。由于编者水平有限，书中难免存在错误和疏漏之处，敬请广大同仁和考生指正。

周远飞
2017 年 12 月

目 录

条件充分性判断题的解答说明 ·· 1

第一部分　考点透析

第一章　算术 ·· 6

第二章　代数 ·· 38

　　第一节　整式和分式 ·· 38
　　第二节　函数 ·· 57
　　第三节　方程及不等式 ·· 72
　　第四节　数列 ·· 99

第三章　应用题 ·· 116

第四章　几何 ·· 159

　　第一节　平面几何 ·· 159
　　第二节　立体几何 ·· 191
　　第三节　解析几何 ·· 198

第五章　数据描述 ·· 219

　　第一节　排列组合 ·· 219
　　第二节　概率初步 ·· 238
　　第三节　数据处理 ·· 255

第二部分　技巧精编

特殊值代入法 ·· 264

反向代入法 ·· 266

估算法 ·· 267

极限法 ·· 268

尺规丈量法 ·· 268

第三部分　模拟实战

全真模拟试题 ·· 272

　　管理类硕士联考数学模拟测试一 ·· 272

　　管理类硕士联考数学模拟测试二 ·· 276

　　管理类硕士联考数学模拟测试三 ·· 280

　　管理类硕士联考数学模拟测试四 ·· 283

　　管理类硕士联考数学模拟测试五 ·· 287

全真模拟试题详解 ·· 290

　　管理类硕士联考数学模拟测试一详解 ··· 290

　　管理类硕士联考数学模拟测试二详解 ··· 295

　　管理类硕士联考数学模拟测试三详解 ··· 300

　　管理类硕士联考数学模拟测试四详解 ··· 305

　　管理类硕士联考数学模拟测试五详解 ··· 310

条件充分性判断题的解答说明

考试说明

管理类的研究生考试分为综合部分和英语部分，数学是综合部分中占据分值最大的一门学科，同时也最容易拉开考生档次。数学一共有25道选择题，分为问题求解15道和条件充分性判断10道。其中"问题求解"是以往考试中常见的单选题题型（五选一），做题步骤不变。但是对于"条件充分性判断"而言，考生从未涉及过，下面就这种题型的解法做详细的说明。

一、相关知识点介绍

充分性定义：对两个命题 A 和 B 而言，若由命题 A 成立，肯定可以推出命题 B 也成立（即 A ⇒ B 为真命题），则称命题 A 是命题 B 成立的充分条件。

条件与结论：两个数学命题中，通常会有"条件"与"结论"之分。若由"条件命题"的成立，肯定可以推出"结论命题"也成立，则称"条件"充分；若由"条件命题"不一定能推出（或不能推出）"结论命题"成立，则称"条件"不充分。

解题说明：本书中，所有条件充分性判断题的 A、B、C、D、E 五个选项所规定的含义严格按照考试正规给出的标准定义，均以下列陈述为准，即

（A）：条件（1）充分，但条件（2）不充分；

（B）：条件（2）充分，但条件（1）不充分；

（C）：条件（1）和（2）单独都不充分，但条件（1）和（2）联合起来充分；

（D）：条件（1）充分，条件（2）也充分；

（E）：条件（1）和（2）单独都不充分，条件（1）和（2）联合起来也不充分。

二、例题精讲

【例 1】（条件充分性判断）x 一定是偶数

（1）$x = n^2 + 3n + 2 (n \in Z)$ （2）$x = n^2 + 4n + 3 (n \in Z)$

【详解】 针对条件（1）而言，$x = (n+1)(n+2)$，连续的两个自然数必为一奇一偶，乘积为偶数，条件充分；针对条件（2）而言，$x = (n+1)(n+3)$，可能为两个奇数相乘或两个偶数相乘，结果不能确定是奇数还是偶数，条件不充分。

【答案】 A

【例2】（条件充分性判断）不等式 $x^2-4x+3<0$ 成立
（1）$x-|y-2|=5$　　　　　　　　　　（2）$x=2$

【详解】针对条件（1）而言，因为 x 随着 y 的值变化而变化，用特殊值方法，设 $x=100$，$y=97$，满足条件（1），但是不满足结论，所以条件不充分；针对条件（2）而言，直接将 $x=2$ 代入不等式，满足结论，所以条件充分。

【答案】B

【例3】（条件充分性判断）可以确定 $\dfrac{|x+y|}{x-y}=2$
（1）$\dfrac{x}{y}=3$　　　　　　　　　　（2）$\dfrac{x}{y}=\dfrac{1}{3}$

【详解】针对条件（1）而言，利用特殊值方法可知，当 $x=3$，$y=1$ 时满足 $\dfrac{|x+y|}{x-y}=2$，但是当 $x=-3$，$y=-1$ 时，不满足结论，所以条件不充分；针对条件（2）而言，当 $x=1$，$y=3$ 时，满足条件，不满足结论，所以条件不充分。

【答案】E

【例4】（条件充分性判断）$\dfrac{|a|}{a}-\dfrac{|b|}{b}=-2$ 成立
（1）$a<0$　　　　　　　　　　（2）$b>0$

【详解】由条件（1）$a<0$，可得 $\dfrac{|a|}{a}=-1$，但当 $b\neq 0$ 时，$\dfrac{|b|}{b}=\pm 1$，故原式不一定成立，所以条件（1）单独不充分；同样可得出条件（2）单独也不充分；当条件（1）和（2）联合起来，即 $a<0$ 且 $b>0$ 时，原式成立，条件充分。

【答案】C

【例5】（条件充分性判断）$|a|-|b|=|a-b|$
（1）$ab\geqslant 0$　　　　　　　　　　（2）$ab\leqslant 0$

【详解】针对条件（1）而言，假设 $a=1$，$b=2$，满足条件，但是不满足结论 $|a|-|b|=|a-b|$，条件不充分；针对条件（2）而言，假设 $a=-1$，$b=2$，满足条件，但是不满足结论；考虑条件（1）和（2）联合的情况，$ab=0$，假设 $a=0$，$b=9$，则不满足结论，所以也不充分。

【答案】E

【例6】（条件充分性判断）$x\geqslant 1$
（1）$x>1$　　　　　　　　　　（2）$x=1$

【详解】$x\geqslant 1$ 表示 $x>1$ 或 $x=1$。针对条件（1）而言，满足结论，充分；针对条件（2）而言，也满足结论，充分。

【答案】 D

> **周老师提醒您**
>
> 上述例题的讲解说明，条件充分性判断题的题型特点是"条件在下，结论在上"。请考生牢记这一点。不难发现，条件推导的结论范围一定要小于或者等于所给出的结论。

三、表格展示

条件（1）	条件（2）	条件（1）+条件（2）	选项
充分	不充分	不考虑	A
不充分	充分	不考虑	B
不充分	不充分	充分	C
充分	充分	不考虑	D
不充分	不充分	不充分	E

> **周老师提醒您**
>
> 观察以上表格可以得出以下结论：
> - 当考生可以确定条件（1）充分，但是无法确定条件（2）的时候，答案为 A 或 D；
> - 当考生可以确定条件（2）充分，但是无法确定条件（1）的时候，答案为 B 或 D。

第一部分 考点透析

第一章　算　术

◎ **知识框架图**

```
                                  ┌── 自然数的定义 ★①
                                  ├── 奇数和偶数、质数和合数 ★★★
                                  ├── 有理数和无理数的性质 ★★★
                                  ├── 无理数的整数部分和小数部分 ★
              ┌── 实数的基本概念和应用 ──┼── 数的整除 ★★
              │                   ├── 纯循环小数化分数 ★
              │                   └── 最大公约数和最小公倍数 ★★
              │
              │                   ┌── 绝对值的自比性质 ★★★
              │                   ├── 绝对值的非负性质 ★★★★
算　术 ───────┼── 绝对值 ─────────┼── 去绝对值符号 ★★★
              │                   └── 绝对值的最值问题 ★★
              │
              │                   ┌── 期望 ★★★
              ├── 平均值 ─────────┼── 几何平均值 ★
              │                   └── 平均值的基本定理 ★★
              │
              │                   ┌── $\frac{x}{a}=\frac{y}{b}$ ★★
              └── 比和比例 ───────┤
                                  └── $x:y:z=\frac{1}{a}:\frac{1}{b}:\frac{1}{c}$ ★★★
```

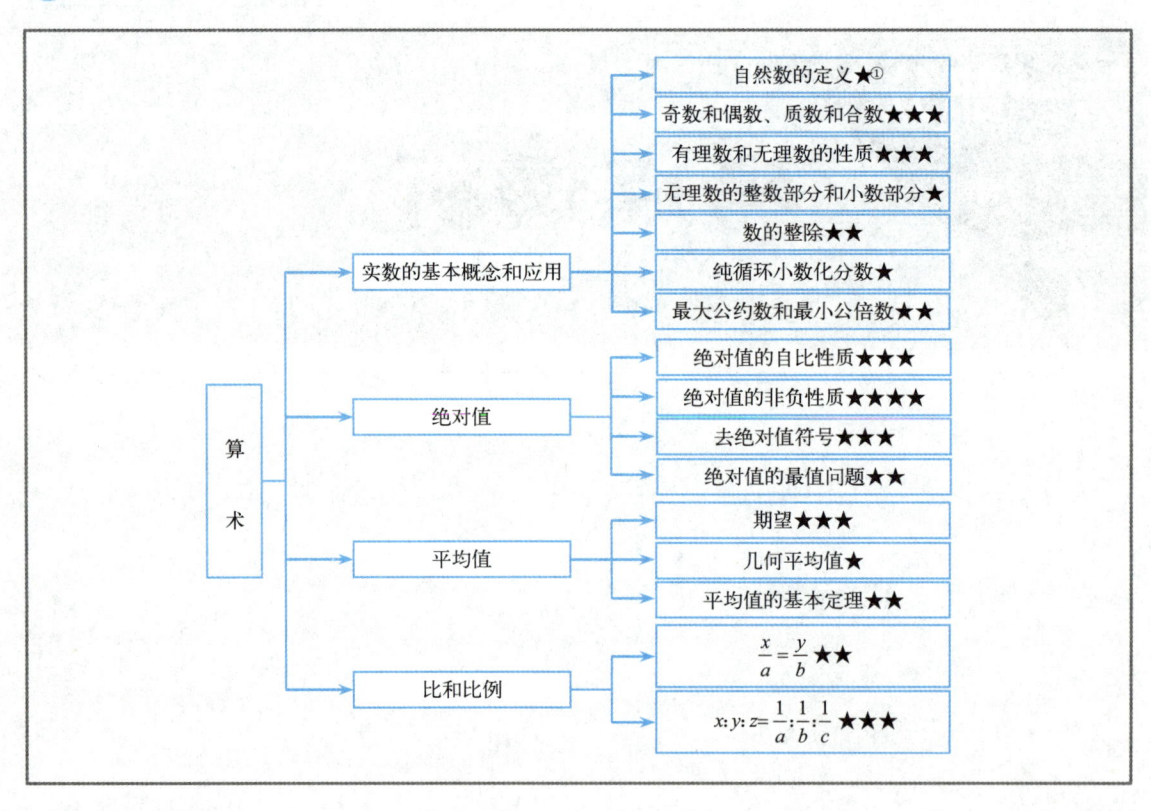

① 星级越高，表示此知识点越重要。不加星的知识点为需要了解的内容。

考点说明

算术部分主要考查的是实数的基本概念和性质。考生在学习本章知识的过程中需要理解有理数、无理数、自然数、质数、合数、平均值等的基本概念，同时需要牢固掌握有理数和无理数的性质、奇数和偶数的性质、绝对值的性质以及比和比例的性质。涉及本章知识点的考题一般为2~3道，占6~9分。

模块化讲解

实数的基本概念和应用

一、基本概念

实数：有理数和无理数的统称。

整数：像-2，-1，0，1，2这样的数称为整数（整数是表示物体个数的数，0表示有0个物体）。整数包含正整数、0和负整数，符号为Z。

自然数：用数码0，1，2，3，4，…所表示的数，符号为N（注意：自然数包含0）。

奇数：不能被2整除的数是奇数，一般用$2k+1(k \in Z)$表示。

偶数：能被2整除的数是偶数，一般用$2k(k \in Z)$表示。

质数：又称素数，指在大于1的自然数中，除了1和此整数自身外，不能被其他自然数整除的数。

公约数：亦称"公因数"，是几个整数同时均能整除的整数。如果一个整数同时是几个整数的约数，称这个整数为它们的"公约数"。

最大公约数：公约数中最大的数。

公倍数：指在两个或两个以上的自然数中，如果它们有相同的倍数，这些倍数就是它们的公倍数。

最小公倍数：上述公倍数中最小的数。

循环小数：从小数点后某一位开始不断地重复出现前一个或一节数字的十进制无限小数。

纯循环小数：循环节从小数部分第一位开始的循环小数。

平方根：一般地，如果一个数的平方等于a，那么这个数叫作a的平方根或二次方根，即如果$x^2 = a$或$(-x)^2 = a$，那么x或$-x$叫作a的平方根。其中正数x称为a的算术平方根。一个正数有两个平方根；0只有一个平方根，就是0本身；负数没有平方根。

相反数：只有符号不同的两个实数，其中一个叫作另一个的相反数。0的相反数是0。

倒数：1除以一个非零实数的商叫这个实数的倒数。0没有倒数。

二、例题精讲

(一) 自然数的定义

一个自然数的算术平方根为 a，则和这个自然数相邻的下一个自然数是（　　）

A. $a+1$　　B. a^2+1　　C. $2a+1$　　D. $a+1$　　E. a^2-1

【解题思路】本题主要考查的是算术平方根的定义以及自然数的性质。要求某个自然数的算术平方根为 a，那么需要知道这个自然数是多少，接下来根据相邻的自然数相差 1 来求出结果即可。

【解】设该自然数为 A，根据自然数的算术平方根为 a，可知 $A=a^2$，则该自然数相邻的下一个自然数为 a^2+1。答案为 B。

真题解析

(2008-10-4)[①] 一个大于 1 的自然数的算术平方根为 a，则与这个自然数左右相邻的两个自然数的算术平方根分别为（　　）

A. $\sqrt{a}-1, \sqrt{a}+1$　　B. $a-1, a+1$　　C. $\sqrt{a-1}, \sqrt{a+1}$

D. $\sqrt{a^2-1}, \sqrt{a^2+1}$　　E. a^2-1, a^2+1

【解】一个大于 1 的自然数的算术平方根为 a，则这个自然数为 a^2，那么这个自然数左右相邻的自然数为 a^2-1, a^2+1，其算术平方根为 $\sqrt{a^2-1}, \sqrt{a^2+1}$。答案为 D。

> **周老师提醒您**
>
> 计算本题的过程中容易错的地方是忽略了题目问答中的"算术平方根"，从而错选 E。同时解答本题的过程中，我们还可以采用特殊值法，假设 $a=2$，则该自然数为 4，左右相邻的自然数为 3, 5，接着计算其算术平方根得到 $\sqrt{3}, \sqrt{5}$，亦可找出正确选项。

(二) 奇数和偶数

1. 已知 n 是偶数，m 是奇数，方程组 $\begin{cases} x-1988y=n \\ 11x+27y=m \end{cases}$ 的解 $\begin{cases} x=p \\ y=q \end{cases}$ 是整数，那么（　　）

   A. p、q 都是偶数　　B. p、q 都是奇数　　C. p 是偶数，q 是奇数

   D. p 是奇数，q 是偶数　　E. 以上答案均不正确

   【解题思路】本题主要通过方程组 $\begin{cases} x-1988y=n \\ 11x+27y=m \end{cases}$ 让考生判断 p、q 是奇数还是偶数，出发点为 n 是偶数，m 是奇数，然后运用奇数和偶数的性质判断即可。

[①] 意为 2008 年 10 月考试之第 4 题。

【解】由于 1988y 是偶数，由第一方程知 $p = x = n + 1988y$，所以 p 是偶数，将其代入第二方程中，于是 $11x = 11p$ 也为偶数，从而 $27y = m - 11x$ 为奇数，所以 $y = q$ 是奇数。答案为 C。

2. 已知关于 x 的二次三项式 $ax^2 + bx + c$（a、b、c 为整数），如果当 $x=0$ 与 $x=1$ 时，二次三项式的值都是奇数，那么 a（　　）

   A. 不能确定是奇数还是偶数　　B. 必然是偶数　　C. 必然是奇数

   D. 必然是零　　E. 必然是非零偶数

   【解题思路】本题通过已知当 $x = 0$ 与 $x = 1$ 时，二次三项式的值都是奇数，来确定整数 a 的奇偶性，方法还是需要将 $x = 0$ 与 $x = 1$ 分别代入二次三项式，根据奇数和偶数的性质确定 a 的奇偶性。

   【解】当 $x = 0$ 时，$ax^2 + bx + c = c$ 为奇数，故 c 为奇数；当 $x = 1$ 时，$ax^2 + bx + c = a + b + c$ 为奇数，c 为奇数，故 a 的奇偶性无法判断。答案为 A。

3. 一个数分别与另外两个相邻奇数相乘，所得的两个积相差 150，这个数是（　　）

   A. 55　　B. 65　　C. 75　　D. 100　　E. 70

   【解题思路】本题主要考查相邻奇数的性质，彼此相邻的奇数之间相差 2，故可知一个数分别与另外两个相邻奇数相乘，所得的两个积相差的就是这个数的 2 倍，为 150。然后求出这个数即可。

   【解】方法 1：因为相邻两个奇数相差 2，所以 150 是这个要求的数的 2 倍。这个数是 $150 \div 2 = 75$。

   方法 2：设这个数为 x，相邻的两个奇数为 $2a + 1, 2a - 1$（$a \geq 1$），则有

   $(2a + 1)x - (2a - 1)x = 150$

   $2ax + x - 2ax + x = 150$

   $2x = 150$

   $x = 75$

   因此这个要求的数是 75。答案为 C。

4. 已知 a, b, c 中有一个是 5，一个是 6，一个是 7。$a - 1, b - 2, c - 3$ 的乘积一定是（　　）

   A. 正数　　B. 奇数　　C. 负数　　D. 偶数　　E. 0

   【解题思路】此题主要考查奇数和偶数乘积的奇偶性，奇数×奇数=奇数，奇数×偶数=偶数，按照这个公式即可快速解答。

   【解】方法 1：因为 a, b, c 中有两个奇数、一个偶数，所以 a, c 中至少有一个奇数，$a - 1, c - 3$ 中至少有一个是偶数。

   又因为偶数×整数 = 偶数，所以 $(a - 1) \times (b - 2) \times (c - 3)$ 是偶数。答案为 D。

   方法 2：题目中存在"乘积一定是"，那么可以考虑题目解的一般性。

   直接令 $a = 5, b = 6, c = 7$，解得三者乘积为 64，所以可以认为三者之间不管数值如何互换，三者乘积均为偶数。

真题解析

（2012-1-20）（条件充分性判断）已知 m,n 是正整数，则 m 是偶数

（1） $3m+2n$ 是偶数 　　　　　　　　（2） $3m^2+2n^2$ 是偶数

【解】针对条件（1）而言，$3m+2n$ 是偶数。$2n$ 为偶数，说明 $3m$ 是偶数，3 是奇数，所以 m 是偶数，条件充分；针对条件（2）而言，$3m^2+2n^2$ 是偶数，$2n^2$ 是偶数，说明 $3m^2$ 是偶数，3 是奇数，所以 m^2 是偶数，条件充分。答案为 D。

> **周老师提醒您**
>
> 考查奇数和偶数的过程中，重点在于考生要掌握奇数和偶数的性质：
>
> 奇数+奇数=偶数，奇数+偶数=奇数
>
> 奇数×奇数=奇数，奇数×偶数=偶数

（三）质数和合数

1. 已知三个不同质数的倒数和为 $\dfrac{631}{1443}$，则这三个质数的和为（　　）

    A. 49　　　　B. 51　　　　C. 53　　　　D. 55　　　　E. 57

    【解题思路】本题主要考查质数的性质和数的分解，尤其是质数与质数之间的最小公倍数为质数之积。

    【解】设定三个不同的质数为 $a,b,c, a\neq b\neq c$，满足 $\dfrac{1}{a}+\dfrac{1}{b}+\dfrac{1}{c}=\dfrac{631}{1443}=\dfrac{ab+bc+ac}{abc}$，则 $abc=1443=3\times13\times37$，$a+b+c=3+13+37=53$。答案为 C。

2. 记不超过 15 的所有质数的算术平均数为 M，则与 M 最接近的整数是（　　）

    A. 5　　　　B. 7　　　　C. 8　　　　D. 11　　　　E. 12

    【解题思路】不超过 15 的质数有 2,3,5,7,11,13，然后求其平均数即可。

    【解】小于 15 的质数有 2,3,5,7,11,13，$\dfrac{2+3+5+7+11+13}{6}=6.83\approx7$。答案为 B。

3. 设 m,n 是小于 20 的质数，满足条件 $|m-n|=2$ 的 $\{m,n\}$ 共有（　　）

    A. 2 组　　　B. 3 组　　　C. 4 组　　　D. 5 组　　　E. 6 组

    【解】小于 20 的质数分别是 2,3,5,7,11,13,17,19；其中 $|m-n|=2$ 的组合有 3,5；5,7；11,13；17,19；共计 4 组。答案为 C。

4. 若 a、b 都是质数，且 $a^2+b=2003$，则 $a+b$ 的值等于（　　）

    A. 1999　　B. 2000　　C. 2001　　D. 2002　　E. 2003

    【解题思路】本题的出发点是已知 a、b 都是质数，需要通过等式判断出 a、b 的值，那么就从质数的常考点入手运算。

【解】方法1：若 a、b 都是质数，且 $a^2+b=2003$，则当 $a=2$ 时，$b=1999$；当 $b=2$ 时，$a=\sqrt{2001}$，故 $a=2$ 时，$b=1999$，$a+b=2001$。答案为C。

方法2：由于 2003 是奇数，所以 a，b 中必有一个数是偶数 2。否则，质数都是奇数，奇数+奇数=偶数（不为 2003），则故当 $a=2$ 时，$b=1999$，有 $a+b=2001$。当 $b=2$，$a^2=2001$，而 2001 不是完全平方数，即 a 不是整数，所以 $a=2$，$b=1999$，$a+b=2001$。答案为C。

5. （条件充分性判断）如果 a、b、c 是三个连续的奇数整数，有 $a+b=32$
   （1）$10<a<b<c<20$　　　　（2）b 和 c 为质数
   【解题思路】$10<a<b<c<20$，a、b、c 是三个连续的奇数整数，则存在的数据有 11, 13, 15, 17, 19，然后再根据条件（2）的约束进行求解。
   【解】单独的条件（1）和条件（2）很显然不充分，考虑二者联合，在 10 与 20 之间的奇数有 11, 13, 15, 17, 19，但是满足条件（2）的只有 $a=15, b=17, c=19$，所以 $a+b=32$，故联合条件充分。答案为C。

6. （条件充分性判断）若 $n=p+r$，其中 n, p, r 均为正整数，且 n 是奇数，则 $p=2$
   （1）p 和 r 都是质数　　　　（2）$r \neq 2$
   【解题思路】$n=p+r$ 且 n 是奇数，则 p 和 r 为一奇一偶，再根据条件的约束进行判断。
   【解】单独的条件（1）和条件（2）显然是不成立的，考虑二者联合的情况。根据奇数和偶数的性质可知：奇数 + 偶数=奇数。故当 n 是奇数时，则 $p+r$ 二者不可以同为奇数，要求一奇一偶，$r \neq 2$ 且 p 和 r 都是质数，可得 $p=2$。答案为C。

7. 三个质数（素数）之积恰好等于它们和的 5 倍，这三个质数之和为（　　）
   A. 12　　　B. 14　　　C. 15　　　D. 18　　　E. 20
   【解题思路】一般这种求未知质数的，主要从 2, 3, 5, 7 中找到符合条件的数。
   【解】设定三个质数 a, b, c，由题意可知 $abc=5(a+b+c)$，根据 10 以内的质数为 2, 3, 5, 7，代入后可知 a, b, c 为 2, 5, 7，所以 $a+b+c=14$。答案为B。

真题解析

（2010-1-3）三名小孩中有一名学龄前儿童（年龄不足 6 岁），他们的年龄都是质数（素数），且依次相差 6 岁，他们的年龄之和为（　　）
A. 21　　　B. 27　　　C. 33　　　D. 39　　　E. 51
【解】根据质数依次相差 6，最小的数小于 6，可能为 2, 3, 5，对应的可能有 8, 9, 11, 8 和 9 不是质数，所以可知这几个数为 5, 11, 17，则 $5+11+17=33$。答案为C。

（2011-1-12）设 a, b, c 是小于 12 的三个不同的质数（素数），且 $|a-b|+|b-c|+|c-a|=8$，则 $a+b+c=$（　　）
A. 10　　　B. 12　　　C. 14　　　D. 15　　　E. 19
【解】不妨设 $a>b>c$，则有如下等式
$$|a-b|+|b-c|+|c-a|=a-b+b-c+a-c=2(a-c)=8, a-c=4$$

12 以内的质数有 2，3，5，7，11，所以可知 $a=7, b=5, c=3, a+b+c=15$。答案为 D。

(2013-1-17)（条件充分性判断）$p=mq+1$ 为质数

(1) m 为正整数，q 为质数　　　(2) m、q 均为质数

【解】条件（1）和条件（2）均可满足 $m=3, q=5$，但不满足结论，所以均不充分。答案为 E。

> **周老师提醒您**
>
> 求解质数的过程中，切记质数有如下特殊重要性质，只要题目中出现"质数"或"素数"的情况，那么考生均可从如下性质入手，解题速度将大大提高。
> (1) 最小的质数为 2，最小的合数为 4。
> (2) 小于 20 的质数有 2，3，5，7，11，13，17，19，考试时多半考查的是 2，3，5，7。
> (3) 2 是唯一的既是质数又是偶数的数。
> (4) 1 和 0 既不是质数也不是合数。
> (5) 质数与质数之间的最小公倍数为这些质数之积。

（四）有理数和无理数的性质

1. 如果 $(2+\sqrt{2})^2 = a+b\sqrt{2}$（$a$、$b$ 为有理数），那么 $a-b$ 等于（　　）

   A. 2　　　B. 3　　　C. 8　　　D. 10　　　E. 以上答案均不正确

   【解题思路】$(2+\sqrt{2})^2 = 6+4\sqrt{2} = a+b\sqrt{2}$，利用对应项系数相等，从而进一步计算 a, b 的值。

   【解】$(2+\sqrt{2})^2 = 6+4\sqrt{2} = a+b\sqrt{2}, a=6, b=4, a-b=2$。答案为 A。

2. a, b 为有理数，关于 x 的方程 $x^3+ax^2-ax+b=0$ 有一个无理数根 $-\sqrt{3}$，则此方程的唯一一个有理根是（　　）

   A. 3　　　B. 2　　　C. −3　　　D. −2　　　E. −1

   【解题思路】本题根据方程中含有无理根，将无理根代入，利用有理数和无理数的性质可以求出方程中的未知数，从而进一步求出方程的另一个有理根。

   【解】将 $x=-\sqrt{3}$ 直接代入方程，得到
   $$-3\sqrt{3}+3a+\sqrt{3}a+b = \sqrt{3}(a-3)+(b+3a)=0$$
   则 $a-3=0, 3a+b=0; a=3, b=-9$，将所求的值代入原方程可得
   $$x^3+3x^2-3x-9=(x+3)(x^2-3)=0$$
   可解出 $x=-3$。答案为 C。

3. 设 $a, b \in R$，则下列命题中正确的是（　　）

   A. 若 a, b 均是无理数，则 $a+b$ 也是无理数

B. 若 a,b 均是无理数，则 ab 也是无理数

C. 若 a 是有理数，b 是无理数，则 $a+b$ 是无理数

D. 若 a 是有理数，b 是无理数，则 ab 是无理数

E. 以上答案均不正确

【解题思路】本题主要考查考生对于有理数和无理数的四则运算的掌握，在解题过程中最简单直接有效的方法可以采用特殊值代入法进行解答。

【解】假设 $a = 2+\sqrt{2}, b = 2-\sqrt{2}$，$a,b$ 均为无理数，但是 $a+b = 4, ab = 2$ 均为有理数，所以 A 和 B 均为错误选项。假设 $a=0, b=2-\sqrt{2}$，则 $a+b=2-\sqrt{2}, ab=0$，由此可知选项 D 错误，从而可得只有选项 C 是正确选项。

真题解析

（2009-10-6）若 x, y 是有理数，且满足 $(1+2\sqrt{3})x + (1-\sqrt{3})y - 2 + 5\sqrt{3} = 0$，则 x, y 的值分别为（　　）

A. 1, 3　　　　B. −1, 2　　　　C. −1, 3　　　　D. 1, 2　　　　E. 以上结论均不正确

【解】$x+y-2+\sqrt{3}(2x-y+5)=0, x+y-2=0, 2x-y+5=0, x=-1, y=3$。答案为 C。

> **周老师提醒您**
>
> 在题目中出现"有理数""无理数"这类比较明显的词语时，多半考查的就是有理数和无理数的性质，并且重点考查下列四个性质中的（3）和（4）。
>
> （1）有理数之间的加减乘除的四则运算结果必为有理数。
>
> （2）非零有理数与无理数的乘积必为无理数。
>
> （3）a, b 为有理数，$\sqrt{m}$ 为无理数，满足 $a + b\sqrt{m} = 0$，则 $a=0, b=0$。
>
> （4）a, b, c, d 为有理数，$\sqrt{c}, \sqrt{d}$ 为无理数，满足 $a+\sqrt{c}=b+\sqrt{d}$，则 $a=b, c=d$。

（五）无理数的整数部分和小数部分

1. 设 $m = \sqrt{5}+1$，则 $m+\dfrac{1}{m}$ 的整数部分为（　　）

A. 1　　　　B. 2　　　　C. 3　　　　D. 4　　　　E. 以上结论均不正确

【解题思路】本题主要考查考生对无理数的整数部分和小数部分的理解。

【解】因为 $m = \sqrt{5}+1$，所以 $m + \dfrac{1}{m} = \sqrt{5}+1+\dfrac{1}{\sqrt{5}+1} = \dfrac{5\sqrt{5}+3}{4}$。

因为 $5\sqrt{5} = \sqrt{125}, \sqrt{121} < \sqrt{125} < \sqrt{144}$，所以 $11 < 5\sqrt{5} < 12$，$\dfrac{14}{4} < \dfrac{5\sqrt{5}+3}{4} < \dfrac{15}{4}$，

故 $m+\dfrac{1}{m}$ 的整数部分是 3。答案为 C。

2. 若 $\dfrac{1}{3-\sqrt{7}}$ 的整数部分是 a,小数部分是 b,则 $a^2+(1+\sqrt{7})ab$ 的值等于(　　)

A. 6　　　　B. 7　　　　C. 8　　　　D. 9　　　　E. 10

【解题思路】 $\dfrac{1}{3-\sqrt{7}}=\dfrac{3+\sqrt{7}}{2}$ 的整数部分为 $a=2$,小数部分为 $b=\dfrac{3+\sqrt{7}}{2}-2=\dfrac{\sqrt{7}-1}{2}$,代入表达式求解即可。

【解】 $\dfrac{1}{3-\sqrt{7}}=\dfrac{3+\sqrt{7}}{2}$。因为 $2<\sqrt{7}<3$,所以 $5<3+\sqrt{7}<6$,$\dfrac{5}{2}<\dfrac{3+\sqrt{7}}{2}<\dfrac{6}{2}$,可得 $a=2$,$b=\dfrac{3+\sqrt{7}}{2}-2=\dfrac{\sqrt{7}-1}{2}$。

$a^2+(1+\sqrt{7})ab=4+(1+\sqrt{7})\times 2\times \dfrac{\sqrt{7}-1}{2}=4+6=10$。答案为 E。

3. (条件充分性判断)代数式 $\dfrac{\sqrt{x}}{\sqrt{x}-\sqrt{y}}-\dfrac{\sqrt{y}}{\sqrt{x}+\sqrt{y}}$ 的值为 $\dfrac{\sqrt{5}}{2}$

(1) x 是 $\sqrt{5}$ 的小数部分,$xy=1$　　(2) y 是 $\sqrt{5}$ 的小数部分,$x=\dfrac{1}{y}$

【解题思路】本题要求考生首先对 $\dfrac{\sqrt{x}}{\sqrt{x}-\sqrt{y}}-\dfrac{\sqrt{y}}{\sqrt{x}+\sqrt{y}}$ 通分化简后,代入条件的值验证运算。

【解】原式可以化简为 $\dfrac{\sqrt{x}}{\sqrt{x}-\sqrt{y}}-\dfrac{\sqrt{y}}{\sqrt{x}+\sqrt{y}}=\dfrac{x+y}{x-y}$。

针对条件(1)而言,$x=\sqrt{5}-2,y=\sqrt{5}+2$,代入得到 $-\dfrac{\sqrt{5}}{2}$,故条件不充分。

针对条件(2)而言,可以得到 $x=\sqrt{5}+2,y=\sqrt{5}-2$,代入得到 $\dfrac{\sqrt{5}}{2}$,条件充分。

答案为 B。

> **周老师提醒您**
>
> 针对无理数的小数部分和整数部分的表示的具体求法,简要给出如下求解:
> $n<\sqrt{a}<n+1$ (n 为非负整数)
> 这时,$\sqrt{a}$ 的整数部分为 n;相应地,其小数部分为 $\sqrt{a}-n$。

(六)数的整除

1. 若 n 是一个大于 100 的正整数,则 n^3-n 一定有约数(　　)

A. 5　　　　B. 6　　　　C. 7　　　　D. 8　　　　E. 9

【解题思路】本题主要考查连续自然数的乘积含有什么约数,考生只要牢记我们的口诀即可迅速解题。

【解】 $n^3 - n = (n-1)n(n+1)$，连续三个自然数的乘积一定可以被 $3! = 6$ 整除。答案为 B。

2. 若 a 为整数，则 $a^2 + a$ 一定能被（　　）整除
   A. 2　　　　B. 3　　　　C. 4　　　　D. 5　　　　E. 6

   【解题思路】连续 N 个自然数的乘积一定可以被 $N!$ 整除。

   【解】因为 $a^2 + a = a(a+1)$，且 a 为整数，所以 $a^2 + a$ 可以看作两个连续整数的积，故一定能被 2 整除。答案为 A。

3. 正整数 N 的 8 倍与 5 倍之和，除以 10 的余数为 9，则 N 的最末一位数字为（　　）
   A. 2　　　　B. 3　　　　C. 5　　　　D. 9　　　　E. 10

   【解题思路】本题主要考查的是数的整除。

   【解】设该正整数为 $8a + 5a = 13a, a \in N$，除以 10 的余数为 9，故 $3a = 9, a = 3$。答案为 B。

4. 设 n 为整数，则 $(2n+1)^2 - 25$ 一定能被（　　）整除
   A. 5　　　　B. 6　　　　C. 7　　　　D. 8　　　　E. 9

   【解题思路】首先得 $(2n+1)^2 - 25 = (2n+1+5)(2n+1-5) = 4(n+3)(n-2)$，再判断能被哪个数整除。

   【解】$(2n+1)^2 - 25 = (2n+1+5)(2n+1-5) = 4(n+3)(n-2)$
   因为 n 为整数，所以 $n+3$ 和 $n-2$ 一定有一个是奇数，有一个是偶数，故 $4(n+3)(n-2)$ 一定是 8 的倍数。答案为 D。

真题解析

（2007-10-16）（条件充分性判断）m 是一个整数

（1）若 $m = \dfrac{p}{q}$，其中 p 与 q 为非整数，且 m^2 是一个整数

（2）若 $m = \dfrac{p}{q}$，其中 p 与 q 为非整数，且 $\dfrac{2m+4}{3}$ 是一个整数

【解】针对条件（1）而言，$m = \dfrac{p}{q}$，$m^2 = \dfrac{p^2}{q^2}$ 是整数，令 $m^2 = k$（k 为整数），即 $\dfrac{p^2}{q^2} = k$，$p = \pm q\sqrt{k}$；p, q 为有理数，故 $\sqrt{k}$ 为有理数；当且仅当整数 k 是完全平方数时，$\sqrt{k}$ 为有理数，并且是整数。故 $m = \dfrac{p}{q}$ 为整数，条件（1）充分。

针对条件（2）而言，令 $\dfrac{2m+4}{3} = k$，k 为整数，推出 $m = \dfrac{3k-4}{2}$，当 k 为奇数时，$m = \dfrac{p}{q}$ 不是整数。故条件（2）不充分。

答案为 A。

（2008-10-23）（条件充分性判断）$\dfrac{n}{14}$ 是一个整数

（1）n 是一个整数，且 $\dfrac{3n}{14}$ 也是一个整数

（2）n 是一个整数，且 $\dfrac{n}{7}$ 也是一个整数

【解】针对条件（1）而言，$3n$ 是 14 的整数倍，则可知 n 是 14 的倍数，所以条件（1）充分。

针对条件（2）而言，n 是 7 的整数倍，但是不能保证 n 是 14 的倍数，故条件（2）不充分。

答案为 A。

（2009-10-16）（条件充分性判断）$a+b+c+d+e$ 的最大值是 133

（1）a,b,c,d,e 是大于 1 的自然数，且 $abcde=2700$

（2）a,b,c,d,e 是大于 1 的自然数，且 $abcde=2000$

【解】针对条件（1）而言，就是对 2700 约分，将其写成所有约数的乘积，可以得到 $2700=2\times 2\times 3\times 3\times 3\times 5\times 5$。$a$、$b$、$c$、$d$、$e$ 分别都是 2700 的约数，这样它们的取值可能有 2, 2, 3, 3, $3\times 5\times 5$ 或 2, 2, 3, 5, $3\times 3\times 5$ 或 3, 3, 3, 5, $2\times 2\times 5\cdots$，因为要求它们和的最大值，所以要使它们中间的一个数尽可能的大，五个数的取法就为 2, 2, 3, 3, $3\times 5\times 5$。故 $a+b+c+d+e=2+2+3+3+3\times 5\times 5=85$，条件（1）不充分；利用同样的推理过程，条件（2）充分。答案为 B。

（2016-1-7）从 1 到 100 的整数中任取一个数，则该数能被 5 或 7 整除的概率为（　　）

A. 0.02　　　B. 0.14　　　C. 0.2　　　D. 0.32　　　E. 0.34

【解】①能被 5 整除的数有 $100\div 5=20$ 个；②能被 7 整除的数有 $98\div 7=14$ 个；③既能被 5 整除也能被 7 整除的数的个数有 2 个，所以概率 $P=\dfrac{20+14-2}{100}=0.32$。答案为 D。

> **周老师提醒您**
>
> 在解答数的整除的题目中，考生需要掌握以下数的整除的特点。
>
> 能被 2 整除的数：个位为 0，2，4，6，8。
>
> 能被 3 整除的数：各数位数字之和必能被 3 整除。
>
> 能被 4 整除的数：末两位（个位和十位）数字必能被 4 整除。
>
> 能被 5 整除的数：个位为 0 或 5。
>
> 牢记一句话：连续 N 个自然数相乘一定可以被 $n!$ 整除。

（七）纯循环小数化分数

1. 将以下纯循环小数化成分数

（1）$0.\dot{7}$　　　（2）$0.\dot{1}\dot{7}$　　　（3）$0.1\dot{7}\dot{3}$　　　（4）$0.\dot{9}$

【解】（1）

$0.\dot{7}=0.777\,777\,7\cdots$　①

$0.\dot{7}\times 10=7.777\,777\,7\cdots$　②

②－①：$0.\dot{7}\times 9=7$

$$0.\dot{7} = \frac{7}{9}$$

(2)

$$0.\dot{1}\dot{7} = 0.171\ 717\ 17\cdots \quad ①$$

$$0.\dot{1}\dot{7} \times 100 = 17.171\ 717\ 17\cdots \quad ②$$

②-①：$0.\dot{1}\dot{7} \times 99 = 17$

$$0.\dot{1}\dot{7} = \frac{17}{99}$$

(3)

$$0.\dot{1}7\dot{3} = 0.173\ 173\ 173\cdots \quad ①$$

$$0.\dot{1}7\dot{3} \times 1000 = 173.173\ 173\ 173\cdots \quad ②$$

②-①：$0.\dot{1}7\dot{3} \times 999 = 173$

$$0.\dot{1}7\dot{3} = \frac{173}{999}$$

(4)

$$0.\dot{9} = 0.999\ 999\cdots \quad ①$$

$$0.\dot{9} \times 10 = 9.999\ 999\cdots \quad ②$$

②-①：$0.\dot{9} \times 9 = 9$

$$0.\dot{9} = 1$$

2. 纯循环小数 $0.\dot{a}b\dot{c}$ 写成最简分数时，分子与分母之和是 58，这个循环小数是（　　）

　　A. $0.\dot{5}6\dot{7}$　　B. $0.\dot{5}3\dot{7}$　　C. $0.\dot{5}1\dot{7}$　　D. $0.\dot{5}6\dot{9}$　　E. $0.\dot{5}6\dot{2}$

【解题思路】本题可以先将纯循环小数化成分数后，然后根据分子与分母之和是 58，求出即可。

【解】$0.\dot{a}b\dot{c}$ 化为分数时是 $\frac{abc}{999}$，当化为最简分数时，因为分母大于分子，所以分母大于 58÷2=29，即分母是大于 29 的两位数。由 999=3×3×3×37，推知 999 大于 29 的两位数约数只有 37，所以分母是 37，分子是 58-37=21。因为 $\frac{21}{37} = \frac{21 \times 27}{37 \times 27} = \frac{567}{999}$，所以这个循环小数是 $0.\dot{5}6\dot{7}$。答案为 A。

3. （条件充分性判断）10^k 除以 m 的余数为 1

（1）既约分数 $\frac{n}{m}$ 满足 $0 < \frac{n}{m} < 1$

（2）分数 $\frac{n}{m}$ 可以化为小数部分的一个循环节有 k 位数字的纯循环小数

【解题思路】既约分数即最简分数，分子和分母不能再约分的分数。

【解】针对条件（1）而言，不能确定 k 的值，故条件不充分。

针对条件（2）而言，假设 $\dfrac{n}{m}=\dfrac{2}{6}$，但是6除10余4，而不是余1，故条件不充分。

考虑条件（1）和条件（2）联合的情况 $a=0.\dot{a}_1\cdots\dot{a}_k$，可得 $a=\dfrac{a_1\cdots a_k}{99\cdots 9}$，因为是既约分数，所以 $m=9\cdots 9$，可以推出 m 除以 10^k 余1，因此联合条件成立。

答案为C。

> **周老师提醒您**
>
> 纯循环小数化成分数主要可以通过以下公式来转化：假设含有 n 个纯循环节的纯循环小数化成分数，则分子为循环节，分母中"9"的个数与循环节的个数保持一致。例如 $0.\dot{5}1\dot{7}=\dfrac{517}{999}$，$0.\dot{5}\dot{7}=\dfrac{57}{99}$。

（八）最大公约数和最小公倍数

1. 已知 a 与 b，a 与 c 的最大公约数分别是12和15，a、b、c 的最小公倍数是120，求 $a+b+c=$（　）

   A. 99　　　　B. 147　　　　C. 99或147　　　　D. 109　　　　E. 177

   【解题思路】因为12，15都是 a 的约数，所以 a 应当是12与15的公倍数，即是 $[12, 15] = 60$ 的倍数。再由 $[a, b, c] = 120$ 知，a 只能是60或120。$(a,c) = 15$，说明 c 没有质因数2，又因为 $[a, b, c] = 120 = 2^3 \times 3 \times 5$，所以 $c = 15$。

   【解】因为 a 是 c 的倍数，所以求 a, b 的问题可以简化为"a 是60或120，$(a,b) = 12$，$[a, b] = 120$，求 a, b。"

   当 $a = 60$ 时，$b = (a, b) \times [a, b] \div a = 12 \times 120 \div 60 = 24$；

   当 $a = 120$ 时，$b = (a, b) \times [a, b] \div a = 12 \times 120 \div 120 = 12$。

   所以 a, b, c 为60，24，15或120，12，15。故 $a+b+c = 99$ 或147。答案为C。

   【注意】在数学运算中，(a, b) 表示 a 与 b 的最大公约数，$[a, b]$ 表示 a 与 b 的最小公倍数，且满足等式 $a \times b = (a,b) \times [a,b]$。

2. 甲数是36，甲、乙两数的最大公约数是4，最小公倍数是288，乙数为（　）

   A. 18　　　　B. 20　　　　C. 28　　　　D. 30　　　　E. 32

   【解题思路】直接利用等式 $a \times b = (a, b) \times [a, b]$ 求解。

   【解】方法1：由甲数×乙数 = 甲、乙两数的最大公约数×两数的最小公倍数，可得

36×乙数 = 4×288，乙数 = 4×288÷36，解出乙数 = 32。答案为 E。

方法 2：因为甲、乙两数的最大公约数为 4，则甲数 = 4×9，设乙数 = 4×b_1，且(b_1, 9) = 1。

因为甲、乙两数的最小公倍数是 288，则 288 = 4×9×b_1，b_1 = 288÷36，解出 b_1 = 8。所以，乙数 = 4×8 = 32。答案为 E。

3. 已知两数的最大公约数是 21，最小公倍数是 126，这两个数的和是（　　）

　　A. 147　　　　B. 105　　　　C. 105 或 147　　D. 130　　　　E. 232

【解题思路】根据等式 $a×b = (a,b)×[a,b]$，求出这两个数即可，一般这样的数都不止一组。

【解】要求这两个数的和，可以先求出这两个数。设这两个数为 a、b，$a<b$。因为这两个数的最大公约数是 21，故设 $a = 21a_1$, $b = 21b_1$，且$(a_1, b_1) = 1$。

因为这两个数的最小公倍数是 126，所以 126 = 21×a_1×b_1，于是 $a_1×b_1 = 6$，

解出 $\begin{cases} a_1 = 1 \\ b_1 = 6 \end{cases}$ 或 $\begin{cases} a_1 = 2 \\ b_1 = 3 \end{cases}$

则 $\begin{cases} a = 21×1 = 21 \\ b = 21×6 = 126 \end{cases}$ 或 $\begin{cases} a = 21×2 = 42 \\ b = 21×3 = 63 \end{cases}$

因此，这两个数的和为 21 + 126 = 147，或 42 + 63 = 105。答案为 C。

4. 四个各不相等的整数 a, b, c, d，它们的积 $abcd = 9$，那么 $a+b+c+d$ 的值是（　　）

　　A. 0　　　　B. 1　　　　C. 4　　　　D. 6　　　　E. 8

【解题思路】本题主要考查 9 的约数，确定满足 $abcd = 9$ 四个互不相等的整数即可。

【解】$abcd = 9 = 3×(-3)×1×(-1) = 9$，$a+b+c+d = 0$。答案为 A。

【注意】此题还可以延伸出当 $abcd = 25$ 时，$a+b+c+d$ 的值亦为 0。

> **周老师提醒您**
>
> 关于最大公约数和最小公倍数的运算，重点要求考生记住二者之间的关系：两个自然数的最大公约数与最小公倍数的乘积，等于这两个自然数的乘积，即
>
> $(a, b)×[a, b] = a×b$

绝对值

一、基本概念

数轴：规定了原点、正方向和单位长度的直线。所有的实数都可以用数轴上的点来表示。

绝对值：数轴上一个数所对应的点与原点（O 点）的距离。绝对值只能为非负数。

- **几何意义**：在数轴上，一个数到原点的距离叫作该数的绝对值。

- 代数意义：正数和0的绝对值是它本身，负数的绝对值是它的相反数。互为相反数的两个数的绝对值相等。a 的绝对值用 $|a|$ 表示，读作"a 的绝对值"。

$$|a|=\begin{cases}a & a\geq 0\\-a & a<0\end{cases}\quad \frac{a}{|a|}=\begin{cases}1 & a>0\\-1 & a<0\end{cases}$$

二、例题精讲

（一）绝对值的自比性质

1. a、b、c 是非零实数，则 $\frac{a}{|a|}+\frac{b}{|b|}+\frac{c}{|c|}+\frac{abc}{|abc|}$ 的所有值的集合是（　　）

　A. $\{-4,-2,2,4\}$　　　　　B. $\{-4,0,4\}$　　　　　C. $\{-4,-2,0,-4\}$

　D. $\{-3,0,2\}$　　　　　　E. 以上答案均不正确

【解题思路】本题主要考查通过 a、b、c 正负性的讨论，最终确定 $\frac{a}{|a|}+\frac{b}{|b|}+\frac{c}{|c|}+\frac{abc}{|abc|}$ 的所有值。

【解】利用 $\frac{a}{|a|}=\begin{cases}1 & a>0\\-1 & a<0\end{cases}$，分以下几种情况讨论：

① 三个正：$a>0, b>0, c>0$，$\frac{a}{|a|}+\frac{b}{|b|}+\frac{c}{|c|}+\frac{abc}{|abc|}=1+1+1+1=4$

② 两正一负：不妨设 $a>0, b>0, c<0$，$\frac{a}{|a|}+\frac{b}{|b|}+\frac{c}{|c|}+\frac{abc}{|abc|}=1+1-1-1=0$

③ 两负一正：不妨设 $a<0, b<0, c>0$，$\frac{a}{|a|}+\frac{b}{|b|}+\frac{c}{|c|}+\frac{abc}{|abc|}=-1-1+1+1=0$

④ 全为负：$\frac{a}{|a|}+\frac{b}{|b|}+\frac{c}{|c|}+\frac{abc}{|abc|}=-1-1-1-1=-4$

答案为 B。

2. （条件充分性判断）$\frac{|a|}{a}-\frac{|b|}{b}=-2$

　（1）$a<0$　　　　（2）$b>0$

【解题思路】本题主要通过 a,b 的正负确定 $\frac{|a|}{a}-\frac{|b|}{b}$ 的值。

【解】针对条件（1）而言，$a<0\Rightarrow\frac{|a|}{a}=\frac{-a}{a}=-1$，$\frac{|a|}{a}-\frac{|b|}{b}=-1-\frac{|b|}{b}$，不能推出 $\frac{|a|}{a}-\frac{|b|}{b}=-2$；

针对条件（2）而言，$b>0\Rightarrow\frac{|b|}{b}=\frac{b}{b}=1$，所以 $\frac{|a|}{a}-\frac{|b|}{b}=-1+\frac{|a|}{a}$，不能推出 $\frac{|a|}{a}-\frac{|b|}{b}=-2$；

考虑条件（1）和条件（2）联合，在 $a<0, b>0$ 条件下：$\frac{|a|}{a}-\frac{|b|}{b}=-1-1=-2$。

答案为 C。

3. 如果 a, b, c 是非零实数，且 $a+b+c=0$，那么由此可知表达式 $\dfrac{a}{|a|}+\dfrac{b}{|b|}+\dfrac{c}{|c|}+\dfrac{abc}{|abc|}$ 的取值为（　　）

   A. 0　　　　　B. 1 或 –1　　　　C. 2 或 –2　　　　D. 0 或 –2　　　　E. –2

   【解题思路】本题首先需要考生通过 $a+b+c=0$ 来确定 a, b, c 的正负性，然后根据绝对值的自比性质来运算。

   【解】由 $a+b+c=0$ 得到 a, b, c 为两正一负或两负一正。

   ① 当 a, b, c 为两正一负时：

   $\dfrac{a}{|a|}+\dfrac{b}{|b|}+\dfrac{c}{|c|}=1$，$\dfrac{abc}{|abc|}=-1$，所以 $\dfrac{a}{|a|}+\dfrac{b}{|b|}+\dfrac{c}{|c|}+\dfrac{abc}{|abc|}=0$

   ② 当 a, b, c 为两负一正时：

   $\dfrac{a}{|a|}+\dfrac{b}{|b|}+\dfrac{c}{|c|}=-1$，$\dfrac{abc}{|abc|}=1$，所以 $\dfrac{a}{|a|}+\dfrac{b}{|b|}+\dfrac{c}{|c|}+\dfrac{abc}{|abc|}=0$

   由①②知，$\dfrac{a}{|a|}+\dfrac{b}{|b|}+\dfrac{c}{|c|}+\dfrac{abc}{|abc|}$ 所有可能的值为 0。答案为 A。

真题解析

（2008-1-30）（条件充分性判断）$\dfrac{b+c}{|a|}+\dfrac{c+a}{|b|}+\dfrac{a+b}{|c|}=1$

（1）实数 a, b, c 满足 $a+b+c=0$

（2）实数 a, b, c 满足 $abc>0$

【解】单独通过条件（1）和条件（2）不能确定 a, b, c 的正负，故均不充分。将条件（1）和条件（2）联合起来，可以得到 a, b, c 为两负一正，所以代入题干可得

$$\dfrac{b+c}{|a|}+\dfrac{c+a}{|b|}+\dfrac{a+b}{|c|}=-\left(\dfrac{a}{|a|}+\dfrac{b}{|b|}+\dfrac{c}{|c|}\right)=1$$

答案为 C。

周老师提醒您

运算绝对值自比性质的过程中，需要考生牢记以下公式：

$$|a|=\begin{cases} a & a>0 \\ 0 & a=0 \\ -a & a<0 \end{cases}$$

由上述公式可得自比性质为 $\dfrac{|a|}{a}=\begin{cases} 1 & a>0 \\ -1 & a<0 \end{cases}$

（二）绝对值的非负性质

1. 已知 $(x-2)^2+|y-1|=0$，那么 $\dfrac{1}{x^2}-\dfrac{1}{y^2}$ 的值是（　　）

   A. $\dfrac{1}{4}$　　　　B. $-\dfrac{3}{4}$　　　　C. 4　　　　D. 3　　　　E. 以上答案均不正确

   【解题思路】本题主要根据平方和绝对值的非负性需要确定 x,y 的值，然后代入进行运算即可。

   【解】$(x-2)^2+|y-1|=0 \Rightarrow x=2,\ y=1 \Rightarrow \dfrac{1}{x^2}-\dfrac{1}{y^2}=\dfrac{1}{4}-1=-\dfrac{3}{4}$。

   答案为 B。

2. 已知 $|x-y+1|+(2x-y)^2=0$，那么 $\log_y x=$（　　）

   A. 1　　　　B. -1　　　　C. 0　　　　D. 2　　　　E. 3

   【解题思路】几组非负性表达式相加之和为 0，则各组表达式均为 0。

   【解】这道题目主要依靠 $|a|+b^2=0 \Rightarrow a=0,\ b=0$ 来求解，可得

   $|x-y+1|+(2x-y)^2=0 \Rightarrow \begin{cases} x-y+1=0 \\ 2x-y=0 \end{cases} \Rightarrow \begin{cases} x=1 \\ y=2 \end{cases}$，所以 $\log_y x=0$。

   答案为 C。

3. 已知非零实数满足 $|2a-4|+|b+2|+\sqrt{(a-3)b^2}+4=2a$，则 $a+b$ 等于（　　）

   A. -1　　　　B. 0　　　　C. 1　　　　D. 2　　　　E. 3

   【解题思路】$|2a-4|+|b+2|+\sqrt{(a-3)b^2}=2a-4,\ 2a-4\geqslant 0$，故 $|b+2|+\sqrt{(a-3)b^2}=0$，求出 a,b 即可。

   【解】$|2a-4|+|b+2|+\sqrt{(a-3)b^2}+4=2a$，化简后得到

   $$|2a-4|+|b+2|+\sqrt{(a-3)b^2}=2a-4$$

   所以可知 $2a-4\geqslant 0$，由此去掉绝对值符号后式子变形为

   $$|b+2|+\sqrt{(a-3)b^2}=0$$

   因此最终得到 $b+2=0,\ a-3=0$，解得

   $$a=3,\ b=-2,\ a+b=1。$$

   答案为 C。

4. 若 $\sqrt{(a-60)^2}+|b+90|+(c-130)^{10}=0$，则 $a+b+c$ 的值是（　　）

   A. 0　　　　B. 280　　　　C. 100　　　　D. -100　　　　E. -200

   【解题思路】由 $\sqrt{(a-60)^2}+|b+90|+(c-130)^{10}=0,\ a-60=0,\ b+90=0,\ c-130=0$ 确定 a,b,c 的值。

   【解】根据 $\sqrt{(a-60)^2}+|b+90|+(c-130)^{10}=0$，可知

$$\begin{cases} a-60=0 \\ b+90=0 \\ c-130=0 \end{cases}$$

解得 $a=60, b=-90, c=130, a+b+c=100$。答案为 C。

5. 若 x, y 为实数，且 $\sqrt{y-2}+|x+y|=0$，则 $\left(\dfrac{x}{y}\right)^{2009}$ 的值为（　　）

  A. 1   B. -1 C. 2   D. -2 E. 0

【解题思路】由 $\sqrt{y-2}+|x+y|=0, x+y=0$ 确定 $\dfrac{x}{y}$ 的值，最终确定 $\left(\dfrac{x}{y}\right)^{2009}$ 的值。

【解】利用绝对值的非负性质，由 $x+y=0$ 可知 $\dfrac{x}{y}=-1$，所以 $\left(\dfrac{x}{y}\right)^{2009}=-1$。答案为 B。

真题解析

（2009-1-15）已知实数 a, b, x, y 满足 $y+\left|\sqrt{x}-\sqrt{2}\right|=1-a^2, |x-2|=y-1-b^2$，则 $3^{x+y}+3^{a+b}=$（　　）

  A. 25   B. 26   C. 27   D. 28   E. 29

【解】由 $|x-2|=y-1-b^2$，得 $y=|x-2|+1+b^2$，代入 $y+\left|\sqrt{x}-\sqrt{2}\right|=1-a^2$，

得 $|x-2|+\left|\sqrt{x}-\sqrt{2}\right|=-a^2-b^2$，则 $x=2, a=0, b=0, y=1$，所以 $3^{x+y}+3^{a+b}=3^3+3^0=28$。

答案为 D。

（2008-10-10）$|3x+2|+2x^2-12xy+18y^2=0$，则 $2y-3x=$（　　）

  A. $-\dfrac{14}{9}$ B. $-\dfrac{2}{9}$ C. 0   D. $\dfrac{2}{9}$ E. $\dfrac{14}{9}$

【解】$|3x+2|+2x^2-12xy+18y^2=|3x+2|+2(x-3y)^2=0$，利用非负性可知 $3x+2=0, x-3y=0$，

故可得 $x=-\dfrac{2}{3}, y=-\dfrac{2}{9}, 2y-3x=-\dfrac{4}{9}+2=\dfrac{14}{9}$。

答案为 E。

（2009-10-18）（条件充分性判断）$2^{x+y}+2^{a+b}=17$

（1）a, b, x, y 满足 $y+\left|\sqrt{x}-\sqrt{3}\right|=1-a^2+\sqrt{3}b$

（2）a, b, x, y 满足 $|x-3|+\sqrt{3}b=y-1-b^2$

【解】单独的条件（1）和条件（2）都不充分，故将二者联合考虑，用条件（1）和条件（2）可以得到

$$|x-3|+\left|\sqrt{x}-\sqrt{3}\right|+a^2+b^2=0, x=3, a=0, b=0$$

故 $y=1, 2^{x+y}+2^{a+b}=17$。答案为 C。

（2010-1-16）若实数 a, b, c 满足 $|a-3|+\sqrt{3b+5}+(5c-4)^2=0$，则 $abc=$（　　）

  A. -4 B. $-\dfrac{5}{3}$ C. $-\dfrac{4}{3}$ D. $\dfrac{4}{5}$ E. 3

【解】$|a-3|+\sqrt{3b+5}+(5c-4)^2=0$,$a-3=0,3b+5=0,5c-4=0,a=3,b=-\dfrac{5}{3},c=\dfrac{4}{5},abc=-4$。

答案为 A。

> **周老师提醒您**
>
> 非负性主要包含以下三者：
> $$\begin{cases} |a| \geqslant 0 \\ \sqrt{a} \geqslant 0 \\ a^2 \geqslant 0 \end{cases}$$
> 对于任意包含二者或二者以上的恒等式，均可直接令其各自为 0 进行运算。

（三）去绝对值符号

1. 已知 $|a-1|=3,|b|=4,b>ab$，则 $|a-1-b|=$（　　）

   A. 1　　　　B. 7　　　　C. 5　　　　D. 16　　　　E. 以上结论均不正确

   【解题思路】由 $b>ab,b(1-a)>0,b(a-1)<0$，可知 $b,a-1$ 异号。

   【解】方法 1：$b>ab \Rightarrow (a-1)b<0 \Rightarrow |a-1-b||b|=|(a-1)b-b^2|=|-12-16|=28$，

   所以 $|a-1-b|=\dfrac{28}{|b|}=\dfrac{28}{4}=7$。答案为 B。

   方法 2：直接讨论。
   ① $b=4 \Rightarrow a<0 \Rightarrow a=-2 \Rightarrow |a-1-b|=7$；
   ② $b=-4 \Rightarrow a>0 \Rightarrow a=4 \Rightarrow |a-1-b|=7$。
   答案为 B。

2. 若 $x<-2$，则 $|1-|1+x||$ 的值等于（　　）

   A. $-x$　　　B. x　　　C. $2+x$　　　D. $-2-x$　　　E. 以上结论均不正确

   【解题思路】$x<-2,x+1<-1,|1-|1+x||=|1+1+x|=|2+x|$。

   【解】$|1-|1+x||=|2+x|=-2-x$。答案为 D。

3. $|a-b|=|a|+|b|$ 成立，$a,b \in R$，则下列各式中一定成立的是（　　）

   A. $ab<0$　　B. $ab\leqslant 0$　　C. $ab>0$　　D. $ab\geqslant 0$　　E. 以上结论均不正确

   【解题思路】本题主要根据 $|a-b|=|a|+|b|$ 来推断出 $ab\leqslant 0$。

   【解】$|a-b|=|a|+|b|$ 成立，所以只有 a,b 异号或至少其中一个为 0 才能成立，即 $ab\leqslant 0$。答案为 B。

4. 若 $\dfrac{x}{|x|-1}=1$，则 $\dfrac{|x|+1}{2x}$ 的值为（　　）

A. 1　　　　B. $\frac{1}{2}$　　　　C. $-\frac{1}{2}$　　　　D. $\frac{3}{2}$　　　　E. $-\frac{3}{2}$

【解题思路】$\frac{x}{|x|-1}=1$，所以 $x=|x|-1$，分情况讨论进行求解。

【解】因为 $\frac{x}{|x|-1}=1$，所以 $x=|x|-1$。

若 $x\geqslant 0$，则 $x=x-1$，出现矛盾，所以 $x<0$。

故 $x=-x-1$，$2x=-1$，解得 $x=-\frac{1}{2}$，将 $x=-\frac{1}{2}$ 代入得 $\frac{|x|+1}{2x}=\frac{\frac{1}{2}+1}{2\left(-\frac{1}{2}\right)}=-\frac{3}{2}$。

答案为 E。

5. 已知 $|x-a|\leqslant 1, |y-x|\leqslant 1$，则有（　　）

A. $|y-a|\leqslant 2$　　　　B. $|y-a|\leqslant 1$　　　　C. $|y+a|\leqslant 2$

D. $|y+a|\leqslant 1$　　　　E. 以上结论均不正确

【解题思路】$|y-a|=|(y-x)+(x-a)|\leqslant|y-x|+|x-a|$，然后进行求解。

【解】$|y-a|=|(y-x)+(x-a)|\leqslant|y-x|+|x-a|$

$|y-x|\leqslant 1, |x-a|\leqslant 1$

$|y-a|\leqslant 1+1=2$

答案为 A。

6.（条件充分性判断）等式 $\left|\frac{2x-1}{3}\right|=\frac{1-2x}{3}$ 成立

（1）$x\leqslant \frac{1}{2}$　　　　（2）$x>-1$

【解题思路】$|a|=\begin{cases}a & a\geqslant 0\\-a & a<0\end{cases}$。

【解】$\left|\frac{2x-1}{3}\right|=\frac{1-2x}{3}=-\frac{2x-1}{3}\Leftrightarrow \frac{2x-1}{3}\leqslant 0$，即 $2x-1\leqslant 0$，$x\leqslant \frac{1}{2}$。

显然条件（1）单独是充分的，条件（2）单独不充分，因为 $x=1$ 满足条件（2），但是不能够使得结论成立。答案为 A。

真题解析

（2010-1-16）（条件充分性判断）$a|a-b|\geqslant |a|(a-b)$

（1）实数 $a>0$　　　　（2）实数 a,b 满足 $a>b$

【解】针对条件（1）而言，$|a-b|\geqslant(a-b)$ 恒成立，如果 $a>0$，那么 $a|a-b|\geqslant |a|(a-b)$ 成立，所以条件充分；针对条件（2）而言，$a>b$，$a-b>0$，不能确定 a 的正负，所以不充分。

答案为 A。

(2008-10-16)（条件充分性判断）$-1 < x \leqslant \dfrac{1}{3}$

（1）$\left|\dfrac{2x-1}{x^2+1}\right| = \dfrac{1-2x}{1+x^2}$ （2）$\left|\dfrac{2x-1}{3}\right| = \dfrac{2x-1}{3}$

【解】针对条件（1）而言，由 $\left|\dfrac{2x-1}{x^2+1}\right| = \dfrac{1-2x}{1+x^2}$ 得到 $1-2x \geqslant 0, x \leqslant \dfrac{1}{2}$，条件（1）不充分；

针对条件（2）而言，由 $\left|\dfrac{2x-1}{3}\right| = \dfrac{2x-1}{3}$ 得到 $2x-1 \geqslant 0, x \geqslant \dfrac{1}{2}$，条件（2）不充分；

条件（1）和条件（2）联合后得 $x = \dfrac{1}{2}$，也不充分。

答案为 E。

(2008-10-20)（条件充分性判断）$|1-x| - \sqrt{x^2-8x+16} = 2x-5$

（1）$2 < x$ （2）$x < 3$

【解】$|1-x| - \sqrt{(x-4)^2} = |1-x| - |x-4| = 2x-5$，故可知 $1-x \leqslant 0$，$x-4 \leqslant 0$，$x \leqslant 4$，$1 \leqslant x \leqslant 4$，

所以条件（1）和条件（2）均不充分，二者联合充分。答案为 C。

(2001) 已知 $|a| = 5$，$|b| = 7$，$ab < 0$ 则 $|a-b| = ($ ）

A. 2 B. -2 C. 12 D. -12 E. -22

【解】因为 $ab < 0$ 所以 a，b 异号，故 $|a-b| = |a| + |b| = 12$。答案为 C。

(2001) 已知 $\sqrt{x^3+2x^2} = -x\sqrt{2+x}$，则 x 的取值范围是（ ）

A. $x < 0$ B. $x \geqslant -2$ C. $-2 \leqslant x \leqslant 0$

D. $-2 < x < 0$ E. 以上答案均不正确

【解】$\sqrt{x^3+2x^2} = |x|\sqrt{2+x} = -x\sqrt{2+x}$，所以需要满足 $x \leqslant 0, 2+x \geqslant 0$，故可知 $-2 \leqslant x \leqslant 0$。

答案为 C。

(2003) 已知 $\left|\dfrac{5x-3}{2x+5}\right| = \dfrac{3-5x}{2x+5}$，则实数 x 的取值范围为（ ）

A. $x < -\dfrac{5}{2}$ 或 $x \geqslant \dfrac{3}{5}$ B. $-\dfrac{5}{2} \leqslant x \leqslant \dfrac{3}{5}$ C. $-\dfrac{5}{2} < x \leqslant \dfrac{3}{5}$

D. $-\dfrac{3}{5} \leqslant x < \dfrac{5}{2}$ E. 以上答案均不正确

【解】已知 $\left|\dfrac{5x-3}{2x+5}\right| = \dfrac{3-5x}{2x+5}$，则 $\dfrac{3-5x}{2x+5} \geqslant 0$，$(3-5x)(2x+5) \geqslant 0$，$2x+5 \neq 0$，解得 $-\dfrac{5}{2} < x \leqslant \dfrac{3}{5}$。

答案为 C。

(2003)（条件充分性判断）可以确定 $\dfrac{|x+y|}{x-y} = 2$

（1）$\dfrac{x}{y} = 3$ （2）$\dfrac{x}{y} = \dfrac{1}{3}$

【解】针对条件（1）而言，$x=3y$，则 $\dfrac{|x+y|}{x-y}=\dfrac{4|y|}{2y}=\begin{cases}2 & y>0 \\ -2 & y<0\end{cases}$，故该条件不充分；

针对条件（2）而言，$y=3x$，则 $\dfrac{|x+y|}{x-y}=\dfrac{4|x|}{-2x}=\begin{cases}-2 & x>0 \\ 2 & x<0\end{cases}$，故该条件也不充分。

答案为 E。

（2004）（条件充分性判断）x，y 是实数，$|x|+|y|=|x-y|$

(1) $x>0$，$y<0$ (2) $x<0$，$y>0$

【解】由 $|x|+|y|=|x-y|$ 可知 $xy\leqslant 0$，所以条件（1）和条件（2）均为充分条件。答案为 D。

（2004）（条件充分性判断）$\sqrt{a^2 b}=-a\sqrt{b}$

(1) $a<0$，$b>0$ (2) $a>0$，$b<0$

【解】$\sqrt{a^2 b}=|a|\sqrt{b}=-a\sqrt{b}$，所以可知 $a\leqslant 0,b\geqslant 0$，则只有条件（1）充分。答案为 A。

> **周老师提醒您**
>
> 关于如何去绝对值符号的题型，考生牢记以下公式即可：
> $$|a|=\begin{cases}a & a>0 \\ 0 & a=0 \\ -a & a<0\end{cases}$$

（四）绝对值的最值问题

1. 若不等式 $|3-x|+|x-2|<a$ 的解集是空集，则 a 的取值范围是（   ）

   A. $a<1$ B. $a\leqslant 1$ C. $a>1$ D. $a\geqslant 1$ E. 以上结论均不正确

   【解题思路】本题主要由 $|3-x|+|x-2|$ 的最小值为 1，根据不等式的性质找出使之为空集的 a 的取值范围。

   【解】利用 $|3-x|+|x-2|$ 的最小值为 1，当且仅当 $a\leqslant 1$ 时，不等式 $|3-x|+|x-2|<a$ 的解集为空集。答案为 B。

2. （条件充分性判断）$|3-x|+|x+2|=a$ 有解

   (1) $a=5$ (2) $a=1$

   【解题思路】本题首先求出 $|3-x|+|x+2|$ 的最小值为 5，然后判断以下两个条件是否大于或者等于最小值来说明方程有解。

   【解】$|3-x|+|x+2|$ 的最小值为 5，只有当 $|3-x|+|x+2|=a,a\geqslant 5$ 时方程有解，所以条件（1）充分，条件（2）不充分。答案为 A。

3. 已知 $|x-1|+|x-5|=4$，则 x 的取值范围是（   ）

A. $1 \leqslant x \leqslant 5$ B. $x \leqslant 1$ C. $1 < x < 5$ D. $x \geqslant 5$ E. 以上答案均不正确

【解题思路】本题主要考查 $|x-1|+|x+5|$ 的最小值为 4，可知只要在 $1 \leqslant x \leqslant 5$ 范围内，该方程的值恒等于 4。

【解】方法 1：由 $x-1=0, x-5=0$ 得零点为 1，5。

当 $x \leqslant 1$ 时，有 $-(x-1)-(x-5)=4$，得 $x=1$；当 $1<x<5$ 时，有 $x-1-(x-5)=4$，得 $x=4$。所以，无论 x 取何值都成立，即 $1<x<5$。当 $x \geqslant 5$ 时，有 $x-1+x-5=4$，得 $x=5$。

综上所述 $1 \leqslant x \leqslant 5$。

方法 2：$|x-1|$ 在数轴上的意义是：x 的点到 1 的点之间的距离；$|x-5|$ 在数轴上的意义是：x 的点到 5 的点之间的距离。如图，用 A 表示 1，B 表示 5，C 表示 x。当 C 在 AB 上时，$|AC|+|BC|=|AB|=|5-1|=4$；当 C 在 AB 外（无论在左边或右边），$|AC|+|BC|=|AC|+|AC|+|AB|=2|AC|+|AB|>|AB|=4$（$C$ 在右边同理），C 与 A、B 重合也满足此结论，故 $1 \leqslant x \leqslant 5$。答案为 A。

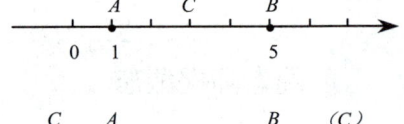

4. 若 $y=|x+1|-2|x|+|x-2|$，且 $-1 \leqslant x \leqslant 2$，那么 y 的最大值是（　　）

A. 1   B. 2   C. 3   D. 4   E. 5

【解题思路】已知 $-1 \leqslant x \leqslant 2$，则 $y=|x+1|-2|x|+|x-2|=3-2|x|$，根据 x 的固定范围来求解 y 的最值。

【解】由 $-1 \leqslant x \leqslant 2$，得 $x+1 \geqslant 0$，$x-2 \leqslant 0$，所以 $y=x+1-2|x|-(x-2)=3-2|x|$。

因为 $|x| \geqslant 0$，当 $-1 \leqslant x \leqslant 2$ 时，$|x|$ 的最小值为 0，此时 y 取得最大值 3。

答案为 C。

真题解析

（2003）（条件充分性判断）不等式 $|x-2|+|4-x|<s$ 无解

（1）$s \leqslant 2$ （2）$s > 2$

【解】$|x-2|+|4-x|=|x-2|+|x-4|$ 的最小值为 2，当且仅当 $s \leqslant 2$ 时，该不等式 $|x-2|+|4-x|<s$ 无解。故只有条件（1）充分，条件（2）不充分。答案为 A。

（2007-10-9）设 $y=|x-2|+|x+2|$，则下列结论正确的是（　　）

A. y 没有最小值

B. 只有一个 x 使 y 取到最小值

C. 有无穷多个 x 使 y 取到最大值

D. 有无穷多个 x 使 y 取到最小值

E. 以上结论均不正确

【解】方法 1：将 x 按照 $x>2, x<-2, -2 \leqslant x \leqslant 2$ 划分三个区间，然后去掉绝对值符号来计算，

可以得到：

当 $-2 \leqslant x \leqslant 2$ 时，$y = 4$ 是恒定值；

当 $x > 2$ 时，$y = 2x$ 是个递增函数；

当 $x < -2$ 时，$y = -2x$ 是个递减函数。

故 $y = 4$ 是该表达式的最小值，且当 $y = 4$ 时，x 有无穷个值。答案为 D。

方法 2：$y = |x-2| + |x+2|$ 表示 x 到 -2 点的距离和 x 到 2 点的距离之和。利用数轴即可迅速观察出 $y = 4$ 是最小值，且在 $x \in [-2, 2]$ 内使 $y = 4$。

（2008-1-18）（条件充分性判断）$f(x)$ 有最小值 2

（1）$f(x) = \left|x - \dfrac{5}{12}\right| + \left|x - \dfrac{1}{12}\right|$　（2）$f(x) = |x-2| + |4-x|$

【解】针对条件（1）而言，由 $f(x) = \left|x - \dfrac{5}{12}\right| + \left|x - \dfrac{1}{12}\right|$ 得到最小值为 $\left|\dfrac{5}{12} - \dfrac{1}{12}\right| = \dfrac{1}{3}$，故条件（1）不充分；针对条件（2）而言，由 $f(x) = |x-2| + |4-x|$ 得到最小值为 2，所以条件（2）充分。

答案为 B。

（2007-10-30）（条件充分性判断）方程 $|x+1| + |x| = 2$ 无根

（1）$x \in (-\infty, -1)$　（2）$x \in (-1, 0)$

【解】根据绝对值的定义可知表达式 $|x+1| + |x|$ 的最小值为 1，此时 $x \in [-1, 0]$，若要求方程 $|x+1| + |x| = 2$，则：

针对条件（1）而言，$x \in (-\infty, -1), x+1 < 0, x < 0, |x+1| + |x| = -x-1-x = 2, x = -\dfrac{3}{2}$ 有解，故不充分；针对条件（2）而言，$x \in (-1, 0), x+1 > 0, x < 0, |x+1| + |x| = x+1-x \neq 2$，方程无解，所以充分。

答案为 B。

（2009-10-8）设 $y = |x-a| + |x-20| + |x-a-20|$，其中 $0 < a < 20$，则对于满足 $a \leqslant x \leqslant 20$ 的 x 值，y 的最小值是（　　）

A. 10　　　　B. 15　　　　C. 20　　　　D. 25　　　　E. 30

【解】由绝对值的性质可知当 $x = 20$ 时，y 的最小值为 20。答案为 C。

周老师提醒您

关于绝对值求最值，主要有两种题型需要考生掌握：
- 函数 $f(x) = |x+a| + |x+b|$，在区间 $[-a, -b]$ 内取最小值 $f(x)_{\min} = |a-b|$，无最大值。
- 函数 $f(x) = |x+a| - |x+b|$，最小值 $f(x)_{\min} = -|a-b|$，最大值 $f(x)_{\max} = |a-b|$。

平均值

一、基本概念

（一）定义

算术平均值：有 n 个数 $a_1, a_2, \cdots, a_n$，称 $\dfrac{a_1+a_2+\cdots+a_n}{n}$ 为这 n 个数的算术平均值，记为 $\bar{a} = \dfrac{1}{n}\sum\limits_{i=1}^{n} a_i$，$a_1+a_2+\cdots+a_n = n\bar{a}$。

几何平均值：有 n 个正实数 $a_1, a_2, \cdots, a_n$，称 $\sqrt[n]{a_1 a_2 \cdots a_n}$ 为这 n 个数的几何平均值，记为 $G = \sqrt[n]{\prod\limits_{i=1}^{n} a_i}$，$a_1 \times a_2 \times \cdots \times a_n = G^n$。

（二）性质

1. 若 $a_1 = a_2 = \cdots = a_n = a > 0$，则 $\bar{a} = G = a$。

2. 对 n 个正实数 $a_1, a_2, \cdots, a_n$，有 $\bar{a} \geqslant G$（平均值定理）。

对于 $a > 0, b > 0, \bar{x} = \dfrac{a+b}{2}, G = \sqrt{ab}, \dfrac{a+b}{2} \geqslant \sqrt{ab}, a+b \geqslant 2\sqrt{ab}$（求最小值）；

$\sqrt{ab} \leqslant \dfrac{a+b}{2}, ab \leqslant \left(\dfrac{a+b}{2}\right)^2$（求最大值）。

当且仅当 $a = b$ 时，等号成立。

二、例题精讲

（一）平均值的基本公式

1. 已知 $x_1, x_2, \cdots, x_n$ 的几何平均值为 3，前面 $n-1$ 个数的几何平均值为 2，则 x_n 的值是（   ）

    A. $\dfrac{9}{2}$　　B. $\left(\dfrac{3}{2}\right)^n$　　C. $2\left(\dfrac{3}{2}\right)^n$　　D. $\left(\dfrac{3}{2}\right)^{n-1}$　　E. 以上结论均不正确

    【解题思路】本题主要是运用 $G = \sqrt[n]{\prod\limits_{i=1}^{n} a_i}$，$a_1 \times a_2 \times \cdots \times a_n = G^n$ 进行运算。

    【解】考查几何平均值的定义，因为 $\sqrt[n]{x_1 x_2 \cdots x_n} = 3$，$\sqrt[n-1]{x_1 x_2 \cdots x_{n-1}} = 2$

    $\Rightarrow \begin{array}{l} x_1 x_2 \cdots x_n = 3^n \quad \text{①} \\ x_1 x_2 \cdots x_{n-1} = 2^{n-1} \quad \text{②} \end{array}$

    两式联立得 $x_n = \dfrac{3^n}{2^{n-1}} = 2\left(\dfrac{3}{2}\right)^n$。答案为 C。

2. 数列 $a_1, a_2, a_3, \cdots$ 满足 $a_1 = 7, a_9 = 8$，且对任何 $n \geqslant 3$，a_n 为前 $n-1$ 项的算术平均值，则 $a_2 = $（   ）

    A. 7　　B. 8　　C. 9　　D. 10　　E. 以上结论均不正确

【解题思路】本题主要是通过 $\bar{a} = \dfrac{1}{n}\sum\limits_{i=1}^{n} a_i$，$a_1 + a_2 + \cdots + a_n = n\bar{a}$ 进行运算。

【解】通过递推运算

$$\left. \begin{array}{l} a_3 = \dfrac{a_1 + a_2}{2} \\ a_4 = \dfrac{a_1 + a_2 + a_3}{3} \\ 2a_3 = a_1 + a_2 \\ 3a_4 = a_1 + a_2 + a_3 \\ \vdots \\ 8a_9 = a_1 + \cdots + a_8 \end{array} \right\} \Rightarrow a_3 = a_4 = \cdots = a_9 = 8$$

可以解得 $a_2 = 9$。答案为 C。

3. x, y 的算术平均数是 2，几何平均数也是 2，则可以确定 $\dfrac{1}{\sqrt{x}} + \dfrac{1}{\sqrt{y}}$ 值为（　　）

A. 2　　　　B. $\sqrt{2}$　　　　C. $\dfrac{\sqrt{2}}{3}$　　　　D. 1　　　　E. 以上结论均不正确

【解题思路】本题主要通过 $\bar{x} = \dfrac{a+b}{2}$，$G = \sqrt{ab}$（$a > 0, b > 0$）两个基本公式进行运算。

【解】方法 1：根据平均值的性质只有在两个数相等的情况下，几何平均值和算术平均值才相等，所以 $x = y = 2$，$\dfrac{1}{\sqrt{x}} + \dfrac{1}{\sqrt{y}} = \dfrac{2}{\sqrt{2}} = \sqrt{2}$。答案为 B。

方法 2：$\dfrac{1}{\sqrt{x}} + \dfrac{1}{\sqrt{y}} = \dfrac{\sqrt{x} + \sqrt{y}}{\sqrt{xy}} = \dfrac{\sqrt{x + y + 2\sqrt{xy}}}{\sqrt{xy}} = \sqrt{2}$。答案为 B。

4. （条件充分性判断）三个数 $16, 2n-4, n$ 的算术平均数为 a，能确定 $18 \leqslant a \leqslant 21$
　（1）$14 \leqslant n \leqslant 18$　　　　（2）$13 \leqslant n \leqslant 17$

【解题思路】本题主要利用算术平均值的基本公式 $\dfrac{a_1 + a_2 + \cdots + a_n}{n} = \bar{a}$ 求出 a，然后根据 a 的范围确定 n。

【解】根据题意 $18 \leqslant \dfrac{16 + 2n - 4 + n}{3} = n + 4 \leqslant 21 \Rightarrow 14 \leqslant n \leqslant 17$，条件（1）和条件（2）单独均不充分，二者联立之后 $14 \leqslant n \leqslant 17$ 是符合条件的。
答案为 C。

5. （条件充分性判断）$x > 0, y > 0$，能够确定 $\dfrac{1}{x} + \dfrac{1}{y} = 4$
　（1）x, y 的算术平均值为 6，比例中项为 $\sqrt{3}$
　（2）x^2, y^2 的算术平均值为 7，几何平均值为 1

【解题思路】本题主要利用算术平均值和几何平均值基本公式进行运算。

【解】$\dfrac{1}{x} + \dfrac{1}{y} = \dfrac{x+y}{xy}$，针对条件（1）而言，可知 $x + y = 12$，$xy = 3$，推出 $\dfrac{1}{x} + \dfrac{1}{y} = 4$，条件是

充分的；针对条件（2）而言，可知 $xy=1$，$(x+y)^2=x^2+y^2+2xy=14+2=16$，所以 $\dfrac{1}{x}+\dfrac{1}{y}=4$，条件（2）也是充分的。

答案为 D。

真题解析

（2007-10-17）（条件充分性判断）三个实数 x_1, x_2, x_3 的算术平均数为 4

（1） x_1+6, x_2-2, x_3+5 的算术平均数为 4

（2） x_2 为 x_1 和 x_3 的等差中项，且 $x_2=4$

【解】针对条件（1）而言，x_1+6, x_2-2, x_3+5 的算术平均数为 $\dfrac{x_1+6+x_2-2+x_3+5}{3}=4$，故 $\bar{x}=\dfrac{x_1+x_2+x_3}{3}=\dfrac{3}{3}=1$，条件（1）不充分；针对条件（2）而言，$x_2$ 为 x_1 和 x_3 的等差中项，则 $2x_2=x_1+x_3=8$，故 $\bar{x}=\dfrac{x_1+x_2+x_3}{3}=\dfrac{12}{3}=4$。

答案为 B。

（2005）（条件充分性判断）a, b, c 的算术平均值是 $\dfrac{14}{3}$，几何平均值是 4

（1） a, b, c 是满足 $a>b>c>1$ 的三个整数，$b=4$

（2） a, b, c 是满足 $a>b>c>1$ 的三个整数，$b=2$

【解】针对条件（1）而言，$b=4$，$b>c>1$，所以 c 的值可能为 2 或 3，根据 a, b, c 三者的算术平均值 $\dfrac{14}{3}$ 计算出 a 应该是两个值，故几何平均值可能为两个值，所以条件（1）不充分；针对条件（2）而言，$b=2$，$b>c>1$，c 没有合适的整数，所以也不充分。

答案为 E。

（2017-1-6）在 1 与 100 之间，能被 9 整除的整数的平均值为（　　）

A. 27　　　　B. 36　　　　C. 45　　　　D. 54　　　　E. 63

【解】1 到 100 之间能被 9 整除的整数有：9,18,27...,99 共 11 个数，故平均数 $\bar{X}=\dfrac{9+18+27+\cdots+99}{11}=54$。答案为 D。

周老师提醒您

从历年考题可以发现，平均值问题的考查多半针对的是算术平均值和几何平均值基本公式的运用，所以考生应牢记上述公式。

（二）平均值的基本定理

1. 已知 $x > 0$，函数 $y = \dfrac{2}{x} + 3x^2$ 的最小值是（　　）

   A. $2\sqrt{6}$　　　B. $3\sqrt[3]{3}$　　　C. $4\sqrt{2}$　　　D. 6　　　E. 以上结论均不正确

   【解题思路】本题求 y 的最小值，本质是将 y 的表达式转化成 $y = \dfrac{2}{x} + 3x^2 = \dfrac{1}{x} + \dfrac{1}{x} + 3x^2$，然后运用平均值定理直接求解。

   【解】根据几何平均数和算术平均数之间的性质，有 $\dfrac{\dfrac{1}{x} + \dfrac{1}{x} + 3x^2}{3} \geqslant \sqrt[3]{\dfrac{1}{x} \cdot \dfrac{1}{x} \cdot 3x^2} = \sqrt[3]{3}$。

   答案为 B。

2. （条件充分性判断）设是 x, y 实数，则可以确定 $x^3 + y^3$ 的最小值

   （1） $xy = 1$　　　（2） $x + y = 2$

   【解】对条件（1），令 $y = \dfrac{1}{x}$，显然原式 $= x^3 + \dfrac{1}{x^3}$，当 x 无限趋近于负无穷时，原式没有最小值，条件（1）不充分；对条件（2），$x^3 + y^3 = (x+y)\left[(x+y)^2 - 3xy\right]$，$x + y = 2$ 带入得到 $x^3 + y^3 = 2\left[2^2 - 3xy\right] = 8 - 6xy$，由均值不等式得 $xy \leqslant \left(\dfrac{x+y}{2}\right)^2 = 1$，因此当 xy 取到最大值时，原式取最小值，条件（2）充分。

   答案为 B。

真题解析

（2007-10-6）一元二次函数 $x(1-x)$ 的最大值为（　　）

A. 0.05　　　B. 0.10　　　C. 0.15　　　D. 0.20　　　E. 0.25

【解】方法1：令 $y = x(1-x) = -x^2 + x$，由一元二次函数的性质可知：

当 $x = -\dfrac{b}{2a} = \dfrac{1}{2}$ 时，函数有最大值，最大值为 $y_{\max} = -\dfrac{1}{4} + \dfrac{1}{2} = 0.25$。

方法2（平均值定理）：令 $y = x(1-x) \leqslant \left(\dfrac{x+1-x}{2}\right)^2 = \dfrac{1}{4} = 0.25$，当且仅当 $x = 1-x$，即 $x = \dfrac{1}{2}$ 时等式成立。

> **周老师提醒您**
>
> 　　计算含有变量的最值的表达式，要求考生首选平均值定理。切记求解的过程是为了消去变量。

比和比例

一、基本概念

（一）定义

比：两个数 a、b 相除又可称作这两个数的比，记为 $a:b$，即 $a:b=\dfrac{a}{b}$。其中，a 叫作比的前项，b 叫作比的后项。若 a 除以 b 的商为 k，则称 k 为 $a:b$ 的比值。

比例：如果两个比 $a:b$ 和 $c:d$ 的比值相等，就称 a、b、c、d 成比例，记作 $a:b=c:d$，或 $\dfrac{a}{b}=\dfrac{c}{d}$。其中，$a$ 和 d 叫作比例外项，b 和 c 叫作比例内项。

当 $a:b=b:c$ 时，称 b 为 a 和 c 的比例中项，显然当 a、b、c 均为正数时，b 是 a 和 c 的几何平均值。

正比例：若 $y=kx(k\neq 0,k$ 为常数$)$，则称 y 与 x 成正比，k 为比例系数。

反比例：若 $y=\dfrac{k}{x}(k\neq 0,k$ 为常数$)$，则称 y 与 x 成反比例，k 为比例系数。

（二）比的基本性质

- $a:b=k\Leftrightarrow a=kb$
- $a:b=ma:mb(m\neq 0)$

在实际应用时，常将比值表示为百分数，一般情况以百分数形式表示的比值称为百分比（或百分率）。若 $a:b=r\%$，则常表述为"a 是 b 的 $r\%$"，即 $a=b\cdot r\%$。

（三）比例的基本性质

- $a:b=c:d\Rightarrow ad=bc$
- $a:b=c:d\Leftrightarrow d:b=c:a\Leftrightarrow a:c=b:d$

二、例题精讲

（一） $\dfrac{x}{a}=\dfrac{y}{b}(a,b$ 为常数$)$

1. 已知 $\dfrac{x}{3}=\dfrac{y}{5}$，则 $\dfrac{x+y}{x-y}$ 的值是（　　）

A. 5　　　　B. −5　　　　C. 4　　　　D. −4　　　　E. 以上结论均不正确

【解题思路】本题主要由 $\dfrac{x}{3}=\dfrac{y}{5}$，令 $x=3,y=5$ 运算。

【解】设 $x=3a,y=5a$，代入 $\dfrac{x+y}{x-y}=\dfrac{8a}{-2a}=-4$。答案为 D。

2. 已知 $\dfrac{a}{b}=-\dfrac{3}{5}$，$\dfrac{b}{c}=\dfrac{-7}{9}$，$\dfrac{d}{c}=-\dfrac{5}{2}$，则 $\dfrac{a}{d}=$（　　）

A. $-\dfrac{14}{75}$ B. $\dfrac{14}{75}$ C. $\dfrac{75}{14}$ D. $-\dfrac{75}{14}$ E. 以上答案均不正确

【解题思路】本题主要通过观察发现 $\dfrac{a}{d} = \dfrac{a}{b} \times \dfrac{b}{c} \times \dfrac{c}{d}$，直接进行运算即可。

【解】$\dfrac{a}{b} \times \dfrac{b}{c} \times \dfrac{c}{d} = -\dfrac{3}{5} \times \left(-\dfrac{7}{9}\right) \times \left(-\dfrac{2}{5}\right) = -\dfrac{14}{75}$。答案为 A。

真题解析

（2008-10-1）若 $a : b = \dfrac{1}{3} : \dfrac{1}{4}$，则 $\dfrac{12a + 16b}{12a - 8b} = (\quad)$

A. 2   B. 3   C. 4   D. -3 E. -2

【解】方法 1：设定 $a = \dfrac{1}{3}x, b = \dfrac{1}{4}x$，故 $\dfrac{12a + 16b}{12a - 8b} = \dfrac{4x + 4x}{4x - 2x} = 4$。

方法 2：$a : b = \dfrac{1}{3} : \dfrac{1}{4} = 4 : 3$，所以 $\dfrac{12a + 16b}{12a - 8b} = \dfrac{12\dfrac{a}{b} + 16}{12\dfrac{a}{b} - 8} = 4$。

答案为 C。

（2009-1-19）（条件充分性判断）对于使 $\dfrac{ax + 7}{bx + 11}$ 有意义的一切 x 的值，这个分式为一个定值

（1）$7a - 11b = 0$ （2）$11a - 7b = 0$

【解】针对条件（1）而言，$7a - 11b = 0$，那么如果令 $a = 11, b = 7$，可知 $\dfrac{ax + 7}{bx + 11} = \dfrac{11x + 7}{7x + 11}$ 不为定值，故条件（1）不充分；针对条件（2）而言，$11a - 7b = 0$，那么 $a : b = 7 : 11$，$\dfrac{ax + 7}{bx + 11} = \dfrac{7x + 7}{11x + 11} = \dfrac{7}{11}$ 为定值，故条件（2）充分。

答案为 B。

周老师提醒您

对于 $\dfrac{x}{a} = \dfrac{y}{b}$ (a, b 为常数)型的比例运算，考生在运算时可直接令 $x = a, y = b$ 快速计算。

（二）$x : y : z = \dfrac{1}{a} : \dfrac{1}{b} : \dfrac{1}{c}$ (a, b, c 为常数)

已知 $\dfrac{x}{3} = \dfrac{y}{4} = \dfrac{z}{5}$，$x + y + z = 48$，那么 $x = (\quad)$

A. 12　　　　　B. 16　　　　　C. 20　　　　　D. 24　　　　　E. 28

【解题思路】由 $\frac{x}{3}=\frac{y}{4}=\frac{z}{5}$，$x:y:z=3:4:5$ 按照比例进行运算即可。

【解】设 $\frac{x}{3}=\frac{y}{4}=\frac{z}{5}=a$，可得 $x=3a$，$y=4a$，$z=5a$，$x+y+z=12a=48$，$a=4$，$x=12$。

答案为 A。

真题解析

（2002-1）设 $\frac{1}{x}:\frac{1}{y}:\frac{1}{z}=4:5:6$，则使 $x+y+z=74$ 成立的 y 值是（　　）

A. 24　　　　　B. 36　　　　　C. $\frac{74}{3}$　　　　　D. $\frac{37}{2}$　　　　　E. 以上答案均不正确

【解】方法1：由 $\frac{1}{x}:\frac{1}{y}:\frac{1}{z}=4:5:6$

得 $\frac{1}{x}:\frac{1}{y}=4:5 \Rightarrow \frac{y}{x}=\frac{4}{5} \Rightarrow x=\frac{5}{4}y$

$\frac{1}{y}:\frac{1}{z}=5:6 \Rightarrow \frac{z}{y}=\frac{5}{6} \Rightarrow z=\frac{5}{6}y$

则 $x+y+z=74$ 可化为

$\frac{5}{4}y+y+\frac{5}{6}y=74 \Rightarrow y=24$

答案为 A。

方法2：可把 $\frac{1}{x},\frac{1}{y},\frac{1}{z}$ 看成 $4,5,6$，

则 $x=\frac{1}{4}$，$y=\frac{1}{5}$，$z=\frac{1}{6}$，

可得 $x:y:z=\frac{1}{4}:\frac{1}{5}:\frac{1}{6}=(5\times6):(4\times6):(4\times5)=30:24:20$，解得 $y=24$。

（2014-1-19）（条件充分性判断）设 x 是非负实数，则 $x^3+\frac{1}{x^3}=18$

（1）$x+\frac{1}{x}=3$　　　　　　　　　　（2）$x^2+\frac{1}{x^2}=7$

【解】题干中 $x^3+\frac{1}{x^3}=\left(x+\frac{1}{x}\right)\left(x^2-1+\frac{1}{x^2}\right)$

条件（1）$x+\frac{1}{x}=3 \Rightarrow \left(x+\frac{1}{x}\right)^2=9 \Rightarrow x^2+\frac{1}{x^2}=7 \Rightarrow x^3+\frac{1}{x^3}=3\times(7-1)=18$

条件（2）确定不了 $x+\frac{1}{x}$ 的值（可能是 ±3），不充分。

答案为 A。

（2015-1-1）若实数 a,b,c 满足 $a:b:c=1:2:5$，且 $a+b+c=24$，则 $a^2+b^2+c^2=$（ ）

A. 30　　　　B. 90　　　　C. 120　　　　D. 240　　　　E. 270

【解】设 $a=k$，$b=2k$，$c=5k$，$k+2k+5k=8k=24$，解得 $k=3$，故 $a^2+b^2+c^2=270$。答案为 E。

> **周老师提醒您**
>
> 关于 $x:y:z=\dfrac{1}{a}:\dfrac{1}{b}:\dfrac{1}{c}$（$a,b,c$ 为常数）多比例题型，考生需要从 a,b,c 的最小公倍数入手，然后化分数比为整数比后，即可直接观察，得出答案。

第二章 代数

第一节 整式和分式

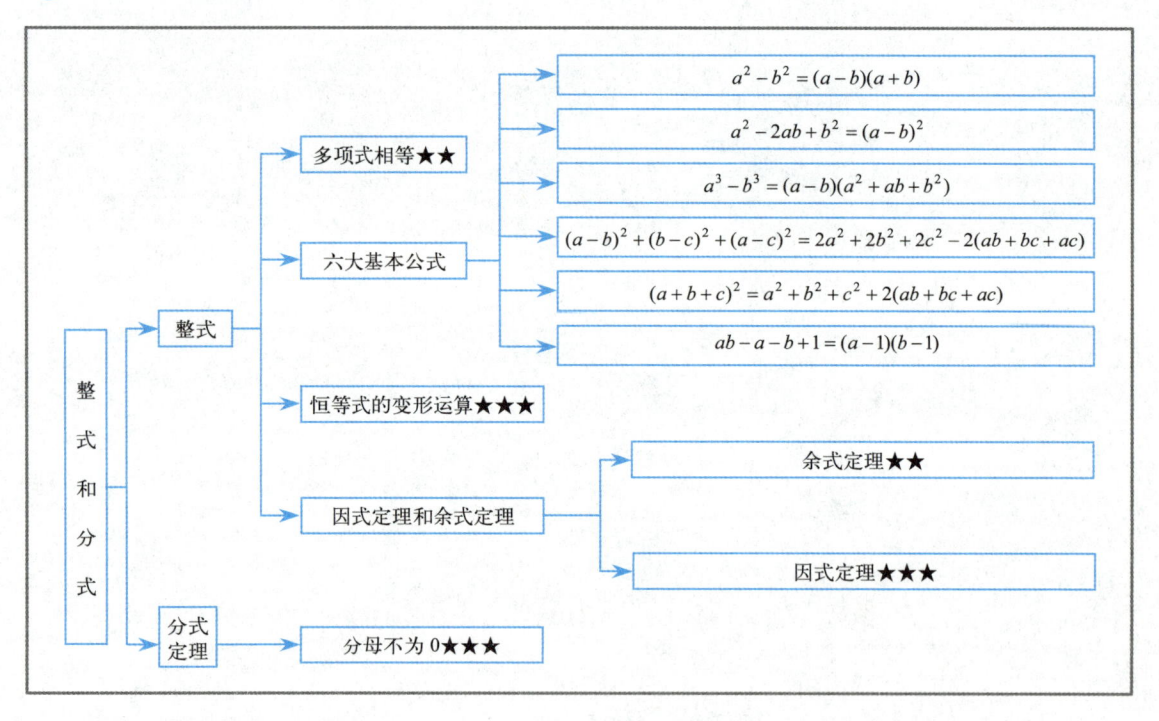

知识框架图

```
整式和分式
├── 整式
│   ├── 多项式相等★★
│   ├── 六大基本公式
│   │   ├── $a^2 - b^2 = (a-b)(a+b)$
│   │   ├── $a^2 - 2ab + b^2 = (a-b)^2$
│   │   ├── $a^3 - b^3 = (a-b)(a^2 + ab + b^2)$
│   │   ├── $(a-b)^2 + (b-c)^2 + (a-c)^2 = 2a^2 + 2b^2 + 2c^2 - 2(ab + bc + ac)$
│   │   ├── $(a+b+c)^2 = a^2 + b^2 + c^2 + 2(ab + bc + ac)$
│   │   └── $ab - a - b + 1 = (a-1)(b-1)$
│   ├── 恒等式的变形运算★★★
│   └── 因式定理和余式定理
│       ├── 余式定理★★
│       └── 因式定理★★★
└── 分式定理
    └── 分母不为0★★★
```

考点说明

整式和分式这一节的内容起着承上启下的作用。本节主要考查五个方面：六大基本公式、多项式相等运算、恒等式运算、因式定理和余式定理、分式的性质。在考试中，该部分一般占据 2 个题左右。因为后面的方程不等式本质是由整式和分式构成的，故考生需要在本节的学习过程中牢牢掌握上述五个知识点。

模块化讲解

多项式相等

一、基本概念

（一）定义

1. 整式的概念

（1）代数式的概念。

代数式的定义：用运算符号和括号把数或表示数的字母连接而成的式子称为代数式。另外，单独的一个数或字母也是代数式。

书写代数式时应注意以下原则：

① 代数式中出现的乘号，通常写作"·"或省略不写。但数与数相乘不遵循此原则；

② 数字与字母相乘时，数字写在字母前面，而有理数又要写在无理数前面；

③ 除法运算写成分数形式；

④ 相同字母相乘，一般不把每个因数写出来，而是写成幂的形式。

（2）列代数式。

关键是正确分析数量关系，弄清运算顺序，掌握诸如和、差、积、商、倍、分、大、小、多、少、增加了、增加到、除、除以等概念。

（3）代数式的值及求法。

用数值代替代数式里的字母，按照代数式的运算关系计算得到的结果，称为代数式的值。代数式的值一般不是某一个固定的量，而是随着代数式中字母取值的变化而变化。

求代数式的值应注意以下几个问题：

① 若代数式中省略了乘号，代入数值后应添上"×"号；

② 若代入的值是负数或分数时，应添上括号；

③ 注意解题格式规范，应写成"当……时，原式=……"的形式；

④ 代数式的字母可取不同的值，但所取的值不应该使所在的代数式或实际问题无意义。

（4）单项式的有关概念。

单项式的定义：由数与字母的积或字母与字母的积所组成的代数式称为单项式，单独一个数或一个字母也是单项式。因此，单项式只能含有乘法以及以数字为除数的除法运算，不能含有加减运算，更不能含有以字母为除式的除法运算。

单项式的系数：单项式中的数字因数叫单项式的系数，单项式的系数为1或-1时，通常省略不写，但"-"号不能省略。

单项式的次数：一个单项式中，所有字母的指数的和称为这个单项式的次数。一个单项式的次数是几，我们习惯上就称这个单项式是几次单项式。单项式中字母的指数为1时，1省略不写，但计算单项式次数时不能丢掉，或误认为是0。

（5）多项式的有关概念。

多项式的意义：由几个单项式的和组成的代数式称为多项式。多项式中含有加减运算，也可以含有乘方，乘除运算，但不能含有以字母为除式的除法运算。

多项式的项：在多项式中的每个单项式称为多项式的项。不含字母的项，称为常数项。常数项在多项式中次数最低。多项式有几项，我们习惯上又称为"几项式"。

多项式的次数：多项式中，次数最高项的次数称为多项式的次数。

（6）多项式的排列。

升幂排列：把一个多项式按某一个字母的指数从小到大的顺序排列起来，称为多项式按这个字母的升幂排列。

降幂排列：把一个多项式按某一个字母的指数从大到小的顺序排列起来，称为多项式按这个字母的降幂排列。

（7）整式的意义。

单项式与多项式统称为整式。整式中不能含有以字母为除式的除法运算。

2. 整式的加减

所含的字母相同，且相同字母的指数也相同的单项式称为同类项。

掌握同类项的概念时须注意：

- 判断几个单项式或项是否是同类项，就要掌握两个条件：①所含字母相同；②相同字母的次数也相同。
- 同类项与系数无关，与字母排列的顺序也无关。
- 几个常数项也是同类项。

（1）合并同类项。

合并同类项的概念：把多项式中的同类项合并成一项称为合并同类项。

合并同类项的法则：把同类项的系数相加的结果作为合并后的系数，字母和字母的指数不变。

合并同类项的步骤：

① 准确地找出同类项；

② 逆用分配律，把同类项的系数加在一起（用小括号），字母和字母的指数不变；

③ 写出合并后的结果。

合并同类项时，请注意：

① 如果两个同类项的系数互为相反数，合并同类项后，结果为 0；

② 不要漏掉不能合并的项；

③ 只要不再有同类项，就是结果（可能是单项式，也可能是多项式）。

合并同类项的关键：正确判断同类项。

（2）整式加减的一般步骤。

① 如遇到括号，根据去括号法则先去括号：括号前面是"+"号，去掉"+"号和括号，括号里各项不变号；括号前面是"－"号，去掉"－"号和括号，括号里各项都改号。

② 合并同类项。

③ 结果写成代数和的形式，并按一定字母的降幂排列。

3. 整式的乘法

（1）同底数幂的乘法。

同底数的幂相乘，底数不变，指数相加。

$$a^m \cdot a^n = a^{m+n} \ (m 、 n \text{ 都是正整数})$$

（2）幂的乘方。

幂的乘方，底数不变，指数相乘。

$$(a^m)^n = a^{mn} \ (m 、 n \text{ 都是正整数})$$

（3）积的乘方。

积的乘方等于把积的每一个因式分别乘方，再把所得的幂相乘。

$$(ab)^n = a^n b^n \ (n \text{ 为正整数})$$

（4）整式的乘法。

单项式与单项式相乘的法则：单项式与单项式相乘，把它们的系数（包括符号）同底数幂分别相乘的积作为积的因式，其余字母连同它的指数不变，也作为积的因式。

单项式与多项式相乘的法则：单项式与多项式相乘，用单项式乘以多项式的每一项，再把所得的积相加。

多项式与多项式相乘：多项式与多项式相乘，先用一个多项式的每一项乘以另一个多项式的每一项，再把所得的积相加。

4. 乘法公式

$$(a+b)(a-b) = a^2 - b^2$$

$$(a+b)^2 = a^2 + 2ab + b^2$$
$$(a-b)^2 = a^2 - 2ab + b^2$$
$$(a+b)(a^2 - ab + b^2) = a^3 + b^3$$
$$(a-b)(a^2 + ab + b^2) = a^3 - b^3$$

5. 因式分解

把一个多项式化为几个整式的积的形式，称为把这个多项式因式分解，也称为把这个多项式分解因式。

一个多项式中每一项都含有的因式称为这个多项式的公因式。

因式分解的几种常用方法如下：

（1）提取公因式法。

（2）运用公式法。

① 平方差公式：$a^2 - b^2 = (a+b)(a-b)$

② 完全平方公式：$a^2 \pm 2ab + b^2 = (a \pm b)^2$

（3）十字相乘法。

$x^2 + (a+b)x + ab = (x+a)(x+b)$

（4）分组分解法。

① 分组后能提公因式

② 分组后能运用公式

6. 整式的除法

（1）同底数幂的除法。

同底数的幂相除，底数不变，指数相减。

$$a^m \div a^n = a^{m-n} \ (m、n 都是正整数且 m>n，a \neq 0)$$

任何不等于零的数的零次幂为 1。

$$a^0 = 1 \ (a \neq 0)$$

（2）单项式除以单项式的法则。

两个单项式相除，把系数、同底数幂分别相除作为商的因式，对于只在被除式里含有的字母，则连同它的指数作为商的一个因式。

（3）多项式除以单项式的法则。

多项式除以单项式，先把多项式的每一项除以单项式，再把所得的商相加。

（二）性质

1. 多项式相等

设 $f(x) = a_n x^n + a_{n-1} x^{n-1} + \cdots + a_1 x + a_0$，$g(x) = b_m x^m + b_{m-1} x^{m-1} + \cdots + b_1 x + b_0$，若 $n = m$，$a_n = b_m$，$a_{n-1} = b_{m-1}$，$\cdots$ 且 $a_0 = b_0$，则称为二多项式相等，记作 $f(x) = g(x)$。

2. 多项式的系数和

设 $f(x) = a_n x^n + a_{n-1} x^{n-1} + \cdots + a_1 x + a_0$，则 $f(x)$ 的常数项为 $f(0) = a_0$。

$f(x)$ 的所有系数和为 $f(1) = a_n + a_{n-1} + \cdots + a_1 + a_0$。

$f(x)$ 的偶次项系数和为 $\dfrac{f(1) + f(-1)}{2}$。

$f(x)$ 的奇数项系数和为 $\dfrac{f(1) - f(-1)}{2}$。

二、例题精讲

1. 当 $x = -3, y = -4$ 时，$3x^2 y - [2xy^2 - (5x^2 y - 3xy^2) + 4x^2 y] - xy$ 值为（　　）

   A. 48　　　　B. 84　　　　C. 80　　　　D. 78　　　　E. 以上答案均不正确

   【解题思路】本题主要就是将 $x = -3, y = -4$ 直接代入多项式进行运算即可。

   【解】直接将 $x = -3, y = -4$ 代入 $3x^2 y - [2xy^2 - (5x^2 y - 3xy^2) + 4x^2 y] - xy = 84$。答案为 B。

2. 设 $4x + y + 10z = 169, 3x + y + 7z = 126$，则 $x + y + z$ 的值为（　　）

   A. 40　　　　B. 30　　　　C. 20　　　　D. 50　　　　E. 以上答案均不正确

   【解题思路】本题主要是通过 $4x + y + 10z = 169, 3x + y + 7z = 126$ 来找出 x, z 的关系，然后反代回去找到 $x + y + z$ 的值。

   【解】$\begin{cases} 4x + y + 10z = 169 \\ 3x + y + 7z = 126 \end{cases} \Rightarrow x + 3z = 43$，代入方程可以得到

   $x + y + z + 2(x + 3z) = 126 \Rightarrow x + y + z = 126 - 86 = 40$。答案为 A。

3. 若 $a^2 + 3a + 1 = 0$，代数式 $a^4 + 3a^3 - a^2 - 5a + \dfrac{1}{a} - 2$ 的值为（　　）

   A. 0　　　　B. a　　　　C. $3a$　　　　D. -3　　　　E. 以上答案均不正确

   【解题思路】本题主要通过将所求表达式进行整理，然后采用整体代入的思想进行运算。

   【解】$a^4 + 3a^3 - a^2 - 5a + \dfrac{1}{a} - 2$

   $= a^2(a^2 + 3a + 1) - 2(a^2 + 3a + 1) + a + \dfrac{1}{a}$

   $= a + \dfrac{1}{a}$

   利用 $a^2 + 3a + 1 = 0 \Rightarrow a + 3 + \dfrac{1}{a} = 0 \Rightarrow a + \dfrac{1}{a} = -3$。答案为 D。

4. $f(x) = a(x-1)(x-2) + b(x-2)(x-3) + c(x-1)(x-3)$，且 $g(x) = x^2 + 3$，已知 $f(x) = g(x)$，则 a, b, c 的值为（　　）

   A. 6，2，-7　　B. 2，6，-7　　C. -7，6，2　　D. 6，3，-7　　E. 6，-7，3

   【解题思路】本题根据多项式相等对于所有的 x 均成立来求 a, b, c 的值。

   【解】$f(x) = g(x)$，则

$a(x-1)(x-2) + b(x-2)(x-3) + c(x-1)(x-3) = x^2+3$ 对于所有的 x 均成立。

当 $x=1$ 时，$2b=4, b=2$；当 $x=2$ 时，$-c=7, c=-7$；当 $x=3$ 时，$2a=12, a=6$。答案为 A。

5. 若 $(-x^3-4x+5)^7 = a_{21}x^{21} + a_{20}x^{20} + \cdots + a_1x + a_0$，则 $a_0+a_1+a_2+\cdots+a_{21}=($　　$)$

A. -1　　B. 0　　C. 1　　D. 2　　E. 3

【解题思路】本题根据两个多项式相等求解系数之和，选择合适的特殊值即可解决。

【解】$(-x^3-4x+5)^7 = a_{21}x^{21} + a_{20}x^{20} + \cdots + a_1x + a_0$，当 $x=1$ 时，$a_0+a_1+a_2+\cdots+a_{21}=0$。答案为 B。

6. 已知 $(2x-1)^6 = a_0+a_1x+a_2x^2+\cdots+a_6x^6$，$a_2+a_4+a_6=($　　$)$

A. 360　　B. 362　　C. 364　　D. 366　　E. 368

【解题思路】本题主要通过取特殊值 $x=1$ 和 $x=-1$ 来确定所求多项式的值。

【解】令 $x=1$，得 $1 = a_0+a_1+a_2+\cdots+a_6$　　①

再令 $x=-1$，$(-3)^6 = a_0-a_1+a_2-\cdots+a_6$　　②

（①+②）除以 2，得 $3^6+1 = 2(a_0+a_2+a_4+a_6)$，

令 $x=0$，可推出 $a_0=1$，故 $a_2+a_4+a_6=364$。答案为 C。

7. 已知 $x \in R$，若 $(1-2x)^{2009} = a_0+a_1x+a_2x^2+\cdots+a_{2009}x^{2009}$，那么由此条件可知 $(a_0+a_1)+(a_0+a_2)+\cdots+(a_0+a_{2009}) = ($　　$)$

A. 2007　　B. 2008　　C. 2009　　D. 2010　　E. 2011

【解题思路】本题主要通过取特殊值 $x=0$ 和 $x=1$ 来确定所要求的多项式的值。

【解】当 $x=0$ 时，$a_0=1$；当 $x=1$ 时，$a_0+a_1+\cdots+a_{2009}=-1$。由此可知 $(a_0+a_1)+(a_0+a_2)+\cdots+(a_0+a_{2009}) = 2008-1 = 2007$。答案为 A。

真题解析

（2008-10-17）（条件充分性判断）ax^2+bx+1 与 $3x^2-4x+5$ 的积不含 x 的一次方项和三次方项

（1）$a:b=3:4$　　（2）$a=\dfrac{3}{5}, b=\dfrac{4}{5}$

【解】$(ax^2+bx+1)(3x^2-4x+5) = 3ax^4+(3b-4a)x^3+(5a-4b+3)x^2+(5b-4)x+5$ 不含有一次方项和三次方项，所以 $3b-4a=0, 5b-4=0, b=\dfrac{4}{5}, a=\dfrac{3}{5}$。答案为 B。

（2009-1-8）若 $(1+x)+(1+x)^2+\cdots+(1+x)^n = a_1(x-1)+2a_2(x-1)^2+\cdots+na_n(x-1)^n$，则 $a_1+2a_2+3a_3+\cdots+na_n=($　　$)$

A. $\dfrac{3^n-1}{2}$　　B. $\dfrac{3^{n+1}-1}{2}$　　C. $\dfrac{3^{n+1}-3}{2}$　　D. $\dfrac{3^n-3}{2}$　　E. $\dfrac{3^n-3}{4}$

【解】直接取 $x=2$ 即可，有 $a_1+2a_2+3a_3+\cdots+na_n = 3+3^2+3^3+\cdots+3^n = \dfrac{3^{n+1}-1}{2}$。答案为 C。

（2009-1-16）（条件充分性判断）$a_1^2+a_2^2+a_3^2+\cdots+a_n^2 = \dfrac{1}{3}(4^n-1)$

（1）数列 $\{a_n\}$ 的通项公式为 $a_n = 2^n$

（2）在数列 $\{a_n\}$ 中，对任意正整数 n，有 $a_1 + a_2 + a_3 + \cdots + a_n = 2^n - 1$

【解】针对条件（1）而言，当 $n=1$，$a_1 = 2$，$a_1^2 = 4 \neq \dfrac{1}{3}(4-1) = 1$，故条件不充分。

针对条件（2）而言，$a_1 + a_2 + a_3 + \cdots + a_n = S_n = 2^n - 1$，故 $a_n = S_n - S_{n-1} = 2^{n-1}$。

$a_1 = 1$，$q = 2$，$\{a_n^2\}$ 为等比数列，$a_1^2 = 1$，$q = 4$，故 $a_1^2 + a_2^2 + a_3^2 + \cdots + a_n^2 = \dfrac{1}{3}(4^n - 1)$，

条件充分。答案为 B。

（2015-1-24）（条件充分性判断）已知 x_1, x_2, x_3 为实数，$\overline{x}$ 为 x_1, x_2, x_3 的平均值，则 $|x_k - \overline{x}| \leq 1$，$k = 1, 2, 3$

（1）$|x_k| \leq 1, k = 1, 2, 3$ （2）$x_1 = 0$

【解】对条件（1），取 $-1, -1, 1$，则有 $|x_k - \overline{x}| = \dfrac{4}{3}$，因而条件（1）不充分；两条件联合

$|x_k - \overline{x}| = \left|x_k - \dfrac{x_1 + x_2 + x_3}{3}\right|$；$k = 1$，$|x_k - \overline{x}| = \left|\dfrac{x_2 + x_3}{3}\right| \leq \dfrac{|x_2|}{3} + \dfrac{|x_3|}{3} \leq \dfrac{2}{3}$；$k = 2$ 或 3 时，

$|x_k - \overline{x}| = \left|\dfrac{2x_2 - x_3}{3}\right| \leq \dfrac{|2x_2|}{3} + \dfrac{|x_3|}{3} \leq 1$，联合充分。

答案为 C。

> **周老师提醒您**
>
> 在运算多项式相等的过程中，要求考生通过分析题目，能够很快地确定所取特殊值，然后围绕多项式再进行运算。

基本公式

一、基本概念

（1）$(a \pm b)^2 = a^2 \pm 2ab + b^2$

（2）$(a + b + c)^2 = a^2 + b^2 + c^2 + 2ab + 2ac + 2bc$

（3）$(a \pm b)^3 = a^3 \pm 3a^2 b + 3ab^2 \pm b^3$

（4）$(a + b)(a - b) = a^2 - b^2$

（5）$(a \pm b)(a^2 \mp ab + b^2) = a^3 \pm b^3$

（6）$(a - b)^2 + (a - c)^2 + (b - c)^2 = 2(a^2 + b^2 + c^2 - ab - bc - ac)$

（7）$\dfrac{k}{n(n+k)} = \dfrac{1}{n} - \dfrac{1}{n+k}$

（8）$\dfrac{1}{\sqrt{n} + \sqrt{n+1}} = \sqrt{n+1} - \sqrt{n}$

（9）形如 $\dfrac{1}{n\times(n+2)}$ 的形式，一般变形为 $\dfrac{1}{n\times(n+2)}=\dfrac{1}{2}\left(\dfrac{1}{n}-\dfrac{1}{n+2}\right)$

形如 $\dfrac{1}{1+2+3+\cdots+n}$ 的形式，

一般变形为 $\dfrac{1}{1+2+3+\cdots+n}=\dfrac{1}{\dfrac{n(n+1)}{2}}=\dfrac{2}{n(n+1)}=2\left(\dfrac{1}{n}-\dfrac{1}{n+1}\right)$

形如 $\dfrac{n}{1\times 2\times 3\times\cdots\times n\times(n+1)}$ 的形式，

一般变形为 $\dfrac{n}{1\times 2\times 3\times\cdots\times n\times(n+1)}=\dfrac{1}{n!}-\dfrac{1}{(n+1)!}$

（10）对于任意实数 x，用 $[x]$ 表示不超过 x 的最大整数；令 $\{x\}=x-[x]$，则称 $[x]$ 是 x 的整数部分，$\{x\}$ 是 x 的小数部分，即 $x=[x]+\{x\}$，其中 $0\leqslant\{x\}<1$。

二、例题精讲

1. 已知 a,b,c 满足等式 $a=\dfrac{1}{20}x+20, b=\dfrac{1}{20}x+19, c=\dfrac{1}{20}x+21$，那么代数式 $a^2+b^2+c^2-ab-bc-ac$ 的值等于（　　）

   A. 4　　　　B. 3　　　　C. 2　　　　D. 1　　　　E. 0

   【解题思路】本题在运算过程中主要考查以下公式：$(a-b)^2+(a-c)^2+(b-c)^2=2(a^2+b^2+c^2-ab-bc-ac)$。

   【解】方法 1（公式法）：由题意可知，$a-b=1, a-c=-1, b-c=-2$，直接代入 $a^2+b^2+c^2-ab-bc-ac=\dfrac{1}{2}[(a-b)^2+(b-c)^2+(c-a)^2]=3$。答案为 B。

   方法 2（特殊值法）：令 $\dfrac{1}{20}x=-20$，则 $a=0, b=-1, c=1$，直接代入 $a^2+b^2+c^2-ab-bc-ac=3$。

2. 设 a,b,c 是不全相等的实数，若 $x=a^2-bc, y=b^2-ac, z=c^2-ab$，则 x,y,z（　　）

   A. 都大于 0　　　　B. 至少有一个大于 0　　　　C. 至少有一个小于 0

   D. 都不小于 0　　　　E. 以上结论均不正确

   【解题思路】本题主要的突破口是根据已知条件可知考查点是基本公式 $(a-b)^2+(a-c)^2+(b-c)^2=2(a^2+b^2+c^2-ab-bc-ac)$。

   【解】$x+y+z=a^2+b^2+c^2-ab-bc-ac=\dfrac{1}{2}[(a-b)^2+(b-c)^2+(a-c)^2]\geqslant 0$，所以至少有一个大于 0。答案为 B。

3. $\dfrac{2\times 3}{1\times 4}+\dfrac{5\times 6}{4\times 7}+\dfrac{8\times 9}{7\times 10}+\dfrac{11\times 12}{10\times 13}+\dfrac{14\times 15}{13\times 16}=$ （　　）

A. $4\dfrac{3}{4}$　　　B. $4\dfrac{3}{8}$　　　C. 4　　　D. $5\dfrac{3}{4}$　　　E. $5\dfrac{5}{8}$

【解题思路】本题要求考生能够通过题意发现其中的规律，分子上的两个数彼此之间差 1，分母上的两个数彼此之间差 3，由此可以联想到基本公式 $\dfrac{k}{n(n+k)}=\dfrac{1}{n}-\dfrac{1}{n+k}$。

【解】$\dfrac{2\times3}{1\times4}+\dfrac{5\times6}{4\times7}+\dfrac{8\times9}{7\times10}+\dfrac{11\times12}{10\times13}+\dfrac{14\times15}{13\times16}=2-\dfrac{2}{4}+\dfrac{10}{4}-\dfrac{10}{7}+\dfrac{24}{7}-\dfrac{24}{10}+\dfrac{44}{10}-\dfrac{44}{13}+\dfrac{70}{13}-\dfrac{70}{16}=\dfrac{45}{8}$

答案为 E。

4. $\left(\dfrac{1}{1+\sqrt{2}}+\dfrac{1}{\sqrt{2}+\sqrt{3}}+\cdots+\dfrac{1}{\sqrt{2009}+\sqrt{2010}}+\dfrac{1}{\sqrt{2010}+\sqrt{2011}}\right)\cdot\left(1+\sqrt{2011}\right)=(　　)$

A. 2006　　　B. 2007　　　C. 2008　　　D. 2009　　　E. 2010

【解题思路】观察发现分母中含有根号，且彼此之间相差固定数字，所以可以考虑利用基本公式 $\dfrac{1}{\sqrt{n}+\sqrt{n+1}}=\sqrt{n+1}-\sqrt{n}$。

【解】$\dfrac{1}{1+\sqrt{2}}=\dfrac{\sqrt{2}-1}{(1+\sqrt{2})(\sqrt{2}-1)}=\sqrt{2}-1$，同理，后面的每个分式都可以化成这种形式，则

$\left(\dfrac{1}{1+\sqrt{2}}+\dfrac{1}{\sqrt{2}+\sqrt{3}}+\cdots+\dfrac{1}{\sqrt{2009}+\sqrt{2010}}+\dfrac{1}{\sqrt{2010}+\sqrt{2011}}\right)\cdot\left(1+\sqrt{2011}\right)$

$=\left(\sqrt{2}-1+\sqrt{3}-\sqrt{2}+\cdots+\sqrt{2011}-\sqrt{2010}\right)\left(\sqrt{2011}+1\right)$

$=\left(\sqrt{2011}-1\right)\left(\sqrt{2011}+1\right)$

$=2010$

答案为 E。

5. $\left(1+\dfrac{1}{2}+\dfrac{1}{3}+\dfrac{1}{4}\right)\times\left(\dfrac{1}{2}+\dfrac{1}{3}+\dfrac{1}{4}+\dfrac{1}{5}\right)-\left(1+\dfrac{1}{2}+\dfrac{1}{3}+\dfrac{1}{4}+\dfrac{1}{5}\right)\left(\dfrac{1}{2}+\dfrac{1}{3}+\dfrac{1}{4}\right)=(　　)$

A. $\dfrac{1}{5}$　　　B. $\dfrac{2}{5}$　　　C. 1　　　D. 2　　　E. 3

【解题思路】观察本题会发现 $\dfrac{1}{2}+\dfrac{1}{3}+\dfrac{1}{4}$ 是一个整体，要求考生在运算的时候从整体的观点来考虑。

【解】令 $\dfrac{1}{2}+\dfrac{1}{3}+\dfrac{1}{4}=t$，那么原式变化为 $(1+t)\times\left(t+\dfrac{1}{5}\right)-\left(\dfrac{6}{5}+t\right)\times t=\dfrac{1}{5}$。答案为 A。

6. $\dfrac{1\times2\times3+2\times4\times6+4\times8\times12+7\times14\times21}{1\times3\times5+2\times6\times10+4\times12\times20+7\times21\times35}=(　　)$

A. $\dfrac{1}{2}$　　　B. $\dfrac{2}{5}$　　　C. $\dfrac{3}{5}$　　　D. $\dfrac{2}{3}$　　　E. $\dfrac{4}{5}$

【解题思路】观察本题的分子和分母会发现，分子是按照 $1\times2\times3$ 的倍数增长，分母按照 $1\times3\times5$ 的倍数增加，故将公因式提出来运算即可。

【解】 $\dfrac{1\times 2\times 3+2\times 4\times 6+4\times 8\times 12+7\times 14\times 21}{1\times 3\times 5+2\times 6\times 10+4\times 12\times 20+7\times 21\times 35}=\dfrac{1\times 2\times 3\left(1+2^3+4^3+7^3\right)}{1\times 3\times 5\left(1+2^3+4^3+7^3\right)}=\dfrac{2}{5}$

答案为 B。

7. （条件充分性判断） $a^3+a^2c+b^2c-abc+b^3=0$

（1） $abc=0$　　（2） $a+b+c=0$

【解题思路】本题需要对结论进行因式分解后找到与条件（1）和条件（2）的关系。

【解】针对条件（1）而言，$abc=0$，假设 $a=0$，则 $a^3+a^2c+b^2c-abc+b^3=b^2c+b^3$，不知道 b,c 的关系，故无法判定，所以条件不充分；针对条件（2）而言，先进行分组化简。
$a^3+a^2c+b^2c-abc+b^3=a^2(a+c)+b^2(b+c)-abc=-a^2b-b^2a-abc=-(a+b+c)ab=0$，
条件充分。

答案为 B。

真题解析

（2007-10-1） $\dfrac{\dfrac{1}{2}+\left(\dfrac{1}{2}\right)^2+\left(\dfrac{1}{2}\right)^3+\cdots+\left(\dfrac{1}{2}\right)^8}{0.1+0.2+0.3+\cdots+0.9}=(\qquad)$

A. $\dfrac{85}{768}$　　B. $\dfrac{85}{512}$　　C. $\dfrac{85}{384}$　　D. $\dfrac{255}{256}$　　E. 以上结论均不正确

【解】 $\dfrac{\dfrac{1}{2}+\left(\dfrac{1}{2}\right)^2+\left(\dfrac{1}{2}\right)^3+\cdots+\left(\dfrac{1}{2}\right)^8}{0.1+0.2+0.3+\cdots+0.9}=\dfrac{\dfrac{\dfrac{1}{2}\left[1-\left(\dfrac{1}{2}\right)^8\right]}{1-\dfrac{1}{2}}}{4.5}=\dfrac{1-\left(\dfrac{1}{2}\right)^8}{4.5}=\dfrac{85}{384}$

答案为 C。

（2008-1-1） $\dfrac{(1+3)\left(1+3^2\right)\left(1+3^4\right)\left(1+3^8\right)\cdots\left(1+3^{32}\right)+\dfrac{1}{2}}{3\times 3^2\times 3^3\times 3^4\times\cdots\times 3^{10}}=(\qquad)$

A. $\dfrac{1}{2}\times 3^{10}+3^{19}$　　B. $\dfrac{1}{2}+3^{19}$　　C. $\dfrac{1}{2}\times 3^{19}$　　D. $\dfrac{1}{2}\times 3^9$　　E. 以上结论均不正确

【解】 $\dfrac{(1+3)\left(1+3^2\right)\left(1+3^4\right)\left(1+3^8\right)\cdots\left(1+3^{32}\right)+\dfrac{1}{2}}{3\times 3^2\times 3^3\times 3^4\times\cdots\times 3^{10}}=\dfrac{(3-1)\left[(1+3)\left(1+3^2\right)\left(1+3^4\right)\left(1+3^8\right)\cdots\left(1+3^{32}\right)+\dfrac{1}{2}\right]}{(3-1)\times\left(3\times 3^2\times 3^3\times 3^4\times\cdots\times 3^{10}\right)}=$

$\dfrac{3^{64}}{2\times 3^{1+2+3+4+\cdots+10=55}}=\dfrac{1}{2}\times 3^9$。

答案为 D。

（2013-1-5）已知 $f(x)=\dfrac{1}{(x+1)(x+2)}+\dfrac{1}{(x+2)(x+3)}+\cdots+\dfrac{1}{(x+9)(x+10)}$，则 $f(8)=(\qquad)$

A. $\dfrac{1}{9}$　　　　B. $\dfrac{1}{10}$　　　　C. $\dfrac{1}{16}$　　　　D. $\dfrac{1}{17}$　　　　E. $\dfrac{1}{18}$

【解】$f(x) = \dfrac{1}{(x+1)(x+2)} + \dfrac{1}{(x+2)(x+3)} + \cdots + \dfrac{1}{(x+9)(x+10)} = \dfrac{1}{(x+1)} - \dfrac{1}{(x+10)}$，$x = 8$ 时，

$f(8) = \dfrac{1}{18}$。

答案为 E。

> **周老师提醒您**
>
> 关于基本公式的考查，考试的出题方式多以实数的逻辑运算展示，要求考生遇见题目时，不要盲目做题，先观察其规律性，找到规律性后再做题。

恒等式的变形运算

例题精讲

1. 若 $x^3 + x^2 + x + 1 = 0$，则 $x^{-27} + x^{-26} + \cdots + x^{-1} + 1 + x + \cdots + x^{26} + x^{27}$ 的值是（　　）

   A. 1　　　　B. 0　　　　C. -1　　　　D. 2　　　　E. 3

   【解题思路】本题要求考生首先对所求多项式进行分解，前提是 $x^3 + x^2 + x + 1 = 0$。

   【解】由 $x^3 + x^2 + x + 1 = 0$，得 $x = -1$，所以 $x^{-27} + x^{-26} + \cdots + x^{-1} + 1 + x + \cdots + x^{26} + x^{27} = -1$。

   答案为 C。

2. 若实数 x, y, z 满足 $x + \dfrac{1}{y} = 4$，$y + \dfrac{1}{z} = 1$，$z + \dfrac{1}{x} = \dfrac{7}{3}$，则 xyz 的值为（　　）

   A. 1　　　　B. $\dfrac{1}{3}$　　　　C. $-\dfrac{1}{3}$　　　　D. $\dfrac{1}{2}$　　　　E. 0

   【解题思路】本题求 xyz 的值，要求考生化简前面三个等式，然后找到其和 xyz 的关系。

   【解】方法 1：$4 = x + \dfrac{1}{y} = x + \dfrac{1}{1 - \dfrac{1}{z}} = x + \dfrac{z}{z-1} = x + \dfrac{\dfrac{7}{3} - \dfrac{1}{x}}{\dfrac{7}{3} - \dfrac{1}{x} - 1} = x + \dfrac{7x-3}{4x-3}$，

   所以 $4(4x-3) = x(4x-3) + 7x - 3$，解得 $x = \dfrac{3}{2}$。

   从而 $z = \dfrac{7}{3} - \dfrac{1}{x} = \dfrac{7}{3} - \dfrac{2}{3} = \dfrac{5}{3}$，$y = 1 - \dfrac{1}{z} = 1 - \dfrac{3}{5} = \dfrac{2}{5}$。

   于是 $xyz = \dfrac{3}{2} \times \dfrac{2}{5} \times \dfrac{5}{3} = 1$。

   方法 2：三式相加，得 $x + y + z + \dfrac{1}{x} + \dfrac{1}{y} + \dfrac{1}{z} = \dfrac{22}{3}$；

三式相乘，得 $xyz + \dfrac{1}{xyz} + x + y + z + \dfrac{1}{x} + \dfrac{1}{y} + \dfrac{1}{z} = \dfrac{28}{3}$；

两式相减，得 $xyz + \dfrac{1}{xyz} = 2$，则 $xyz = 1$。

答案为 A。

3. 若 a, b, c 均为整数且满足如恒等式 $(a-b)^{10} + (a-c)^{10} = 1$，则下列表达式 $|a-b| + |b-c| + |c-a| = ($ $)$

   A. 1   B. 2   C. 3   D. 4   E. 5

【解题思路】本题主要要找到使恒等式成立的特殊值，然后直接代入所求多项式即可。

【解】因为 a, b, c 均为整数，所以 $a-b$ 和 $a-c$ 均为整数，从而由 $(a-b)^{10} + (a-c)^{10} = 1$ 可得 $\begin{cases} |a-b|=1 \\ |a-c|=0 \end{cases}$ 或 $\begin{cases} |a-b|=0 \\ |a-c|=1 \end{cases}$

若 $\begin{cases} |a-b|=1 \\ |a-c|=0 \end{cases}$，则 $a = c$，从而可知原表达式 $|a-b| + |b-c| + |c-a| = |a-b| + |b-a| + |a-a| = 2|a-b| = 2$；

若 $\begin{cases} |a-b|=0 \\ |a-c|=1 \end{cases}$，则 $a = b$，从而可知原表达式 $|a-b| + |b-c| + |c-a| = |a-a| + |a-c| + |c-a| = 2|a-c| = 2$。

所以 $|a-b| + |b-c| + |c-a| = 2$。

答案为 B。

4. 若 $\dfrac{1}{x} - \dfrac{1}{y} = 5$，则 $\dfrac{2x + 4xy - 2y}{x - 3xy - y} = ($ $)$

   A. $\dfrac{3}{4}$ B. $\dfrac{2}{5}$ C. 1   D. $\dfrac{11}{5}$ E. $\dfrac{1}{4}$

【解题思路】本题是将所求表达式上下除以 xy，不难发现化简后的结果中含有已知条件。

【解】$\dfrac{2x + 4xy - 2y}{x - 3xy - y} \stackrel{\text{上下同时除以} xy}{\Longleftrightarrow} \dfrac{\dfrac{2}{y} + 4 - \dfrac{2}{x}}{\dfrac{1}{y} - 3 - \dfrac{1}{x}} = \dfrac{2\left(\dfrac{1}{y} - \dfrac{1}{x}\right) + 4}{\left(\dfrac{1}{y} - \dfrac{1}{x}\right) - 3} = \dfrac{-6}{-8} = \dfrac{3}{4}$。答案为 A。

5. 已知 $x^2 - 3x + 1 = 0$，$\sqrt{x^2 + \dfrac{1}{x^2} - 2} = ($ $)$

   A. $\sqrt{2}$ B. $\sqrt{3}$ C. 1   D. 2   E. $\sqrt{5}$

【解题思路】本题所求表达式中含有 $x^2 + \dfrac{1}{x^2}$，则应该通过两边对 $x^2 - 3x + 1 = 0$ 除以 x 得到 $x + \dfrac{1}{x} = 3$ 即可。

【解】$x^2-3x+1=0 \underset{\text{方程两边同时除以}x}{\Longleftrightarrow} x+\dfrac{1}{x}=3$（$x$ 在方程中的根不为 0），$\sqrt{x^2+\dfrac{1}{x^2}-2}=\sqrt{\left(x+\dfrac{1}{x}\right)^2-4}=\sqrt{5}$。答案为 E。

6. 已知 $4x-3y-6z=0, x+2y-7z=0$，则 $\dfrac{2x^2+3y^2+6z^2}{x^2+5y^2+7z^2}=(\qquad)$

A. 1   B. 2   C. $\dfrac{1}{2}$ D. $\dfrac{2}{3}$ E. 以上答案均不正确

【解题思路】本题主要根据 $4x-3y-6z=0, x+2y-7z=0$ 两个式子联立求出 x,y,z 的关系，最后直接代入所求表达式即可。

【解】$4x-3y-6z=0, x+2y-7z=0$ 两个式子联立可知，$y=2z, x=3z$，所以
$$\dfrac{2x^2+3y^2+6z^2}{x^2+5y^2+7z^2}=\dfrac{18z^2+12z^2+6z^2}{9z^2+20z^2+7z^2}=\dfrac{36}{36}=1。$$
答案为 A。

7. 已知 a,b,c 为正整数，且 $a+b=2006, c-a=2005$。若 $a<b$，则 $a+b+c$ 的最大值为（　　）

A. 1002   B. 4011   C. 5013   D. 5014   E. 2005

【解题思路】本题需要考生抓住 a,b,c 为正整数这个关键点，然后利用所给条件求解 a,b,c 可能取得的最大值。

【解】由 $a+b=2006$，$c=a+2005$，得 $a+b+c=a+4011$。因为 $a+b=2006$，$a<b$，a 为整数，所以 a 的最大值为 1002。于是，$a+b+c$ 的最大值为 5013。答案为 C。

8. 已知 $a+b+c=1$，且 $\dfrac{1}{a+1}+\dfrac{1}{b+2}+\dfrac{1}{c+3}=0$，则 $(a+1)^2+(b+2)^2+(c+3)^2=(\qquad)$

A. 49   B. 64   C. 81   D. 100   E. 121

【解题思路】解答本题时，考生主要考虑 a,b,c 如何和 $a+1, b+2, c+3$ 联系起来，最后利用基本公式 $(a+b+c)^2=a^2+b^2+c^2+2(ab+ac+bc)$ 来求解。

【解】令 $A=a+1, B=b+2, C=c+3, A+B+C=7, \dfrac{1}{A}+\dfrac{1}{B}+\dfrac{1}{C}=0$，由此可知 $AB+AC+BC=0$，$(A+B+C)^2=A^2+B^2+C^2+2(AB+AC+BC)$，所以 $(a+1)^2+(b+2)^2+(c+3)^2=49$。答案为 A。

9. （条件充分性判断）若 $x,y,z\in R$，有 $x+y+z=0$。
（1）$a^xb^yc^z=a^yb^zc^x=a^zb^xc^y=1$ （2）a,b,c 均大于 1

【解题思路】本题主要要求考生对指数函数和对数函数的变换熟练掌握，然后注意其存在有意义的条件。

【解】对 $a^xb^yc^z=1$ 两边取自然对数，有 $x\ln a+y\ln b+z\ln c=0$，设 $\ln a=A, \ln b=B, \ln c=C$，则 $Ax+By+Cz=0$，同理有 $Ay+Bz+Cx=0$，$Az+Bx+Cy=0$。三个方程相加，得 $(A+B+C)(x+y+c)=0$，则有 $A+B+C=0$ 或 $x+y+z=0$。所以单独的条件（1）是不充分的，联合条件（2）$A>0, B>0, C>0$，有 $A+B+C\neq 0$，只有 $x+y+z=0$，

所以两条件联合起来充分。

答案为 C。

10. 若 $a+b+c=0$，且 a,b,c 不全为 0，则 $\dfrac{1}{a^2+b^2-c^2}+\dfrac{1}{b^2+c^2-a^2}+\dfrac{1}{c^2+a^2-b^2}=(\quad)$

A. 0　　　　B. 1　　　　C. 2　　　　D. 3　　　　E. 4

【解题思路】本题最简单有效的方法是采用特殊值法，直接令 $a=0,b=1,c=-1$ 代入表达式即可。

【解】若 $a+b+c=0$，则将 $c=-a-b$ 代入表达式即可求出。或者采用特殊值代入法，选取最简单的特殊值 $a=1,b=1,c=-2$ 代入 $\dfrac{1}{a^2+b^2-c^2}+\dfrac{1}{b^2+c^2-a^2}+\dfrac{1}{c^2+a^2-b^2}=0$。

答案为 A。

真题解析

（2011-1-15）已知 $x^2+y^2=9$，$xy=4$，则 $\dfrac{x+y}{x^3+y^3+x+y}=(\quad)$

A. $\dfrac{1}{2}$　　B. $\dfrac{1}{5}$　　C. $\dfrac{1}{6}$　　D. $\dfrac{1}{13}$　　E. $\dfrac{1}{14}$

【解】$\dfrac{x+y}{x^3+y^3+x+y}=\dfrac{x+y}{(x+y)(x^2-xy+y^2)+(x+y)}=\dfrac{1}{(x+y)^2-3xy+1}=\dfrac{1}{6}$

答案为 C。

（2009-1-21）（条件充分性判断）$2a^2-5a-2+\dfrac{3}{a^2+1}=-1$

（1）a 是方程 $x^2-3x+1=0$ 的根　　（2）$|a|=1$

【解】针对条件（1）而言，a 是方程 $x^2-3x+1=0$ 的根，满足 $a^2-3a+1=0, a^2=3a-1$，然后将其代入结论中的表达式得 $2(3a-1)-5a-2+\dfrac{1}{a}=\dfrac{-a}{a}=-1$，故条件（1）充分；

针对条件（2）而言，$|a|=1, a=\pm1$，将其代入表达式的值不为 -1，故条件（2）不充分。

答案为 A。

> **周老师提醒您**
>
> 关于恒等式的求解运算，要求考生首先牢记的是特殊值法，运用一些简单的特殊值可以在有限的时间内准确解答。常用特殊值一般包括：$1, 0, -1$。

因式定理和余式定理

一、基本概念

因式：如果多项式 $f(x)$ 能够被非零多项式 $g(x)$ 整除，即可以找出一个多项式 $q(x)$，使得 $f(x) = q(x)g(x)$，那么 $g(x)$ 就叫作 $f(x)$ 的一个因式。

余式定理：多项式 $f(x)$ 除以整式 $g(x)$，商式为 $q(x)$，余式为 $r(x)$，则 $f(x) = g(x)q(x) + r(x)$。

因式定理：若 $r(x) = 0$，即 $f(x) = g(x)q(x)$，则称 $g(x)$ 整除 $f(x)$，也称 $g(x)$ 是 $f(x)$ 的一个因式；若 $f(x) = (x-a)q(x) + r(x)$，则 $f(a) = r(a)$；若 $x-a$ 是 $f(x)$ 的一个因式，则 $f(a) = 0$。

二、例题精讲

1. 已知多项式 $2x^4 - 3x^3 - ax^2 + 7x + b$ 能被 $x^2 + x - 2$ 整除，则 $\dfrac{a}{b} = (\qquad)$

   A. 1　　B. -1　　C. 2　　D. -2　　E. 0

   【解题思路】本题主要考查因式定理，首先通过 $x^2 + x - 2 = 0$ 解答出 x，然后反代回去即可。

   【解】由 $x^2 + x - 2 = 0$ 得 $x = -2, x = 1$，将其代入 $2x^4 - 3x^3 - ax^2 + 7x + b = 0$，解出 $a = 12, b = 6, \dfrac{a}{b} = 2$。答案为 C。

2. 若 $x^4 - 5x^3 + 6x + m$ 被 $x - 1$ 除，余式为 3，则 $m = (\qquad)$

   A. 1　　B. 2　　C. 3　　D. 4　　E. 5

   【解题思路】本题主要是利用 $x - 1 = 0$ 求出 x 后反代回去建立等量关系，解答出 m 即可。

   【解】令 $x - 1 = 0$，将 $x = 1$ 代入 $x^4 - 5x^3 + 6x + m$，则可得到 $1 - 5 + 6 + m = 3$，所以 $m = 1$。答案为 A。

3. 设多项式 $f(x)$ 被 $x^2 - 1$ 除后的余式为 $3x + 4$，并且已知 $f(x)$ 有因式 x，若 $f(x)$ 被 $x(x^2 - 1)$ 除后的余式为 $px^2 + qx + r$，则 $p^2 - q^2 + r^2 = (\qquad)$

   A. 2　　B. 3　　C. 4　　D. 5　　E. 7

   【解题思路】本题首先根据因式定理可得 $r = 0$，接着利用余式定理可以列出两个二元一次方程组，解答出 p, q 即可。

   【解】方法1：令 $x^2 - 1 = 0$，当 $x = \pm 1$ 时，$f(1) = 7, f(-1) = 1$，又因为 $f(x)$ 有因式 x，所以 $f(0) = 0$，若 $f(x)$ 被 $x(x^2 - 1)$ 除后的余式为 $px^2 + qx + r$，故

   $\begin{cases} f(1) = p + q + r = 7 \\ f(-1) = p - q + r = 1 \\ f(0) = r = 0 \end{cases}$，解答后得到 $p = 4, q = 3, r = 0$，所以 $p^2 - q^2 + r^2 = 7$。

   方法2：$f(x)$ 被 $x(x^2 - 1)$ 除的余式为 $px^2 + qx + r$，可令 $f(x) = x(x^2 - 1)q(x) + px^2 + qx + r$，又 $f(x)$ 被 $x^2 - 1$ 除的余式为 $3x + 4$，则 $px^2 + qx + r$ 被 $x^2 - 1$ 除的余式为 $3x + 4$，

则 $px^2+qx+r = p(x^2-1)+3x+4$，故 $f(x) = x(x^2-1)q(x)+p(x^2-1)+3x+4$。又 $f(x)$ 有因式 x，由因式定理知 $f(0)=0 \Rightarrow 0-p+4=0 \Rightarrow p=4$，故 $px^2+qx+r = 4(x^2-1)+3x+4 = 4x^2+3x$，所以 $p=4, q=3, r=0$。于是 $p^2-q^2+r^2 = 16-9 = 7$。答案为 E。

4. 设多项式 $f(x)$ 除以 $x-1$, x^2-2x+3 的余式分别依次为 $2, 4x+6$，则 $f(x)$ 除以 $(x-1)(x^2-2x+3)$ 的余式为（　　）

   A. $4x^2+12x-6$ B. $-4x^2+12x-6$ C. $-4x^2+12x+6$

   D. $-4x^2-12x-6$ E. $4x^2-12x-6$

   【解题思路】可以根据余式定理性质，直接令 $x-1=0$，求出的 $x=1$ 反代回表达式 $f(1)=2$，最后将 $x=1$ 代入五个选项进行验证，结果为 2 的选项正确。

   【解】直接利用余式定理，令 $x=1$ 时，$f(1)=2$，代入所给答案，满足题意的只有选项 B。

5. 设 $f(x)$ 为实系数多项式，以 $x-1$ 除，余数为 9；以 $x-2$ 除，余数为 16，则 $f(x)$ 除以 $(x-1)(x-2)$ 的余式为（　　）

   A. $7x+2$ B. $7x+3$ C. $7x+4$ D. $7x+5$ E. $2x+7$

   【解题思路】本题主要根据余式定理的性质来确定答案。

   【解】直接利用余式定理，令 $x=1$ 时，$f(1)=9$，令 $x=2$ 时，$f(2)=16$，满足 $f(x)$ 除以 $(x-1)(x-2)$ 的余式必须也要满足以上两式。答案为 A。

6. 多项式 x^2+x+n 能被 $x+5$ 整除，则此多项式也可以被（　　）整除

   A. $x-6$ B. $x+6$ C. $x-4$ D. $x+4$ E. $x+2$

   【解题思路】首先根据多项式能被因式整除，利用因式定理可以求出多项式中 n 的值，然后验证答案，满足因式定理的即为答案。

   【解】多项式 x^2+x+n 能被 $x+5$ 整除，则 $x+5=0$，将 $x=-5$ 代入得，$(-5)^2-5+n=0$，解得 $n=-20$，故 $x^2+x-20=(x+5)(x-4)$。答案为 C。

真题解析

（2007-10-13）若多项式 $f(x)=x^3+a^2x^2+x-3a$ 能被 $x-1$ 整除，则实数 $a=$（　　）

A. 0   B. 1   C. 0 或 1   D. 2 或 –1   E. 2 或 1

【解】多项式 $f(x)=x^3+a^2x^2+x-3a$ 能被 $x-1$ 整除，所以利用因式定理可知当 $x=1, f(1)=a^2-3a+2=0$，解得 $a=2$ 或 1。答案为 E。

（2009-10-17）（条件充分性判断）二次三项式 x^2+x-6 是多项式 $2x^4+x^3-ax^2+bx+a+b-1$ 的一个因式

（1）$a=16$ （2）$b=2$

【解】$x^2+x-6=(x+3)(x-2)=0, x_1=-3, x_2=2$，利用因式定理将其代入 $2x^4+x^3-ax^2+bx+a+b-1$ 可得如下等式：

$2\times(-3)^4+(-3)^3-a\times(-3)^2+b\times(-3)+a+b-1=0$，

$2\times(2)^4+(2)^3-a\times(2)^2+b\times(2)+a+b-1=0$，

解得 $a=16, b=3$。答案为 E。

（2010-1-7）多项式 x^3+ax^2+bx-6 的两个因式是 $x-1$ 和 $x-2$，则其第三个一次因式为（　　）

A. $x-6$　　B. $x-3$　　C. $x+1$　　D. $x+2$　　E. $x+3$

【解】设 $x^3+ax^2+bx-6=(x-1)(x-2)(x+q)$，直接利用多项式最终系数保持一致即可，令 $x=0, (-1)\times(-2)\times q=-6, q=-3$。答案为 B。

（2012-1-12）若 x^3+x^2+ax+b 能被 x^2-3x+2 整除，则（　　）

A. $a=4, b=4$　　　　　　　B. $a=-4, b=-4$　　　　　　　C. $a=10, b=-8$

D. $a=-10, b=8$　　　　　　E. $a=2, b=0$

【解】令 $x^2-3x+2=0, x_1=2, x_2=1$，将其代入多项式可以解得 $a=-10, b=8$。答案为 D。

分式定理

一、基本概念

（1）判断一个式子是否是分式，不要看式子是否是 $\dfrac{A}{B}$ 的形式，关键要满足：

- 分式的分母中必须含有未知数；
- 分母的值不能为零，如果分母的值为零，那么分式无意义。

由于字母可以表示不同的数，所以分式比分数更具有一般性。

（2）分式的分子和分母同时乘以（或除以）同一个不为 0 的整式，分式的值不变，即

$$\dfrac{A}{B}=\dfrac{A\times M}{B\times M}, \dfrac{A}{B}=\dfrac{A\div M}{B\div M}$$（M 是不等于零的整式）

二、例题精讲

1. 解分式方程 $\dfrac{2x^2-2}{x-1}+\dfrac{6x-6}{x^2-1}=7$，解得 $x=$（　　）

A. 1　　B. $\dfrac{1}{2}$　　C. 1 或 $\dfrac{1}{2}$　　D. -1　　E. 以上答案均不正确

【解题思路】本题的常用思路是直接通分进行解答。在管理类研究生考试中要求考生还可以能够用分母不为 0 直接观察出答案只能为 B。

【解】$\dfrac{2x^2-2}{x-1}+\dfrac{6x-6}{x^2-1}=\dfrac{(2x^2-2)(x+1)+6x-6}{x^2-1}=\dfrac{2(x+1)^2+6}{x+1}=7$ 且 $x^2-1\neq 0, x\neq\pm 1$，故 $x=\dfrac{1}{2}$。答案为 B。

2. 已知 $\dfrac{2x-3}{x^2-x}=\dfrac{A}{x-1}+\dfrac{B}{x}$，其中 A、B 为常数，那么 $A+B$ 的值为（　　）

A. -2　　　　B. 2　　　　C. -4　　　　D. 4　　　　E. 以上答案均不正确

【解题思路】本题主要通过通分，然后根据多项式相等，对应项系数相等来运算。

【解】$\dfrac{2x-3}{x^2-x} = \dfrac{A}{x-1} + \dfrac{B}{x} = \dfrac{(A+B)x - B}{x^2 - x}$，$A + B = 2$。答案为 B。

3. 已知关于 x 的方程 $\dfrac{1}{x^2-x} + \dfrac{k-5}{x^2+x} = \dfrac{k-1}{x^2-1}$ 无解，那么 $k = ($　　$)$

A. 3 或 6　　B. 6 或 9　　C. 3 或 9　　D. 3、6 或 9　　E. 1 或 3

【解题思路】本题在通分以后，根据对应项系数相等求出 k 的值，然后根据分母不为 0，求出 x 的值，反代回方程里面求出 k 即可。

【解】由 $\dfrac{1}{x^2-x} + \dfrac{k-5}{x^2+x} = \dfrac{x+1+(k-5)(x-1)}{x(x^2-1)} = \dfrac{(k-1)x}{x(x^2-1)}$ 可知，

$x + 1 + (k-5)(x-1) = (k-1)x$，$k = 6 - 3x$，$x(x^2-1) \neq 0$，$x \neq 0$，$x \neq \pm 1$，故 $k = 3$、6 或 9。答案为 D。

真题解析

（2007-10-8）（条件充分性判断）方程 $\dfrac{a}{x^2-1} + \dfrac{1}{x+1} + \dfrac{1}{x-1} = 0$ 有实根

（1） $a \neq 2$　　　（2） $a \neq -2$

【解】$\dfrac{a}{x^2-1} + \dfrac{1}{x+1} + \dfrac{1}{x-1} = \dfrac{a + x - 1 + x + 1}{x^2-1} = \dfrac{a+2x}{x^2-1} = 0$ 有意义，则利用分式定理，$x^2 - 1 \neq 0$，$x \neq \pm 1$，故 $a \neq \pm 2$，所以条件（1）与条件（2）联合充分。答案为 C。

（2009-10-20）（条件充分性判断）关于 x 的方程 $\dfrac{1}{x-2} + 3 = \dfrac{1-x}{2-x}$ 与 $\dfrac{x+1}{x-|a|} = 2 - \dfrac{3}{|a|-x}$ 有相同的增根

（1） $a = 2$　　　（2） $a = -2$

【解题思路】本题主要考查考生对增根的理解，对于分式方程而言，增根就是使分母为 0 的变量的值。

【解】$x - |a| = 0$，$x = |a| = 2$，$a = \pm 2$，故条件（1）和条件（2）均充分。答案为 D。

周老师提醒您

考查分式的运算过程中，主要要求考生抓住分母不为 0 这个考点。

第二节　函　数

知识框架图

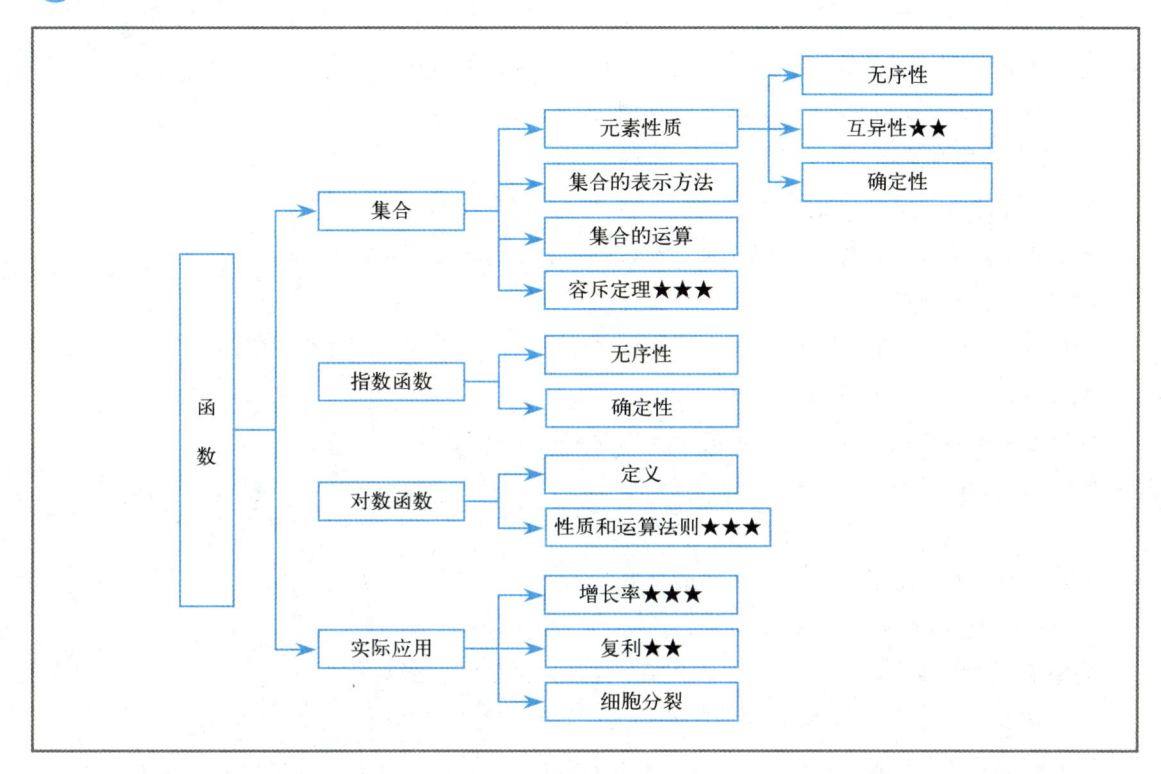

```
                            ┌─ 元素性质 ──┬─ 无序性
                            │            ├─ 互异性★★
                            │            └─ 确定性
                  ┌─ 集合 ──┼─ 集合的表示方法
                  │         ├─ 集合的运算
                  │         └─ 容斥定理★★★
                  │
                  │         ┌─ 无序性
         函数 ────┼─ 指数函数┤
                  │         └─ 确定性
                  │
                  │         ┌─ 定义
                  ├─ 对数函数┤
                  │         └─ 性质和运算法则★★★
                  │
                  │         ┌─ 增长率★★★
                  └─ 实际应用┼─ 复利★★
                            └─ 细胞分裂
```

考点说明

本节主要包含指数函数和对数函数，以及集合的内容。在复习备考的过程中，考生应理解集合的基本概念和性质、集合与集合之间的运算，掌握指数函数和对数函数的定义、单调性和运算法则。涉及本章知识点的考题一般为 2 道，分值 6 分。

模块化讲解

集合

一、基本概念

1. 集合的概念

集合：某些指定的对象集在一起就形成一个集合（简称集）。

元素：集合中每个对象叫作这个集合的元素。

2. 常用数集及记法

自然数集：全体非负整数的集合，记作 N，$N = \{0, 1, 2, \cdots\}$。

正整数集：非负整数集内排除 0 的集合，记作 N^+，$N^+ = \{1, 2, 3, \cdots\}$。

整数集：全体整数的集合，记作 Z，$Z = \{0, \pm 1, \pm 2, \cdots\}$。

有理数集：全体有理数的集合，记作 Q，$Q = \{$所有整数与分数$\}$。

实数集：全体实数的集合，记作 R，$R = \{$数轴上所有点所对应的数$\}$。

3. 元素与集合关系

属于：如果 a 是集合 A 的元素，就说 a 属于 A，记作 $a \in A$。

不属于：如果 a 不是集合 A 的元素，就说 a 不属于 A，记作 $a \notin A$。

4. 集合中元素的特性

确定性：按照明确的判断标准给定一个元素或者在这个集合里，或者不在，不能模棱两可。

互异性：集合中的元素没有重复。

无序性：集合中的元素没有一定的顺序（通常按字母顺序写出）。

5. 集合与元素的表示方法

集合通常用大写的拉丁字母表示，如 $A, B, C, P, Q, \cdots$

元素通常用小写的拉丁字母表示，如 $a, b, c, p, q, \cdots$

6. 集合的表示方法

列举法：把集合中的元素一一列举出来，写在大括号内表示集合。

如，从 51 到 100 的所有整数组成的集合为 $\{51, 52, 53, \cdots, 100\}$。

【注意】a 与 $\{a\}$ 不同：a 表示一个元素；$\{a\}$ 表示一个集合，该集合只有一个元素 a。

描述法：用确定的条件表示某些对象是否属于这个集合，并把这个条件写在大括号内表示集合的方法。

- 格式：$\{x \in A \mid P(x)\}$；
- 含义：在集合 A 中满足条件 $P(x)$ 的 x 的集合。

例如，不等式 $x - 3 > 2$ 的解集可以表示为 $\{x \in R \mid x - 3 > 2\}$ 或 $\{x \mid x - 3 > 2\}$。

文氏图：用一条封闭曲线的内部来表示一个集合的方法。

7. 有限集、无限集、空集

有限集：含有有限个元素的集合。

无限集：含有无限个元素的集合。

空集：不含任何元素的集合，记作 ϕ，如 $\{x \in R \mid x^2 + 1 = 0\}$。

8. 子集

子集：一般地，对于两个集合 A 与 B，如果集合 A 的任何一个元素都是集合 B 的元素，我们就说集合 A 包含于集合 B，或集合 B 包含集合 A，记作 $A \subseteq B$ 或 $B \supseteq A$，$A \subset B$ 或 $B \supset A$。读作

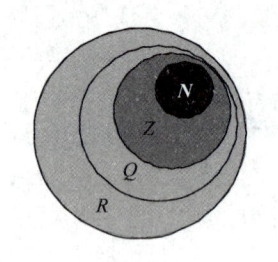

A 包含于 B 或 B 包含 A。

若任意 $x \in A \Rightarrow x \in B$，则 $A \subseteq B$；当集合 A 不包含于集合 B，或集合 B 不包含集合 A 时，则记作 $A \nsubseteq B$ 或 $B \nsupseteq A$。

【注意】$A \subseteq B$ 有两种可能，A 是 B 的一部分，或 A 与 B 是同一集合。

集合相等：一般地，对于两个集合 A 与 B，如果集合 A 的任何一个元素都是集合 B 的元素，同时集合 B 的任何一个元素都是集合 A 的元素，我们就说集合 A 等于集合 B，记作 $A = B$。

真子集：对于两个集合 A 与 B，如果 $A \subseteq B$，并且 $A \neq B$，我们就说集合 A 是集合 B 的真子集，记作 $A \subsetneq B$ 或 $B \supsetneq A$，读作 A 真包含于 B 或 B 真包含 A。

子集与真子集符号的方向，如 $A \subseteq B$ 与 $B \supseteq A$ 同义，$A \subseteq B$ 与 $A \supseteq B$ 不同。

空集是任何集合的子集。记作 $\phi \subseteq A$。

空集是任何非空集合的真子集。记作 $\phi \subsetneq A$。若 $A \neq \phi$，则 $\phi \subsetneq A$。

任何一个集合是它本身的子集。记作 $A \subseteq A$。

易混符号

- "$\in$" 与 "$\subseteq$"：元素与集合之间是属于关系；集合与集合之间是包含关系。如 $1 \in N, -1 \notin N, N \subseteq R, \phi \subseteq R$，$\{1\} \subseteq \{1, 2, 3\}$。
- $\{0\}$ 与 ϕ：$\{0\}$ 是含有一个元素 0 的集合，ϕ 是不含任何元素的集合。如 $\phi \subseteq \{0\}$，不能写成 $\phi = \{0\}$ 或 $\phi \in \{0\}$。

9. 补集的定义

一般地，设 S 是一个集合，A 是 S 的一个子集（即 $A \subseteq S$），由 S 中所有不属于 A 的元素组成的集合，叫作 S 中子集 A 的补集（或余集），记作 $C_S A$，即 $C_S A = \{x \mid x \in S, 且 x \notin A\}$。

性质：$C_S(C_S A) = A$，$C_S S = \phi$，$C_S \phi = S$。

10. 全集的定义

如果集合 S 含有我们所要研究的各个集合的全部元素，这个集合就可以看作一个全集，全集通常用 U 表示。

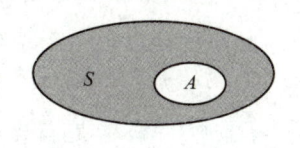

11. 交集的定义

一般地，由所有属于 A 且属于 B 的元素所组成的集合，叫作 A, B 的交集，记作 $A \cap B$（读作 "A 交 B"），即 $A \cap B = \{x \mid x \in A, 且 x \in B\}$。

如，$\{1, 2, 3, 6\} \cap \{1, 2, 5, 10\} = \{1, 2\}$，又如，$A = \{a, b, c, d, e\}, B = \{c, d, e, f\}$，则 $A \cap B = \{c, d, e\}$。

12. 并集的定义

一般地，由所有属于集合 A 或属于集合 B 的元素所组成的集合，叫作 A, B 的并集，记作 $A \cup B$（读作 "A 并 B"），即 $A \cup B = \{x \mid x \in A, 或 x \in B\}$。如，$\{1, 2, 3, 6\} \cup \{1, 2, 5, 10\} = \{1, 2, 3, 5, 6, 10\}$。

【注意】容斥原理：一般地，把有限集 A 的元素个数记作 $card(A)$。对于两个有限集 A, B，有 $card(A \cup B) = card(A) + card(B) - card(A \cap B)$

13. 集合的基本运算

运算：交运算 $A \cap B = \{x \mid x \in A \text{ 且 } x \in B\}$；

并运算 $A \cup B = \{x \mid x \in A \text{ 或 } x \in B\}$；

补运算 $C_U A = \{x \mid x \notin A \text{ 且 } x \in U\}$；

性质：$A \cap B = A \Leftrightarrow A \cup B = B \Leftrightarrow A \subseteq B$；

$C_U(A \cup B) = (C_U A) \cap (C_U B)$；

$C_U(A \cap B) = (C_U A) \cup (C_U B)$；

二、例题精讲

1. 设集合 $A = \{x \mid -\dfrac{1}{2} < x < 2\}$，$B = \{x \mid x^2 \leqslant 1\}$，则 $A \cup B = $（　　）

   A. $\{x \mid -1 \leqslant x < 2\}$ 　　　B. $\{x \mid -\dfrac{1}{2} < x \leqslant 1\}$ 　　　C. $\{x \mid x < 2\}$

   D. $\{x \mid 1 \leqslant x < 2\}$ 　　　E. 以上答案均不正确

   【解题思路】本题首先对于集合 B 进行运算，然后根据不等式求并集。

   【解】$B = \{x \mid x^2 \leqslant 1\} = \{x \mid -1 \leqslant x \leqslant 1\}$，$A = \{x \mid -\dfrac{1}{2} < x < 2\}$，$A \cup B = \{x \mid -1 \leqslant x < 2\}$。

   答案为 A。

2. 集合 $A = \{0, 2, a\}$，$B = \{1, a^2\}$，若 $A \cup B = \{0, 1, 2, 4, 16\}$，则 a 的值为（　　）

   A. 0　　　B. 1　　　C. 2　　　D. 4　　　E. 3

   【解题思路】本题根据 $A \cup B$ 中的元素具有互异性，求出 a 即可。

   【解】$A \cup B = \{0, 1, 2, 4, 16\}$，又因为 $A = \{0, 2, a\}$，$B = \{1, a^2\}$，所以 $a = 4$。答案为 D。

3. 已知全集 $U = \{1, 2, 3, 4, 5, 6, 7, 8\}$，$M = \{1, 3, 5, 7\}$，$N = \{5, 6, 7\}$，则 $C_U(M \cup N) = $（　　）

   A. $\{5, 7\}$　　　B. $\{2, 4\}$　　　C. $\{2, 4, 8\}$　　　D. $\{1, 3, 5, 6, 7\}$　　　E. 以上答案均不正确

   【解题思路】本题首先求出 $M \cup N$，然后求出其关于 U 的补集。

   【解】$M = \{1, 3, 5, 7\}$，$N = \{5, 6, 7\}$，则 $M \cup N = \{1, 3, 5, 6, 7\}$，故 $C_U(M \cup N) = \{2, 4, 8\}$。答案为 C。

4. 设集合 $P = \{1, 2, 3, 4\}$，$Q = \{x \mid |x| \leqslant 2, x \in R\}$，则 $P \cap Q$ 等于（　　）

   A. $\{1, 2\}$　　　B. $\{3, 4\}$　　　C. $\{1\}$

   D. $\{-2, -1, 0, 1, 2\}$　　　E. 以上答案均不正确

   【解题思路】首先求出集合 Q，然后运算 $P \cap Q$。

   【解】$Q = \{x \mid |x| \leqslant 2, x \in R\}$，则 $Q = \{x \mid -2 \leqslant x \leqslant 2, x \in R\}$，故 $P \cap Q = \{1, 2\}$。答案为 A。

5. 设集合 $U = \{1, 2, 3, 4, 5\}$，$A = \{1, 2, 3\}$，$B = \{2, 3, 4\}$，则 $C_U(A \cap B) = $（　　）

   A. $\{2, 3\}$　　　B. $\{1, 4, 5\}$　　　C. $\{4, 5\}$　　　D. $\{1, 5\}$　　　E. 以上答案均不正确

   【解题思路】首先求出 $A \cap B$，然后运算 $C_U(A \cap B)$。

【解】$A = \{1,2,3\}$，$B = \{2,3,4\}$，$A \cap B = \{2,3\}$，则 $C_U(A \cap B) = \{1,4,5\}$。答案为 B。

> **周老师提醒您**
>
> 对于集合运算的题型，关键是抓住集合元素的确定性、互异性、无序性三个重要性质。

指数函数

一、基本概念

1. 定义

函数 $y = a^x (a > 0$ 且 $a \neq 1)$ 叫作指数函数。定义域为 R，底数是常数，指数是自变量。

【注意】为什么函数 $y = a^x$ 中的 a 必须满足 $a > 0$ 且 $a \neq 1$。

- $a < 0$ 时，$y = (-4)^x$，当 $x = \frac{1}{4}$ 时，函数值不存在。
- $a = 0$ 时，$y = 0^x$，当 $x \leqslant 0$ 时，函数值不存在。
- $a = 1$ 时，$y = 1^x$ 对一切 x 虽有意义，函数值恒为 1，但 $y = 1^x$ 的反函数不存在。

所以要求函数 $y = a^x$ 中的 $a > 0$ 且 $a \neq 1$。

2. 图形展示

认识三个指数函数 $y = 2^x$，$y = \left(\frac{1}{2}\right)^x$，$y = 10^x$ 的图像。

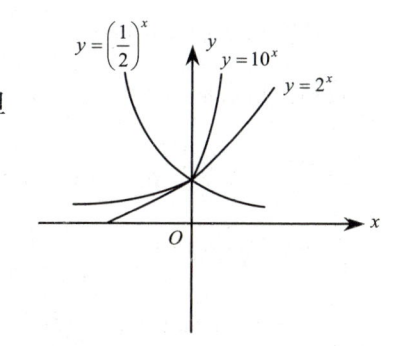

3. 图像特征与函数性质

图像特征	函数性质
图像都位于 x 轴上方	x 取任何实数值时，都有 $a^x > 0$
图像都经过点 $(0,1)$	无论 a 取任何正数，$x = 0$ 时，$y = 1$
$y = 2^x$，$y = 10^x$ 在第一象限内的纵坐标都大于 1，在第二象限内的纵坐标都小于 1，$y = \left(\frac{1}{2}\right)^x$ 的图像正好相反	当 $a > 1$ 时，$\begin{cases} x > 0 & a^x > 1 \\ x < 0 & a^x < 1 \end{cases}$ 当 $0 < a < 1$ 时，$\begin{cases} x > 0 & a^x < 1 \\ x < 0 & a^x > 1 \end{cases}$
$y = 2^x$，$y = 10^x$ 的图像自左到右逐渐上升，$y = \left(\frac{1}{2}\right)^x$ 的图像逐渐下降	当 $a > 1$ 时，$y = a^x$ 是增函数 当 $0 < a < 1$ 时，$y = a^x$ 是减函数

对图像的进一步认识，（通过三个函数相互关系的比较）：

- 所有指数函数的图像都相交于点 $(0,1)$，如 $y = 2^x$ 和 $y = 10^x$ 相交于 $(0,1)$。当 $x > 0$ 时，$y = 10^x$ 的图像在 $y = 2^x$ 图像的上方；当 $x < 0$ 时，刚好相反，故有 $10^2 > 2^2$ 及 $10^{-2} < 2^{-2}$。

- $y=2^x$ 与 $y=\left(\dfrac{1}{2}\right)^x$ 的图像关于 y 轴对称。

通过 $y=2^x$，$y=10^x$，$y=\left(\dfrac{1}{2}\right)^x$ 三个函数图像，可以画出任意一个函数 $y=a^x$（$a>0$ 且 $a\neq 1$）的示意图，如 $y=3^x$ 的图像，一定位于 $y=2^x$ 和 $y=10^x$ 两个图像的中间，且过点 $(0,1)$，由关于 y 轴的对称性，可得 $y=\left(\dfrac{1}{3}\right)^x$ 的示意图。这就是通过有限个函数的图像进一步认识无限个函数的图像。

4. 运算法则

$$\sqrt[n]{a^n}=\begin{cases} a & n\text{ 为奇数} \\ |a|=\begin{cases} a & (a\geqslant 0) \\ -a & (a<0) \end{cases} & n\text{ 为偶数} \end{cases}$$

$\left(\sqrt[n]{a}\right)^n=a$（注意 a 必须使 $\sqrt[n]{a}$ 有意义）

正整数指数幂：$a^n=\underbrace{aaa\cdots a}_{n\text{个}}(n\in N^+)$

零指数幂：$a^0=1(a\neq 0)$

负整数指数幂：$a^{-p}=\dfrac{1}{a^p}(a\neq 0,p\in N^+)$

正分数指数幂：$a^{\frac{m}{n}}=\sqrt[n]{a^m}(a>0,m、n\in N^+$，且 $n>1)$

负分数指数幂：$a^{-\frac{m}{n}}=\dfrac{1}{a^{\frac{m}{n}}}=\dfrac{1}{\sqrt[n]{a^m}}(a>0,m、n\in N^+$，且 $n>1)$

$a^r a^s=a^{r+s}(a>0,r、s\in Q)$

$(a^r)^s=a^{rs}(a>0,r、s\in Q)$

$(ab)^s=a^s b^s(a>0,b>0,s\in Q)$

二、例题精讲

1. 函数 $f(x)=\sqrt{1-2^x}$ 的定义域是（　　）

    A. $(-\infty,0]$　　　　　　B. $[0,+\infty]$　　　　　　C. $(-\infty,0)$

    D. $(-\infty,+\infty)$　　　　E. 以上答案均不正确

    【解题思路】本题首先明确 $\sqrt{1-2^x}$ 有意义，必须满足 $1-2^x\geqslant 0$，然后求出 x 即可。

    【解】$1-2^x\geqslant 0$，$x\leqslant 0$。答案为 A。

2. 函数 $f(x)=2^{|x|}-1$，使 $f(x)\leqslant 0$ 成立的 x 的值的集合是（　　）

    A. $\{x|x<0\}$　　B. $\{x|x<1\}$　　C. $\{x|x=0\}$　　D. $\{x|x=1\}$　　E. 以上答案均不正确

    【解题思路】本题根据 $f(x)\leqslant 0$ 成立，转化为 $f(x)=2^{|x|}-1\leqslant 0$，解该不等式即可。

    【解】$2^{|x|}\leqslant 1=2^0\Rightarrow |x|\leqslant 0$。答案为 C。

3. 函数 $f(x)=2^x$，使 $f(x)>f(2x)$ 成立的 x 的值的集合是（   ）

   A. $(-\infty,+\infty)$ B. $(-\infty,0)$ C. $(0,+\infty)$ D. $(0,1)$ E. 以上答案均不正确

   【解题思路】本题主要是根据 $f(x)>f(2x)$ 成立，转化为 $2^x>2^{2x}$，解答该不等式即可。

   【解】方法1：$f(x)>f(2x) \Rightarrow 2^x>2^{2x} \Rightarrow 1>2^x$（或 $x>2x$）$\Rightarrow x<0$。答案为 B。

   方法2：因为指数函数 $f(x)$ 在定义域内为递增函数，所以若 $f(t_1)>f(t_2)$，则 $t_1>t_2$。根据题意 $f(x)>f(2x)$，存在 $x>2x$，解得 $x<0$。答案为 B。

4. 已知 $x^{\frac{1}{2}}+x^{-\frac{1}{2}}=3$，则 $\dfrac{x^2+x^{-2}-2}{x^{\frac{3}{2}}+x^{-\frac{3}{2}}-3}$ 的值为（   ）

   A. 7   B. 9   C. 47   D. 3   E. 18

   【解题思路】本题主要是通过 $x^{\frac{1}{2}}+x^{-\frac{1}{2}}=3$，构建出 $x^2+x^{-2}, x^{\frac{3}{2}}+x^{-\frac{3}{2}}$ 的值。

   【解】由 $x^{\frac{1}{2}}+x^{-\frac{1}{2}}=3$，得 $(x^{\frac{1}{2}}+x^{-\frac{1}{2}})^2=9$，因此 $x+2+x^{-1}=9$，$x+x^{-1}=7$，所以 $(x+x^{-1})^2=49$，$x^2+x^{-2}=47$。

   又因为 $x^{\frac{3}{2}}+x^{-\frac{3}{2}}=(x^{\frac{1}{2}}+x^{-\frac{1}{2}})\cdot(x-1+x^{-1})=3\times(7-1)=18$，故 $\dfrac{x^2+x^{-2}-2}{x^{\frac{3}{2}}+x^{-\frac{3}{2}}-3}=\dfrac{47-2}{18-3}=3$。答案为 D。

5. 函数 $f(x)=a^x(0<a<1,x\in[1,2])$ 的最大值比最小值大 $\dfrac{a}{2}$，则 a 的值为（   ）

   A. 1   B. $\dfrac{1}{2}$ C. 0   D. 3   E. 2

   【解题思路】解答本题的关键在于熟悉 a^x 函数的曲线走向，确定函数的最大值和最小值。由指数函数的性质知：当 $0<a<1$ 时，函数为递减函数，所以可知 $x=1$ 时为最大值，$x=2$ 时为最小值。

   【解】由已知条件可得 $\dfrac{a}{2}=a-a^2(0<a<1)$，解得 $a=\dfrac{1}{2}$。答案为 B。

6. 设函数 $f(x)=\begin{cases}2^{-x} & x\geqslant 0 \\ x^{-2} & x<0\end{cases}$，若 $f(x_0)<1$，则 x_0 的取值范围是（   ）

   A. $(-\infty,-2)\cup(0,+\infty)$ B. $(-\infty,0)\cup(1,+\infty)$
   C. $(-\infty,-1)\cup(0,+\infty)$ D. $(-\infty,-1)$ E. $(0,+\infty)$

   【解题思路】本题主要考虑分段函数，根据 x 的不同范围建立不同的不等式，进行解答。

   【解】当 $x_0\geqslant 0$ 时，由 $f(x_0)<1$，可得 $2^{-x_0}<1$，解得 $x_0>0$；

   当 $x_0<0$ 时，同理可得 $x_0^{-2}<1$，解得 $x_0<-1$。

   综上可得 x_0 的取值范围是 $(-\infty,-1)\cup(0,+\infty)$。答案为 C。

7. 已知 $(a^2+2a+5)^{3x}>(a^2+2a+5)^{1-x}$，则 x 的取值范围是（   ）

   A. $\left[\dfrac{1}{4},+\infty\right]$ B. $\left(\dfrac{1}{4},+\infty\right)$ C. $\left[\dfrac{1}{4},1\right]$ D. $[1,+\infty)$ E. $(1,+\infty)$

【解题思路】本题首先判断 a^2+2a+5 与 1 的关系，然后根据指数函数的特点进行运算。

【解】因为 $a^2+2a+5=(a+1)^2+4\geqslant 4>1$，所以函数 $y=(a^2+2a+5)^x$ 在 $(-\infty,+\infty)$ 上是增函数，可得 $3x>1-x$，解得 $x>\dfrac{1}{4}$。因此 x 的取值范围是 $\left(\dfrac{1}{4},+\infty\right)$。答案为 B。

8. 函数 $y=a^{2x}+2a^x-1(a>0$ 且 $a\neq 1)$ 在区间 $[-1,1]$ 上有最大值 14，则 a 的值是（　　）

   A. 3　　　　B. $\dfrac{1}{3}$　　　　C. 3 或 $\dfrac{1}{3}$　　　　D. 2　　　　E. $\dfrac{1}{5}$

【解题思路】本题首先根据一元二次方程的特点找到区间 $[-1,1]$ 上的最大值，然后列出等式进行运算。

【解】令 $t=a^x$，则 $t>0$，函数 $y=a^{2x}+2a^x-1$ 可化为 $y=(t+1)^2-2$，其对称轴为 $t=-1$。

当 $a>1$ 时，因为 $x\in[-1,1]$，所以 $\dfrac{1}{a}\leqslant a^x\leqslant a$，即 $\dfrac{1}{a}\leqslant t\leqslant a$。

当 $t=a$ 时，$y_{\max}=(a+1)^2-2=14$，解得 $a=3$ 或 $a=-5$（舍去）；

当 $0<a<1$ 时，因为 $x\in[-1,1]$，所以 $a\leqslant a^x\leqslant \dfrac{1}{a}$，即 $a\leqslant t\leqslant \dfrac{1}{a}$。

当 $t=\dfrac{1}{a}$ 时，$y_{\max}=\left(\dfrac{1}{a}+1\right)^2-2=14$，解得 $a=\dfrac{1}{3}$ 或 $a=-\dfrac{1}{5}$（舍去），因此 a 的值是 3 或 $\dfrac{1}{3}$。答案为 C。

9. 设 $y_1=4^{0.9}$，$y_2=8^{0.48}$，$y_3=\left(\dfrac{1}{2}\right)^{-1.5}$，则（　　）

   A. $y_3>y_1>y_2$　　B. $y_2>y_1>y_3$　　C. $y_1>y_2>y_3$　　D. $y_1>y_3>y_2$　　E. 以上答案均不正确

【解题思路】本题主要是根据同底数的指数的单调性来判定数的大小。

【解】$y_1=4^{0.9}=2^{1.8}$，$y_2=8^{0.48}=2^{1.44}$，$y_3=\left(\dfrac{1}{2}\right)^{-1.5}=2^{1.5}$，因为 $y=2^x$ 在 R 上是增函数，所以 $y_1>y_3>y_2$。答案为 D。

10. 某种放射性物质不断变化为其他物质，每经过 1 年剩留的这种物质是原来的 84%，则经过（　　）年，剩留量是原来的一半（结果保留一位有效数字）。

    A. 1　　　　B. 2　　　　C. 3　　　　D. 4　　　　E. 5

【解题思路】本题主要根据分析题意列出剩余量和事件的一个关系式，然后根据要求进行运算即可。

【解】设这种物质最初的质量是 1，经过 x 年，剩留量是 y，那么

经过 1 年，剩留量 $y=1\times 84\%=0.84^1$；

经过 2 年，剩留量 $y=0.84\times 84\%=0.84^2$；

⋮

经过 x 年，剩留量 $y=0.84^x$（$x\geqslant 0$）。

根据函数关系式列表如下：

x	0	1	2	3	4	5	6	…
y	1	0.84	0.71	0.59	0.50	0.42	0.35	…

看出要求 $y = 0.5$，只需 $x \approx 4$。答案为D。

周老师提醒您

利用指数函数的单调性求解，需要注意底数的取值范围。

对数函数

一、基本概念

（一）定义

如果 $a^b = N(a > 0$ 且 $a \neq 1)$，那么数 b 就叫作以 a 为底的对数，记作 $b = \log_a N$（a 是底数，N 是真数，$\log_a N$ 是对数式。）由于 $N = a^b > 0$，故 $\log_a N$ 中 N 必须大于 0。当 N 为零或负数时，对数不存在。

1. 对数恒等式

由 $a^b = N$ ① $b = \log_a N$ ②

将②代入①，得 $a^{\log_a N} = N$。

运用对数恒等式时要注意此式的特点，不能乱用，特别是注意转化时必须幂的底数和对数的底数相同。

2. 对数的性质

- 负数和零没有对数
- 1 的对数是零

3. 对数的运算法则

- $\log_a(MN) = \log_a M + \log_a N (M, N \in R^+)$
- $\log_a \dfrac{M}{N} = \log_a M - \log_a N (M, N \in R^+)$
- $\log_a(N^n) = n\log_a N (N \in R^+)$
- $\log_a \sqrt[n]{N} = \dfrac{1}{n}\log_a N (N \in R^+)$

4. 对数函数

- 定义：指数函数 $y = a^x(a > 0$ 且 $a \neq 1)$ 的反函数 $y = \log_a x$ $[x \in (0, +\infty)]$ 叫作对数函数。

- 图形展示：对对数函数 $y = \log_2 x$，$y = \log_{\frac{1}{2}} x$，$y = \lg x$ 的图像的认识。

（二）图像特征与函数性质

图像特征	函数性质
图像都位于 y 轴右侧	定义域为 R^+，值域为 R
图像都过点（1，0）	$x = 1$ 时，$y = 0$，即 $\log_a 1 = 0$
$y = \log_2 x$，$y = \lg x$，当 $x > 1$ 时，图像在 x 轴上方，当 $0 < x < 1$ 时，图像在 x 轴下方，$y = \log_{\frac{1}{2}} x$ 与上述情况刚好相反	当 $a > 1$ 时，若 $x > 1$，则 $y > 0$，若 $0 < x < 1$，则 $y < 0$；当 $0 < a < 1$ 时，若 $x > 1$，则 $y < 0$，若 $0 < x < 1$ 时，则 $y > 0$
$y = \log_2 x$，$y = \lg x$ 从左向右图像是上升，而 $y = \log_{\frac{1}{2}} x$ 从左向右图像是下降	$a > 1$ 时，$y = \log_a x$ 是增函数；$0 < a < 1$ 时，$y = \log_a x$ 是减函数

（三）对图像的进一步的认识（通过三个函数图像的相互关系的比较）

1. 所有对数函数的图像都过点（1，0），但是 $y = \log_2 x$ 与 $y = \lg x$ 在点（1，0）曲线是交叉的，即当 $x > 0$ 时，$y = \log_2 x$ 的像在 $y = \lg x$ 的图像上方；而 $0 < x < 1$ 时，$y = \log_2 x$ 的图像在 $y = \lg x$ 的图像的下方，故有 $\log_2 1.5 > \lg 1.5$，$\log_2 0.1 < \lg 0.1$。

2. $y = \log_2 x$ 的图像与 $y = \log_{\frac{1}{2}} x$ 的图像关于 x 轴对称。

3. 通过 $y = \log_2 x$，$y = \lg x$，$y = \log_{\frac{1}{2}} x$ 三个函数图像，可以画出任意一个对数函数的示意图。如作 $y = \log_3 x$ 的图像，它一定位于 $y = \log_2 x$ 和 $y = \lg x$ 两个图像的中间，且过点（1，0）。$x > 0$ 时，在 $y = \lg x$ 的上方，位于 $y = \log_2 x$ 的下方；$0 < x < 1$ 时，刚好相反，由对称性，可知 $y = \log_{\frac{1}{3}} x$ 的示意图。

（四）对数换底公式

$$\log_b N = \frac{\log_a N}{\log_a b}$$

$\ln N = \log_e N$（其中 $e = 2.71828\cdots$），称为 N 的自然对数

$\lg N = \log_{10} N$，称为常数对数

由换底公式可得：

$$\ln N = \frac{\lg N}{\lg e} = \frac{\lg N}{0.4343} = 2.303 \lg N$$

由换底公式推出一些常用的结论：

- $\log_a b = \dfrac{1}{\log_b a}$ 或 $\log_a b \cdot \log_b a = 1$

- $\log_{a^n} b^m = \dfrac{m}{n} \log_a b$

- $\log_{a^n} b^n = \log_a b$

- $\log_{a^n} a^m = \dfrac{m}{n}$

二、例题精讲

1. 如果 $\log_a 5 > \log_b 5 > 0$，那么 a, b 的关系是（　　）

   A. $0 < a < b < 1$　　　　B. $1 < a < b$　　　　C. $0 < b < a < 1$

   D. $1 < b < a$　　　　　　E. 以上答案均不正确

   【解题思路】本题首先根据 $\log_x 5 > 0$ 得 $x > 1$，在此前提之下利用对数函数的单调性进行判断。

   【解】如果 $\log_a 5 > \log_b 5 > 0$，那么应该满足 $1 < a < b$。答案为 B。

2. 已知 $\log_{\frac{1}{2}} m < \log_{\frac{1}{2}} n < 0$，则（　　）

   A. $n < m < 1$　　　　B. $m < n < 1$　　　　C. $1 < m < n$

   D. $1 < n < m$　　　　E. 以上答案均不正确

   【解题思路】本题首先根据 $\log_{\frac{1}{2}} x < 0$ 得 $x > 1$，在此前提之下利用对数函数的单调性进行判断。

   【解】已知 $\log_{\frac{1}{2}} m < \log_{\frac{1}{2}} n < 0$，则 $1 < n < m$。答案为 D。

3. 对数函数 $y = \log_a x$ 的图像如图所示，已知 a 值取 $\sqrt{3}, \dfrac{4}{3}, \dfrac{3}{5}, \dfrac{1}{10}$，则图像 C_1, C_2, C_3, C_4 相应的 a 值依次是（　　）

   A. $\sqrt{3}, \dfrac{4}{3}, \dfrac{3}{5}, \dfrac{1}{10}$

   B. $\sqrt{3}, \dfrac{4}{3}, \dfrac{1}{10}, \dfrac{3}{5}$

   C. $\dfrac{4}{3}, \sqrt{3}, \dfrac{3}{5}, \dfrac{1}{10}$

   D. $\dfrac{4}{3}, \sqrt{3}, \dfrac{1}{10}, \dfrac{3}{5}$

   E. 以上答案均不正确

   【解题思路】本题主要根据对数函数图像的特点进行判断，或者可以代入特殊值进行验证。

   【解】当 $a > 1$ 时，图像上升；$0 < a < 1$，图像下降；又当 $a > 1$ 时，a 越大，图像向右越靠近 x 轴；$0 < a < 1$ 时，a 越小，图像向右越靠近 x 轴。答案为 A。

4. $\log_4 3, \log_3 4, \log_{\frac{3}{4}} \dfrac{3}{4}$ 的大小顺序为（　　）

   A. $\log_3 4 < \log_4 3 < \log_{\frac{3}{4}} \dfrac{3}{4}$　　　　B. $\log_3 4 > \log_4 3 > \log_{\frac{3}{4}} \dfrac{3}{4}$

   C. $\log_3 4 > \log_{\frac{3}{4}} \dfrac{3}{4} > \log_4 3$　　　　D. $\log_{\frac{3}{4}} \dfrac{4}{3} > \log_3 4 > \log_4 3$　　　　E. 以上答案均不正确

   【解题思路】判断对数的大小，首先应该将其底数化为相同的数，这样根据其图形走势可以直接观察出来。

【解】因为 $\log_3 4 > 1, 0 < \log_4 3 < 1, \log_{\frac{4}{3}}\frac{3}{4} = \log_{\frac{4}{3}}\left(\frac{4}{3}\right)^{-1} = -1$，所以 $\log_3 4 > \log_4 3 > \log_{\frac{4}{3}}\frac{3}{4}$。答案为 B。

5. 若不等式 $2^x - \log_a x < 0$，当 $x \in \left(0, \frac{1}{2}\right)$ 时恒成立，则实数 a 的取值范围为（　　）

A. $\left(\frac{1}{2}\right)^{\frac{\sqrt{2}}{2}} < a < 2$ 　　　B. $0 < a < 1$ 　　　C. $\frac{1}{2} < a < 1$

D. $\left(\frac{1}{2}\right)^{\frac{\sqrt{2}}{2}} < a < 1$ 　　　E. 以上答案均不正确

【解题思路】本题是指数函数和对数函数的综合不等式的解答，最好画出图形，根据图形的特点解答。

【解】要使不等式 $2^x < \log_a x$ 在 $x \in \left(0, \frac{1}{2}\right)$ 时恒成立，即函数 $y = \log_a x$ 的图像在 $\left(0, \frac{1}{2}\right)$ 内恒在函数 $y = 2^x$ 图像的上方，而 $y = 2^x$ 图像过点 $\left(\frac{1}{2}, \sqrt{2}\right)$。由图可知 $\log_a \frac{1}{2} > \sqrt{2}$，显然这里 $0 < a < 1$，所以函数 $y = \log_a x$ 递减，又 $\log_a \frac{1}{2} > \sqrt{2} = \log_a a^{\sqrt{2}}$，可得 $a^{\sqrt{2}} > \frac{1}{2}$，即 $a > \left(\frac{1}{2}\right)^{\frac{\sqrt{2}}{2}}$，故所求 a 的取值范围为 $\left(\frac{1}{2}\right)^{\frac{\sqrt{2}}{2}} < a < 1$。答案为 D。

6. 已知 $\log_a \frac{1}{2} < 1$，那么 a 的取值范围为（　　）

A. $0 < a < \frac{1}{2}$ 　　　B. $a > 1$ 　　　C. $a > 1$ 或 $0 < a < \frac{1}{2}$

D. $0 < a < \frac{3}{2}$ 　　　E. $\frac{1}{2} < a < 1$

【解题思路】利用函数单调性或利用数形结合求解。

【解】由 $\log_a \frac{1}{2} < 1 = \log_a a$ 得，当 $a > 1$ 时，$a > \frac{1}{2}$，故 $a > 1$；当 $0 < a < 1$ 时，$a < \frac{1}{2}$，故 $0 < a < \frac{1}{2}$。因此 $a > 1$，或 $0 < a < \frac{1}{2}$。答案为 C。

真题解析

（2009-1-18）（条件充分性判断）$|\log_a x| > 1$

（1）$x \in [2, 4]$，$\frac{1}{2} < a < 1$ 　　　（2）$x \in [4, 6]$，$1 < a < 2$

【解】$|\log_a x| > 1$，$\log_a x > 1$ 或 $\log_a x < -1$。

针对条件（1）而言，当 $x \in [2,4]$，$\frac{1}{2} < a < 1$ 时，$\log_a x < -1$，故条件（1）充分；

针对条件（2）而言，如果 $x \in [4,6]$，$1 < a < 2$ 那么 $\log_a x > 1$，故条件（2）也充分。

答案为 D。

> **周老师提醒您**
>
> 解含有对数符号的不等式时，必须注意对数的底数是大于 1 还是小于 1，然后再利用相应的对数函数的单调性进行解答，理解并运用以下几个结论很有必要：
> - 当 $a > 1$ 时，$\log_a x > 0 \Leftrightarrow x > 1$，$\log_a x < 0 \Leftrightarrow 0 < x < 1$；
> - 当 $0 < a < 1$ 时，$\log_a x > 0 \Leftrightarrow 0 < x < 1$，$\log_a x < 0 \Leftrightarrow x > 1$。

实际应用

一、基本概念

单利：按照固定的本金计算的利息。

$c = p \times r \times n$

$s = p \times (1 + r \times n)$

【注意】c 为利息额，p 为本金，r 为利息率，n 为借贷期限，s 为本金和利息之和（简称本利和）。

复利：在每经过一个计息期后，都要将所生利息加入本金，以计算下期的利息。这样，在每一个计息期，上一个计息期的利息都将成为生息的本金，即以利生利，也就是俗称的"利滚利"。

$s = p \times (1 + i)^n$

【备注】$p = $ 本金；$i = $ 利率；$n = $ 持有期限。

二、例题精讲

1. 某产品的产量第一年的增长率为 p，第二年的增长率为 q，设这两年平均增长率为 x，则有（　　）

   A. $x = \frac{p+q}{2}$　　　　　　B. $x < \frac{p+q}{2}$　　　　　　C. $x \leqslant \frac{p+q}{2}$

   D. $x \geqslant \frac{p+q}{2}$　　　　　　E. 以上答案均不正确

   【解题思路】根据题意列出关于 x 的方程，把 $(1+p)(1+q)$ 去括号化简后，利用基本不等式

$ab \leqslant \dfrac{(a+b)^2}{4}$ 变形，然后开方即可得到正确答案。

【解】根据题意得 $(1+p)(1+q)=(1+x)^2$，

而 $(1+p)(1+q) = 1+p+q+pq \leqslant 1+p+q+\dfrac{(p+q)^2}{4} = \left[1+\dfrac{(p+q)}{2}\right]^2$，当且仅当 $p=q$ 时取等号，即 $(1+x)^2 \leqslant \left[1+\dfrac{(p+q)}{2}\right]^2$，

两边开方得 $1+x \leqslant 1+\dfrac{p+q}{2}$，即 $x \leqslant \dfrac{p+q}{2}$。

答案为 C。

2. 细胞每分裂一次，1 个细胞变成 2 个细胞。洋葱根尖细胞每分裂一次间隔的时间为 12 小时，那么原有 2 个洋葱根尖细胞经 3 昼夜变成（　　）

A. 2^6 个　　　B. 2^{12} 个　　　C. 2^7 个　　　D. 2^{14} 个　　　E. 以上答案均不正确

【解题思路】3 昼夜即 6 个 12 小时，洋葱根尖细胞每分裂一次间隔的时间为 12 小时，即每隔 12 小时洋葱根尖细胞的个数就乘以 2，变成原来的 2 倍，3 昼夜即变为原来的倍数是 6 个 2 的积。据此即可求解。

【解】3 昼夜即 6 个 12 小时，原有 2 个洋葱根尖细胞经 3 昼夜变成 $2\times 2^6 = 2^7$。答案为 C。

3. 某种细胞每过 30 分钟便由 1 个分裂成 2 个，则经过（　　）时，这种细胞由 1 个分裂成 2^{12} 个

A. 6　　　B. 12　　　C. 24　　　D. 48　　　E. 以上答案均不正确

【解题思路】分别求出一个细胞第 1 次分裂、第 2 次分裂、第 3 次分裂、第 4 次分裂后所需的时间。

【解】第 1 次：30 分钟变成 2 个；

第 2 次：1 小时变成 2^2 个；

第 3 次：1.5 小时变成 2^3 个；

第 4 次：2 小时变成 2^4 个；

⋮

第 12 次：6 小时变成 2^{12} 个。

答案为 A。

4. 一容器内有一红茶细菌，逐日成倍增长繁殖，第 20 天繁殖满整个容器，那么繁殖到第（　　）天细菌占容器的一半

A. 16　　　B. 12　　　C. 24　　　D. 19　　　E. 以上答案均不正确

【解题思路】根据细菌的繁殖规律，第 n 天细菌的数量为 2^n，由第 20 天繁殖满整个容器，则容器内共能容纳细菌 2^{20}，则容器的一半为 $2^{20} \div 2$，依此计算即可。

【解】容器内细菌逐日成倍增长繁殖，故第 20 天繁殖到 2^{20}，又第 20 天繁殖满整个容器，所

以细菌占容器的一半是有细菌 $\dfrac{2^{20}}{2} = 2^{19}$。

答案为 D。

真题解析

（2007-10-3）某电镀厂两次改进操作方法，锌的使用量比原来节约15%，则平均每次节约（　　）

A. 42.5%　　　　　　　B. 7.5%　　　　　　　C. $(1-\sqrt{0.85}) \times 100\%$

D. $(1+\sqrt{0.85}) \times 100\%$　　　　E. 以上结论均不正确

【解】设平均每次节约 x，将原来锌的使用量看作单位"1"，则根据题意可列出方程为 $(1-x)^2 = 1-15\%$，解答 $x = \left(1-\sqrt{0.85}\right) \times 100\%$。答案为 C。

（2008-10-13）（条件充分性判断）A 企业的职工人数今年比前年增加了 30%

（1）A 企业的职工人数去年比前年减少了 20%

（2）A 企业的职工人数今年比去年增加了 50%

【解】方法1：由题意可知单独的条件（1）和条件（2）均不充分，那么二者联合考虑。设 A 企业去年的人数为 x，那么今年的人数为 $(1+50\%)x$，前年的人数为 $\dfrac{x}{1-20\%} = 1.25x$，故 A 企业的职工人数今年比前年增加了 $\dfrac{1.5x - 1.25x}{1.25x} = 20\%$。条件（1）和条件（2）均不充分。

答案为 E。

方法2：此题可假设前年为 a，则去年是 $0.8a$，今年是 $0.8a(1+50\%)=1.2a$，即今年比前年增长了 20%，条件均不充分。

（2010-10-23）（条件充分性判断）甲企业一年的总产值为 $\dfrac{a}{p}[(1+p)^{12}-1]$

（1）甲企业一月份的产值为 a，以后每月产值的增长率为 p

（2）甲企业一月份的产值为 $\dfrac{a}{2}$，以后每月产值的增长率为 $2p$

【解】针对条件（1）而言，1月为 a，二月为 $a(1+p)$，…，12月为 $a(1+p)^{11}$，从而一年总产值为

$a + a(1+p) + a(1+p)^2 + \cdots + a(1+p)^{11} = \dfrac{a[(1+p)^{12}-1]}{1+p-1} = \dfrac{a}{p}[(1+p)^{12}-1]$，故条件（1）充分；

针对条件（2）而言，1月为 $\dfrac{a}{2}$，二月为 $\dfrac{a}{2}(1+2p)$，…，12月为 $\dfrac{a}{2}(1+2p)^{11}$，从而一年总产值为 $\dfrac{a}{2} + \dfrac{a}{2}(1+2p) + \dfrac{a}{2}(1+2p)^2 + \cdots + \dfrac{a}{2}(1+2p)^{11} = \dfrac{\dfrac{a}{2}[(1+2p)^{12}-1]}{1+\dfrac{a}{2}-1} = \dfrac{a}{4p}[(1+2p)^{12}-1]$，故条件（2）不充分。

答案为 A。

第三节　方程及不等式

知识框架图

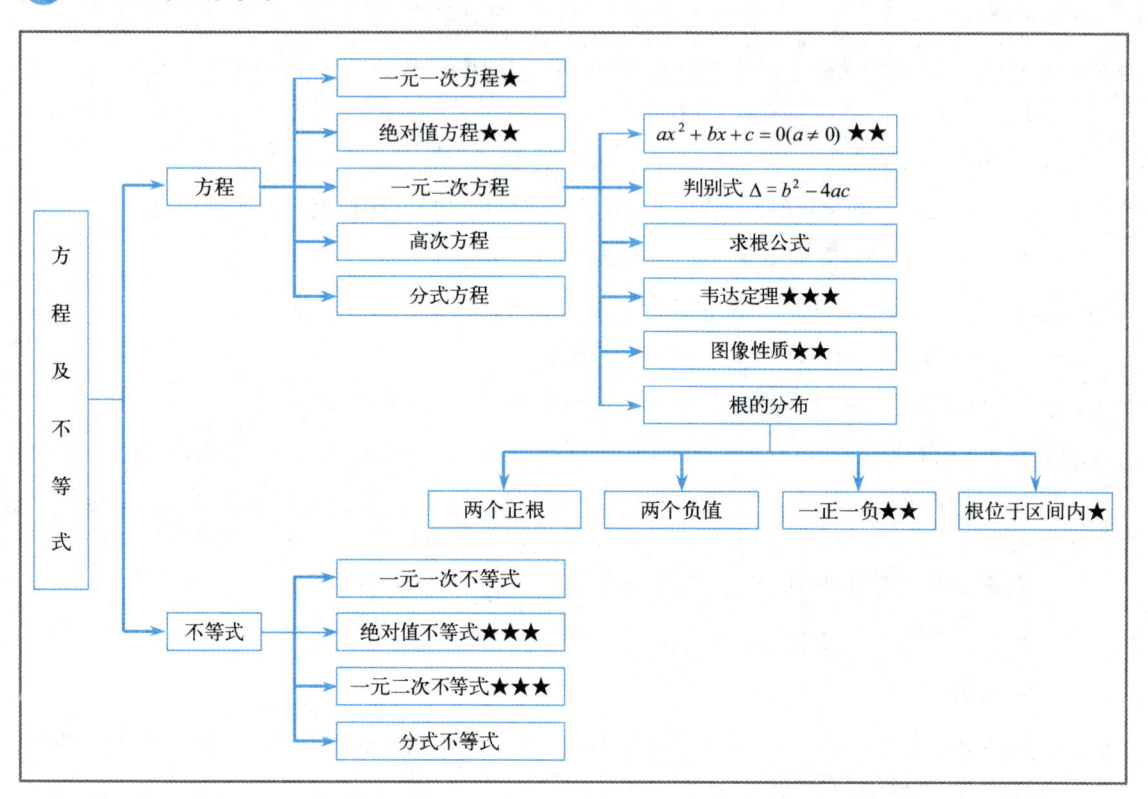

```
方程及不等式
├── 方程
│   ├── 一元一次方程★
│   ├── 绝对值方程★★
│   ├── 一元二次方程 ──┬── $ax^2+bx+c=0(a\neq 0)$ ★★
│   │                 ├── 判别式 $\Delta=b^2-4ac$
│   │                 ├── 求根公式
│   │                 ├── 韦达定理★★★
│   │                 ├── 图像性质★★
│   │                 └── 根的分布
│   │                      ├── 两个正根
│   │                      ├── 两个负值
│   │                      ├── 一正一负★★
│   │                      └── 根位于区间内★
│   ├── 高次方程
│   └── 分式方程
└── 不等式
    ├── 一元一次不等式
    ├── 绝对值不等式★★★
    ├── 一元二次不等式★★★
    └── 分式不等式
```

考点说明

本节重点考查考生对于一元二次方程标准形式的理解,以及方程根的分布和韦达定理的熟练应用。在解答不等式时,考生需要掌握对绝对值不等式的运算,以及如何运用特殊值法进行快速解答。

模块化讲解

一元一次方程

一、基本概念

　　方程：含有未知数的等式。
　　元：方程中所含未知数的个数。

次：方程中未知数最高的指数。

一元一次方程：只含有一个未知数，并且含有未知数的式子都是整式，未知数的最高次数是 1，这样的方程叫作一元一次方程，通常形式是 $ax+b=0$（$a\neq 0$，a,b 为常数）。

【注意】判断一个方程是否是一元一次方程要抓住三点：

- 方程是整式方程；
- 化简后方程中只含有一个未知数；
- 经整理后方程中未知数的次数是 1。

运算方程 $ax=b$ 在不同条件下解的各种情况：

- $a\neq 0$ 时，方程有唯一的解 $x=\dfrac{b}{a}$；
- $a=0$，$b=0$ 时，方程有无数个解；
- $a=0$，$b\neq 0$ 时，方程无解。

二、例题精讲

1. 已知关于 x 的方程 $\dfrac{x}{3}+a=\dfrac{x}{2}-\dfrac{1}{6}(x-6)$ 无解，则 a 的值是（　　）

   A. 1　　　　B. –1　　　　C. ±1　　　　D. 不等于 1 的数　　　　E. 0

   【解题思路】本方程需先化成最简形式，再根据无解的条件，列出 a 的等式或不等式，从而求出 a 的值。

   【解】去分母，得 $2x+6a=3x-x+6$，即 $0\cdot x=6-6a$。因为原方程无解，所以有 $6-6a\neq 0$，即 $a\neq 1$。答案为 D。

2. 关于 x 的方程 $3x-8=a\cdot(x-1)$ 的解是负数，则 a 的取值范围为（　　）

   A. $3<a<8$　　B. $3<a<9$　　C. $2<a<8$　　D. $-3<a<8$　　E. $-3<a<9$

   【解题思路】首先根据一元一次方程解出 x 的值，然后根据 $x<0$ 求出 a 的取值范围。

   【解】整理原方程，得 $(3-a)x=8-a$，$x=\dfrac{8-a}{3-a}$。因为 x 为负数，所以 $\begin{cases}8-a>0\\3-a<0\end{cases}$ 或 $\begin{cases}8-a<0\\3-a>0\end{cases}$，解得 $3<a<8$。答案为 A。

3. 关于 x 的方程 $(m-1)x^{|m|}+2=0$ 是一元一次方程，则 m 的值为（　　）

   A. –1　　　　B. 1　　　　C. ±1　　　　D. 1 或 –1　　　　E. 0

   【解题思路】根据一元一次方程的定义可得出关于 m 的等式，继而求出 m 的值。

   【解】因为 $(m-1)x^{|m|}+2=0$ 是一元一次方程，根据一元一次方程的定义可知 $|m|=1$，得 $m=\pm 1$，又因为 $m-1\neq 0$，所以 $m\neq 1$，m 的值为 –1。答案为 A。

> **周老师提醒您**
>
> 一元一次方程的解答对于考生的要求主要是理解一元一次方程的定义，然后仔细运算，降低错误率。

绝对值方程

一、基本概念

（一）定义

绝对值方程：含有绝对值的方程。

（二）含绝对值的一次方程的解法

1. 形如 $|ax+b|=c(a\neq 0)$ 型的绝对值方程的解法
- 当 $c<0$ 时，根据绝对值的非负性，可知此时方程无解；
- 当 $c=0$ 时，原方程变为 $|ax+b|=0$，即 $ax+b=0$，解得 $x=-\dfrac{b}{a}$；
- 当 $c>0$ 时，原方程变为 $ax+b=c$ 或 $ax+b=-c$，解得 $x=\dfrac{c-b}{a}$ 或 $x=\dfrac{-c-b}{a}$。

2. 形如 $|ax+b|=cx+d(ac\neq 0)$ 型的绝对值方程的解法
- 根据绝对值的非负性可知 $cx+d\geqslant 0$，求出 x 的取值范围；
- 根据绝对值的定义将原方程化为两个方程 $ax+b=cx+d$ 和 $ax+b=-(cx+d)$；
- 分别解方程 $ax+b=cx+d$ 和 $ax+b=-(cx+d)$；
- 将求得的解代入 $cx+d\geqslant 0$ 检验，舍去不合条件的解。

3. 形如 $|ax+b|=|cx+d|(ac\neq 0)$ 型的绝对值方程的解法
- 根据绝对值的定义将原方程化为两个方程 $ax+b=cx+d$ 或 $ax+b=-(cx+d)$；
- 分别解方程 $ax+b=cx+d$ 和 $ax+b=-(cx+d)$。

4. 形如 $|x-a|+|x-b|=c(a<b)$ 型的绝对值方程的解法
- 根据绝对值的几何意义可知 $|x-a|+|x-b|\geqslant|a-b|$；
- 当 $c<|a-b|$ 时，此时方程无解；当 $c=|a-b|$ 时，此时方程的解为 $a\leqslant x\leqslant b$；当 $c>|a-b|$ 时，分两种情况：当 $x<a$ 时，原方程的解为 $x=\dfrac{a+b-c}{2}$；当 $x>b$ 时，原方程的解为 $x=\dfrac{a+b+c}{2}$。

5. 形如 $|ax+b|\pm|cx+d|=ex+f(ac\neq 0)$ 型的绝对值方程的解法
- 找绝对值零点：令 $|ax+b|=0$，得 $x=x_1$，令 $|cx+d|=0$，得 $x=x_2$；
- 零点分段讨论：不妨设 $x_1<x_2$，将数轴分为三个区段，即 $x<x_1$；$x_1\leqslant x<x_2$；$x\geqslant x_2$；

- 分段求解方程：在每一个区段内去掉绝对值符号，求解方程并检验，舍去不在区段内的解。

6. 形如 $||ax+b|+cx+d|=ex+f(a\neq 0)$ 的绝对值方程的解法

解法 1：由内而外去绝对值符号。

按照零点分段讨论的方式，由内而外逐层去掉绝对值符号，解方程并检验，舍去不符合条件的解。

解法 2：由外而内去绝对值符号。
- 根据绝对值的非负性可知 $ex+f\geqslant 0$，求出 x 的取值范围；
- 根据绝对值的定义将原方程化为两个绝对值方程 $|ax+b|=ex+f-(cx+d)$ 和 $|ax+b|=-(ex+f)-(cx+d)$；
- 解上一步中的两个绝对值方程。

二、例题精讲

1. 方程 $|5x+6|=6x-5$ 的解是（　　）

   A. 11　　　　B. $-\dfrac{1}{11}$　　　　C. 11 或 $-\dfrac{1}{11}$　　　　D. 12　　　　E. 10

   【解题思路】设法去掉绝对值符号，将原方程化为一般的一元一次方程来求解。

   【解】$|5x+6|=6x-5$，则去掉绝对值符号可得 $\begin{cases}5x+6=6x-5 & 5x+6\geqslant 0\\ -5x-6=6x-5 & 5x+6\leqslant 0\end{cases}$，则 $x=11$，$x=-\dfrac{1}{11}$

   （舍去）。答案为 A。

2. 方程 $\dfrac{|2x-1|}{2}-3=0$ 的解为（　　）

   A. $\dfrac{7}{2}$　　　　B. $-\dfrac{5}{2}$　　　　C. $\dfrac{3}{2}$ 或 $-\dfrac{5}{2}$　　　　D. $\dfrac{7}{2}$ 或 $-\dfrac{5}{2}$　　　　E. $\dfrac{3}{2}$

   【解题思路】$|ax+b|=c(a\neq 0)$ 型的绝对值方程，当 $c>0$ 时，原方程变为 $ax+b=c$ 或 $ax+b=-c$，解得 $x=\dfrac{c-b}{a}$ 或 $x=\dfrac{-c-b}{a}$。

   【解】$\dfrac{|2x-1|}{2}-3=0$，$\dfrac{|2x-1|}{2}=3$，$|2x-1|=6$，$2x-1=\pm 6$，$x_1=\dfrac{7}{2}$，$x_2=-\dfrac{5}{2}$。答案为 D。

3. 若关于 x 的方程 $|x|=2x+1$ 的解为负数，则 x 的值为（　　）

   A. $-\dfrac{1}{3}$　　　　B. $-\dfrac{1}{4}$　　　　C. $\dfrac{1}{2}$ 或 $-\dfrac{1}{3}$　　　　D. -1　　　　E. $-\dfrac{1}{4}$ 或 $-\dfrac{1}{3}$

   【解题思路】分 $x\geqslant 0$ 和 $x<0$ 两种情况去解方程即可。

   【解】当 $x\geqslant 0$ 时，去绝对值得 $x=2x+1$，解得 $x=-1$，不符合预设的 $x\geqslant 0$，舍去；

   当 $x<0$ 时，去绝对值得 $-x=2x+1$，解得 $x=-\dfrac{1}{3}$。

   答案为 A。

4. 已知 $|x-1|+|x-5|=4$，则 x 的取值范围是（　　）

A. $x \leq 1$ B. $1 \leq x \leq 5$ C. $x \geq 5$
D. $1 < x < 5$ E. $-1 < x < 5$

【解题思路】分别讨论 $x \geq 5$，$1 < x < 5$，$x \leq 1$，根据 x 的范围去掉绝对值，解出 x，综合三种情况可得出 x 的最终范围。

【解】方法 1：如何去绝对值符号，可从以下三种情况考虑。

第一种：当 $x \geq 5$ 时，原方程就可化简为 $x-1+x-5=4$，解得 $x=5$；

第二种：当 $1 < x < 5$ 时，原方程就可化简为 $x-1-x+5=4$，恒成立；

第三种：当 $x \leq 1$ 时，原方程就可化简为 $-x+1-x+5=4$，解得 $x=1$。

所以 x 的取值范围是 $1 \leq x \leq 5$。答案为 B。

方法 2：采用数轴的形式。$|x-1|$ 和 $|x-5|$ 在数轴上的表述如下图所示，而 x 的位置可以在 1 的右边、5 的左边和 1 与 5 之间的位置。由图中可以看出，当 x 位于中间时，不论 x 取何值，两个绝对值的和恒为 4。答案为 B。

真题解析

（2007-10-30）（条件充分性判断）方程 $|x+1|+|x|=2$ 无根

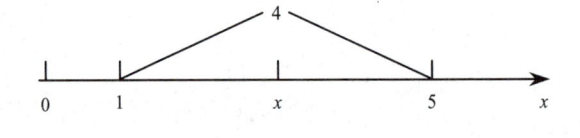

（1）$x \in (-\infty, -1)$ （2）$x \in (-1, 0)$

【解】根据绝对值的定义可知表达式 $|x+1|+|x|$ 的最小值为 1，此时 $x \in [-1, 0]$，若要求方程 $|x+1|+|x|=2$，那么可以求得 $x_1 = \dfrac{1}{2}, x_2 = -\dfrac{3}{2}$。由此可知条件（1）不充分，条件（2）充分。答案为 B。

> **周老师提醒您**
>
> 计算绝对值方程的时候，首先考虑如何去绝对值符号，然后把原式化简成最简方程运算即可。

一元二次方程

一、基本概念

（一）定义

一元二次方程：只含有一个未知数，并且未知数的最高次数是 2 的整式方程叫作一元二次方程。

一般形式为 $ax^2 + bx + c = 0$（a, b, c 是已知数，$a \neq 0$，其中 a, b, c 分别叫作二次项系数、

一次项系数和常数项）。

(二) 一元二次方程的解法

1. 直接开方法

例如：$2x^2 - 8 = 0$

$x^2 = 4$

$x = \pm 2$

2. 配方后再开方

例如：$x^2 - 4x - 2 = 0$

$(x-2)^2 - 6 = 0$

$x - 2 = \pm\sqrt{6}$，故 $x = 2 \pm \sqrt{6}$

3. 分解因式法

例如：$3x^2 - 5x - 2 = 0$

$3x^2 - 5x - 2 = (3x+1)(x-2) = 0$

由 $3x + 1 = 0$，得 $x_1 = -\dfrac{1}{3}$；由 $x - 2 = 0$，得 $x_2 = 2$。

4. 求根公式法

对于一元二次方程 $ax^2 + bx + c = 0$，它的解为

$$x = \frac{-b \pm \sqrt{b^2 - 4ac}}{2a} \ (b^2 - 4ac \geqslant 0)$$

(三) 一元二次方程根的判别式（$\Delta = b^2 - 4ac, a \neq 0$）

（1）$\Delta > 0$ 时，方程有两个不相等的实数根；

（2）$\Delta = 0$ 时，方程有两个相等的实数根；

（3）$\Delta < 0$ 时，方程没有实数根。

(四) 一元二次方程根与系数关系（韦达定理）

$ax^2 + bx + c = 0$（a, b, c 是已知数，$a \neq 0$）当 $\Delta \geqslant 0$ 时，设方程两根为 x_1, x_2，则

$x_{1,2} = \dfrac{-b \pm \sqrt{b^2 - 4ac}}{2a} \ (b^2 - 4ac \geqslant 0)$，故 $x_1 + x_2 = -\dfrac{b}{a}, x_1 \cdot x_2 = \dfrac{c}{a}$

【注意】逆定理为

若 $x_1 + x_2 = m, x_1 \cdot x_2 = n$，则以 x_1, x_2 为根的一元二次方程是 $x^2 - mx + n = 0$。

(五) 常用等式

$\dfrac{1}{x_1} + \dfrac{1}{x_2} = \dfrac{x_1 + x_2}{x_1 x_2}$

$\dfrac{1}{x_1^2} + \dfrac{1}{x_2^2} = \dfrac{(x_1 + x_2)^2 - 2x_1 x_2}{(x_1 x_2)^2}$

$$|x_1-x_2|=\sqrt{(x_1-x_2)^2}=\sqrt{(x_1+x_2)^2-4x_1x_2}=\frac{\sqrt{\Delta}}{|a|}$$

$$x_1^2+x_2^2=(x_1+x_2)^2-2x_1x_2$$

$$x_1^3+x_2^3=(x_1+x_2)(x_1^2-x_1x_2+x_2^2)=(x_1+x_2)[(x_1+x_2)^2-3x_1x_2]$$

(六)一元二次函数图像

任何一个二次函数 $y=ax^2+bx+c(a\neq 0)$ 都可把它的解析式配方为顶点式：

$$y=a\left(x+\frac{b}{2a}\right)^2+\frac{4ac-b^2}{4a}$$

性质如下：

（1）图像的顶点坐标为 $\left(-\frac{b}{2a},\frac{4ac-b^2}{4a}\right)$，对称轴是直线 $x=-\frac{b}{2a}$。

（2）最大（小）值。

① 当 $a>0$，函数图像开口向上，y 有最小值，$y_{min}=\frac{4ac-b^2}{4a}$，无最大值；

② 当 $a>0$，函数图像开口向下，y 有最大值，$y_{max}=\frac{4ac-b^2}{4a}$，无最小值。

（3）当 $a>0$，函数在区间 $\left(-\infty,-\frac{b}{2a}\right)$ 上是减函数，在 $\left(-\frac{b}{2a},+\infty\right)$ 上是增函数；

当 $a<0$，函数在区间 $\left(-\frac{b}{2a},+\infty\right)$ 上是减函数，在 $\left(-\infty,-\frac{b}{2a}\right)$ 上是增函数。

二、例题精讲

1. 关于 x 的一元二次方程 $(a-1)x^2+x+a^2-1=0$ 的一个根是 0，则 a 的值为（　　）

A. 1　　　　B. −1　　　　C. 1 或 −1　　　　D. $\frac{1}{2}$　　　　E. 以上答案均不正确

【解题思路】直接将 $x=0$ 的根代入一元二次方程，然后求出 a 即可。

【解】将 $x=0$ 代入方程后得到 $a^2-1=0, a=\pm 1$。当 $a=1$ 时，$a-1=0$ 方程不为一元二次方程，故 $a=-1$。答案为 B。

2. 设 $a^2+1=3a$，$b^2+1=3b$，且 $a\neq b$，则代数式 $\frac{1}{a^2}+\frac{1}{b^2}$ 值为（　　）

A. 5　　　　B. 7　　　　C. 9　　　　D. 11　　　　E. 12

【解题思路】考生观察题后可知 a,b 为一元二次方程 $x^2-3x+1=0$ 的两个根，然后利用韦达定理解答。

【解】a,b 是方程 $x^2-3x+1=0$ 的两个根，根据韦达定理可得以下等式：$a+b=3, ab=1$，$\frac{1}{a^2}+\frac{1}{b^2}=\frac{(a+b)^2-2ab}{(ab)^2}=7$。答案为 B。

3. 关于x的方程$x^2-6x+m=0$的两实根为α和β，且$3\alpha+2\beta=20$，则m为（ ）

A. 16　　　　B. 14　　　　C. −14　　　　D. −16　　　　E. 18

【解题思路】利用韦达定理可以列出关于α,β的等式，然后变换即可求出m。

【解】由$\Delta=(-6)^2-4m\geqslant 0$得$m\leqslant 9$，由韦达定理有$\alpha+\beta=6,\alpha\beta=m$

由$3\alpha+2\beta=\alpha+2(\alpha+\beta)=\alpha+2\cdot 6=20$

解得$\alpha=8,\beta=-2$，故$m=\alpha\beta=8\cdot(-2)=-16$。答案为 D。

4. 已知方程$x^2+5x+k=0$的两实根的差为 3，实数k的值为（ ）

A. 4　　　　B. 5　　　　C. 6　　　　D. 7　　　　E. 8

【解题思路】含有未知数的一元二次方程在已知有根的情况下，考生首先要考虑判别式，确定未知数的范围，然后再根据韦达定理求出未知数的值。

【解】由$\Delta=5^2-4k\geqslant 0$，得$k\leqslant\dfrac{25}{4}$。

设二实根为α,β，不妨令$\alpha>\beta$，则$\alpha-\beta=3$，于是$(\alpha-\beta)^2=(\alpha+\beta)^2-4\alpha\beta=9$，依韦达定理有$\alpha+\beta=-5,\alpha\beta=k$ 得$(-5)^2-4k=9$，解得$k=4$，且满足$4\in\left(-\infty,\dfrac{25}{4}\right]$。

答案为 A。

5. 已知三个关于x的一元二次方程$ax^2+bx+c=0,bx^2+cx+a=0,cx^2+ax+b=0$恰有一个公共实数根，则$\dfrac{a^2}{bc}+\dfrac{b^2}{ca}+\dfrac{c^2}{ab}$的值为（ ）

A. 0　　　　B. 1　　　　C. 2　　　　D. 3　　　　E. 4

【解题思路】本题主要根据三个一元二次方程有一个公共的实数根，然后进行化简运算。

【解】设x_0是它们的一个公共实数根，则

$$ax_0^2+bx_0+c=0，\quad bx_0^2+cx_0+a=0，\quad cx_0^2+ax_0+b=0$$

把上面三个式子相加，并整理得$(a+b+c)(x_0^2+x_0+1)=0$。

因为$x_0^2+x_0+1=\left(x_0+\dfrac{1}{2}\right)^2+\dfrac{3}{4}>0$，所以$a+b+c=0$。

于是$\dfrac{a^2}{bc}+\dfrac{b^2}{ca}+\dfrac{c^2}{ab}=\dfrac{a^3+b^3+c^3}{abc}=\dfrac{a^3+b^3-(a+b)^3}{abc}=\dfrac{-3ab(a+b)}{abc}=3$。

答案为 D。

6. 已知实数$a\neq b$，且满足$(a+1)^2=3-3(a+1),3(b+1)=3-(b+1)^2$，则$b\sqrt{\dfrac{b}{a}}+a\sqrt{\dfrac{a}{b}}$的值为（ ）

A. 23　　　　B. −23　　　　C. −2　　　　D. −13　　　　E. 13

【解题思路】本题首先知道a,b是关于x的一元二次方程$(x+1)^2+3(x+1)-3=0$的两个根，然后利用韦达定理进行运算。

【解】a,b 是关于 x 的方程 $(x+1)^2 +3(x+1)-3=0$ 的两个根，整理此方程，得 $x^2 +5x+1=0$。由 $\Delta = 25-4 > 0$，得 $a+b = -5$，$ab = 1$，故 a,b 均为负数。

因此 $b\sqrt{\dfrac{b}{a}} + a\sqrt{\dfrac{a}{b}} = -\dfrac{b}{a}\sqrt{ab} - \dfrac{a}{b}\sqrt{ab} = -\dfrac{a^2+b^2}{ab}\sqrt{ab} = -\dfrac{(a+b)^2 - 2ab}{\sqrt{ab}} = -23$。答案为 B。

7. 已知方程 $x^2 + ax + b = 0$ 的两实根之比为 3∶4，判断式 $\Delta = 2$，则两根之差的绝对值为（　　）
A. $\sqrt{2}$　　　　B. $3\sqrt{2}$　　　　C. $5\sqrt{2}$　　　　D. $2\sqrt{2}$　　　　E. $6\sqrt{2}$

【解题思路】本题要把两根的关系和韦达定理结合起来进行解答。

【解析】方法 1：设二实根为 $x_1 = 3k$，$x_2 = 4k$，依韦达定理，$3k + 4k = -a$，$3k \cdot 4k = b$，即 $7k = -a$，$a = -7k$，$b = 12k^2$。

由 $\Delta = a^2 - 4b = 2$，得 $(-7k)^2 - 4 \cdot 12k^2 = 2$，解得 $k = \pm\sqrt{2}$。故两实根为 $3\sqrt{2}, 4\sqrt{2}$ 或 $-3\sqrt{2}, -4\sqrt{2}$，$|x_1 - x_2| = \sqrt{2}$。

方法 2：$|x_1 - x_2| = \dfrac{\sqrt{\Delta}}{|a|} = \sqrt{2}$。答案为 A。

8. 已知二次函数 $f(x)$ 满足 $f(1+x) = f(1-x)$，且 $f(0)=0, f(1)=1$，且在区间 $[m, n]$ 上的值域是 $[m, n]$，求实数 $m+n$ 的值（　　）。
A. 0　　　　　　B. 1　　　　　　C. 2　　　　　　D. 3　　　　　　E. 4

【解题思路】确定所给区间的单调性。

【解】∵ 二次函数 $f(x)$ 满足 $f(1+x) = f(1-x)$

∴ 函数的对称轴为 $x=1$

又因为 $f(1) = 1$，可设 $f(x) = a(x-1)^2 + 1$。把 $f(0)=0$ 代入得到 $a = -1$，即
$$f(x) = -(x-1)^2 + 1 = -x^2 + 2x$$

由题意知函数值域为 $(-\infty, 1]$，则 $[m,n] \subseteq (-\infty, 1]$，即 $n \leqslant 1$

因此，函数在区间 $[m, n]$ 上单调递增

∴ $\begin{cases} f(m) = m \\ f(n) = n \end{cases} \Rightarrow \begin{cases} -m^2 + 2m = m \\ -n^2 + 2n = n \end{cases} \Rightarrow m = 0$ 或 1，$n = 0$ 或 1

综合题意可得 $m=0$，$n=1$。答案为 B。

真题解析

（2009-10-7）$3x^2 + bx + c = 0 (c \neq 0)$ 的两个根为 α, β。如果又以 $\alpha + \beta, \alpha\beta$ 为根的一元二次方程是 $3x^2 - bx + c = 0$，则 b 和 c 分别为（　　）
A. 2，6　　　B. 3，4　　　C. −2，−6　　　D. −3，−6　　　E. 以上结论均不正确

【解】根据韦达定理可知 $\alpha + \beta = -\dfrac{b}{3}$，$\alpha\beta = \dfrac{c}{3}$，利用第二个方程可得 $\alpha + \beta + \alpha\beta = \dfrac{b}{3}$，$(\alpha+\beta)\alpha\beta =$

$\frac{c}{3}$，解得：$b = -3, c = -6$。答案为 D。

（2009-1-21）（条件充分性判断）$\alpha^2 + \beta^2$ 的最小值是 $\frac{1}{2}$

（1）α 与 β 是方程 $x^2 - 2ax + (a^2 + 2a + 1) = 0$ 的两个实根

（2）$\alpha\beta = \frac{1}{4}$

【解】本题主要考查韦达定理。

针对条件（1）而言，$\alpha + \beta = 2a, \alpha\beta = a^2 + 2a + 1$，知 $\alpha^2 + \beta^2 = (\alpha + \beta)^2 - 2\alpha\beta = 4a^2 - 2(a^2 + 2a + 1)$，整理后得 $f(a) = 2a^2 - 4a - 2$，方程 $x^2 - 2ax + (a^2 + 2a + 1) = 0$ 有根，满足 $\Delta \geq 0$，解得 $a \leq -\frac{1}{2}$，在这个范围内求取 $f(a)_{\min} = \frac{1}{2}$，故条件（1）充分；针对条件（2）而言，$\alpha^2 + \beta^2 = \alpha^2 + \frac{1}{16\alpha^2} \geq \frac{1}{2}$，故条件（2）也充分。

答案为 D。

（2007-1-8）若方程 $x^2 + px + q = 0$ 的一个根是另一个根的 2 倍，则 p 和 q 应该满足（　　）

A. $p^2 = 4q$　　B. $2p^2 = 9q$　　C. $4p^2 = 9q$　　D. $2p^2 = 3q$　　E. 以上结论均不正确

【解】方法 1：设方程 $x^2 + px + q = 0$ 的两个根为 a, b，则 $b = 2a$，根据韦达定理可知 $a + b = -p, ab = q$，由此可知 $2p^2 = 9q$。

方法 2：设方程 $x^2 + px + q = 0$ 的两个根为 1, 2，所以可知 $p = -3, q = 2$，代入以上选项可知仅有选项 B 满足。答案为 B。

（1997）x_1, x_2 是方程 $6x^2 - 7x + a = 0$ 的两个根，若 $\frac{1}{x_1}, \frac{1}{x_2}$ 的几何平均值是 $\sqrt{3}$，则 a 的值是（　　）

A. 2　　B. 3　　C. 4　　D. -2　　E. -3

【解】x_1, x_2 是方程 $6x^2 - 7x + a = 0$ 的两个根，则 $x_1 + x_2 = \frac{7}{6}, x_1 x_2 = \frac{a}{6}$；$\frac{1}{x_1}, \frac{1}{x_2}$ 的几何平均值是 $\sqrt{3}$，则 $\sqrt{\frac{1}{x_1} \cdot \frac{1}{x_2}} = \sqrt{3}, \frac{1}{x_1 x_2} = 3$，$\frac{6}{a} = 3$，$a = 2$。答案为 A。

（1998）若方程 $x^2 + px + 37 = 0$ 恰有两个正整数解 x_1, x_2，则 $\frac{(x_1+1)(x_2+1)}{p}$ 的值是（　　）

A. -2　　B. -1　　C. 0　　D. 1　　E. 2

【解】方程 $x^2 + px + 37 = 0$ 恰有两个正整数解，则 $(x-1)(x-37) = 0, x_1 = 1, x_2 = 37$，故 $p = -38$，所以 $\frac{(x_1+1)(x_2+1)}{p} = -2$。答案为 A。

（2000）已知 $x^3 + 2x^2 - 5x - 6 = 0$ 的根为 $x_1 = -1, x_2, x_3$，则 $\frac{1}{x_2} + \frac{1}{x_3} = ($　　$)$

A. $\frac{1}{6}$　　B. $\frac{1}{5}$　　C. $\frac{1}{4}$　　D. $\frac{1}{3}$　　E. 以上答案均不正确

【解】$x^3+2x^2-5x-6=(x+1)(x^2+x-6)$，则 x_2,x_3 是 $x^2+x-6=0$，$x_2+x_3=-1$，$x_2x_3=-6$，$\dfrac{1}{x_2}+\dfrac{1}{x_3}=\dfrac{x_2+x_3}{x_2x_3}=\dfrac{1}{6}$。答案为 A。

（2002）已知方程 $3x^2+5x+1=0$ 的两个根为 α,β，则 $\sqrt{\dfrac{\beta}{\alpha}}+\sqrt{\dfrac{\alpha}{\beta}}=$（　　）

A. $-\dfrac{5\sqrt{3}}{3}$　　B. $\dfrac{5\sqrt{3}}{3}$　　C. $\dfrac{\sqrt{3}}{5}$　　D. $-\dfrac{\sqrt{3}}{5}$　　E. 以上答案均不正确

【解】已知方程 $3x^2+5x+1=0$ 的两个根为 α,β，则 $\alpha+\beta=-\dfrac{5}{3},\alpha\beta=\dfrac{1}{3}$，$\sqrt{\dfrac{\beta}{\alpha}}+\sqrt{\dfrac{\alpha}{\beta}}=\dfrac{|\alpha+\beta|}{\sqrt{\alpha\beta}}$

$=\dfrac{|-\dfrac{5}{3}|}{\sqrt{\dfrac{1}{3}}}=\dfrac{5\sqrt{3}}{3}$。答案为 B。

【注意】本题很多考生错选 A，考生做完题后要善于观察，$\sqrt{\dfrac{\beta}{\alpha}}+\sqrt{\dfrac{\alpha}{\beta}}\geqslant 0$ 是前提条件。

（2015-1-11）已知 x_1,x_2 是方程 $x^2-ax-1=0$ 的两个实数根，则 $x_1^2+x_2^2=$（　　）

A. a^2+2　　B. a^2+1　　C. a^2-1　　D. a^2-2　　E. $a+2$

【解】韦达定理应用：$\begin{cases}x_1+x_2=a\\x_1\cdot x_2=-1\end{cases}\Rightarrow x_1^2+x_2^2=(x_1+x_2)^2-2x_1\cdot x_2=a^2+2$。答案为 E。

（2016-1-12）设抛物线 $y=x^2+2ax+b$ 与 x 轴相交于 A,B 两点，点 C 坐标为（0,2），若 $\triangle ABC$ 的面积等于 6，则（　　）

A. $a^2-b=9$　　B. $a^2+b=9$　　C. $a^2-b=36$　　D. $a^2+b=36$　　E. $a^2-4b=9$

【解】因为点 C 坐标为（0,2），所以 $\triangle ABC$ 的 AB 为底边对应的高为 2，令 $A(x_1,0),B(x_2,0)$，则有 $S_{\triangle ABC}=\dfrac{1}{2}|x_1-x_2|\times 2=6$，所以 $|x_1-x_2|=6$，由 $|x_1-x_2|=\dfrac{\sqrt{\Delta}}{|a|}=\dfrac{\sqrt{4a^2-4b}}{1}=6$（公式），

所以 $a^2-b=9$。答案为 A。

> **周老师提醒您**
>
> 使用关于一元二次方程韦达定理的过程中，首先考生需要注意两根之和的正负，其次需要考生牢记：
> $$|x_1-x_2|=\dfrac{\sqrt{\Delta}}{|a|}$$

一元二次方程的根的分布

一、基本概念

（一）Δ与根的关系的综合运用（$ax^2+bx+c=0, a\neq 0$）

$ax^2+bx+c=0,(a>0)$	$\Delta>0$ 有两个不相等的实数根	$c>0$ 两根同号	$b>0$	有两个负根不相等
			$b<0$	有两个正根不相等
		$c<0$ 两根异号	$b>0$	负根绝对值较大（正根绝对值较小）
			$b<0$	正根绝对值较大（负根绝对值较小）
			$b=0$	两根绝对值相等
		$c=0$ 一根为零	$b>0$	一根为零，另一个根为负根
			$b<0$	一根为零，另一根为正根
		$b>0$		有两个相等的负根
		$b<0$		有两个相等的正根
		$b=0$		有两个相等的根都为零

（二）"Δ" "$x_1 \cdot x_2$" "x_1+x_2" 与 "0" 的关系综合判断一元二次方程根的情况

（1）有两个不相等的负实数根 $\begin{cases} \Delta>0 \\ x_1 \cdot x_2 > 0 \\ x_1 + x_2 < 0 \end{cases}$

（2）有两个不相等的正实数根 $\begin{cases} \Delta>0 \\ x_1 \cdot x_2 > 0 \\ x_1 + x_2 > 0 \end{cases}$

（3）负根的绝对值大于正根的绝对值 $\begin{cases} \Delta>0 \\ x_1 \cdot x_2 < 0 \\ x_1 + x_2 < 0 \end{cases}$

（4）两个异号根，正根的绝对值较大 $\begin{cases} \Delta>0 \\ x_1 \cdot x_2 < 0 \\ x_1 + x_2 > 0 \end{cases}$

（5）两根异号，但绝对值相等 $\begin{cases} \Delta>0 \\ x_1 \cdot x_2 < 0 \\ x_1 + x_2 =0 \end{cases}$

（6）一个负根，一个零根 $\begin{cases} \Delta>0 \\ x_1 \cdot x_2 =0 \\ x_1 + x_2 < 0 \end{cases}$

（7）一个正根，一个零根 $\begin{cases} \Delta>0 \\ x_1 \cdot x_2 = 0 \\ x_1 + x_2 > 0 \end{cases}$

（8）有两个相等的负根 $\begin{cases} \Delta = 0 \\ x_1 \cdot x_2 > 0 \\ x_1 + x_2 < 0 \end{cases}$

（9）有两个相等的正根 $\begin{cases} \Delta = 0 \\ x_1 \cdot x_2 > 0 \\ x_1 + x_2 > 0 \end{cases}$

（10）有两个相等的根都为零 $\begin{cases} \Delta = 0 \\ x_1 \cdot x_2 = 0 \\ x_1 + x_2 = 0 \end{cases}$

（11）两根互为倒数 $\begin{cases} \Delta > 0 \\ x_1 \cdot x_2 = 1 \end{cases}$

（12）两根互为相反数 $\begin{cases} \Delta > 0 \\ x_1 + x_2 = 0 \end{cases}$

（13）两根异号 $\begin{cases} \Delta > 0 \\ x_1 \cdot x_2 < 0 \end{cases}$

（14）两根同号 $\begin{cases} \Delta \geq 0 \\ x_1 \cdot x_2 > 0 \end{cases}$

（15）有一根为零 $\begin{cases} \Delta > 0 \\ x_1 \cdot x_2 = 0 \end{cases}$

（16）有一根为 –1 $\begin{cases} \Delta > 0 \\ a - b + c = 0 \end{cases}$

（17）无实数根：$\Delta < 0$。

（18）两根一个根大于 m，另一个小于 $m (m \in R)$ $\begin{cases} \Delta > 0 \\ (x_1 - m)(x_2 - m) < 0 \end{cases}$

（19）$ax^2 + bx + c \ (a \neq 0)$ 这个二次三项式是完全平方式：$\Delta = 0$。

（20）方程 $ax^2 + bx + c = 0 \ (a \neq 0)$（$a$、$b$、$c$ 都是有理数）的根为有理根，则 Δ 是一个完全平方式。

（21）方程 $ax^2 + bx + c = 0 \ (a \neq 0)$ 的两根之差的绝对值为 $|x_1 - x_2| = \dfrac{\sqrt{\Delta}}{|a|}$。

（22）$\Delta = 0$，方程 $ax^2 + bx + c = 0 \ (a \neq 0)$ 有相等的两个实数根。

（23）$\Delta < 0$，方程 $ax^2 + bx + c = 0 \ (a \neq 0)$ 无实数根。

（24）方程 $ax^2 + bx + c = 0 \ (a \neq 0)$ 一定有一根为 1 $\begin{cases} \Delta \geq 0 \\ a + b + c = 0 \end{cases}$

【注意】凡是题中出现了 $x_1 \cdot x_2 < 0$ 或 $\dfrac{c}{a} < 0$ 或 a, c 异号，就能确保 $\Delta = b^2 - 4ac > 0$，即 a, c 异号、方程必有解。

（三）二次函数的一般形式

形如 $y = ax^2 + bx + c\ (a \neq 0)$，其中 a, b, c 为常数，x 为自变量。

顶点坐标为 $P\left(-\dfrac{b}{2a}, \dfrac{4ac - b^2}{4a}\right)$，其中直线 $x = -\dfrac{b}{2a}$ 为对称轴。

- $a < 0$ 时，函数 $y = ax^2 + bx + c$ 的图像开口向下，函数 $y = ax^2 + bx + c$ 在 $x = -\dfrac{b}{2a}$ 取到最大值，即 $y_{\max} = \dfrac{4ac - b^2}{4a}$，对任意 $x \in R, y \leqslant \dfrac{4ac - b^2}{4a}$。

- $a > 0$ 时，函数 $y = ax^2 + bx + c$ 的图像开口向上，函数 $y = ax^2 + bx + c$ 在 $x = -\dfrac{b}{2a}$ 取到最小值，即 $y_{\min} = \dfrac{4ac - b^2}{4a}$，对任意 $x \in R, y \geqslant \dfrac{4ac - b^2}{4a}$。

（四）二次函数 $y = ax^2 + bx + c\ (a \neq 0)$ 与 x 轴交点个数的判断

- $\Delta < 0$ 时，函数 $y = ax^2 + bx + c\ (a \neq 0)$ 与 x 轴无交点；
- $\Delta = 0$ 时，函数 $y = ax^2 + bx + c\ (a \neq 0)$ 与 x 轴相切，有且只有一个交点；
- $\Delta > 0$ 时，函数 $y = ax^2 + bx + c\ (a \neq 0)$ 与 x 轴有两个交点。

二、例题精讲

1. 已知方程 $x^2 - 4x + a = 0$ 有两个实根，其中一根小于3，另一根大于3，a 的取值范围为（　　）

   A. $a \leqslant 3$　　　　　　B. $a > 3$　　　　　　C. $a < 3$

   D. $0 < a < 3$　　　　　E. 以上结论均不正确

   【解题思路】首先大致描绘出根的分布图，然后按照两根一个根大于 m，另一个小于 m，$m \in R$，$(x_1 - m)(x_2 - m) < 0$ 解答即可。

   【解】方法1：依题意 $\Delta = (-4)^2 - 4a > 0$，得 $a < 4$。

   不妨设 $x_1 < 3$，$x_2 > 3$，则 $x_1 - 3 < 0$，$x_2 - 3 > 0$。

   从而 $(x_1 - 3)(x_2 - 3) < 0$，即 $x_1 x_2 - 3(x_1 + x_2) + 9 < 0$。

   依韦达定理，得 $a - 3 \times 4 + 9 < 0$，$a < 3$。答案为 C。

   方法2：设 $f(x) = x^2 - 4x + a$，依题意必有 $f(3) < 0$，

   即 $3^2 - 4 \times 3 + a < 0$，解得 $a < 3$。答案为 C。

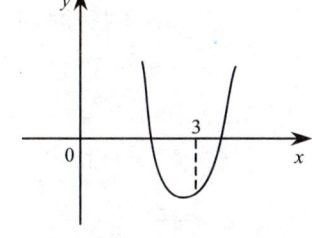

2. 若关于 x 方程 $(m - 2)x^2 - (3m + 6)x + 6m = 0$ 有两个负实根，m 的取值范围为（　　）

   A. $-\dfrac{2}{5} \leqslant m < 0$　　　　B. $-\dfrac{2}{5} \leqslant m < 1$　　　　C. $-\dfrac{2}{5} \leqslant m < 10$

   D. $\dfrac{2}{5} \leqslant m < 10$　　　　E. 以上结论均不正确

   【解题思路】根据一元二次方程有两个不相等的负实数根，需要满足 $\Delta > 0$，$x_1 \cdot x_2 > 0$，$x_1 + x_2 < 0$。

【解】$\begin{cases} m-2\neq 0 \\ \Delta \geqslant 0 \\ x_1+x_2<0 \\ x_1x_2>0 \end{cases} \Leftrightarrow \begin{cases} m-2\neq 0 \\ [-(3m+6)]^2-4(m-2)\cdot 6m\geqslant 0 \\ \dfrac{3m+6}{m-2}<0 \\ \dfrac{6m}{m-2}>0 \end{cases} \Leftrightarrow \begin{cases} m\neq 2 \\ -\dfrac{2}{5}\leqslant m\leqslant 6 \\ -2<m<2 \\ m<0\text{或}m>2 \end{cases} \Leftrightarrow -\dfrac{2}{5}\leqslant m<0$

答案为 A。

3. 关于 x 的一元二次方程 $x^2+(m-2)x+m+1=0$ 有两个相等的实数根，则 m 的值是（　　）

   A. 0   B. 8   C. 0 或 8   D. $4\pm 2\sqrt{2}$ E. $4\pm\sqrt{2}$

   【解题思路】根据一元二次方程根的判别式的意义，由方程 $x^2+(m-2)x+m+1=0$ 有两个相等的实数根，则 $\Delta=0$，得到关于 m 的方程，解方程即可。

   【解】一元二次方程 $x^2+(m-2)x+m+1=0$ 有两个相等的实数根，故 $\Delta=0$，即 $(m-2)^2-4\times 1\times(m+1)=0$，整理得 $m^2-8m=0$，解得 $m_1=0$，$m_2=8$。答案为 C。

4. 若方程式 $(3x-c)^2-60=0$ 的两根均为正数，其中 c 为整数，则 c 的最小值为（　　）

   A. 0   B. 8   C. 1   D. 16   E. 5

   【解题思路】利用平方根概念求出 x，再根据一元二次方程的两根都为正数，求出 c 的最小值即可。

   【解】$(3x-c)^2-60=0$，$(3x-c)^2=60$，$3x-c=\pm\sqrt{60}$，$3x=c\pm\sqrt{60}$，$x=\dfrac{c\pm\sqrt{60}}{3}$。又两根均为正数，且 $\sqrt{60}>7$，所以整数 c 的最小值为 8。答案为 B。

5. 当 m 是（　　）整数时，关于 x 的一元二次方程 $mx^2-4x+4=0$ 与 $x^2-4mx+4m^2-4m-5=0$ 的根都是整数

   A. 0   B. 8   C. 1   D. 16   E. 5

   【解题思路】首先根据两个方程有根判断出 m 的范围，然后求出 m 可取的整数值，分别代入进行验证即可。

   【解】由方程 $mx^2-4x+4=0$ 有整数根，得 $\Delta=16-16m\geqslant 0$，得 $m\leqslant 1$

   又方程 $x^2-4mx+4m^2-4m-5=0$ 有整数根，则 $\Delta=16m^2-4(4m^2-4m-5)\geqslant 0$，得 $m\geqslant -\dfrac{5}{4}$。

   综上所述，$-\dfrac{5}{4}\leqslant m\leqslant 1$，故 x 可取的整数值是 $-1,0,1$。

   当 $m=-1$ 时，方程为 $-x^2-4x+4=0$ 没有整数解，舍去。而 $m\neq 0$，因此 $m=1$。答案为 C。

6. 已知函数 $y=ax^2+bx+c$ 的图像如图所示，那么关于 x 的方程 $ax^2+bx+c+2=0$ 的根的情况是（　　）

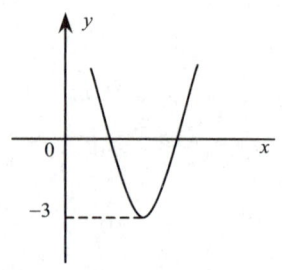

   A. 无实数根   B. 有两个相等实数根   C. 有两个异号实数根

D. 有两个同号不等实数根　　　　E. 以上答案均不正确

【解题思路】本题根据已知函数 $y=ax^2+bx+c$ 的图像，可以知道 a,b,c 的关系，最后判断所求方程的判别式即可。

【解】$ax^2+bx+c+2=0$ 即 $ax^2+bx+c=-2$，所求根为直线 $y=-2$ 和抛物线交点的横坐标。从图像上看，$y=-2$ 与抛物线有两个交点，且均在 y 轴右侧，两交点的横坐标均大于 0。答案为 D。

真题解析

（2010-1-9）若关于 x 的二次方程 $mx^2-(m-1)x+m-5=0$ 有两个实根 α,β，且满足 $-1<\alpha<0$ 和 $0<\beta<1$，则 m 的取值范围是（　　）

A. $3<m<4$　　B. $4<m<5$　　C. $5<m<6$　　D. $m>6$ 或 $m<5$　　E. $m>5$ 或 $m<4$

【解】此题主要利用关于一元二次方程 $ax^2+bx+c=0(a\neq 0)$ 根的分布来考虑，所以可列出如下不等式。

当 $m>0$ 时，开口向上，根据题意可知满足 $f(-1)>0, f(0)<0, f(1)>0$，解得 m 的范围为 $4<m<5$；

当 $m<0$ 时，开口向下，根据题意可知满足 $f(-1)<0, f(0)>0, f(1)<0$，解得 m 的范围为无实数解。

故 m 的范围为 $4<m<5$。答案为 B。

（1998）要使方程 $3x^2+(m-5)x+(m^2-m-2)=0$ 的两根分别满足 $0<x_1<1$ 和 $1<x_2<2$，实数 m 的取值范围是（　　）

A. $-2<m<-1$　　　　　　　B. $-4<m<-1$　　　　　　　C. $-4<m<-2$

D. $\dfrac{-1-\sqrt{65}}{2}<m<-1$　　　　E. $-3<m<1$

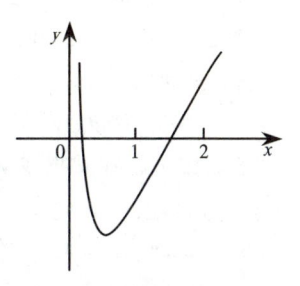

【解】如图所示可知 $f(0)>0, f(1)<0, f(2)>0$，由此可列如下不等式：

$\begin{cases} m^2-m-2>0 \\ 3+(m-5)+m^2-m-2<0 \\ 12+2\times(m-5)+m^2-m-2>0 \end{cases}$，解得 $-2<m<-1$。

答案为 A。

（2001）已知关于一元二次方程 $k^2x^2-(2k+1)x+1=0$ 有两个相异实根，则 k 的取值范围为（　　）

A. $k>\dfrac{1}{4}$　　　　　　　B. $k\geqslant\dfrac{1}{4}$　　　　　　　C. $k>-\dfrac{1}{4}$ 且 $k\neq 0$

D. $k\geqslant -\dfrac{1}{4}$ 且 $k\neq 0$　　　　E. 以上答案均不正确

【解题思路】首先根据一元二次方程的定义可知二次项系数不为 0，其次根据 $\Delta>0$ 解答即可。

【解】一元二次方程 $k^2x^2-(2k+1)x+1=0$ 有两个相异实根，则 $k\neq 0, \Delta=(2k+1)^2-4k^2>0$，

故可得 $k > -\dfrac{1}{4}$ 且 $k \neq 0$。答案为 C。

（2008-1-21）（条件充分性判断）方程 $2ax^2 - 2x - 3a + 5 = 0$ 的一个根大于 1，另一个根小于 1
  （1）$a > 3$ （2）$a < 0$

【解】此题从结论入手，根据"当一元二次方程 $ax^2 + bx + c = 0(a \neq 0)$ 有一个根大于 m，有一个根小于 m 时，直接根据 $af(m) < 0$ 来确定方程中未知数的范围即可"，故根据结论可列出不等式 $2af(1) < 0$，化简后得到 $a(3-a) < 0$，解得 $a < 0$ 或 $a > 3$，故条件（1）和条件（2）均充分。答案为 D。

【注意】当一元二次方程 $ax^2 + bx + c = 0(a \neq 0)$ 有一个根大于 m，有一个根小于 m 时，直接根据 $af(m) < 0$ 来确定方程中未知数的范围即可。

（2004）x_1, x_2 是方程 $x^2 - 2(k+1)x + k^2 + 2 = 0$ 的两个实根
  （1）$k > \dfrac{1}{2}$ （2）$k = \dfrac{1}{2}$

【解】方程 $x^2 - 2(k+1)x + k^2 + 2 = 0$ 有两个实根，则 $\Delta = [2(k+1)]^2 - 4(k^2+2) = 8k - 4 \geq 0$，$k \geq \dfrac{1}{2}$，所以条件（1）和条件（2）均充分。答案为 D。

（2005）（条件充分性判断）一元二次方程 $4x^2 + (a-2)x + (a-5) = 0$ 有两个不等的负实根
  （1）$a < 6$ （2）$a > 5$

【解】方程 $4x^2 + (a-2)x + (a-5) = 0$ 有两个不等的负实根，则需要满足
$\Delta = (a-2)^2 - 16(a-5) > 0, x_1 + x_2 = \dfrac{2-a}{4} < 0, x_1 x_2 = \dfrac{a-5}{4} > 0$，解得 $a > 16$，故条件（1）和条件（2）均不充分。若二者联立，则 $5 < a < 6$，故条件（1）和条件（2）联合充分。答案为 C。

（2012-1-16）（条件充分性判断）一元二次方程 $x^2 + bx + 1 = 0$ 有两个不同实根
  （1）$b < -2$ （2）$b > 2$

【解】一元二次方程 $x^2 + bx + 1 = 0$ 有两个不同实根，则 $\Delta = b^2 - 4ac = b^2 - 4 > 0, b > 2$ 或 $b < -2$。答案为 D。

（2013-1-12）已知抛物线 $y = x^2 + bx + c$ 的对称轴为 $x=1$，且过点 $(-1,1)$，则（　　）
  A. $b = -2$，$c = -2$ B. $b = 2$，$c = 2$ C. $b = -2$，$c = 2$
  D. $b = -1$，$c = 1$ E. $b = 1$，$c = 1$

【解】$-\dfrac{b}{2} = 1, b = -2$，将点 $(-1,1)$ 代入抛物线 $y = x^2 + bx + c$ 得到 $c = -2$。答案为 A。

（2013-1-16）（条件充分性判断）已知二次函数 $=ax^2+bx+c$，则方程 $=0$ 有两不同实根
  （1）$a+c=0$ （2）$a+b+c=0$

【解】针对条件（1）而言：$b^2 - 4ac > 0$ 恒成立故充分；针对条件（2）而言，当 $a=c$ 时不满足。
答案为 A。

> **周老师提醒您**
>
> 关于一元二次方程的根的分布是历年考试的重点，对于考生来说是个难点，我们在平时的学习过程中除了必要的做题训练以外，还要多总结归纳。

分式方程

一、基本概念

1. 分式方程定义

分母含有未知数的方程即为分式方程。

2. 分式方程解法

将分式方程化为整式方程，具体步骤如下。

- 将方程中各分母按照未知数次数做降幂排序；
- 因式分解求公分母；
- 在方程两边同时乘以公分母，化为整式方程求解；
- 求解出根后进行检验，检验标准为分母不能为0。

二、例题精讲

1. 使分式方程 $\dfrac{x}{x-3} - 2 = \dfrac{m^2}{x-3}$ 产生增根，m 的值为（　　）

   A. $\sqrt{3}$　　　B. $-\sqrt{3}$　　　C. $\sqrt{3}$ 或 $-\sqrt{3}$　　　D. $-\sqrt{2}$　　　E. $\sqrt{2}$

   【解题思路】首先通分，解出 m 关于 x 的表达式，然后根据分母为0时求出 x 的值，反代入 m 即可。

   【解】$\dfrac{x}{x-3} - 2 = \dfrac{m^2}{x-3}$，$\dfrac{x-2x+6}{x-3} = \dfrac{m^2}{x-3}$，$m^2 = 6 - x$，当 $x - 3 = 0, x = 3$ 时方程为增根，则 $m^2 = 6 - 3 = 3, m = \pm\sqrt{3}$。答案为 C。

   【注意】增根：在分式方程化为整式方程的过程中，若整式方程的根使最简公分母为 0（根使整式方程成立，而在分式方程中分母为0），那么这个根叫作原分式方程的增根。

2. 要使分式 $\dfrac{\frac{1}{1-|x|}}{|x|}$ 有意义，则 x 的取值范围是（　　）

   A. $x \neq 0$　　　　　　　B. $x \neq 1$ 且 $x \neq 0$　　　　　　　C. $x \neq 0$ 或 $x \neq \pm 1$

   D. $x \neq 0$ 且 $x \neq \pm 1$　　　E. 以上答案均不正确

【解题思路】分式有意义，分母不为 0 即可。

【解】使分式 $\dfrac{1}{\dfrac{1-|x|}{|x|}}$ 有意义，则 $1-|x|\neq 0, |x|\neq 0$，故 $x\neq 0$ 且 $x\neq \pm 1$。答案为 D。

真题解析

（2007-10-18）（条件充分性判断）方程 $\dfrac{a}{x^2-1}+\dfrac{1}{x+1}+\dfrac{1}{x-1}=0$ 有实根

（1）$a\neq 2$　　（2）$a\neq -2$

【解】$\dfrac{a}{x^2-1}+\dfrac{1}{x+1}+\dfrac{1}{x-1}=\dfrac{a+x-1+x+1}{x^2-1}=\dfrac{a+2x}{x^2-1}=0$ 有意义，则 $x^2-1\neq 0, x\neq \pm 1$，故 $a\neq \pm 2$，所以条件（1）与条件（2）联合充分。答案为 C。

（2009-10-20）（条件充分性判断）关于 x 的方程 $\dfrac{1}{x-2}+3=\dfrac{1-x}{2-x}$ 与 $\dfrac{x+1}{x-|a|}=2-\dfrac{3}{|a|-x}$ 有相同的增根

（1）$a=2$　　（2）$a=-2$

【解】方程有相同的增根，得到 $|a|=2, a=\pm 2$，故条件（1）和条件（2）均满足，均充分。答案为 D。

> **周老师提醒您**
>
> 在考查分式方程的过程中，需要考生将分式的分母不为 0 作为切入点。

不等式

一、基本概念

（一）一元一次不等式

如不等式 $ax>b$（或 $ax<b$）（$a\neq 0$）的形式的解集如下：

- 不等式 $ax+b>0$（$a>0$）的解集为 $\left\{x\left|x>-\dfrac{b}{a}\right.\right\}$；
- 不等式 $ax+b<0$（$a>0$）的解集为 $\left\{x\left|x<-\dfrac{b}{a}\right.\right\}$；
- 不等式 $ax+b>0$（$a<0$）的解集为 $\left\{x\left|x<-\dfrac{b}{a}\right.\right\}$；
- 不等式 $ax+b<0$（$a<0$）的解集为 $\left\{x\left|x>-\dfrac{b}{a}\right.\right\}$。

（二）一元二次不等式

$a>0$	$\Delta>0$	$\Delta=0$	$\Delta<0$
二次函数 $y=ax^2+bx+c$ 的图像			
一元二次方程 $ax^2+bx+c=0$ 的根	有两实根 $x=x_1$ 或 $x=x_2$	有两相等的实根 $x=x_1=x_2$	无实根
不等式 $ax^2+bx+c>0$ 的解集	$\{x\mid x<x_1 \text{ 或 } x>x_2\}$	$\left\{x\mid x\neq -\dfrac{b}{2a}\right\}$	R
不等式 $ax^2+bx+c<0$ 的解集	$\{x\mid x_1<x<x_2\}$	ϕ	ϕ

解一元二次不等式的步骤：
- 把二次项的系数变为正的（如果是负，那么在不等式两边都乘以–1，把系数变为正）；
- 解对应的一元二次方程（先看能否因式分解，若不能，再看Δ，然后求根）；
- 求解一元二次不等式（根据一元二次方程的根及不等式的方向）。

（三）绝对值不等式

$|x|<a \Leftrightarrow x^2<a^2 \Leftrightarrow -a<x<a$；

$|x|>a \Leftrightarrow x^2>a^2 \Leftrightarrow x>a$ 或 $x<-a$。

（四）均值不等式

- 定理：如果 $a,b\in R$，那么 $a^2+b^2\geq 2ab$（当且仅当 $a=b$ 时取"="号）。
- 推论：如果 $a,b>0$，那么 $\dfrac{a+b}{2}\geq\sqrt{ab}$（当且仅当 $a=b$ 时取"="号）。其中，$\dfrac{a+b}{2}$ 为算术平均数；$\sqrt{ab}$ 为几何平均数。
- 推广：若 $a,b>0$，则 $\sqrt{\dfrac{a^2+b^2}{2}}\geq\dfrac{a+b}{2}\geq\sqrt{ab}\geq\dfrac{2}{\dfrac{1}{a}+\dfrac{1}{b}}$。

（五）指数函数和对数函数不等式

- 当 $a>1$ 时，

$$a^{f(x)} > a^{g(x)} \Leftrightarrow f(x) > g(x)；\log_a f(x) > \log_a g(x) \Leftrightarrow \begin{cases} f(x) > 0 \\ g(x) > 0 \\ f(x) > g(x) \end{cases}$$

- 当 $0 < a < 1$ 时，

$$a^{f(x)} > a^{g(x)} \Leftrightarrow f(x) < g(x)；\log_a f(x) > \log_a g(x) \Leftrightarrow \begin{cases} f(x) > 0 \\ g(x) > 0 \\ f(x) < g(x) \end{cases}$$

（六）分式不等式的解法

若 $a < b$，则 $\dfrac{x-a}{x-b} > 0$ 的解集为 $\{x \mid x < a \text{ 或 } x > b\}$；$\dfrac{x-a}{x-b} < 0$ 的解集为 $\{x \mid a < x < b\}$。

【注意】$\dfrac{x-a}{x-b} \geq 0$ 的解集为 $\{x \mid x \leq a \text{ 或 } x > b\}$；$\dfrac{x-a}{x-b} \leq 0$ 的解集为 $\{x \mid a \leq x < b\}$。

若 $a_1 < a_2 < a_3 < \cdots < a_n$，则不等式 $(x-a_1)(x-a_2)\cdots(x-a_n) > 0$

或 $(x-a_1)(x-a_2)\cdots(x-a_n) < 0$ 的解法如下图（即"序轴标根法"）。

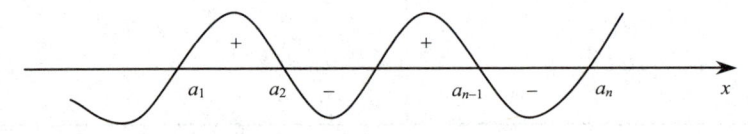

（用于解高次不等式的"序轴标根法"要求不高）

解分式不等式的基本思路是将其转化为整式不等式（组）：

$\dfrac{f(x)}{g(x)} > 0 \Leftrightarrow f(x) \cdot g(x) > 0$，$\dfrac{f(x)}{g(x)} \geq 0 \Leftrightarrow f(x) \cdot g(x) \geq 0$ 且 $g(x) \neq 0$

$\dfrac{f(x)}{g(x)} < 0 \Leftrightarrow f(x) \cdot g(x) < 0$，$\dfrac{f(x)}{g(x)} \leq 0 \Leftrightarrow f(x) \cdot g(x) \leq 0$ 且 $g(x) \neq 0$

二、例题精讲

1. 若 $|2x-3| > 2x-3$，那么这个不等式的解集为（　　）

   A. $x > \dfrac{3}{2}$ 　　　B. $x = \dfrac{3}{2}$ 　　　C. $x < \dfrac{3}{2}$ 　　　D. 解集为空集　　E. 以上答案均不正确

   【解题思路】首先去绝对值符号，进行化简，然后解答一元一次不等式，最后求交集。

   【解】当 $2x-3 \geq 0$，即 $x \geq \dfrac{3}{2}$ 时，有 $2x-3 > 2x-3$，即 $0 > 0$，产生矛盾，故此时不等式无解。

   当 $2x-3 < 0$，即 $x < \dfrac{3}{2}$ 时，有 $-(2x-3) > 2x-3$，解得 $x < \dfrac{3}{2}$。答案为 C。

2. 已知不等式 $(a+b)x + (2a-3b) < 0$ 的解集为 $x \in \left(-\infty, -\dfrac{1}{3}\right)$，利用上述不等式求关于 x 的不等式 $(a-3b)x + (b-2a) > 0$ 的解集为（　　）

A. $x \in (-6,-3)$　　B. $x \in (-\infty,-2)$　　C. $x \in (-\infty,-5)$　　D. $x \in (-\infty,-3)$　　E. 以上结论均不正确

【解题思路】首先根据已知不等式的解集求出 a,b 的关系，然后进行解答。

【解】原不等式即为 $(a+b)x < 3b-2a$，由已知，解得 $x < -\dfrac{1}{3}$，则必然 $a+b > 0$，从而 $x < \dfrac{3b-2a}{a+b}$，故 $\dfrac{3b-2a}{a+b} = -\dfrac{1}{3}$，得 $a = 2b$。

因为 $a+b > 0$，所以 $3b > 0$，即 $b > 0$。将 $a = 2b$ 代入所求解的不等式中，得 $-bx-3b > 0$，即 $bx < -3b$。

由 $b > 0$，得 $x < -3$，所求的解集为 $x \in (-\infty,-3)$。答案为 D。

3. 分式不等式 $\dfrac{3x+1}{x-3} < 1$ 的解为（　　）

A. $-3 < x < 3$　　B. $-2 < x < 3$　　C. $-13 < x < 3$　　D. $-3 < x < 14$　　E. 以上结论均不正确

【解题思路】首先移项，然后按照 $\dfrac{f(x)}{g(x)} < 0 \Leftrightarrow f(x) \cdot g(x) < 0$ 解答即可。

【解】原不等式 $\Leftrightarrow \dfrac{3x+1}{x-3} - 1 < 0 \Leftrightarrow \dfrac{3x+1-x+3}{x-3} < 0 \Leftrightarrow \dfrac{2x+4}{x-3} < 0 \Leftrightarrow \dfrac{x+2}{x-3} < 0 \Leftrightarrow (x+2)(x-3) < 0$

故原不等式的解为 $-2 < x < 3$。答案为 B。

4. 解不等式 $(1+x)(1-|x|) > 0$ 的解为（　　）

A. $x < 1$ 且 $x \neq -1$　　　　　　B. $x < 1$ 且 $x \neq -2$　　　　　　C. $x < 1$ 且 $x \neq -3$

D. $x < 1$　　　　　　　　　　　E. 以上结论均不正确

【解题思路】首先针对 $x>0$ 和 $x<0$ 去绝对值符号转化成常见不等式，进行解答求解。

【解】原不等式 $\Leftrightarrow \begin{cases} 1+x > 0 \\ 1-|x| > 0 \end{cases}$ 或 $\begin{cases} 1+x < 0 \\ 1-|x| < 0 \end{cases} \Leftrightarrow \begin{cases} x > -1 \\ |x| < 1 \end{cases}$ 或 $\begin{cases} x < -1 \\ |x| > 1 \end{cases} \Leftrightarrow \begin{cases} x > -1 \\ -1 < x < 1 \end{cases}$ 或 $\begin{cases} x < -1 \\ x < -1 \text{或} x > 1 \end{cases}$

$\Leftrightarrow -1 < x < 1$ 或 $x < -1 \Leftrightarrow x < 1$ 且 $x \neq -1$。答案为 A。

5. 不等式 $\dfrac{9x-5}{x^2-5x+6} \geqslant -2$ 的解集为（　　）

A. $x < 2$ 或 $x > 5$　　　　　　B. $-2 < x < 3$　　　　　　C. $x < -2$ 或 $x > 3$

D. $x < 2$ 或 $x > 3$　　　　　　E. 以上结论均不正确

【解题思路】首先进行移项通分，然后按照 $\dfrac{f(x)}{g(x)} \geqslant 0 \Leftrightarrow f(x) \cdot g(x) \geqslant 0$ 且 $g(x) \neq 0$ 进行解答。

【解】原不等式 $\Leftrightarrow \dfrac{9x-5}{x^2-5x+6} + 2 \geqslant 0 \Leftrightarrow \dfrac{2x^2-x+7}{x^2-5x+6} \geqslant 0$，对于 $2x^2-x+7$，其判别式 $\Delta < 0$，故恒有 $2x^2-x+7 > 0$，则 $x^2-5x+6 > 0$，得 $x < 2$ 或 $x > 3$，解集为 $\{x | x < 2 \text{或} x > 3\}$。答案为 D。

6. 绝对值不等式 $|3x-12| \leqslant 9$ 的解为（　　）

A. $1 \leqslant x \leqslant 17$　　B. $-1 \leqslant x \leqslant 7$　　C. $1 \leqslant x \leqslant 7$　　D. $1 \leqslant x \leqslant 27$　　E. 以上结论均不正确

【解题思路】按照 $|x| < a \Leftrightarrow x^2 < a^2 \Leftrightarrow -a < x < a$ 进行解答。

【解】原不等式 $\Leftrightarrow -9 \leqslant 3x-12 \leqslant 9 \Leftrightarrow 3 \leqslant 3x \leqslant 21 \Leftrightarrow 1 \leqslant x \leqslant 7$。答案为 C。

7. 不等式 $|x+1|+|x-2| \leqslant 5$ 的解集为（　　）

    A. $2 \leqslant x \leqslant 3$　　B. $-2 \leqslant x \leqslant 13$　　C. $1 \leqslant x \leqslant 7$　　D. $-2 \leqslant x \leqslant 3$　　E. 以上结论均不正确

    【解题思路】本题按照去绝对值符号的方法，找到两个零点，按照三个范围进行解答。

    【解】零点 $x=-1$，$x=2$ 将数轴分为三个区段。

    ① 当 $x<-1$ 时，得 $x \geqslant -2$，解为 $-2 \leqslant x < -1$；

    ② 当 $-1 \leqslant x < 2$ 时，得 $3 \leqslant 5$，解为 $-1 \leqslant x < 2$；

    ③ 当 $x \geqslant 2$ 时，得 $x \leqslant 3$，解为 $2 \leqslant x \leqslant 3$。

    综上可得原不等式解为 $-2 \leqslant x \leqslant 3$。答案为 D。

8. 不等式 $|\sqrt{x-2}-3|<1$ 的解为（　　）

    A. $6<x<18$　　B. $-6<x<18$　　C. $1 \leqslant x \leqslant 7$　　D. $-2 \leqslant x \leqslant 3$　　E. 以上结论均不正确

    【解题思路】按照公式 $|x|<a \Leftrightarrow x^2<a^2 \Leftrightarrow -a<x<a$ 进行解答，注意 $\sqrt{x-2}$ 有意义。

    【解】原不等式 $\Leftrightarrow -1<\sqrt{x-2}-3<1 \Leftrightarrow 2<\sqrt{x-2}<4$（这里可以实施平方运算）$\Leftrightarrow 4<x-2<16 \Leftrightarrow 6<x<18$，故解集为 $\{x|6<x<18\}$。答案为 A。

9. 指数不等式 $(0.2)^{x^2-3x-2}>0.04$ 的解集为（　　）

    A. $6<x<18$　　B. $-11<x<4$　　C. $1<x<4$　　D. $-1<x<4$　　E. 以上结论均不正确

    【解题思路】按照公式当 $0<a<1$ 时，$a^{f(x)}>a^{g(x)} \Leftrightarrow f(x)<g(x)$ 直接进行解答即可。

    【解】$(0.2)^{x^2-3x-2}>(0.2)^2$，由 $y=(0.2)^x$ 单调递减，得 $x^2-3x-2<2$，故 $(x-4)(x+1)<0$，解得 $-1<x<4$。答案为 D。

10. 分式不等式 $\dfrac{2x^2+x+14}{x^2+6x+8} \leqslant 1$ 的解为（　　）

    A. $-14<x<-2$ 或 $2 \leqslant x \leqslant 3$　　B. $-4<x<-2$ 或 $2 \leqslant x \leqslant 3$　　C. $-4<x<-2$

    D. $2 \leqslant x \leqslant 3$　　E. 以上结论均不正确

    【解题思路】首先移项，然后通分，最后根据 $\dfrac{f(x)}{g(x)} \leqslant 0 \Leftrightarrow f(x) \cdot g(x) \leqslant 0$ 且 $g(x) \neq 0$ 解答即可。

    【解】原不等式 $\Leftrightarrow \dfrac{2x^2+x+14}{x^2+6x+8}-1 \leqslant 0 \Leftrightarrow \dfrac{x^2-5x+6}{x^2+6x+8} \leqslant 0 \Leftrightarrow \dfrac{(x-2)(x-3)}{(x+2)(x+4)} \leqslant 0 \Leftrightarrow$

    $\begin{cases}(x+4)(x+2)(x-2)(x-3) \leqslant 0 \\ (x+2)(x+4) \neq 0\end{cases}$

    由穿线解法：

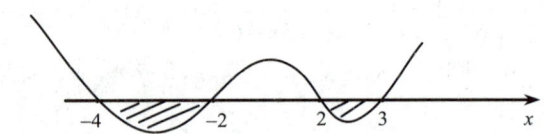

    得 $-4<x<-2$ 或 $2 \leqslant x \leqslant 3$。答案为 B。

11. 已知不等式 $x^2-ax+b<0$ 的解集是 $\{x|-1<x<2\}$，则不等式 $x^2+bx+a>0$ 的解集是（　　）

    A. $x \neq 3$　　B. $x \neq 2$　　C. $x \neq 1$　　D. x 为 R　　E. 以上结论均不正确

【解题思路】首先根据 不等式 $x^2-ax+b<0$ 的解集是 $\{x|-1<x<2\}$ 知道-1,2 是方程的根，求出 a,b，然后再对不等式 $x^2+bx+a>0$ 进行解答。

【解】依题意，方程 $x^2-ax+b=0$ 的两根为 $x_1=-1, x_2=2$，由 $-1+2=a, (-1)\times 2=b$，得 $a=1, b=-2$，则不等式 $x^2+bx+a>0$，即 $x^2-2x+1>0$，即 $(x-1)^2>0$，由 $x\in R$ 且 $x\neq 1$，得解集为 $x\in(-\infty,1)\cup(1,+\infty)$。答案为 C。

12. 不等式 $2x^2+(2a-b)x+b\geqslant 0$ 的解为 $x\leqslant 1$ 或 $x\geqslant 2$，则 $a+b=(\quad)$

A. 1　　　　　B. 3　　　　　C. 5　　　　　D. 7　　　　　E. 以上结论均不正确

【解题思路】根据解集判断 1, 2 是方程 $2x^2+(2a-b)x+b=0$ 的根，求出 a, b 即可。

【解】方法 1：与解 $x\leqslant 1$ 或 $x\geqslant 2$ 对应的不等式是 $(x-1)(x-2)\geqslant 0$，即 $x^2-3x+2\geqslant 0$，亦即 $2x^2-6x+4\geqslant 0$。

对比系数得 $\begin{cases} 2a-b=-6 \\ b=4 \end{cases}$，则 $a=-1, b=4$，故 $a+b=-1+4=3$。答案为 B。

方法 2：由 $2x^2+(2a-b)x+b=0, x_1=1, x_2=2$，$\begin{cases} 1+2=-\dfrac{2a-b}{2} \\ 1\cdot 2=\dfrac{b}{2} \end{cases}$

解得 $a=-1, b=4$，故 $a+b=3$。答案为 B。

13. 若不等式 $ax^2+bx+c<0$ 的解为 $-2<x<3$，则不等式 $cx^2+bx+a<0$ 的解为（　　）

A. $x<-1$ 或 $x>\dfrac{1}{3}$　　　　B. $x<-\dfrac{1}{2}$ 或 $x>1$　　　　C. $x<-1$ 或 $x>1$

D. $x<-\dfrac{1}{2}$ 或 $x>\dfrac{1}{3}$　　　　E. 以上结论均不正确

【解题思路】首先根据解集知 -2, 3 是方程 $ax^2+bx+c=0$ 的根，求出 a, b, c 的关系，然后求解不等式 $cx^2+bx+a<0$。

【解】$ax^2+bx+c<0$ 的解为 $-2<x<3$，有 $a>0$。由于 $ax^2+bx+c=0$ 的两根为 -2, 3，则 $-2+3=-\dfrac{b}{a}, -2\times 3=\dfrac{c}{a}$，得 $b=-a<0, c=-6a<0$。由 $cx^2+bx+a<0$，得 $x^2+\dfrac{b}{c}x+\dfrac{a}{c}>0$，即 $x^2+\dfrac{-a}{-6a}x+\dfrac{a}{-6a}>0$，$x^2+\dfrac{1}{6}x-\dfrac{1}{6}>0$，故 $6x^2+x-1>0$，$x<-\dfrac{1}{2}$ 或 $x>\dfrac{1}{3}$。答案为 D。

14. 已知不等式 $ax^2+4ax+3\geqslant 0$ 的解集为 R，则 a 的取值范围为（　　）

A. $\left[-\dfrac{3}{4},\dfrac{3}{4}\right]$　B. $\left(0,\dfrac{3}{4}\right)$　C. $\left(0,\dfrac{3}{4}\right]$　D. $\left[0,\dfrac{3}{4}\right]$　E. 以上结论均不正确

【解题思路】本题主要是根据 $a=0$ 和 $a>0$ 进行解答。

【解】当 $a=0$ 时，$3\geqslant 0$ 对任意 $x\in R$ 均成立；

当 $a\neq 0$ 时，$\begin{cases} a>0 \\ (4a)^2-12a\leqslant 0 \end{cases}$，解得 $0<a\leqslant \dfrac{3}{4}$。综上得 $0\leqslant a\leqslant \dfrac{3}{4}$。答案为 D。

【注意】本题很多考生容易错选 C。注意：方程不一定是一元二次方程，所以要首先考虑二次项的系数是否可以为 0。

15. 已知分式 $\dfrac{2x^2+2kx+k}{4x^2+6x+3}$ 的值恒小于 1，那么实数 k 的取值范围是（　　）

   A. $k>1$　　　B. $k\leqslant 3$　　　C. $1<k<3$　　　D. $1\leqslant k\leqslant 3$　　　E. 以上结论均不正确

   【解题思路】本题是首先移项，然后通分，按照 $\dfrac{f(x)}{g(x)}<0 \Leftrightarrow f(x)\cdot g(x)<0$ 进行解答。

   【解】原式中分母恒大于 0，所以等价于 $2x^2+2kx+k<4x^2+6x+3$，即保证 $2x^2+(6-2k)x+(3-k)>0$。又可知 $\Delta=k^2-4k+3$，当 $1<k<3$ 时，$\Delta<0$，保证上式成立。答案为 C。

16. （条件充分性判断）不等式 $|1-x|+|1+x|>a$ 的解集是 R

   （1）$a\in(-\infty,2)$　　　　（2）$a=2$

   【解题思路】本题首先求出 $|1-x|+|1+x|$ 的最小值，然后根据题目要求进行解答。

   【解】设 $f(x)=|1-x|+|1+x|$，$g(x)=a$，需要 $f(x)>g(x)$，画图如下。因此 $g(x)<2$。答案为 A。

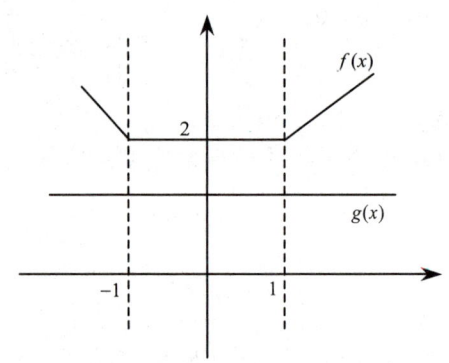

17. 不等式 $|x+3|-|x-1|\leqslant a^2-3a$ 对任意实数 x 恒成立，则实数 a 的取值范围为（　　）

   A. $(-\infty,-1]\cup[4,+\infty)$　　　　B. $(-\infty,-2]\cup[5,+\infty)$　　　　C. $[1,2]$

   D. $(-\infty,1]\cup[2,+\infty)$　　　　E. 以上答案均不正确

   【解题思路】首先求出 $|x+3|-|x-1|$ 的最大值 4，然后求解 $a^2-3a\geqslant 4$。

   【解】因为 $-4\leqslant|x+3|-|x-1|\leqslant 4$ 且 $|x+3|-|x-1|\leqslant a^2-3a$ 对任意 x 恒成立，所以可以得到不等式 $a^2-3a-4\geqslant 0$，解得 $a\geqslant 4$ 或 $a\leqslant -1$。答案为 A。

真题解析

（2007-10-10）$x^2+x-6>0$ 的解集是（　　）

   A. $(-\infty,3)$　　　　B. $(-3,2)$　　　　C. $(2,+\infty)$

   D. $(-\infty,-3)\cup(2,+\infty)$　　　　E. 以上结论均不正确

【解】$x^2+x-6=(x+3)(x-2)>0$，解得 $x>2$ 或 $x<-3$。答案为 D。

（2007-10-27）（条件充分性判断）$x > y$

（1）若 x 和 y 都是正整数，且 $x^2 < y$

（2）若 x 和 y 都是正整数，且 $\sqrt{x} < y$

【解】针对条件（1）而言，假设 $x = 2, y = 5$ 则不满足结论，故不充分；针对条件（2）而言，假设 $x = 4, y = 5$ 则不满足结论，故不充分。

答案为 E。

（2007-10-28）（条件充分性判断）$a < -1 < 1 < -a$

（1）a 为实数，$a + 1 < 0$ （2）a 为实数，$|a| < 1$

【解】由 $a < -1 < 1 < -a$，可知 $a + 1 < 0, a < -1$，所以仅有条件（1）满足结论，条件（1）充分；条件（2）不充分。

答案为 A。

（2008-1-26）（条件充分性判断）$(2x^2 + x + 3)(-x^2 + 2x + 3) < 0$

（1）$x \in [-3, -2]$ （2）$x \in (4, 5)$

【解】因为 $2x^2 + x + 3$ 恒正，得到 $-x^2 + 2x + 3 < 0$，$(x-3)(x+1) > 0$，解集为 $x > 3$ 或 $x < -1$，所以条件（1）和条件（2）均充分。

答案为 D。

（2008-1-27）（条件充分性判断）$ab^2 < cb^2$

（1）实数 a, b, c 满足 $a + b + c = 0$ （2）实数 a, b, c 满足 $a < b < c$

【解】针对条件（1）和条件（2）而言，都可以令 $b = 0$，当 $b = 0$ 时，均不满足结论，所以这两个条件都不充分。

答案为 E。

（2008-1-29）（条件充分性判断）$a > b$

（1）a, b 为实数，且 $a^2 > b^2$ （2）a, b 为实数，且 $\left(\dfrac{1}{2}\right)^a < \left(\dfrac{1}{2}\right)^b$

【解】针对条件（1）而言，因为不知道 a, b 的正负，所以无法判断，故条件（1）不充分；针对条件（2）而言，$\left(\dfrac{1}{2}\right)^x$ 是单调递减的指数函数，可以得到 $a > b$，故条件（2）充分。

答案为 B。

（2008-10-15）若 $y^2 - 2\left(\sqrt{x} + \dfrac{1}{\sqrt{x}}\right)y + 3 < 0$ 对一切正实数 x 恒成立，则 y 的取值范围是（　　）

A. $1 < y < 3$　　B. $2 < y < 4$　　C. $1 < y < 4$　　D. $3 < y < 5$　　E. $2 < y < 5$

【解】$y^2 - 2\left(\sqrt{x} + \dfrac{1}{\sqrt{x}}\right)y + 3 < 0$ 对一切正实数 x 恒成立，可取 $x=1$，即可化简为 $y^2 - 4y + 3 < 0$，所以得到 $1 < y < 3$。答案为 A。

（2008-10-20）（条件充分性判断）$|1-x| - \sqrt{x^2 - 8x + 16} = 2x - 5$

（1）$2 < x$　　　（2）$x < 3$

【解】$|1-x| - \sqrt{(x-4)^2} = |1-x| - |x-4| = 2x - 5$，故可知如果要满足上述等式，则需要 $1-x \leqslant 0$，$x - 4 \leqslant 0, x \leqslant 4, 1 \leqslant x \leqslant 4$，所以条件（1）和条件（2）均不充分，二者联合充分。

答案为 C。

（2009-1-23）（条件充分性判断）$(x^2 - 2x - 8)(2-x)(2x - 2x^2 - 6) > 0$

（1）$x \in (-3, -2)$　　（2）$x \in [2, 3]$

【解】$(x^2 - 2x - 8)(2-x)(2x - 2x^2 - 6) > 0, (x^2 - 2x - 8)(x-2)(x^2 - x + 3) > 0, (x^2 - 2x - 8)(x - 2)$，可化简为 $(x-2)(x-4)(x+2) > 0$，故条件（1）和条件（2）都不充分。

答案为 E。

（2010-1-24）（条件充分性判断）设 a, b 为非负实数，则 $a + b \leqslant \dfrac{5}{4}$

（1）$ab \leqslant \dfrac{1}{16}$　　　（2）$a^2 + b^2 \leqslant 1$

【解】针对条件（1）而言，当 $a = 2, b = \dfrac{1}{32}$ 时，该不等式不成立，故条件（1）不充分；针对条件（2）而言，当 $a = b = \dfrac{\sqrt{2}}{2}$ 时，也不充分。

所以考虑二者联合的情况，$a^2 + 2ab + b^2 \leqslant 1 + 2 \times \dfrac{1}{16} = \dfrac{9}{8}, a + b \leqslant \dfrac{3\sqrt{2}}{4} < \dfrac{5}{4}$，故二者联合充分。

答案为 C。

（2003）（条件充分性判断）不等式 $(k+3)x^2 - 2(k+3)x + k - 1 < 0$ 对 x 的任意数值都成立。

（1）$k = 0$　　（2）$k = -3$

【解】针对条件（1）而言，将 $k=0$ 代入后得到 $3x^2 - 6x - 1 < 0$，并非对 x 的任意数值都成立，故不充分；针对条件（2）而言，将 $k=-3$ 代入后得到 $-4 < 0$，对 x 的任意数值都成立，故充分。

答案为 B。

（2005）（条件充分性判断）$4x^2 - 4x < 3$

（1）$x \in \left(-\dfrac{1}{4}, \dfrac{1}{2}\right)$　　　（2）$x \in (-1, 0)$

【解】$4x^2 - 4x < 3, 4x^2 - 4x - 3 < 0, (2x-3)(2x+1) < 0, -\dfrac{1}{2} < x < \dfrac{3}{2}$，故条件（1）充分，条件（2）不充分。

答案为 A。

第四节 数　　列

🎯 知识框架图

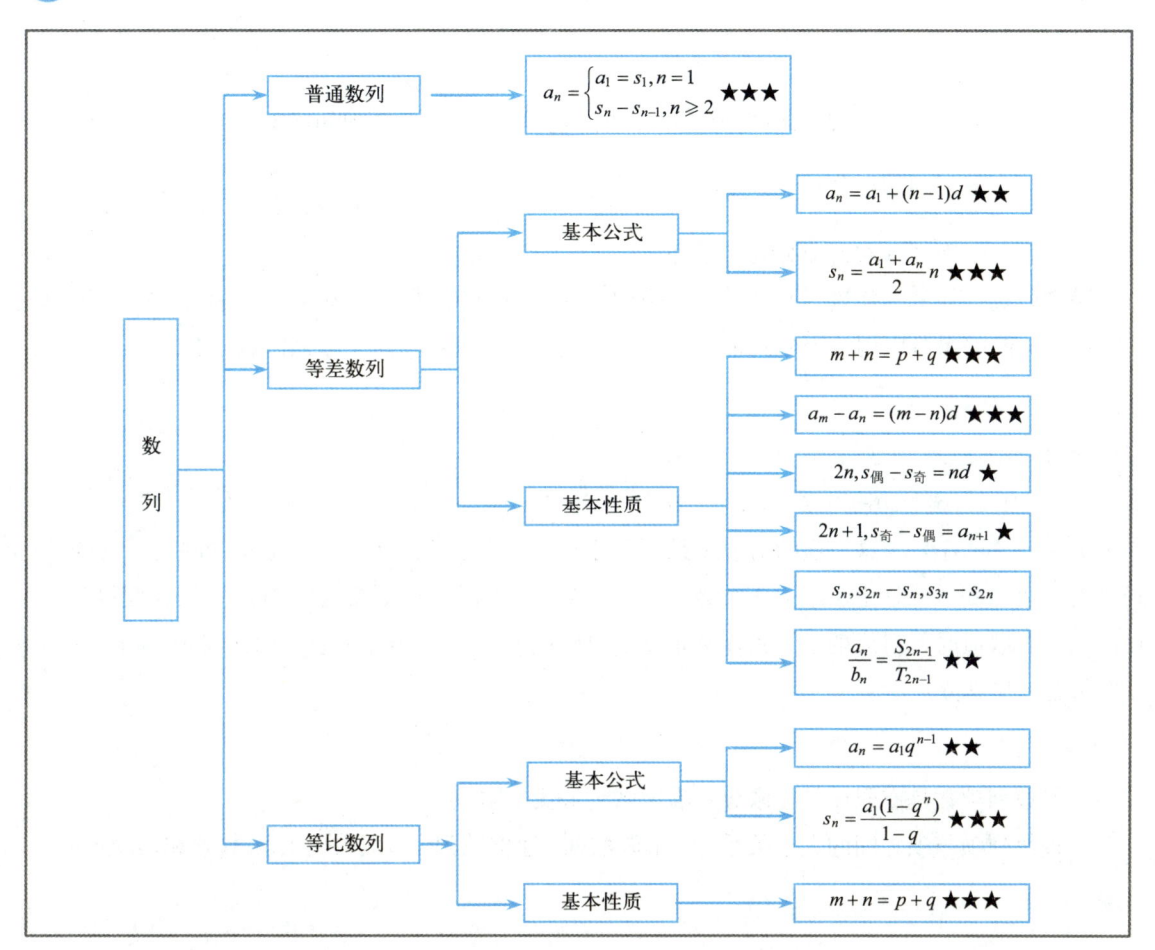

```
                    ┌─ 普通数列 ──→ $a_n = \begin{cases} a_1 = s_1, n = 1 \\ s_n - s_{n-1}, n \geqslant 2 \end{cases}$ ★★★
                    │
                    │                   ┌─ $a_n = a_1 + (n-1)d$ ★★
                    │        ┌─ 基本公式 ─┤
                    │        │          └─ $s_n = \dfrac{a_1 + a_n}{2} n$ ★★★
                    │        │
                    │        │          ┌─ $m + n = p + q$ ★★★
       数列 ────────┼─ 等差数列 ┤          ├─ $a_m - a_n = (m-n)d$ ★★★
                    │        │          ├─ $2n, s_{偶} - s_{奇} = nd$ ★
                    │        └─ 基本性质 ─┼─ $2n+1, s_{奇} - s_{偶} = a_{n+1}$ ★
                    │                   ├─ $s_n, s_{2n} - s_n, s_{3n} - s_{2n}$
                    │                   └─ $\dfrac{a_n}{b_n} = \dfrac{S_{2n-1}}{T_{2n-1}}$ ★★
                    │
                    │                   ┌─ $a_n = a_1 q^{n-1}$ ★★
                    │        ┌─ 基本公式 ─┤
                    └─ 等比数列 ┤          └─ $s_n = \dfrac{a_1(1-q^n)}{1-q}$ ★★★
                             │
                             └─ 基本性质 ──→ $m + n = p + q$ ★★★
```

📷 考点说明

在历年考试中，数列的考题至少有 2 道。考生需要理解普通数列的定义，掌握等差数列和等比数列的基本公式以及其基本性质。

📊 模块化讲解

普通数列

一、基本概念

（一）定义

数列：按一定次序排列的一列数。数列中的每个数都叫这个数列的项，记作 a_n。数列第一个位置的项叫第 1 项（或首项），第二个位置的叫第 2 项，…，序号为 n 的项叫第 n 项（也叫通项），记作 a_n。数列的一般形式为 $a_1, a_2, a_3, \cdots, a_n, \cdots$，简记作 $\{a_n\}$。

通项公式：如果数列 $\{a_n\}$ 的第 n 项与 n 之间的关系可以用一个公式表示，那么这个公式就叫这个数列的通项公式。

【注意】
- $\{a_n\}$ 表示数列，a_n 表示数列中的第 n 项，$a_n = f(n)$ 表示数列的通项公式；
- 同一个数列的通项公式形式不唯一，例如，$a_n = (-1)^n = \begin{cases} -1 & n = 2k-1 \\ +1 & n = 2k \end{cases} (k \in Z)$；
- 不是每个数列都有通项公式，例如，1, 1.4, 1.41, 1.414, …。

递推公式：如果已知数列 $\{a_n\}$ 的第 1 项（或前几项），且任一项 a_n 与它的前一项 a_{n-1}（或前几项）间的关系可以用一个公式来表示，那么这个公式就叫作这个数列的递推公式。

（二）数列的函数特征与图像表示

序号：	1	2	3	4	5	6
项：	4	5	6	7	8	9

上面每一项序号与这一项的对应关系可看成是一个序号集合到另一个数集的映射。从函数观点看，数列实质上是定义域为正整数集 N^+（或它的有限子集）的函数 $f(n)$。当自变量 n 从 1 开始依次取值时，对应的一系列函数值 $f(1), f(2), f(3), \cdots, f(n), \cdots$ 通常用 a_n 来代替 $f(n)$，其图像是一群孤立点。

（三）数列分类
- 按数列项数是有限还是无限分：有穷数列和无穷数列。
- 按数列项与项之间的大小关系分：单调数列（递增数列、递减数列）、常数列和摆动数列。

（四）数列 $\{a_n\}$ 的前 n 项和 S_n 与通项 a_n 的关系

$$S_n = a_1 + a_2 + a_3 + \cdots + a_n = \sum_{i=1}^{n} a_i$$

$$a_n = \begin{cases} S_1 & n = 1 \\ S_n - S_{n-1} & n \geq 2 \end{cases}$$

二、例题精讲

1. 已知数列 $\{a_n\}$ 的前 n 项的和 S_n 满足关系式 $\lg(S_n - 1) = n (n \in N^+)$，则数列 $\{a_n\}$ 的通项公式为（　　）

A. $a_n = 9 \times 10^{n-1}$　　　　B. $a_n = 10^{n-1}$　　　　C. $a_n = \begin{cases} 11 & (n=1) \\ 9 \cdot 10^{n-1} & (n \geq 2) \end{cases}$

D. $a_n = \begin{cases} 12(n=1) \\ 10^{n-1}(n \geq 2) \end{cases}$　　　　E. 以上答案均不正确

【解题思路】首先通过 $\lg(S_n - 1) = n(n \in N^+)$ 找出 S_n 与 n 的关系，然后利用 $S_n - S_{n-1}$ 求出 $\{a_n\}$ 的通项公式。

【解】$\lg(S_n - 1) = n \Rightarrow S_n - 1 = 10^n \Rightarrow S_n = 10^n + 1$。当 $n = 1$ 时，$a_1 = S_1 = 11$；当 $n \geq 2$ 时，$a_n = S_n - S_{n-1} = 10^n - 10^{n-1} = 9 \cdot 10^{n-1}$，故 $a_n = \begin{cases} 11 & (n = 1) \\ 9 \cdot 10^{n-1} & (n \geq 2) \end{cases}$。答案为 C。

2. 设 $a_n = \dfrac{1}{n+1} + \dfrac{1}{n+2} + \cdots + \dfrac{1}{2n+1}(n \in N^+)$，则 a_{n+1} 与 a_n 的大小关系是（　　）

A. $a_{n+1} > a_n$　　　　　　　B. $a_{n+1} = a_n$　　　　　　　C. $a_{n+1} < a_n$

D. $a_{n+1} \leqslant a_n$　　　　　　　E. 以上答案均不正确

【解题思路】判断数列的大小，取两个数列做差，然后判断结果的正负即可。

【解】因为 $a_{n+1} - a_n = \dfrac{1}{2n+2} + \dfrac{1}{2n+3} - \dfrac{1}{n+1} = \dfrac{1}{2n+3} - \dfrac{1}{2n+2} < 0$，所以 $a_{n+1} < a_n$。

答案为 C。

3. 已知数列 $\{a_n\}$ 中，$a_1 = 1$，$a_{n+1} = \dfrac{2a_n}{a_n + 2}(n \in N^+)$，则该数列的通项公式为（　　）

A. $a_n = \dfrac{1}{2n+1}$　　　　　　　B. $a_n = \dfrac{1}{n+1}$　　　　　　　C. $a_n = \dfrac{2}{n+2}$

D. $a_n = \dfrac{3}{n+1}$　　　　　　　E. 以上答案均不正确

【解题思路】本题根据 $a_{n+1} = \dfrac{2a_n}{a_n + 2}$ 求出 a_n, a_{n+1} 的关系，然后进行运算即可。

【解】方法 1：由 $a_{n+1} = \dfrac{2a_n}{a_n + 2}$，得 $\dfrac{1}{a_{n+1}} - \dfrac{1}{a_n} = \dfrac{1}{2}$，故 $\left\{\dfrac{1}{a_n}\right\}$ 是以 $\dfrac{1}{a_1} = 1$ 为首项，$\dfrac{1}{2}$ 为公差的等差数列。由 $\dfrac{1}{a_n} = 1 + (n - 1) \cdot \dfrac{1}{2}$，得 $a_n = \dfrac{2}{n+1}$。

方法 2（特殊值法）：当 $n = 1$ 时，$a_1 = 1$，$a_2 = \dfrac{2a_1}{a_1 + 2} = \dfrac{2}{3}$，代入选项发现仅有 A 满足。

答案为 A。

真题解析

（2007-10-23）（条件充分性判断）$S_6 = 126$

（1）数列 $\{a_n\}$ 的通项公式是 $a_n = 10(3n + 4)(n \in N)$

（2）数列 $\{a_n\}$ 的通项公式是 $a_n = 2^n(n \in N)$

【解】针对条件（1）而言，$a_n = 10(3n + 4)$，可知该数列是等差数列，$S_6 = \dfrac{a_1 + a_6}{2} \times 6 = \dfrac{70 + 220}{2} \times 6 = 870$，故条件（1）不充分；

针对条件（2）而言，$a_n = 2^n$，可知该数列是等比数列，$S_6 = \dfrac{a_1(1 - q^6)}{1 - q} = \dfrac{2(1 - 2^6)}{1 - 2} = 126$，

故条件（2）充分。

答案为 B。

（2008-1-11）如果数列 $\{a_n\}$ 的前 n 项和 $S_n = \dfrac{3}{2}a_n - 3$，那么这个数列的通项公式是（　　）

A. $a_n = 2(n^2 + n + 1)$　　B. $a_n = 3 \times 2^n$　　C. $a_n = 3n + 1$

D. $a_n = 2 \times 3^n$　　E. 以上答案都不正确

【解】当 $n = 1$ 时，$S_1 = \dfrac{3}{2}a_1 - 3 = a_1, a_1 = 6$；当 $n \geqslant 2$ 时，$a_n = S_n - S_{n-1} = 2 \times 3^n$，故 $a_n = 2 \times 3^n$。

答案为 D。

（2008-10-23）（条件充分性判断）$a_1 = -\dfrac{1}{3}$

（1）在数列 $\{a_n\}$ 中，$a_3 = -2$

（2）在数列 $\{a_n\}$ 中，$a_2 = 2a_1, a_3 = 3a_2$

【解】条件（1）和条件（2）单独均不充分，二者联合则 $a_3 = -2$，$a_2 = 2a_1$，$a_3 = 3a_2$，可得 $a_1 = -\dfrac{1}{3}$，故充分。答案为 C。

（2009-1-11）若数列 $\{a_n\}$ 中，$a_n \neq 0 (n \geqslant 1)$，$a_1 = \dfrac{1}{2}$，前 n 项和 S_n 满足 $a_n = \dfrac{2S_n^2}{2S_n - 1} (n \geqslant 2)$，则 $\left\{\dfrac{1}{S_n}\right\}$ 是（　　）

A. 首项为 2，公比为 $\dfrac{1}{2}$ 的等比数列

B. 首项为 2，公比为 2 的等比数列

C. 既非等差也非等比数列

D. 首项为 2，公差 $\dfrac{1}{2}$ 为的等差数列

E. 首项为 2，公差为 2 的等差数列

【解】利用 $a_n = S_n - S_{n-1} = \dfrac{2S_n^2}{2S_n - 1}$，整理可得 $S_{n-1} - S_n = 2S_n S_{n-1}$，$\dfrac{1}{S_n} - \dfrac{1}{S_{n-1}} = 2$，故 $a_1 = S_1 = 2$。

答案为 E。

（2009-1-16）（条件充分性判断）$a_1^2 + a_2^2 + a_3^2 + \cdots + a_n^2 = \dfrac{1}{3}(4^n - 1)$

（1）数列 $\{a_n\}$ 的通项公式为 $a_n = 2^n$

（2）在数列 $\{a_n\}$ 中，对任意正整数 n，有 $a_1 + a_2 + a_3 + \cdots + a_n = 2^n - 1$

【解】针对条件（1）而言，当 $n=1, a_1 = 2, a_1^2 = 4 \neq \dfrac{1}{3}(4-1) = 1$，故条件不充分；

针对条件（2）而言，$a_1 + a_2 + a_3 + \cdots + a_n = S_n = 2^n - 1$，故 $a_n = S_n - S_{n-1} = 2^{n-1}$。

$a_1 = 1, q = 2, \{a_n^2\}$ 为等比数列，$a_1^2 = 1, q = 4$，故 $a_1^2 + a_2^2 + a_3^2 + \cdots + a_n^2 = \dfrac{1}{3}(4^n - 1)$。

答案为 B。

（2014-1-7）已知 $\{a_n\}$ 为等差数列，且 $a_2 - a_5 + a_8 = 9$，则 $a_1 + a_2 + \cdots + a_9 = ($　　$)$

　A. 27　　　　B. 45　　　　C. 54　　　　D. 81　　　　E. 162

【解】由 $a_2 - a_5 + a_8 = 9 \Rightarrow a_1 + d - (a_1 + 4d) + a_1 + 7d = 9 \Rightarrow a_1 + 4d = a_5 = 9$，而 $a_1 + a_2 + \cdots + a_9 = \dfrac{(a_1 + a_9) \cdot 9}{2} = a_5 \times 9 = 81$。答案为 D。

（2016-1-24）（条件充分性判断）已知数列 $a_1, a_2, a_3, \ldots, a_{10}$，则 $a_1 - a_2 + a_3 - a_4 + \ldots + a_9 - a_{10} \geq 0$

　（1）$a_n \geq a_{n+1}$，$n = 1, 2, \ldots, 9$　　　　（2）$a_n^2 \geq a_{n+1}^2$，$n = 1, 2, \ldots, 9$

【解】对条件（1），$a_1 - a_2 \geq 0$，以此类推，可知条件（1）充分；对条件（2），举反例，如数列每项都是负数，可知 $a_1 - a_2 \leq 0$，以此类推，可知条件（2）不充分。

答案为 A。

> **周老师提醒您**
>
> 在求解通项公式的时候，可以采用 $a_n = \begin{cases} S_1 & n = 1 \\ S_n - S_{n-1} & n \geq 2 \end{cases}$ 进行求解，还可以采用特殊值进行判断，例如当 $n=1$，求出 a_1；当 $n=2$ 时，求出 a_2，对应上的即为答案。

等差数列

一、基本概念

（一）等差数列

一般地，如果一个数列从第 2 项起，每一项与它的前一项的差等于同一个常数，那么这个数列就叫等差数列。这个常数叫作等差数列的公差，通常用字母 d 表示。用递推公式表示为 $a_n - a_{n-1} = d(n \geq 2)$ 或 $a_{n+1} - a_n = d(n \geq 1)$。

等差数列的通项公式为 $a_n = a_1 + (n-1)d$。

【注意】等差数列的单调性：$d > 0$ 为递增数列，$d = 0$ 为常数列，$d < 0$ 为递减数列。

等差中项：如果 a，A，b 成等差数列，那么 A 叫作 a 与 b 的等差中项，其中 $A = \dfrac{a+b}{2}$。

等差数列前 n 项和的求和公式为 $S_n = \dfrac{n(a_1 + a_n)}{2} = na_1 + \dfrac{n(n-1)}{2}d$。

（二）等差数列的性质

（1）在等差数列 $\{a_n\}$ 中，从第 2 项起，每一项是它相邻二项的等差中项。

（2）在等差数列 $\{a_n\}$ 中，相隔等距离的项组成的数列是等差数列，如 $a_1, a_3, a_5, a_7, \cdots$；

$a_3, a_8, a_{13}, a_{18}, \cdots$。

（3）在等差数列 $\{a_n\}$ 中，对任意 $m, n \in N^+$，$a_n = a_m + (n-m)d$，$d = \dfrac{a_n - a_m}{n - m}$ $(m \neq n)$。

（4）在等差数列 $\{a_n\}$ 中，若 $m, n, p, q \in N^+$ 且 $m + n = p + q$，则 $a_m + a_n = a_p + a_q$。

【注意】设数列 $\{a_n\}$ 是等差数列，且公差为 d：

- 若项数为偶数，设共有 $2n$ 项，则 $S_奇 - S_偶 = nd$，$\dfrac{S_奇}{S_偶} = \dfrac{a_n}{a_{n+1}}$；

- 若项数为奇数，设共有 $2n-1$ 项，则 $S_偶 - S_奇 = a_n = a$，$\dfrac{S_奇}{S_偶} = \dfrac{n}{n-1}$。

（三）数列最值

（1）$a_1 > 0, d < 0$ 时，S_n 有最大值；$a_1 < 0, d > 0$ 时，S_n 有最小值。

（2）S_n 最值的求法：若已知 S_n，可用二次函数最值的求法（$n \in N^+$）；若已知 a_n，则 S_n 最值时 n 的值（$n \in N^+$）可如下确定 $\begin{cases} a_n \geq 0 \\ a_{n+1} \leq 0 \end{cases}$ 或 $\begin{cases} a_n \leq 0 \\ a_{n+1} \geq 0 \end{cases}$。

（四）判断或证明一个数列是等差数列的方法

1. 定义法

$a_{n+1} - a_n = d$（常数）（$n \in N^+$）$\Rightarrow \{a_n\}$ 是等差数列

2. 中项法

$2a_{n+1} = a_n + a_{n+2}$（$n \in N^+$）$\Rightarrow \{a_n\}$ 是等差数列

3. 通项公式法

$a_n = kn + b$（k, b 为常数）$\Rightarrow \{a_n\}$ 是等差数列

4. 前 n 项和公式法

$S_n = An^2 + Bn$（A, B 为常数）$\Rightarrow \{a_n\}$ 是等差数列

二、例题精讲

1. 在等差数列 $\{a_n\}$ 中，$a_5 = 3$，$a_6 = -2$，则 $a_4 + a_5 + \cdots + a_{10} = ($ 　 $)$

A. 37　　　　B. -5　　　　C. 49　　　　D. -49　　　　E. 以上答案均不正确

【解题思路】首先根据 $a_5 = 3$，$a_6 = -2$ 求出 d，然后求解 $a_4 + a_5 + \cdots + a_{10}$ 即可。

【解】因为 $d = a_6 - a_5 = -5$，所以 $a_4 + a_5 + \cdots + a_{10} = \dfrac{7(a_4 + a_{10})}{2} = 7(a_5 + 2d) = -49$。答案为 D。

2. 两个等差数列 $\{a_n\}$，$\{b_n\}$ 的前 n 项和的比 $\dfrac{S_n}{S_n'} = \dfrac{5n+3}{2n+7}$，则 $\dfrac{a_5}{b_5}$ 的值是（　　）

A. $\dfrac{28}{17}$　　　　B. $\dfrac{48}{25}$　　　　C. $\dfrac{53}{27}$　　　　D. $\dfrac{23}{15}$　　　　E. 以上答案均不正确

【解题思路】根据 $\dfrac{a_5}{b_5} = \dfrac{2a_5}{2b_5} = \dfrac{a_1 + a_9}{b_1 + b_9} = \dfrac{S_9}{S_9'}$ 进行运算即可。

【解】$\dfrac{a_5}{b_5} = \dfrac{2a_5}{2b_5} = \dfrac{(a_1+a_9)\cdot\dfrac{9}{2}}{(b_1+b_9)\cdot\dfrac{9}{2}} = \dfrac{S_9}{S_9'} = \dfrac{48}{25}$。答案为 B。

3. 等差数列 $\{a_n\}$ 中，$a_4 + a_6 + a_8 + a_{10} + a_{12} = 120$，则 $a_9 - \dfrac{1}{3}a_{11}$ 的值为（　　）

   A. 14　　　　B. 15　　　　C. 16　　　　D. 17　　　　E. 以上答案均不正确

   【解题思路】根据等差数列 $m+n=p+q$，则 $a_m + a_n = a_p + a_q$ 运算即可。

   【解】$a_9 - \dfrac{1}{3}a_{11} = a_9 - \dfrac{1}{3}(a_9 + 2d) = \dfrac{2}{3}(a_9 - d) = \dfrac{2}{3}a_8 = \dfrac{2}{3}\cdot\dfrac{120}{5} = 16$，答案为 C。

4. 等差数列 $\{a_n\}$ 中，$a_1 > 0$，$S_9 = S_{12}$，则前（　　）项的和最大

   A. 9　　　　B. 10　　　　C. 11　　　　D. 10 或 11　　　　E. 12

   【解题思路】首先根据 $a_1 > 0$，$S_9 = S_{12}$ 可知该等差数列是递减的，当数列递减为 0 时前 n 项和取最大值。

   【解】由 $S_9 = S_{12}$，$S_{12} - S_9 = 0$，得 $a_{10} + a_{11} + a_{12} = 0$，故 $3a_{11} = 0$，$a_{11} = 0$。又 $a_1 > 0$，因此 $\{a_n\}$ 为递减等差数列，所以 $S_{10} = S_{11}$ 为最大。答案为 D。

5. 已知等差数列 $\{a_n\}$ 的前 10 项和为 100，前 100 项和为 10，则前 110 项和为（　　）

   A. 90　　　　B. -90　　　　C. 110　　　　D. -110　　　　E. 100

   【解题思路】根据公差为 d 的等差数列 S_n，$S_{2n} - S_n$，$S_{3n} - S_{2n}$ 成等差数列，公差为 $n^2 d$ 求解。

   【解】因为 S_{10}，$S_{20} - S_{10}$，$S_{30} - S_{20}$，$\cdots$，$S_{110} - S_{100}$，$\cdots$ 成等差数列，公差为 d，首项为 $S_{10} = 100$，前 10 项的和为 $S_{100} = 10$，则
   $100 \times 10 + \dfrac{10 \times 9}{2} \times d = 10$，解得 $d = -22$。
   又 $S_{110} - S_{100} = S_{10} + 10d$，故 $S_{110} = 100 + 10 + 10 \cdot (-22) = -110$。答案为 D。

6. 已知等差数列 $\{a_n\}$ 中，$a_7 + a_9 = 16$，$a_4 = 1$，则 a_{12} 等于（　　）

   A. 15　　　　B. 30　　　　C. 31　　　　D. 64　　　　E. 96

   【解题思路】根据等差数列 $m+n=p+q$，则 $a_m + a_n = a_p + a_q$，运算即可。

   【解】由 $a_7 + a_9 = a_4 + a_{12}$，得 $a_{12} = 15$。答案为 A。

7. 数列 $\{a_n\}$ 的首项为 3，$\{b_n\}$ 为等差数列且 $b_n = a_{n+1} - a_n (n \in N^+)$。若 $b_3 = -2$，$b_{10} = 12$，则 $a_8 =$（　　）

   A. 0　　　　B. 3　　　　C. 8　　　　D. 11　　　　E. 15

   【解题思路】首先求出 b_n，然后根据 $b_n = a_{n+1} - a_n (n \in N^+)$ 求出 $a_{n+1} - a_n$，最后利用递推法求解。

   【解】由 $b_n = 2n - 8$，$a_{n+1} - a_n = 2n - 8$，运用叠加法得，
   $(a_2 - a_1) + (a_3 - a_2) + \cdots + (a_8 - a_7) = (-6) + (-4) + (-2) + 0 + 2 + 4 + 6 = 0, a_8 = a_1 = 3$。答案为 B。

8. 如果等差数列 $\{a_n\}$ 中，$a_3+a_4+a_5=12$，那么 $a_1+a_2+\cdots+a_7=$（　　）

   A. 14　　　B. 21　　　C. 28　　　D. 35　　　E. 45

   【解题思路】通过 $a_3+a_4+a_5=12$ 可以求出 a_4，然后根据 $a_1+a_2+\cdots+a_7=7a_4$ 求出即可。

   【解】$a_3+a_4+a_5=3a_4=12$，$a_4=4$，$a_1+a_2+\cdots+a_7=\dfrac{7(a_1+a_7)}{2}=7a_4=28$。答案为 C。

9. 设等差数列 $\{a_n\}$ 的前 n 项和为 S_n，若 $a_1=-11$，$a_4+a_6=-6$，则当 S_n 取最小值时，n 等于（　　）

   A. 6　　　B. 7　　　C. 8　　　D. 9　　　E. 11

   【解题思路】本题考查等差数列的通项公式以及前 n 项和公式的应用，利用二次函数最值的求法进行运算。

   【解】设该数列的公差为 d，则 $a_4+a_6=2a_1+8d=2\times(-11)+8d=-6$，解得 $d=2$，

   所以 $S_n=-11n+\dfrac{n(n-1)}{2}\times 2=n^2-12n=(n-6)^2-36$，所以当 $n=6$ 时，S_n 取最小值。

   答案为 A。

10. 已知 $a>0$，$b>0$，a,b 的等差中项是 $\dfrac{1}{2}$，且 $x=a+\dfrac{1}{a}$，$y=b+\dfrac{1}{b}$，则 $x+y$ 的最小值是（　　）

    A. 6　　　B. 5　　　C. 4　　　D. 3　　　E. 2

    【解题思路】首先根据 a,b 的等差中项是 $\dfrac{1}{2}$，知 $a+b=1$，然后求出 $x+y$，最后利用平均值定理进行求解。

    【解】a,b 的等差中项是 $\dfrac{1}{2}$，所以 $\dfrac{a+b}{2}=\dfrac{1}{2}$，即 $a+b=1$（$a>0$，$b>0$），故 $x+y=a+\dfrac{1}{a}+b+\dfrac{1}{b}=1+\dfrac{1}{ab}$。又 $a+b=1\geq 2\sqrt{ab}$，得 $ab\leq\dfrac{1}{4}$（当且仅当 $a=b=\dfrac{1}{2}$ 时，取等号），所以 $x+y\geq 1+4=5$（当且仅当 $a=b=\dfrac{1}{2}$ 时，取等号）。答案为 B。

11. 设 S_n 是等差数列 $\{a_n\}$ 的前 n 项和，已知 $a_2=3$，$a_6=11$，则 S_7 等于（　　）

    A. 13　　　B. 35　　　C. 49　　　D. 63　　　E. 88

    【解题思路】根据等差数列的求和和通项公式进行求解。

    【解】方法1：$S_7=\dfrac{7(a_1+a_7)}{2}=\dfrac{7(a_2+a_6)}{2}=\dfrac{7(3+11)}{2}=49$。答案为 C。

    方法2：由 $\begin{cases}a_2=a_1+d=3\\a_6=a_1+5d=11\end{cases}\Rightarrow\begin{cases}a_1=1\\d=2\end{cases}$，$a_7=1+6\times 2=13$，所以 $S_7=\dfrac{7(a_1+a_7)}{2}=\dfrac{7(1+13)}{2}=49$。答案为 C。

12. 等差数列 $\{a_n\}$ 的前 n 项和为 S_n，已知 $a_{m-1}+a_{m+1}-a_m^2=0$，$S_{2m-1}=38$，则 $m=$（　　）

    A. 38　　　B. 20　　　C. 10　　　D. 9　　　E. 8

    【解题思路】根据等差数列 $m+n=p+q$，则 $a_m+a_n=a_p+a_q$ 运算即可。

【解析】因为 $\{a_n\}$ 是等差数列，所以 $a_{m-1}+a_{m+1}=2a_m$，由 $a_{m-1}+a_{m+1}-a_m^2=0$，得 $2a_m-a_m^2=0$，所以 $a_m=2$，又 $S_{2m-1}=38$，得 $\dfrac{(2m-1)(a_1+a_{2m-1})}{2}=38$，即 $(2m-1)\times 2=38$，解得 $m=10$。答案为 C。

真题解析

（1999）若方程 $(a^2+c^2)x^2-2c(a+b)x+b^2+c^2=0$ 有实根，则（　　）

  A. a,b,c 成等比数列   B. a,c,b 成等比数列   C. b,a,c 成等差数列

  D. a,b,c 成等差数列   E. 以上答案均不正确

【解】$(a^2+c^2)x^2-2c(a+b)x+b^2+c^2=0$ 有实根，则

$\Delta=b^2-4ac=[2c(a+b)]^2-4(b^2+c^2)(a^2+c^2)=8abc^2-4a^2b^2-4c^4\geqslant 0$，当 $c^2=ab$ 时代入发现 $\Delta=0$，此时说明方程有两个相等的实数根。答案为 B。

（2006）若 $6,a,c$ 成等差数列，且 $36,a^2,-c^2$ 也成等差数列，则 $c=$（　　）

  A. -6 B. 2 C. 3 或 -2 D. -6 或 2 E. 以上结论都不正确

【解】$6,a,c$ 成等差数列，则 $2a=6+c$，$36,a^2,-c^2$ 也成等差数列，则 $2a^2=36-c^2$，联立后可得 $c=-6$ 或 2。答案为 D。

（2002）设 $3^a=4,3^b=8,3^c=16$，则 a,b,c（　　）

  A. 是等比数列，但不是等差数列   B. 是等差数列，但不是等比数列

  C. 既是等比数列，也是等差数列   D. 既不是等比数列，也不是等差数列

  E. 以上结论都不正确

【解】设 $3^a=4,3^b=8,3^c=16$，则 $a=\log_3 4, b=\log_3 8, c=\log_3 16$，$2\log_3 8=\log_3 64=\log_3 4+\log_3 16$，所以 $2b=a+c$。答案为 B。

（2001）在等差数列 $\{a_n\}$ 中，$a_3=2, a_{11}=6$；数列 $\{b_n\}$ 是等比数列，若 $b_2=a_3, b_3=\dfrac{1}{a_2}$，则满足 $b_n>\dfrac{1}{a_{26}}$ 最大的 n 是（　　）

  A. 3 B. 4 C. 5 D. 6 E. 以上结论都不正确

【解】等差数列 $\{a_n\}$ 中，$a_3=2, a_{11}=6$，则 $a_n=\dfrac{n+1}{2}, a_{26}=\dfrac{27}{2}$；数列 $\{b_n\}$ 是等比数列，若 $b_2=a_3, b_3=\dfrac{1}{a_2}$，则 $b_n=6\times\left(\dfrac{1}{3}\right)^{n-1}$，满足 $b_n>\dfrac{1}{a_{26}}$，故 $6\times\left(\dfrac{1}{3}\right)^{n-1}>\dfrac{2}{27}, n<5$，故最大值 n 是 4。答案为 B。

（2007-10-11）已知等差数列 $\{a_n\}$ 中 $a_2+a_3+a_{10}+a_{11}=64$，则 $S_{12}=$（　　）

  A. 64 B. 81 C. 128 D. 192 E. 188

【解】方法 1：$a_2+a_3+a_{10}+a_{11}=4a_1+22d=64$，$S_{12}=12a_1+\dfrac{12\times(12-1)}{2}\times d=12a_1+66d$，

所以可得 $S_{12} = 64 \times 3 = 192$。

方法 2：因为 $a_2 + a_3 + a_{10} + a_{11} = 64$，所以根据等差数列的性质有 $m + n = l + k$，$a_m + a_n = a_l + a_k$，那么 $a_2 + a_{11} = 32$，$S_{12} = \frac{(a_1 + a_{12})}{2} \times 12 = 6(a_1 + a_{12}) = 6(a_2 + a_{11}) = 6 \times 32 = 192$。

答案为 D。

（2008-10-21）（条件充分性判断）$a_1 a_8 < a_4 a_5$

(1) $\{a_n\}$ 为等差数列，且 $a_2 > 0$

(2) $\{a_n\}$ 为等差数列，且公差 $d \neq 0$

【解】针对结论 $\{a_n\}$ 为等差数列，满足 $a_1 a_8 < a_4 a_5$，整理后得到 $a_1(a_1 + 7d) < a_1^2 + 7a_1 d + 12d^2$，$d^2 > 0, d \neq 0$。故条件（1）不充分，条件（2）充分。答案为 B。

（2009-10-22）（条件充分性判断）等差数列 $\{a_n\}$ 的前 18 项和 $S_{18} = \frac{19}{2}$

(1) $a_3 = \frac{1}{6}$，$a_6 = \frac{1}{3}$

(2) $a_3 = \frac{1}{4}$，$a_6 = \frac{1}{2}$

【解】针对条件（1）而言，$a_6 - a_3 = 3d = \frac{1}{3} - \frac{1}{6} = \frac{1}{6}$，$d = \frac{1}{18}$，$S_{18} = 18 \times a_1 + \frac{18 \times (18-1)}{2} \times \frac{1}{18} = \frac{19}{2}$，故条件（1）充分；同理可得条件（2）不充分。答案为 A。

（2010-1-19）（条件充分性判断）已知数列 $\{a_n\}$ 为等差数列，公差为 d，$a_1 + a_2 + a_3 + a_4 = 12$，则 $a_4 = 0$

(1) $d = -2$ (2) $a_2 + a_4 = 4$

【解】针对条件（1）而言，$d = -2, 2a_2 + d = 6, a_2 = 4, a_4 = 0$，故条件（1）充分；针对条件（2）而言，$a_2 + a_4 = 4$，$a_1 + a_2 + a_3 + a_4 = 12, a_2 + a_3 = 6$，故 $d = -2$，所以条件（2）也充分。

答案为 D。

（2011-1-25）（条件充分性判断）已知 $\{a_n\}$ 为等差数列，则该数列的公差为零

(1) 对任何正整数 n，都有 $a_1 + a_2 + \cdots + a_n \leq n$ (2) $a_2 \geq a_1$

【解】首先条件（1）和条件（2）单独肯定不充分，那么二者结合起来考虑。由条件（2）可知 $d \geq 0$，条件（1）可以利用极值法，由 $a_1 + a_2 + \cdots + a_n \leq n$，如果 $a_1 = a_2 = \cdots = a_n = n$，那么左边应该为 n^2，肯定大于 n，只有当 $d \leq 0$ 时，才满足 $a_1 + a_2 + \cdots + a_n \leq n$，故二者联立充分。答案为 C。

（2011-10-10）若等差数列 $\{a_n\}$ 满足 $5a_7 - a_3 - 12 = 0$，则 $\sum_{k=1}^{15} a_k = (\quad)$

A. 15　　　B. 24　　　C. 30　　　D. 45　　　E. 60

【解】$\sum_{k=1}^{15} a_k = a_1 + a_2 + \cdots + a_{15} = \frac{15(a_1 + a_{15})}{2}$，$5a_7 - a_3 - 12 = 0, a_1 + 7d = 3, a_8 = 3$，所以 $\sum_{k=1}^{15} a_k =$

$15 \times 3 = 45$。答案为 D。

（2013-1-13）已知 $\{a_n\}$ 为等差数列，若 a_2 与 a_{10} 是方程 $x^2 - 10x - 9 = 0$ 的两个根，则 $a_5 + a_7 =$ （   ）

A. -10 B. -9 C. 9   D. 10   E. 12

【解】 $a_5 + a_7 = a_2 + a_{10} = 10$。答案为 D。

（2015-1-21）（条件充分性判断）已知 $\{a_n\}$ 是公差大于零的等差数列，S_n 是 $\{a_n\}$ 的前 n 项和，则 $S_n \geqslant S_{10}$，$n = 1, 2, \ldots$

（1） $a_{10} = 0$ （2） $a_{11} a_{10} < 0$

【解】对条件（1），$a_{10} = 0$，即 $S_9 = S_9 + a_{10} = S_{10}$，根据图像对称性，$n = 9$ 时，$S_n = S_{10}$，当 $n \neq 9$ 时，$S_n > S_{10}$，故 $S_n \geqslant S_{10}$，$n = 1, 2, \ldots$，条件（1）充分；对条件（2），$a_{11} a_{10} < 0$，$d > 0$，$\begin{cases} a_{10} < 0 \\ a_{11} > 0 \end{cases}$，所以 $S_n \geqslant S_{10}$，条件（2）也充分。

答案为 D。

（2015-1-22）（条件充分性判断）设 $\{a_n\}$ 为等差数列，则能确定数列 $\{a_n\}$

（1） $a_1 + a_6 = 0$ （2） $a_1 a_6 = -1$

【解】显然两个条件单独看都不充分，联合考虑，则有 $\begin{cases} a_1 + a_6 = 0 \\ a_1 \cdot a_6 = -1 \end{cases} \Rightarrow \begin{cases} a_1 = -1 \\ a_6 = 1 \end{cases}$ 或者 $\begin{cases} a_1 = 1 \\ a_6 = -1 \end{cases}$，

$a_n = \dfrac{2}{5} n - \dfrac{7}{5}$ 或 $a_n = -\dfrac{2}{5} n + \dfrac{7}{5}$，数列仍不能唯一确定。

答案为 E。

> **周老师提醒您**
>
> 对于等差数列的考查，要求考生在牢记以下性质的情况下灵活运用：
> 在等差数列 $\{a_n\}$ 中，若 $m, n, p, q \in N^+$ 且 $m + n = p + q$，则 $a_m + a_n = a_p + a_q$。

等比数列

一、基本概念

1. 等比数列

一般地，如果一个数列从第二项起，每一项与它的前一项的比等于同一个常数，那么这个数列就叫作等比数列。这个常数叫作等比数列的公比，用字母 q 表示（$q \neq 0$），即

$$a_{n+1} : a_n = q \, (q \neq 0)$$

【注意】从第二项起，常数 q、等比数列的公比和项都不为零。

2. 等比数列通项公式为 $a_n = a_1 \cdot q^{n-1} \, (a_1 \cdot q \neq 0)$

【注意】
- 由等比数列的通项公式知：当公比 $d=1$ 时，该数列既是等比数列，又是等差数列；
- 由等比数列的通项公式知：若 $\{a_n\}$ 为等比数列，则 $\dfrac{a_m}{a_n} = q^{m-n}$。

3. 等比中项

如果在 a 与 b 中间插入一个数 G，使 a, G, b 成等比数列，那么 G 叫作 a 与 b 的等比中项（两个符号相同的非零实数，都有两个等比中项）。

4. 等比数列前 n 项和公式

一般地，设等比数列 $a_1, a_2, a_3, \cdots, a_n, \cdots$ 的前 n 项和是 $S_n = a_1 + a_2 + a_3 + \cdots + a_n$。当 $q \neq 1$ 时，$S_n = \dfrac{a_1(1-q^n)}{1-q}$ 或 $S_n = \dfrac{a_1 - a_n q}{1-q}$；当 $q = 1$ 时，$S_n = na_1$（错位相减法）。

【注意】
- a_1, q, n, S_n 和 a_1, a_n, q, S_n 各已知三个，可求第四个；
- 注意求和公式中是 q^n，通项公式中是 q^{n-1}，不要混淆；
- 应用求和公式时 $q \neq 1$，必要时应讨论 $q = 1$ 的情况。

5. 等比数列的性质

（1）在等比数列 $\{a_n\}$ 中，若 $m, n, k, t \in N^+$ 且 $m+n=k+t$，则 $a_m \cdot a_n = a_k \cdot a_t$。

【注意】个数相同；角标之和分别相同，如 $a_2 \cdot a_8 \cdot a_{12} = a_4 \cdot a_7 \cdot a_{11} \neq a_6 \cdot a_{16}$。

（2）前 n 项和性质：S_n 为等比数列前 n 项和，则 $S_n, S_{2n}-S_n, S_{3n}-S_{2n}, \cdots$ 仍为等比数列。

6. 等比数列的判定法

（1）定义法：$\dfrac{a_{n+1}}{a_n} = q$（常数）$\Rightarrow \{a_n\}$ 为等比数列。

（2）中项法：$a_{n+1}^2 = a_n \cdot a_{n+2}(a_n \neq 0) \Rightarrow \{a_n\}$ 为等比数列。

（3）通项公式法：$a_n = k \cdot q^n (k, q$ 为常数$) \Rightarrow \{a_n\}$ 为等比数列。

（4）前 n 项和法：$S_n = k(1-q^n)(k, q$ 为常数$) \Rightarrow \{a_n\}$ 为等比数列。

二、例题精解

1. 已知数列 $\{a_n\}$ 是等比数列，且 $S_m = 10$，$S_{2m} = 30$，则 $S_{3m} = $（　　）

    A. 40　　　　B. 50　　　　C. 60　　　　D. 70　　　　E. 80

    【解题思路】利用 S_n 为等比数列前 n 项和，则 $S_n, S_{2n}-S_n, S_{3n}-S_{2n}, \cdots$ 仍为等比数列。

    【解】$S_m = 10, S_{2m} = 30$，则 $S_{2m}-S_m = 20$，$S_{3m}-S_{2m} = 40$，故 $S_{3m} = 70$。答案为 D。

2. 设等比数列 $\{a_n\}$ 的公比与前 n 项和分别为 q 和 S_n，且 $q \neq 1$，$S_{10} = 8$，则 $\dfrac{S_{20}}{1+q^{10}} = $（　　）

    A. 4　　　　B. 5　　　　C. 6　　　　D. 7　　　　E. 8

    【解题思路】直接利用等比数列的求和公式运算即可。

【解】方法1：由 $\dfrac{a_1(1-q^{10})}{1-q}=8$，得 $\dfrac{S_{20}}{1+q^{10}}=\dfrac{a_1(1-q^{20})}{(1+q^{10})(1-q)}=8$。

方法2：$S_{20}=S_{10}+a_{11}+a_{12}+\cdots+a_{20}=S_{10}+q^{10}S_{10}=S_{10}(1+q^{10})$，得 $\dfrac{S_{20}}{1+q^{10}}=S_{10}=8$。故答案为 E。

3.（条件充分性判断）能确定 $\dfrac{\alpha+\beta}{\alpha^2+\beta^2}=1$

（1）$\alpha^2,1,\beta^2$ 成等比数列 　　　　（2）$\dfrac{1}{\alpha},1,\dfrac{1}{\beta}$ 成等差数列

【解题思路】通过条件建立 α,β 的关系式，然后代入运算。

【解】由条件（1）取 $\alpha=1,\beta=-1$，则 $\alpha^2,1,\beta^2$ 成等比数列，但 $\dfrac{\alpha+\beta}{\alpha^2+\beta^2}=0\neq 1$，不充分；由条件（2）取 $\alpha=-1,\beta=\dfrac{1}{3}$，则 $-1,1,3$ 成等差数列，但 $\dfrac{\alpha+\beta}{\alpha^2+\beta^2}<0\neq 1$，不充分。联合条件（1）和条件（2），由条件（1）$\alpha^2\cdot\beta^2=1\Rightarrow\alpha\beta=\pm 1$，由条件（2）$\dfrac{1}{\alpha}+\dfrac{1}{\beta}=2\Rightarrow\dfrac{\alpha+\beta}{\alpha\beta}=2$

$\Rightarrow \alpha+\beta=2\alpha\beta$，则 $\dfrac{\alpha+\beta}{\alpha^2+\beta^2}=\dfrac{2\alpha\beta}{(\alpha+\beta)^2-2\alpha\beta}=\dfrac{2\alpha\beta}{4\alpha^2\beta^2-2\alpha\beta}=\dfrac{1}{2\alpha\beta-1}=\begin{cases}1 & \alpha\beta=1 \\ -\dfrac{1}{3} & \alpha\beta=-1\end{cases}$。

答案为 E。

4. 等比数列 $\{a_n\}$ 中，$a_1=512$，公比 $q=-\dfrac{1}{2}$，用 $\prod_n$ 表示它的前 n 项之积，即 $\prod_n=a_1a_2\cdots a_n$，则 $\prod_n$ 中最大的是（　　）

A. $\prod_{11}$ 　　　B. $\prod_{10}$ 　　　C. $\prod_9$ 　　　D. $\prod_8$ 　　　E. $\prod_7$

【解题思路】首先利用等比数列列出等式，然后利用一元二次方程求最值进行解答。

【解】$\prod_n=a_1a_2\cdots a_n=a_1^n\cdot q^{1+2+\cdots+n-1}=2^{9n}\left(-\dfrac{1}{2}\right)^{\frac{(1+n-1)(n-1)}{2}}=2^{9n}\cdot(-2)^{\frac{n(1-n)}{2}}=(-1)^{\frac{n(1-n)}{2}}\times$

$2^{\frac{18n+n(1-n)}{2}}$，故当 $n=9$ 时，$\prod_n$ 最大。答案为 C。

5. 已知等比数列 $\{a_n\}$ 的公比为正数，且 $a_3\cdot a_9=2a_5^2$，$a_2=1$，则 $a_1=$（　　）

A. $\dfrac{1}{2}$ 　　　B. $\dfrac{\sqrt{2}}{2}$ 　　　C. $\sqrt{2}$ 　　　D. 2 　　　E. 1

【解题思路】直接利用等比数列的通项公式进行解答即可。

【解】设公比为 q，由已知得 $a_1q^2\cdot a_1q^8=2(a_1q^4)^2$，即 $q^2=2$，又因为等比数列 $\{a_n\}$ 的公比为正数，所以 $q=\sqrt{2}$，故 $a_1=\dfrac{a_2}{q}=\dfrac{1}{\sqrt{2}}=\dfrac{\sqrt{2}}{2}$。答案为 B。

6. 公差不为零的等差数列 $\{a_n\}$ 的前 n 项和为 S_n。若 a_4 是 a_3 与 a_7 的等比中项，$S_8=32$，则 S_{10} 等于（　　）

A. 18　　　　B. 24　　　　C. 60　　　　D. 90　　　　E. 100

【解题思路】本题主要利用等比数列的等比中项的概念，如果 a, b, c 成等比数列，则 $b^2 = ac$，且 b 叫 a, c 的等比中项。

【解】由 $a_4^2 = a_3 a_7$ 得 $(a_1+3d)^2 = (a_1+2d)(a_1+6d)$，得 $2a_1 + 3d = 0$，再由 $S_8 = 8a_1 + \frac{56}{2}d = 32$

得 $2a_1 + 7d = 8$，则 $d = 2, a_1 = -3$，所以 $S_{10} = 10a_1 + \frac{90}{2}d = 60$。答案为 C。

7. 设 S_n 为等比数列 $\{a_n\}$ 的前 n 项和，已知 $3S_3 = a_4 - 2$，$3S_2 = a_3 - 2$，则公比 $q = (\quad)$

A. 3　　　　B. 4　　　　C. 5　　　　D. 6　　　　E. 7

【解题思路】本题主要是通过两式 $3S_3 = a_4 - 2$，$3S_2 = a_3 - 2$ 直接相减，即可得到 a_4, a_3 的关系式。

【解】两式相减得，$3a_3 = a_4 - a_3$，$a_4 = 4a_3$，故 $q = \frac{a_4}{a_3} = 4$。答案为 B。

8. 设 $\{a_n\}$ 是由正数组成的等比数列，S_n 为其前 n 项和。已知 $a_2 a_4 = 1$，$S_3 = 7$，则 $S_5 = (\quad)$

A. $\frac{15}{2}$　　　　B. $\frac{31}{4}$　　　　C. $\frac{33}{4}$　　　　D. $\frac{17}{2}$　　　　E. $\frac{19}{2}$

【解题思路】本题直接利用等比数列的通项公式与前 n 项和公式求解。

【解】由 $a_2 a_4 = 1$ 可得 $a_1^2 q^4 = 1$，因此 $a_1 = \frac{1}{q^2}$，又因为 $S_3 = a_1(1 + q + q^2) = 7$，联立两式有

$\left(\frac{1}{q} + 3\right)\left(\frac{1}{q} - 2\right) = 0$，所以 $q = \frac{1}{2}$，$S_5 = \frac{4 \times \left(1 - \frac{1}{2^5}\right)}{1 - \frac{1}{2}} = \frac{31}{4}$。答案为 B。

9. 在等比数列 $\{a_n\}$ 中，$a_{2010} = 8a_{2007}$，则公比 q 的值为（　　）

A. 2　　　　B. 3　　　　C. 4　　　　D. 8　　　　E. 9

【解题思路】直接利用 $a_{n+1} : a_n = q(q \neq 0)$ 求解。

【解】$\frac{a_{2010}}{a_{2007}} = q^3 = 8$，得 $q = 2$，答案为 A。

10. 等比数列 $\{a_n\}$ 的前 n 项和为 S_n，且 $4a_1, 2a_2, a_3$ 成等差数列，若 $a_1 = 1$，则 S_4 等于（　　）

A. 7　　　　B. 8　　　　C. 15　　　　D. 16　　　　E. 13

【解题思路】首先根据 $4a_1, 2a_2, a_3$ 成等差数列求出 q，然后利用等比数列求和公式求解。

【解】设等比数列的公比为 q，则由 $4a_1, 2a_2, a_3$ 成等差数列得 $4a_2 = 4a_1 + a_3$，因此 $4a_1 q =$

$4a_1 + a_1 q^2$，有 $q^2 - 4q + 4 = 0$，解得 $q = 2$，故 $S_4 = \frac{a_1(1 - q^4)}{1 - q} = 15$。答案为 C。

11. 已知 $\{a_n\}$ 是首项为 1 的等比数列，S_n 是 $\{a_n\}$ 的前 n 项和，且 $9S_3 = S_6$，则数列 $\left\{\frac{1}{a_n}\right\}$ 的前

5 项和为（　　）

A. $\dfrac{15}{8}$ 或 5　　B. $\dfrac{31}{16}$ 或 5　　C. $\dfrac{31}{16}$　　D. $\dfrac{15}{8}$　　E. 以上答案均不正确

【解题思路】本题主要考查等比数列前 n 项和公式及等比数列的性质。

【解】显然 $q \neq 1$，所以 $\dfrac{9a_1(1-q^3)}{1-q} = \dfrac{a_1(1-q^6)}{1-q}$，$1+q^3=9$，$q=2$，则 $\left\{\dfrac{1}{a_n}\right\}$ 是首项为 1，公比为 $\dfrac{1}{2}$ 的等比数列，前 5 项和 $T_5 = \dfrac{1-\left(\dfrac{1}{2}\right)^5}{1-\dfrac{1}{2}} = \dfrac{31}{16}$。答案为 C。

【注意】在进行等比数列运算时要注意约分，降低幂的次数，同时也要注意基本性质的应用。

12. 已知 $\{a_n\}$ 为等比数列，S_n 是它的前 n 项和。若 $a_2 \cdot a_3 = 2a_1$，且 a_4 与 $2a_7$ 的等差中项为 $\dfrac{5}{4}$，则 $S_5 = (\qquad)$

A. 35　　B. 33　　C. 31　　D. 29

【解题思路】首先根据 $a_2 \cdot a_3 = 2a_1$，且 a_4 与 $2a_7$ 的等差中项为 $\dfrac{5}{4}$，求出 $a_4 = 2$，$a_7 = \dfrac{1}{4}$，然后求出 q 即可。

【解】设 $\{a_n\}$ 的公比为 q，则由等比数列的性质知 $a_2 a_3 = a_1 a_4 = 2a_1$，即 $a_4 = 2$。由 a_4 与 $2a_7$ 的等差中项为 $\dfrac{5}{4}$ 知，$a_4 + 2a_7 = 2 \times \dfrac{5}{4}$，即 $a_7 = \dfrac{1}{2}\left(2 \times \dfrac{5}{4} - a_4\right) = \dfrac{1}{2}\left(2 \times \dfrac{5}{4} - 2\right) = \dfrac{1}{4}$，即 $q^3 = \dfrac{a_7}{a_4} = \dfrac{1}{8}$，解得 $q = \dfrac{1}{2}$，$a_4 = a_1 q^3 = a_1 \times \dfrac{1}{8} = 2$，即 $a_1 = 16$，故 $S_5 = 31$。答案为 C。

13. 已知各项均为正数的等比数列 $\{a_n\}$，$a_1 a_2 a_3 = 5$，$a_7 a_8 a_9 = 10$，则 $a_4 a_5 a_6 = (\qquad)$

A. $5\sqrt{2}$　　B. 7　　C. 6　　D. $4\sqrt{2}$　　E. 2

【解题思路】本题主要考查等比数列的性质、指数幂的运算、根式与指数式的互化等知识，着重考查转化与化归的数学思想。

【解】由等比数列的性质知 $a_1 a_2 a_3 = (a_1 a_3) \cdot a_2 = a_2^3 = 5$，$a_7 a_8 a_9 = (a_7 a_9) \cdot a_8 = a_8^3 = 10$，所以 $a_2 a_8 = 50^{\frac{1}{3}}$，因此有 $a_4 a_5 a_6 = (a_4 a_6) \cdot a_5 = a_5^3 = \left(\sqrt{a_2 a_8}\right)^3 = (50^{\frac{1}{6}})^3 = 5\sqrt{2}$。答案为 A。

14. 已知等比数列 $\{a_m\}$ 中，各项都是正数，且 $a_1, \dfrac{1}{2}a_3, 2a_2$ 成等差数列，则 $\dfrac{a_9 + a_{10}}{a_7 + a_8} = (\qquad)$

A. $1+\sqrt{2}$　　B. $1-\sqrt{2}$　　C. $3+2\sqrt{2}$　　D. $3-2\sqrt{2}$　　E. 以上答案均不正确

【解题思路】本题主要利用通项公式进行展开后代入进行运算。

【解】依题意可得 $2 \times \left(\dfrac{1}{2}a_3\right) = a_1 + 2a_2$，即 $a_3 = a_1 + 2a_2$，则有 $a_1 q^2 = a_1 + 2a_1 q$，可得 $q^2 = 1 + 2q$，解得 $q = 1+\sqrt{2}$ 或 $q = 1-\sqrt{2}$（舍去）。

所以 $\dfrac{a_9 + a_{10}}{a_7 + a_8} = \dfrac{a_1 q^8 + a_1 q^9}{a_1 q^6 + a_1 q^7} = \dfrac{q^2 + q^3}{1+q} = q^2 = 3+2\sqrt{2}$。答案为 C。

真题解析

（2001）若 $2, 2^x-1, 2^x+3$ 成等比数列，则 $x=$（　　）

　　A. $\log_2 5$　　B. $\log_2 6$　　C. $\log_2 7$　　D. $\log_2 8$　　E. 以上答案均不正确

【解】若 $2, 2^x-1, 2^x+3$ 成等比数列，则 $(2^x-1)^2=2\times(2^x+3)$，设 $2^x=t, t>0$，原式变化为 $(t-1)^2=2\times(t+3)$，$t^2-4t-5=(t-5)(t+1)=0$，$t=5$，$t=-1$（舍去），故 $2^x=5$，$x=\log_2 5$。答案为 A。

（1998）已知 a, b, c 三个数成等差数列，又成等比数列，设 α, β 是方程 $ax^2+bx-c=0$ 的两个根，且 $\alpha>\beta$，则 $\alpha^3\beta-\alpha\beta^3=$（　　）

　　A. 1　　B. $\sqrt{2}$　　C. $\sqrt{3}$　　D. 2　　E. $\sqrt{5}$

【解】a, b, c 三个数成等差数列，又成等比数列，则 $b^2=ac, 2b=a+c$，故 $a=b=c$，α, β 是方程 $ax^2+bx-c=0$ 的两个根，则 $\alpha+\beta=-\dfrac{b}{a}, \alpha\beta=-\dfrac{c}{a}$，故

$$\alpha^3\beta-\alpha\beta^3=\alpha\beta(\alpha^2-\beta^2)=\alpha\beta(\alpha-\beta)(\alpha+\beta)=\left(-\dfrac{c}{a}\right)\times\dfrac{\sqrt{b^2+4ac}}{|a|}\times\left(-\dfrac{b}{a}\right)=\dfrac{\sqrt{b^2+4ac}}{|a|}=\sqrt{5}。$$

答案为 E。

（2002）若 $\alpha^2, 1, \beta^2$ 成等比数列，而 $\dfrac{1}{\alpha}, 1, \dfrac{1}{\beta}$ 成等差数列，则 $\dfrac{\alpha+\beta}{\alpha^2+\beta^2}=$（　　）

　　A. $-\dfrac{1}{2}$ 或 1　　B. $-\dfrac{1}{3}$ 或 1　　C. $\dfrac{1}{2}$ 或 1　　D. $\dfrac{1}{3}$ 或 1　　E. 以上答案均不正确

【解】若 $\alpha^2, 1, \beta^2$ 成等比数列，则 $\alpha^2\beta^2=1$；$\dfrac{1}{\alpha}, 1, \dfrac{1}{\beta}$ 成等差数列，则 $\dfrac{1}{\alpha}+\dfrac{1}{\beta}=2=\dfrac{\alpha+\beta}{\alpha\beta}$

$\dfrac{\alpha+\beta}{\alpha^2+\beta^2}=\dfrac{2\alpha\beta}{(\alpha+\beta)^2-2\alpha\beta}=\dfrac{2\alpha\beta}{4\alpha^2\beta^2-2\alpha\beta}$，$\alpha\beta=\pm1$，故 $\dfrac{\alpha+\beta}{\alpha^2+\beta^2}=-\dfrac{1}{3}$ 或 1。答案为 B。

（2003）（条件充分性判断）$\dfrac{a+b}{a^2+b^2}=-\dfrac{1}{3}$

　　（1）$a^2, 1, b^2$ 成等差数列　　　　（2）$\dfrac{1}{a}, 1, \dfrac{1}{b}$ 成等比数列

【解】单独的条件（1）和条件（2）明显不充分，考虑二者联合的情况。$a^2, 1, b^2$ 成等差数列且 $\dfrac{1}{a}, 1, \dfrac{1}{b}$ 成等比数列，$ab=\pm1$，$\dfrac{a+b}{a^2+b^2}=\dfrac{2ab}{4a^2b^2-2ab}=-\dfrac{1}{3}$ 或 1。答案为 E。

（2008-1-20）（条件充分性判断）$S_2+S_5=2S_8$

　　（1）等比数列前 n 项的和为 S_n 且公比 $q=-\dfrac{\sqrt[3]{4}}{2}$

　　（2）等比数列前 n 项的和为 S_n 且公比 $q=\dfrac{1}{\sqrt[3]{2}}$

【解】针对结论而言，$S_2+S_5=2S_8$，化简后可得 $1-q^2+1-q^5=2(1-q^8)$，即 $1+q^3=2q^6$，则 $1+2q^3=0$，解得 $q=-\dfrac{\sqrt[3]{4}}{2}$。故条件（1）充分，条件（2）不充分。答案为 A。

（2011-1-16）（条件充分性判断）实数 a,b,c 成等差数列

(1) e^a, e^b, e^c 成等比数列　　　　(2) $\ln a, \ln b, \ln c$ 成等差数列

【解】针对条件（1）而言，根据条件知 $e^{2b}=e^a \cdot e^c=e^{a+c}$，所以 $2b=a+c$，故条件（1）充分；

针对条件（2）而言，根据条件 $2\ln b = \ln a + \ln c$，所以 $b^2 = ac$，故条件（2）不充分。

答案为 A。

（2011-10-6）若等比数列 $\{a_n\}$ 满足 $a_2 a_4 + 2 a_3 a_5 + a_2 a_8 = 25$，且 $a_1 > 0$，则 $a_3 + a_5 = ($　$)$

A. 8　　　　B. 5　　　　C. 2　　　　D. −2　　　　E. −5

【解】利用等比数列唯一的性质即可得到 $(a_3 + a_5)^2 = 25$，所以 $a_3 + a_5 = 5$。答案为 B。

（2012-1-18）（条件充分性判断）数列 $\{a_n\}$、$\{b_n\}$ 分别为等比数列与等差数列，$a_1 = b_1 = 1$，则 $b_2 \geqslant a_2$

(1) $a_2 > 0$　　　　(2) $a_{10} = b_{10}$

【解】单独考虑每个条件可知均不充分，则考虑二者联合的情形。条件（1）+条件（2），有 $a_2 > 0$，$a_1 = b_1 = 1$，可知 $q > 0$。又由于 $a_{10} = b_{10}$，可知 $b_2 \geqslant a_2$。答案为 C。

（2017-1-25）（条件充分性判断）设 a,b 是两个不相等的实数，则函数 $f(x) = x^2 + 2ax + b$ 的最小值小于零

(1) $1, a, b$ 成等差数列　　　　(2) $1, a, b$ 成等比数列

【解】对条件（1），$2a = b+1$，且 $a \neq b \neq 1$，则 $b - a^2 = 2a - 1 - a^2 = -(a-1)^2 < 0 \Rightarrow b < a^2$，条件（1）充分；对条件（2），$a^2 = b$ 和题干矛盾，故条件（2）不充分。

答案为 A。

> **周老师提醒您**
>
> 在运算等比数列的时候，要求考生牢记两个方面的重要考点：
>
> - 等比数列的通项公式 $a_n = a_1 \cdot q^{n-1} (a_1 \cdot q \neq 0)$ 和求和公式 $S_n = \dfrac{a_1(1-q^n)}{1-q}$；
>
> - 在等比数列 $\{a_n\}$ 中，若 $m, n, k, t \in N^+$ 且 $m + n = k + t$，则 $a_m \cdot a_n = a_k \cdot a_t$。

第三章　应 用 题

◎ 知识框架图

```
                              ┌─ 利润率问题★★★ ──→ 打折、盈亏问题
                   ┌─ 比例问题 ┼─ 增长率问题★★★
                   │          └─ 平均分数问题★★ ──→ 十字交叉法
                   │          ┌─ 相对运动★★
                   │          │               ┌─ 同向运动
                   ├─ 行程问题 ┼─ 环形运动 ────┤
                   │          │               └─ 反向运动
                   │          ├─ 直线运动★
                   │          └─ 顺水逆水问题★★★
                   │          ┌─ 完成工作问题★★ ──→ 工作量单位"1"
                   ├─ 工程问题 ┤
                   │          └─ 进水出水★★ ──→ 平衡状态
         应用题    │          ┌─ 加浓问题、稀释问题★★★
                   ├─ 浓度问题 ┤
                   │          └─ 配对问题、蒸发问题
                   │          ┌─ 两饼问题★
                   ├─ 画饼问题 ┤
                   │          └─ 三饼问题★
                   │              ┌─ 个人所得税问题★★★
                   ├─ 阶梯形价格问题 ┼─ 水费、煤气费缴纳问题★
                   │              └─ 版税问题★
                   ├─ 最值问题、不等式问题、最优化问题、守恒问题、图像走势问题
                   └─ 鸡兔共笼问题、牛吃草问题、不定方程问题、还原问题、线性规划问题
```

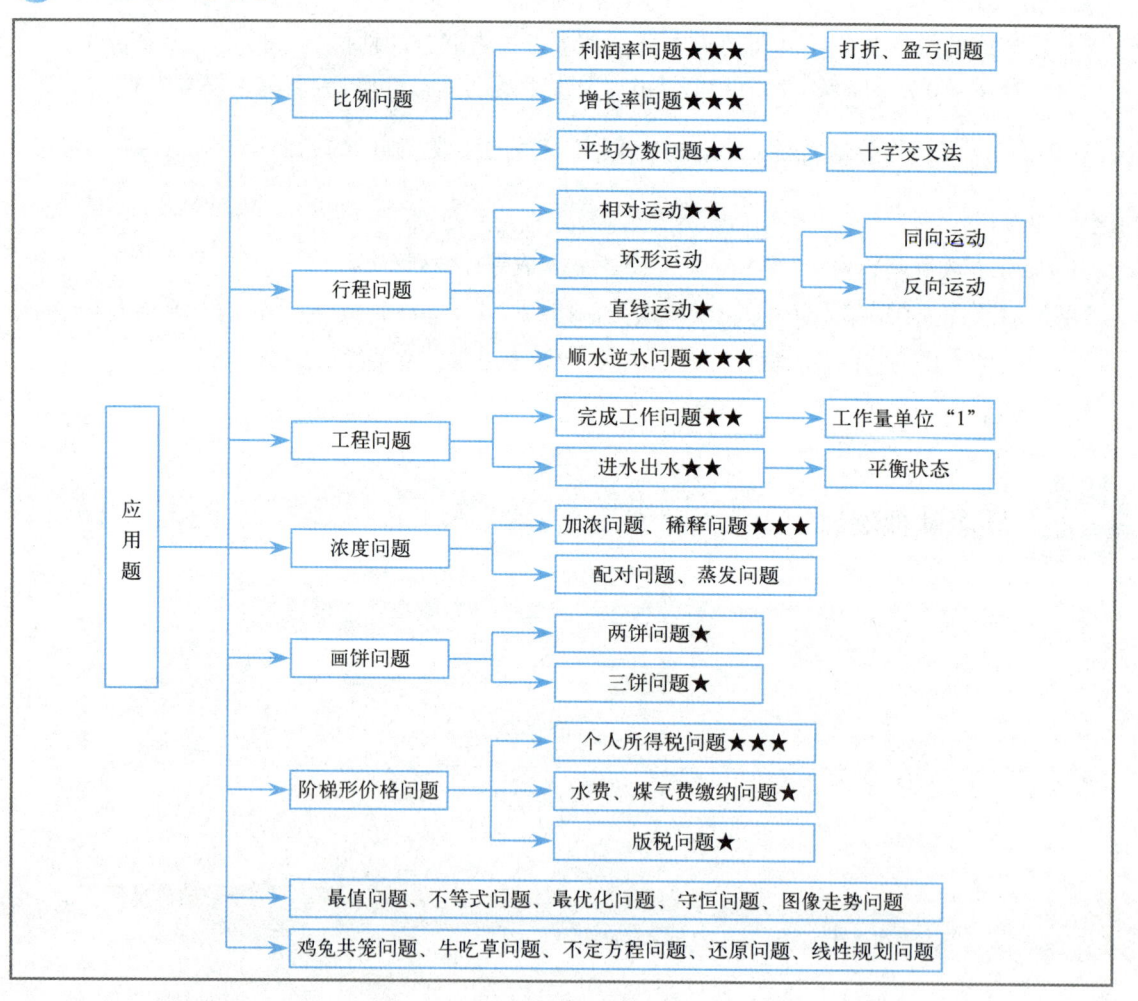

考点说明

应用题是管理类研究生数学考试中最重要的一块，占据考试内容的1/3，主要考查考生的逻辑分析能力，以及对语言的处理能力。考生应通过分析后在较短的时间内快速建立数学等式模型，最后准确解答。本章考查点涉及比例问题、行程问题、工程问题、浓度问题、画饼问题、阶梯形价格问题、最优化问题等，要求考生在平时的练习过程中注意总结归纳每个模块的固定公式以及常见错误。

模块化讲解

比例问题

一、基本概念

1. 销售问题

（1）利润 = 售价 – 进价

$$利润率 = \frac{利润}{进货价} \times 100\%$$

【注意】这里的分母是进价不是售价，考生需要注意。

利润 = 每一件的利润 × 数量 = (销售价 – 进价) × 销售数量

亏损额 = 成本 – 售价

亏损额 = 成本 × 亏损率

（2）售价 = 商品标价 × 折扣

2. 增长率问题

（1）增长后的量 = 原来的量 + 增长的量 = 原来的量(增长前的量) × (1 + 增长率)

（2）平均增长率问题：增长(下降)后的量 = 基础数量 × [1 + 平均增长(降低)率]^n，其中 n 是增长(降低)的次数。

3. 储蓄问题

（1）顾客存入银行的钱叫作本金，银行付给顾客的酬金叫利息，本金和利息合称本息和，存入银行的时间叫作期数，利息与本金的比叫作利率。利息的20%付利息税。

（2）利息 = 本金 × 利率 × 期数

本息和 = 本金 + 利息

利息税 = 利息 × 税率(20%)

4. 单利和复利

单利：按照固定的本金计算的利息

$$c = p \times r \times n$$

$$s = p \times (1 + r \times n)$$

式中，c 为利息额，p 为本金，r 为利息率，n 为借贷期限，s 为本金和利息之和。

复利：在每经过一个计息期后，都要将所生利息加入本金，以计算下期的利息。在每一个计息期，上一个计息期的利息都将成为生息的本金，即以利生利，也就是俗称的"利滚利"。

$$s = p(1+i)^n$$

式中，p 为本金，i 为利率，n 为持有期限。

二、例题精讲

1. 某人经销某种商品，由于进价降低了 6.4%，使得利润率提高了 8%，那么原来这种商品的利润率是（　　）

   A. 17%　　　　B. 27%　　　　C. 15%　　　　D. 19%　　　　E. 20%

   【解题思路】最基本的运算利润率的问题，根据公式：利润率 = $\dfrac{利润}{进价} \times 100\%$ 求解。

   【解】设原进价为单位 1，现进价为 1–6.4%，原利润率是 x。销售额 = 进价 × (1 + 利润率)，总体销售额是一致的，进价与（1 + 利润率）成反比，有 $\dfrac{1}{(1-6.4\%)} = \dfrac{(1+x+8\%)}{(1+x)}$，解得 $x = 17\%$，原利润率是 17%。答案为 A。

2. 王明同学将 100 元第一次按一年定期储蓄存入"少儿银行"，到期后将本金和利息取出，并将其中的 50 元捐给"希望工程"，剩余的又全部按一年定期存入，这时存款的年利率已下调到第一次存款时年利率的一半，这样到期后可得本金利息共 63 元，第一次存款时的年利率为（　　）

   A. 5%　　　　B. 6%　　　　C. 8%　　　　D. 9%　　　　E. 10%

   【解题思路】根据本金和利息的关系建立等量关系进行解答。

   【解】设第一次存款时的年利率为 x，根据题意，得 $[100(1+x)-50]\left(1+\dfrac{1}{2}x\right) = 63$，整理得 $50x^2 + 125x - 13 = 0$，解得 $x_1 = \dfrac{1}{10}$，$x_2 = -\dfrac{13}{5}$。因为 $x_2 = -\dfrac{13}{5}$ 不合题意，所以 $x = \dfrac{1}{10} = 10\%$。答案为 E。

3. 某商场的老板销售一种商品，他要以不低于利润 20% 销售出去，但为了获得更多利润，他以高出进价 80% 的价格标价。若你想买下标价为 360 元的这种商品，最多降价（　　）时商店老板才能出售。

   A. 80 元　　　B. 100 元　　　C. 120 元　　　D. 160 元　　　E. 200 元

   【解题思路】本题主要根据"利润 = 售价–进价"列出等量进行运算。

   【解】假设进价为 X，那么标价为 360 = $X + 0.8X$（进价 + 利润空间），这样可以推算出这

件商品的进价 $X = 200$。

老板要以不低于利润的 20%销售出去，最少要卖这件商品 240 元，所以标价 360 元的商品最多降价 120 元销售。答案为 C。

4. 某服装商贩同时卖出两套服装，每套均卖 168 元，以成本计算，其中一套盈利 20%，另一套亏本 20%，则这次出售中商贩（　　）

   A. 不赚不赔　　　B. 赚 37.2 元　　　C. 赚 14 元　　　D. 赔 14 元　　　E. 以上答案均不正确

   【解题思路】分别计算出盈利 20%的服装成本，再计算亏本 20%的服装成本，运用公式"利润 = 售价–成本"计算。

   【解】方法 1：两套共卖 $168 \times 2 = 336$（元），则实际成本为 $\frac{168}{1.2} + \frac{168}{0.8} = 350$（元），故利润为 $336 - 350 = -14$（元）。

   方法 2：设一套成本为 A，一套成本为 B，则 $A \times (1 + 20\%) = 168$，$B \times (1 - 20\%) = 168$，解得 $A = 140$ 元，$B = 210$ 元，成本是 $140 + 210$，收入是 $168 \times 2 = 336$，利润 $= 168 \times 2 - (140 + 210) = -14$。

   答案为 D。

5. 2001 年，某公司所销售的计算机台数比上一年度上升了 20%，而每台的价格比上一年度下降了 20%。如果 2001 年该公司的计算机销售额为 3000 万元，那么 2000 年的计算机销售额大约是（　　）

   A. 2900 万元　　B. 3000 万元　　C. 3100 万元　　D. 3300 万元　　E. 以上答案均不正确

   【解题思路】利用公式"销售额 = 销售价 × 销售数量"进行运算即可。

   【解】可设 2000 年时，销售的计算机台数为 X，每台的价格为 Y，显然由题意可知，2001 年的计算机的销售额 $= X \times (1 + 20\%) \times Y \times (1-20\%)$，也即 $3000 = 0.96 \times X \times Y$，显然 $XY \approx 3100$（万元）。答案为 C。

6. 某企业发奖金是根据利润提成的，利润低于或等于 10 万元时可提成 10%；低于或等于 20 万元时，高于 10 万元的部分按 7.5%提成；高于 20 万元时，高于 20 万元的部分按 5%提成。当利润为 40 万元时，应发放奖金（　　）万元。

   A. 2　　　　B. 2.75　　　　C. 3　　　　D. 4.5　　　　E. 5

   【解题思路】首先确定每个阶段员工获得的提成最大额度，然后根据其利润为 40 万元，确定员工在此种情况下应该获得的奖金。

   【解】根据要求进行列式即可，奖金应为 $10 \times 10\% + (20 - 10) \times 7.5\% + (40 - 20) \times 5\% = 2.75$（万元）。答案为 B。

7. 某企业去年的销售收入为 1000 万元，成本分生产成本 500 万元和广告费 200 万元两个部分。若年利润必须按 $P\%$纳税，年广告费超出年销售收入 2%的部分也必须按 $P\%$纳税，其他不纳税，且已知该企业去年共纳税 120 万元，则税率 $P\%$为（　　）

A. 40%　　　B. 25%　　　C. 12%　　　D. 10%　　　E. 15%

【解题思路】这里要分清楚年利润的纳税和广告费超出销售收入的那部分金额的纳税额度是不一样的。

【解】选用方程法。根据题意列式 $(1000 - 500 - 200) \times P\% + (200 - 1000 \times 2\%) \times P\% = 120$，即 $480 \times P\% = 120$，$P\% = 25\%$。答案为 B。

8. 某单位召开一次会议，会期 10 天。后来由于议程增加，会期延长 3 天，费用超过了预算，仅食宿费一项就超过预算 20%，用了 6000 元。已知食宿费用预算占总预算的 25%，那么，总预算费用是（　　）

   A. 18 000 元　　B. 20 000 元　　C. 25 000 元　　D. 30 000 元　　E. 40 000 元

   【解题思路】本题主要根据食宿费用和总预算的等量关系进行解答。

   【解】设总预算为 X，则可列方程为 $25\%X = 6000 \div (1 + 20\%)$，解得 $X = 20\,000$。答案为 B。

9. 某企业 1999 年产值的 20% 相当于 1998 年产值的 25%，那么 1999 年的产值与 1998 年相比（　　）

   A. 降低了 5%　　B. 提高了 5%　　C. 提高了 20%　　D. 提高了 25%　　E. 降低了 25%

   【解题思路】简单的比例问题，需要认真运算。

   【解】此题可采用直接作比的方法。设 1998 年的产值为 a，1999 年的产值为 b，则根据题意列方程 $a \times 25\% = b \times 20\%$，则 1999 年的产值与 1998 年的比为 $b \div a = 25\% \div 20\% = 1.25$，也即 1999 年的产值比 1998 年提高了 25%。答案为 D。

10. 王大伯承包了 25 亩土地，今年春季改种茄子和西红柿两种大棚蔬菜，共用去了 44 000 元，其中种茄子每亩需投资 1700 元，可获纯利 2400 元；种西红柿每亩需投资 1800 元，可获纯利 2600 元，那么，王大伯一共可获纯利（　　）元

    A. 61 000　　B. 63 000　　C. 66 000　　D. 72 000　　E. 以上结论均不正确

    【解题思路】本题考查的是简单的规划问题，需要考生把握投资分配问题，掌握利润的基本计算公式。

    【解】设王大伯种茄子 X 亩，则种西红柿 $(25-X)$ 亩，根据题意得 $1700X + 1800(25-X) = 44\,000$，解得 $X = 10$，所以 $25-X = 15$。故王大伯一共获纯利 $10 \times 2400 + 15 \times 2600 = 63\,000$（元）。答案为 B。

11. 某同学把 250 元钱存入银行，整存整取，存期为半年，半年后共得本息和 252.7 元，求银行半年期的年利率是（　　）（不计利息税）

    A. 0.0108　　B. 0.018　　C. 0.0216　　D. 0.216　　E. 0.026

    【解题思路】利用公式"等量关系：本息和 = 本金 × (1 + 利率)"进行运算。

    【解】设半年期的实际利率为 x，则

    $250(1 + x) = 252.7$

    $x = 0.0108$

    所以年利率为 $0.0108 \times 2 = 0.0216$。答案为 C。

真题解析

（2002-1-2）公司有职工 50 人，理论知识考核平均成绩为 81 分，按成绩将公司职工分为优秀与非优秀两类，优秀职工的平均成绩为 90 分，非优秀职工的平均成绩是 75 分，则非优秀职工的人数为（　　）

　　A. 30 人　　　B. 25 人　　　C. 20 人　　　D. 40 人　　　E. 38 人

【解】方法 1：设非优秀职工为 x 人，则 $81 \times 50 = 75x + 90 \times (50-x) \Rightarrow x = 30$ 人。答案为 A。

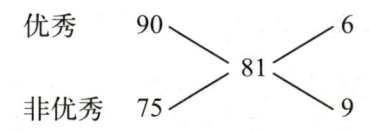

方法 2（交叉法）：

```
优秀      90        6
             81
非优秀    75        9
```

通过交叉得到优秀职工：非优秀职工 = 2 : 3，从而得到非优秀职工的人数为 $50 \times \dfrac{3}{5} = 30$（人）。答案为 A。

（2003-1-20）车间共有 40 人，某技术操作考核的平均成绩为 80 分，其中男工成绩为 83 分，女工平均成绩为 78 分。该车间有女工（　　）

　　A. 16 人　　　B. 18 人　　　C. 20 人　　　D. 24 人　　　E. 28 人

【解】直接利用十字交叉法运算。

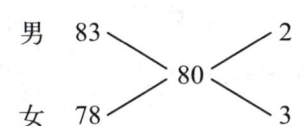

```
男     83         2
           80
女     78         3
```

得到男工：女工 = 2 : 3，从而得到女工为 $40 \times \dfrac{3}{5} = 24$ 人。答案为 D。

（2002-10-4）甲乙两组射手打靶，乙组平均成绩为 171.6 环，比甲组平均成绩高出 30%，而甲组人数比乙组人数多 20%，则甲、乙两组射手的总平均成绩是（　　）

　　A. 140 分　　　B. 145.5 分　　　C. 150 分　　　D. 158.5 分　　　E. 以上答案均不正确

【解】设总平均成绩为 x，甲组成绩为 $\dfrac{171.6}{1+30\%} = 132$，乙 = 甲·(1+30%)。

```
甲    132            171.6−x      1.2
              x
乙    171.6          x−132        1
```

由 $\dfrac{171.6-x}{x-132} = \dfrac{1.2}{1}$ 得 $x = 150$。答案为 C。

（2001-1-4）某班同学在一次测验中，平均成绩为 75 分，其中男同学人数比女同学多 80%，而女同学平均成绩比男同学高 20%，则女同学的平均成绩为（　　）

　　A. 83 分　　　B. 84 分　　　C. 85 分　　　D. 86 分　　　E. 以上答案均不正确

【解】设男同学成绩为 x，女同学成绩为 $1.2x$。

男　x　　　　　　　$1.2x-75$　　1.8
　　　　＼　　　／
　　　　　 75
　　　　／　　　＼
女　$1.2x$　　　　　　$75-x$　　　1

由 $\dfrac{1.2x-75}{75-x}=\dfrac{1.8}{1}$ 得 $x=70$，女同学平均成绩为 84 分。答案为 B。

（2007-10-4）王女士以一笔资金分别投入股市和基金，但因故需抽回一部分资金，若从股票中抽回 10%，从基金中抽回 5%，则其总投资额减少 8%；若从股市和基金的投资额中各抽回 15% 和 10%，则其总投资额减少 130 万元。其总投资额为（　　）

A. 1000 万元　　B. 1500 万元　　C. 2000 万元　　D. 2500 万元　　E. 3000 万元

【解】设投入股市中的额度为 x 万元，投入基金中的额度为 y 万元，由此可知

$x(1-10\%)+y(1-5\%)=(x+y)(1-8\%)$ 　　①

$15\%x+10\%y=130$ 　　②

①②两式联立可解出 $x=600,y=400$，故总资金为 $400+600=1000$。答案为 A。

（2007-10-4）某产品有一等品、二等品和不合格品三种，若在一批产品中一等品件数和二等品件数的比是 $5:3$，二等品件数和不合格件数的比是 $4:1$，则该产品的不合格率约为（　　）

A. 7.2%　　B. 8%　　C. 8.6%　　D. 9.2%　　E. 10%

【解】方法 1：根据一等品件数和二等品件数的比是 $5:3$，设一等品为 $5x$，二等品为 $3x$。然后根据二等品件数和不合格件数的比是 $4:1$，可以求出不合格为 $\dfrac{3}{4}x$。所以可得该产品的不合格率约为 $\dfrac{\dfrac{3}{4}x}{5x+3x+\dfrac{3}{4}x}\times 100\%\approx 8.6\%$。

方法 2：根据最小公倍数通过一等品件数和二等品件数的比是 $5:3$，二等品件数和不合格件数的比是 $4:1$，可以知道一等品：二等品：不合格品 $=20:12:3$，由此可知不合格率为 $\dfrac{3}{20+12+3}\times 100\%\approx 8.6\%$。答案为 C。

（2008-1-16）（条件充分性判断）本学期某大学的 a 个学生或者付 x 元的全额学费或者付半额学费，付全额学费的学生所付的学费占 a 个学生所付学费总额的比率是 $\dfrac{1}{3}$

（1）在这 a 个学生中 20% 的人付全额学费

（2）这 a 个学生本学期共付 9120 元学费

【解】针对条件（1）而言，可以知道付全额学费的学生所占的比例为 $\dfrac{\dfrac{1}{5}}{\dfrac{1}{5}+\dfrac{4}{5}\times\dfrac{1}{2}}=\dfrac{1}{3}$。所以条

件（1）充分；针对条件（2）而言，仅仅知道付费的总额是不能知道所占的比例的，故条件（2）不充分。

答案为 A。

（2008-10-14）某班有学生 36 人，期末各科平均成绩 85 分以上的为优秀生，若该班优秀生的平均成绩为 90 分，非优秀生的平均成绩为 72 分，全班平均成绩为 80 分，则该班优秀生的人数是（　　）

A. 12　　　　B. 14　　　　C. 16　　　　D. 18　　　　E. 20

【解】方法 1：设该班优秀生的人数为 x，则非优秀生的人数为 $36-x$，由题可知 $\dfrac{90x+72(36-x)}{36}=80$，故 $x=16$。

方法 2：

优秀生（90）　　　　　　8
　　　　　　平均分（80）
非优秀生（72）　　　　　10

所以得到 $\dfrac{优秀生}{非优秀生}=\dfrac{4}{5}$，可知优秀生人数为 16 人。答案为 C。

（2009-1-1）一家商店为回收资金把甲乙两种商品均以 480 元一件卖出。已知甲商品赚了 20%，乙商品亏了 20%，则商店盈亏结果为（　　）

A. 不亏不赚　　　　B. 亏了 50 元　　　　C. 赚了 50 元

D. 赚了 40 元　　　　E. 亏了 40 元

【解】设甲商品的原价为 x，乙商品的原价为 y。根据题意可列方程

$\dfrac{480-x}{x}\times 100\%=20\%$，$\dfrac{y-480}{y}\times 100\%=20\%$

解得 $x=400$，$y=600$，所以亏了 40 元。答案为 E。

（2009-1-2）某国参加北京奥运会的男女运动员比例原为 19∶12，由于先增加若干名女运动员，使男女运动员比例变为 20∶13；后又增加了若干名男运动员，于是男女运动员比例最终变为 30∶19。如果后增加的男运动员比先增加的女运动员多 3 人，则最后运动员的总人数为（　　）

A. 686　　　　B. 637　　　　C. 700　　　　D. 661　　　　E. 600

【解】方法 1：由题知，未增加之前男∶女 = 19∶12，增加女运动员之后为男∶女 = 20∶13，在该过程中男运动员数量保持不变，由此可知男运动员人数必是 19 和 20 的整数倍。

增加女运动员后，男∶女 = 20∶13，在增加男运动员后，男∶女 = 30∶19，故女运动员人数必是 13 和 19 的整数倍。由此可知女运动员最少人数为 $13\times 19=247$；而男∶女 = 30∶19，所以总人数为 $13\times 30+247=637$（人）。

方法 2：直接利用最终男∶女 = 30∶19，故总人数必是 49 的倍数，然后观察答案知道第二个选项符合。答案为 B。

（2009-1-17）（条件充分性判断）A 企业的职工人数今年比前年增加了 30%

（1）A 企业的职工人数去年比前年减少了 20%

（2）A 企业的职工人数今年比去年增加了 50%

【解】由题意可知单独的条件（1）和条件（2）均不充分，那么二者联合考虑。设 A 企业去年的人数为 x，那么今年的人数为 $(1+50\%)x$，前年的人数为 $\dfrac{x}{(1-20\%)}=1.25x$，故 A 企业的职工人数今年比前年增加了 $\dfrac{1.5x-1.25x}{1.25x}=20\%$。答案为 E。

（2009-10-1）已知某车间的男工人数比女工人数多 80%，若在该车间一次技术考核中全体工人的平均成绩为 75 分，而女工平均成绩比男工平均成绩高 20%，则女工的平均成绩为（　　）分

A．88　　　B．86　　　C．84　　　D．82　　　E．80

【解】设定车间女工人数为 x 人，则男工人数为 $(1+80\%)x$ 人，男工平均成绩为 y，女工平均成绩为 $(1+20\%)y$，根据题意可知

$$\dfrac{x\times(1+20\%)y+(1+80\%)x\times y}{x+(1+80\%)x}=75, y=70,(1+20\%)y=84$$。答案为 C。

（2009-10-3）甲、乙两商店某种商品的进价都是 200 元，甲店以高于进价 20% 的价格出售，乙店以高于进价 15% 的价格出售，结果乙店的售出件数是甲店的 2 倍。扣除营业税后乙店的利润比甲店多 5400 元。若设营业税率是营业额的 5%，那么甲、乙两店售出该商品各为（　　）件

A．450，900　　　B．500，1000　　　C．550，1100

D．600，1200　　　E．650，1300

【解】甲的出售价格为 $200\times(1+20\%)=240$（元），乙的出售价格为 $200\times(1+15\%)=230$（元），假设甲出售的件数为 x 件，乙出售的件数为 $2x$，根据题意可列出方程：
$$240x-200x-240x\times5\%+5400=230\times2x-200\times2x-230\times2x\times5\%, x=600, 2x=1200$$。
答案为 D。

（2010-1-1）电影开演时观众中女士与男士人数之比为 5∶4，开演后无观众入场，放映一个小时后，女士的 20%、男士的 15% 离场，则此时在场的女士与男士人数之比为（　　）

A．4∶5　　　B．1∶1　　　C．5∶4　　　D．20∶17　　　E．85∶64

【解】设男士有 $4a$ 人，女士有 $5a$ 人，余下的女士与男士之比为 $\dfrac{5a\times80\%}{4a\times85\%}=\dfrac{20}{17}$。答案为 D。

（2010-1-2）某商品的成本为 240 元，若按该商品标价的 8 折出售，利润率是 15%，则该商品的标价为（　　）

A．276 元　　　B．331 元　　　C．345 元　　　D．360 元　　　E．400 元

【解】设标价为 x，则 $\dfrac{0.8x-240}{240}=15\%, x=345$。答案为 C。

(2010-1-20)（条件充分性判断）甲企业今年人均成本是去年的60%
(1) 甲企业今年总成本比去年减少25%，员工人数增加25%
(2) 甲企业今年总成本比去年减少28%，员工人数增加20%

【解】设去年总成本为 a，总人数为 b。针对条件（1）而言，$\dfrac{a(1-25\%)}{b(1+25\%)} = \dfrac{a}{b} \times 60\%$，故条件（1）充分；针对条件（2）而言，$\dfrac{a(1-28\%)}{b(1+20\%)} = \dfrac{a}{b} \times 60\%$，故条件（2）也充分。答案为 D。

(2010-1-21) 该股票涨了
(1) 某股票连续三天涨10%后，又连续三天跌了10%
(2) 某股票连续三天跌10%后，又连续三天涨了10%

【解】设股票变化前的价位为 x，则根据题意可知条件（1）和条件（2）变化后均为 $(1-10\%)^3(1+10\%)^3 = (1.1 \times 0.9)^3 < 1$，故结果都为跌了，故两个条件均不充分。答案为 E。

(2011-1-1) 2007年，某市的全年研究与试验发展（R&D）经费支出300亿元，比2006年增长20%，该市的GDP为10 000亿元，比2006年增长10%，2006年该市的R&D经费支出占当年GDP的（　　）

A. 1.75%　　　B. 2%　　　C. 2.5%　　　D. 2.75%　　　E. 3%

【解】R&D 为 $1.2x = 300$，所以 R&D 经费为 250；GDP 为 $1.1y = 10\ 000$，所以 GDP 经费为 $\dfrac{10000}{1.1}$，故 $\dfrac{\text{R\&D}}{\text{GDP}} = \dfrac{250}{\dfrac{10000}{1.1}} = 2.75\%$。答案为 D。

(2011-1-17)（条件充分性判断）在一次英语考试中，某班的及格率为80%
(1) 男生及格率为70%，女生及格率为90%
(2) 男生的平均分与女生的平均分相等

【解】条件（1）和条件（2）单独都不充分，故考虑二者联合的情况。设男生人数为 a，女生人数为 b，由此可知男生及格人数为 $0.7a$，女生及格人数为 $0.9b$，总的及格率为 $\dfrac{0.7a + 0.9b}{a+b}$，条件（2）不能推导出 $a = b$，故二者联立也不充分。答案为 E。

(2011-10-1) 已知某种商品的价格从1月份到3月份的月平均增长速度为10%，那么该商品3月份的价格是其1月份价格的（　　）

A. 21%　　　B. 110%　　　C. 120%　　　D. 121%　　　E. 133.1%

【解】设 1 月份的价格为 x，则 2 月份的价格为 $x(1+10\%) = 1.1x$，3 月份的价格为 $1.1x(1+10\%) = 1.21x$，故可得结果 $x = 121\%$。答案为 D。

(2011-10-11) 某种新鲜水果的含水量为98%，一天后的含水量降为97.5%。某商店以每斤1元的价格购进了1000斤新鲜水果，预计当天能售出60%，两天内售完。要使利润维持在20%，则每斤水果的平均售价应定为（　　）元

A. 1.20   B. 1.25   C. 1.30   D. 1.35   E. 1.40

【解】设每斤水果的平均售价为 x 元，成本为 1000 元，利润率为 20%，总计收入 $1000+1000\times 20\%=1200$（元），第一天的收入为 $600x$，假定第二天的重量为 y，则有 $400\times 2\%=y\times 2.5\%, y=320$，由此可知第二天的收入总计为 $320x$，$(600+320)\times x=1200, x\approx 1.30$。答案为 C。

（2012-1-1）某商品的定价为 200 元，受金融危机的影响，连续两次降价 20% 以后的售价是（ ）

A. 114 元   B. 120 元   C. 128 元   D. 144 元   E. 160 元

【解】$200(1-20\%)(1-20\%)=128$（元）。答案为 C。

（2012-1-8）某人在保险柜中存放了 M 元现金，第一天取出它的 $\frac{2}{3}$，以后每天取出前一天所取的 $\frac{1}{3}$，共取了 7 天，保险柜中剩余的现金为（   ）

A. $\frac{M}{3^7}$ 元   B. $\frac{M}{3^6}$ 元   C. $\frac{2M}{3^6}$ 元

D. $\left[1-\left(\frac{2}{3}\right)^7\right]M$ 元   E. $\left[1-7\times\left(\frac{2}{3}\right)^7\right]M$ 元

【解】第一天取出的资金为 $\frac{2}{3}M$，第二天取出的现金为 $\frac{2}{3}M\times\frac{1}{3}=\frac{2}{9}M$，依此类推，第七天取出的现金数目为 $\frac{2M}{3^7}$，保险柜剩余的现金为 $M-\left(\frac{1}{3}+\frac{1}{3^2}+\cdots+\frac{1}{3^7}\right)\times 2M=\frac{M}{3^7}$。答案为 A。

（2013-1-3）甲班共有 30 名同学，在一次满分为 100 分的考试中，全班的平均成绩为 90 分，则成绩低于 60 分的同学至多有（   ）个

A. 8   B. 7   C. 6   D. 5   E. 4

【解】假设如果是 8 个，最高分为 480，那么剩余 22 人，每人均为满分也不符合条件；若是 7 人，按照 59 分运算，那么 7 人共计 413，剩余 23 人之和为 2287，满足要求。答案为 B。

（2013-1-6）甲、乙两商店同时购进一批某品牌的电视，当甲店售出 15 台时乙售出 10 台，此时两店的库存之比为 8：7，库错差为 5，则甲和乙两店总进货量为（   ）

A. 75   B. 80   C. 85   D. 100   E. 125

【解】利用总数减去 25 后必须是 15 的倍数，答案为 D。

（2014-1-1）某部门在一次联欢活动中共设了 26 个奖，奖品均价为 280 元，其中一等奖单价为 400 元，其他奖品均价为 270 元，一等奖的个数为（   ）

A. 6   B. 5   C. 4   D. 3   E. 2

【解】方法 1：设一等奖个数为 x 个，则其他奖品为 $26-x$ 个，根据奖品总价值可列方程如下：
$$400x+270(26-x)=280\times 26$$

解得 $x=2$，所以选 E。

方法 2：应用十字交叉法

$$\begin{array}{ccc} \text{一等奖} \ 400 & & 10 \\ & 280 & \\ \text{其他奖} \ 270 & & 120 \end{array}$$

所以，$\dfrac{\text{一等奖}}{\text{其他奖}} = \dfrac{10}{120} = \dfrac{1}{12}$，所以一等奖为：$26 \times \dfrac{1}{1+12} = 2$，选 E。

（2014-1-4）某公司投资一个项目。已知上半年完成了预算的 $\dfrac{1}{3}$，下半年完成了剩余部分的 $\dfrac{2}{3}$，此时还有 8000 万元投资未完成，则该项目的预算为（　　）

A. 3 亿元　　　B. 3.6 亿元　　　C. 3.9 亿元　　　D. 4.5 亿元　　　E. 5.1 亿元

【解】设预算为 x 亿元，则根据题意得：

$$\left(1-\dfrac{1}{3}\right)\left(1-\dfrac{2}{3}\right)x = 0.8 \Rightarrow x = 3.6$$

答案为 B。

（2015-1-12）某兴新产业在 2005 年末至 2009 年末产值的年平均增长率为 q，在 2009 年末至 2013 年末产值的平均增长率比前 4 年下降 40%，2013 年的产值约为 2005 年产值的 14.46（$\approx 1.95^4$）倍，则 q 的值约为（　　）

A. 30%　　　B. 35%　　　C. 40%　　　D. 45%　　　E. 50%

【解】设 2005 年产值为 a，2009 年产值为 $a(1+q)^4$，2013 年产值为 $a(1+q)^4[1+(1-0.4)q]^4$，故根据题意有 $\dfrac{a(1+q)^4[1+(1-0.4)q]^4}{a} = (1+q)^4[1+(1-0.4)q]^4 = 1.95^4$，即 $0.6q^2 + 1.6q - 0.95 = 0$，解得 $q = 0.5$。答案为 E。

（2016-1-13）某公司用分期付款方式购买一套定价为 1100 万元的设备，首次付款 100 万元，之后每月付款 50 万元，并支付上期余款的利息，月利率为 1%，该公司为此设备支付了（　　）

A. 1195 万元　　　B. 1200 万元　　　C. 1205 万元　　　D. 1215 万元　　　E. 1300 万元

【解】显然总共需要付款共 20 次，不妨把 1000 万分成 20 组，第 1 组在第一个月偿还，故只用支付一次利息，第 2 组在第二个月偿还，需要支付两次利息，以此类推，可知总额 $= 1100 + 50 \times 1\% + 50 \times 1\% \times 2 + \ldots + 50 \times 1\% \times 20 = 1205$。答案为 C。

（2017-1-1）某品牌的电冰箱连续两次降价 10% 后的售价是降价前的（　　）

A. 80%　　　B. 81%　　　C. 82%　　　D. 83%　　　E. 85%

【解】设原始售价为单位"1"，则两次连续降价后的售价为 $1 \times (1-0.1)^2 = 0.81$，故连续降价两次后的价格是降价前的 81%。答案为 B。

> **周老师提醒您**
>
> 从对历年真题的分析中不难发现，比例问题是历年考试必考点，一般数量至少有2道，题的自身难度不大，但是灵活度比较高，且运算量相对较大，要求考生在平时复习过程中一定要多动手运算，勤总结。

行程问题

一、基本概念

（1）行程中的基本关系：路程 = 速度 × 时间。

（2）相遇问题（相向而行），这类问题的相等关系是：各人走路之和等于总路程或同时走时两人所走的时间相等为等量关系。甲走的路程 + 乙走的路程 = 全路程。

（3）追及问题（同向而行），这类问题的等量关系是：两人的路程差等于追及的路程或以追及时间为等量关系。

1）同时不同地：甲的时间 = 乙的时间，甲走的路程 − 乙走的路程 = 原来甲、乙相距的路程

2）同地不同时：甲的时间 = 乙的时间 − 时间差，甲的路程 = 乙的路程

（4）环形跑道上的相遇和追及问题。

1）同向的等量关系（经历时间相同）：

$s_甲 - s_乙 = s$（s 代表周长，$s_甲$ 代表甲走了的路程，$s_乙$ 代表乙走了的路程），甲、乙每相遇一次，甲比乙多跑一圈，若相遇 n 次，则有 $s_甲 - s_乙 = n \cdot s$。

2）逆向的等量关系：

$s_甲 + s_乙 = s$（s 代表周长，$s_甲$ 代表甲走了的路程，$s_乙$ 代表乙走了的路程），甲、乙每相遇一次，甲与乙路程之和为一圈，若相遇 n 次有 $s_甲 + s_乙 = n \cdot s$。

（5）船（飞机）航行问题。

相对运动的合速度关系如下：

顺水（风）速度 = 船的静水（无风）中速度 + 水（风）流速度；

逆水（风）速度 = 船的静水（无风）中速度 − 水（风）流速度。

顺水（风）速度 + 逆水（风）速度 = 船的静水（无风）中速度 × 2；

顺水（风）速度 − 逆水（风）速度 = 水（风）流速度 × 2。

（6）车上（离）桥问题。

1）车上桥指车头接触桥到车尾接触桥的一段过程，所走路程为一个车长。

2）车离桥指车头离开桥到车尾离开桥的一段路程，所走的路程为一个车长。

3）车过桥指车头接触桥到车尾离开桥的一段路程，所走路成为一个车长 + 桥长。

4）车在桥上指车尾接触桥到车头离开桥的一段路程，所行路成为桥长 – 车长。

【注意】行程问题可以采用画示意图的辅助手段来帮助理解题意，并注意两者运动时出发的时间和地点。

二、例题精讲

1. 甲、乙两艘旅游客轮同时从 A 地某港出发到 B 地。甲沿直航线航行 180 海里到达 B 地；乙沿原来航线绕道某港后到 B 地，共航行了 720 海里，结果乙比甲晚 20 小时到达 B 地。已知乙速比甲速每小时快 6 海里，甲客轮的速度为（　　）（海里/小时）（其中两客轮速度都大于 16 海里/小时）

   A. 3　　　　B. 15　　　　C. 16　　　　D. 18　　　　E. 20

   【解题思路】利用基本公式"路程 = 速度 × 时间"进行运算，即可得出答案。

   【解】设甲客轮速度为每小时 x 海里，根据题意，得

   $\dfrac{720}{x+6} - \dfrac{180}{x} = 20$，整理得：$x^2 - 21x + 54 = 0$，解得 $x_1 = 18, x_2 = 3$。

   经检验，$x_1 = 18, x_2 = 3$ 都是所列方程的解。但速度 $x_2 = 3 < 16$ 不合题意，所以只取 $x = 18$。答案为 D。

2. 甲、乙两地相距 828 千米，一列普通快车与一列直达快车都由甲地开往乙地，直达快车的平均速度是普通快车平均速度的 1.5 倍。直达快车比普通快车晚出发 2 小时，比普通快车早 4 小时到达乙地，两车的平均速度为（　　）千米/小时

   A. 30，60　　B. 45，60　　C. 46，69　　D. 46，79　　E. 50，69

   【解题思路】利用追击问题中的同地不同时，直达快车的时间 = 普通快车的时间 – 时间差，运算即可。

   【解】设普通快车的平均速度为 x 千米/小时，则直达快车的平均速度为 $1.5x$ 千米/小时，依题意，得

   $\dfrac{828-6x}{x} = \dfrac{828}{1.5x}$，解得 $x = 46$，经检验，$x = 46$ 是方程的根，且符合题意。故 $x = 46$，$1.5x = 69$。答案为 C。

3. 小王沿街匀速行走，发现每隔 6 分钟从背后驶过一辆 18 路公交车，每隔 3 分钟迎面驶来一辆 18 路公交车。假设每辆 18 路公交车行驶速度相同，而且 18 路公交车总站每隔固定时间发一辆车，那么发车间隔的时间是（　　）分钟

   A. 3　　　　B. 4　　　　C. 5　　　　D. 18　　　　E. 6

   【解题思路】主要是利用车与车之间的间距为定值，根据相对速度来运算。

   【解】设 18 路公交车的速度是 x 米/分，小王行走的速度是 y 米/分，同向行驶的相邻两车的间距为 s 米。

每隔 6 分钟从背后开过一辆 18 路公交车，则

$6x - 6y = s$ ①

每隔 3 分钟迎面驶来一辆 18 路公交车，则

$3x + 3y = s$ ②

由①②可得 $s = 4x$，所以 $\dfrac{s}{x} = 4$。

即 18 路公交车总站发车间隔的时间是 4 分钟。答案为 B。

4. 轮船在顺水中航行 30 千米的时间与在逆水中航行 20 千米所用的时间相等，已知水流速度为 2 千米/时，求船在静水中的速度为（　　）千米/时

A. 6　　　　B. 7　　　　C. 8　　　　D. 9　　　　E. 10

【解题思路】利用行驶不同的路程时间相等建立等量关系。

【解】设船在静水中速度为 x 千米/时，则顺水航行速度为 $(x+2)$ 千米/时，逆水航行速度为 $(x-2)$ 千米/时，依题意得

$\dfrac{30}{x+2} = \dfrac{20}{x-2}$，解得 $x = 10$。答案为 E。

5. 甲乙两地相距 19 千米，一人从甲地去乙地，先步行 7 千米，后改骑自行车，共用 2 小时到达乙地，骑自行车速度是步行的 4 倍，则骑自行车的速度为（　　）千米/小时

A. 5　　　　B. 10　　　　C. 15　　　　D. 20　　　　E. 25

【解题思路】根据路程相等建立关于时间的等量关系即可。

【解】设步行的速度 X 千米，骑自行车的速度为 $4X$ 千米/小时，

$\dfrac{7}{X} + \dfrac{(19-7)}{4X} = 2$

$\dfrac{7}{X} + \dfrac{3}{X} = 2$

$\dfrac{10}{X} = 2$

$X = 5$

$5 \times 4 = 20$（千米/小时）。答案为 D。

6. 分别在上、下行轨道上行驶的两列火车相向而行，已知甲车长 192 米，每秒行驶 20 米；乙车长 178 米，每秒行驶 17 米。从两车车头相遇到两车车尾离开，需要（　　）秒

A. 7　　　　B. 8　　　　C. 9　　　　D. 10　　　　E. 11

【解题思路】根据甲车的长度与乙车的长度之和为总路程，甲车的速度与乙车的速度之和为相对速度，然后根据基本公式求解时间即可。

【解】$t = \dfrac{s}{v} = \dfrac{(192+178)}{(20+17)} = \dfrac{370}{37} = 10$（秒）。答案为 D。

7. A、B 两地相距 160 千米，一辆公共汽车从 A 地驶出开往 B 地，2 小时以后，一辆小汽车也

从 A 地驶出开往 B 地，小汽车速度为公共汽车速度的 2 倍。结果小汽车比公共汽车迟 40 分钟到达 B 地，则小汽车和公共汽车的速度分别为（　　）千米/小时
A．90，45　　　　B．120，60　　　　C．70，35　　　　D．140，75　　　　E．以上结论均不正确

【解题思路】行程问题中的追击问题，根据相同的路程建立时间的等量关系。

【解】设公共汽车速度为 X 千米/小时，小汽车速度 $2X$ 千米/小时

$$\frac{160}{X} - \frac{160}{2X} = 2 - \frac{40}{60}$$

$$\frac{80}{X} = \frac{4}{3}$$

$X = 60$

公共汽车速度为 60 千米/小时，小汽车速度 120 千米/小时。答案为 B。

8．两人沿 400 米跑道跑步，甲跑 2 圈的时间，乙跑 3 圈。两人在同地反向而跑，32 秒后两人第一次相遇，则两人的速度为（　　）米/秒
A．5，4.5　　　　B．12，6　　　　C．7，3.5　　　　D．5，7.5　　　　E．以上结论均不正确

【解题思路】根据相同的时间内甲和乙跑的圈数确定甲和乙的速度之比，然后利用路程建立等量关系。

【解】设甲速度为 x，则乙速度为 $3x/2$，有

$$400 = 32\left(x + \frac{3x}{2}\right)$$

$80x = 400$

$x = 5$

甲速度为 5 米/秒，乙为 7.5 米/秒。答案为 D。

9．甲乙二人在长为 400 米的圆形跑道上跑步，已知甲 8 米/秒，乙 6 米/秒。当两人同地同向出发，第一次相遇时乙跑了（　　）圈
A．2　　　　B．3　　　　C．4　　　　D．5　　　　E．6

【解题思路】根据速度之比与路程之比的关系建立等量关系。

【解】设第一次相遇时乙跑了 x 圈，则甲此时应当跑了 $(x+1)$ 圈，两人所跑的时间相等，得到方程：

$400 \times x \div 6 = 400 \times (x+1) \div 8$

$3200 \times x = 2400 \times (x+1)$

$800 \times x = 2400$

$x = 3$

答案为 B。

真题解析

（2006-1-1） 一辆大巴从甲城以匀速 v 行驶可按预定时间到达乙城，但在距乙城还有 150 千米处因故停留了半小时，因此需要平均每小时增加 10 千米才能按预定时间到达乙城，则大巴车原定的速度 $v=(\quad)$

A. 45 千米/小时　　　　B. 50 千米/小时　　　　C. 55 千米/小时

D. 60 千米/小时　　　　E. 以上答案均不正确

【解】由题意得 $\dfrac{150}{v}=\dfrac{150}{v+10}+\dfrac{1}{2} \Rightarrow v=50$。答案为 B。

（2004-1-1） 快、慢两列车的长度分别为 160 米和 120 米，它们相向行驶在平行轨道上，若坐在慢车上的人见整列快车驶过的时间是 4 秒，那么坐在快车上的人见整列慢车驶过的时间是（　　）

A. 3 秒　　B. 4 秒　　C. 5 秒　　D. 6 秒　　E. 以上答案均不对

【解】根据题意可画图，如下：

快车 ├──160m──┤ →

　　　　　← ├──120m──┤ 慢车

慢车上的人看快车驶过的时间为 $t=\dfrac{160}{v_{快}+v_{慢}}$，快车上的人看慢车驶过的时间为 $t'=\dfrac{120}{v_{快}+v_{慢}}$，则 $t'=\dfrac{120}{160}\times 4 =3\text{s}$。答案为 A。

【注意】快车上的人看慢车与慢车上的人看快车的速度是相同的，当年考试时很多考生不能确定出这个等量关系，所以无法做出准确答案。

（2004-10-1） 甲、乙两人同时从同一地点出发，相背而行。1 小时后他们分别到达各自的终点 A 和 B。若从原地出发，互换彼此的目的地，则甲在乙到达 A 之后 35 分钟到达 B。甲的速度和乙的速度之比是（　　）

A. 3∶5　　B. 4∶3　　C. 4∶5　　D. 3∶4　　E. 以上答案均不对

【解】根据题意可以画出行程示意图，如下：

第 1 次　B ├──s_B──甲·乙──s_A──┤ A　　$t_甲=t_乙=1$

第 2 次　B ├──s_B──乙·甲　s_A──┤ A　　$t'_甲=t'_乙+\dfrac{35}{60}$

则 $s_A=t_甲\cdot v_甲=v_甲$，$s_B=t_乙\cdot v_乙=v_乙$，$t'_甲=\dfrac{s_B}{v_甲}=\dfrac{v_乙}{v_甲}$，$t'_乙=\dfrac{s_A}{v_乙}=\dfrac{v_甲}{v_乙}$，得 $\dfrac{v_乙}{v_甲}=\dfrac{v_甲}{v_乙}+\dfrac{7}{12} \Rightarrow v_甲:v_乙=3:4$。答案为 D。

（2008-10） 一批救灾物资分别随 16 列货车从甲站紧急调到 600 千米以外的乙站，每列车的平均速度都为 125 千米/小时。若两列相邻的货车在运行中的间隔不得小于 25 千米,则这批物资全部到达乙站最少需要的小时数为(　　)

A. 7.4　　　　B. 7.6　　　　C. 7.8　　　　D. 8　　　　E. 8.2

【解】设乙队最少需要的小时数为 t,则 $t = \dfrac{(16-1) \times 25 + 600}{125} = 7.8$。

答案为 C。

(2009-10)一艘船在上午 8 时逆流而上,一漂浮物在行进中从船上掉落下来,8 时 50 分船长发现该漂浮物掉落,并随即掉头追赶漂浮物,结果在 9 时 20 分追上漂浮物,则该漂浮物掉落的时间为(　　)

A. 8 时 10 分　　B. 8 时 15 分　　C. 8 时 20 分　　D. 8 时 25 分　　E. 8 时 30 分

【解】方法 1:船相对于漂浮物,相对速度为船速,从船与漂浮物相离到发现,二者的相对距离恰为船调头后追赶漂浮物的相对追击距离,所以分离时间与追击时间相同。

方法 2:设小轮船的速度为 v,水速为 v_1,木块落水的时间为 t,由此可根据题意列出方程 $50(v-v_1) + (50-t)v_1 + 30v_1 = 30(v+v_1)$,$t = 20$,故木块落水的时间为 8 时 20 分。

答案为 C。

(2009-10)甲、乙两人在环形跑道上跑步,他们同时从起点出发,当方向相反时每隔 48 秒相遇一次,当方向相同时每隔 10 分钟相遇一次。若甲每分钟比乙快 40 米,则甲、乙两人的跑步速度分别是(　　)米/分

A. 470, 430　　B. 380, 340　　C. 370, 330　　D. 280, 240　　E. 270, 230

【解】设定甲的速度为 v,则乙的速度为 $v-40$,环形跑道的路程为 s,由题意可列:

$[v+(v-40)] \times 48 = [v-(v-40)] \times 600$,$v = 270$,$v-40 = 230$。

答案为 E。

(2011-1-1)已知船在静水中的速度为 28 千米/小时,水流的速度为 2 千米/小时,则此船在相距 78 千米的两地间往返一次所需时间是(　　)

A. 5.9 小时　　B. 5.6 小时　　C. 5.4 小时　　D. 4.4 小时　　E. 4 小时

【解】$t = \dfrac{78}{28+2} + \dfrac{78}{28-2} = 5.6$。答案为 B。

(2011-10-18)(条件充分性判断)甲、乙两人赛跑,甲的速度是 6 米/秒

(1)乙比甲先跑 12 米,甲起跑后 6 秒钟追上乙

(2)乙比甲先跑 2.5 秒,甲起跑后 5 秒钟追上乙

【解】针对条件(1)而言,$6(v_甲 - v_乙) = 12$,显然推导不出;针对条件(2)而言 $5(v_甲 - v_乙) = 2.5v_乙$,也不能推导出;故考虑二者联合即可解答。答案为 C。

(2013-1-2)甲、乙两人同时从 A 点出发,沿 400 米跑道同向匀速前进,25 分钟后乙比甲少走一圈,若乙行走一圈需要 8 分钟,甲的速度是(　　)米/分钟

A. 62　　　　B. 65　　　　C. 66　　　　D. 67　　　　E. 69

【解】设甲乙速度分别为 v_1、v_2，由题意知：$\begin{cases} v_2 = \dfrac{400}{8} = 50 \\ 25(v_1 - v_2) = 400 \end{cases} \rightarrow v_1 = 66$。答案为 C。

（2014-1-8）甲、乙两人上午 8:00 分别自 A、B 出发相向而行，9:00 第一次相遇，之后速度均提高 1.5 千米/小时，甲到 B、乙到 A 后都立刻沿原路返回，若两人在 10:30 第二次相遇，则 A、B 两地的距离为（ ）

A. 5.6 千米　　B. 7 千米　　C. 8 千米　　D. 9 千米　　E. 9.5 千米

【解】D。设甲、乙速度分别为 x、y，A、B 两地的距离为 S 公里。由题意可知，甲、乙第一次相遇时共同走了 S，从第一次相遇到第二次相遇甲、乙共同走了 $2S$。所以可列如下方程：
$\begin{cases} (x+y) \times 1 = S \\ (x+1.5) \times 1.5 + (y+1.5) \times 1.5 = 2S \end{cases} \Rightarrow S = 9$

（2015-1-5）某人驾车从 A 地赶往 B 地，前一半路程比计划多用时 45 分钟，平均速度只有计划的 80%，若后一半路程的平均速度 120 千米/小时，此人还能按原定时间到达 B 地，则 A、B 两地的距离为（ ）

A. 450 千米　　B. 480 千米　　C. 520 千米　　D. 540 千米　　E. 600 千米

【解】设从 A 地到 B 地计划用时 t，两地距离为 S，由前半程得 $\left(\dfrac{t}{2} + 0.75\right) \cdot 0.8 \cdot \dfrac{S}{t} = \dfrac{S}{2}$，解得 $t = 6$；由后半程得 $\dfrac{S}{2} = \left(\dfrac{t}{2} - 0.75\right) \cdot 120$，解得 $S = 540$。

答案为 D。

（2016-1-3）上午 9 时一辆货车从甲地出发前往乙地，同时一辆客车从乙地出发前往甲地，中午 12 时两车相遇，已知客车和货车的时速分别为 90 千米和 100 千米，则当客车到达甲地时货车距乙地的距离是（ ）

A. 30 千米　　B. 43 千米　　C. 45 千米　　D. 50 千米　　E. 57 千米

【解】相遇时，货车行驶了 $3 \times 90 = 270$ 千米，客车行驶了 $100 \times 3 = 300$ 千米，因此客车还需时间为 $270 \div 100 = 2.7$ 小时，此时货车行驶了 $90 \times 2.7 = 243$ 千米，因此货车距离乙地距离为 $300 - 243 = 57$ 千米。答案为 E。

（2017-1-17）（条件充分性判断）某人从 A 地出发，先乘时速为 220 千米的动车，后转乘时速为 100 千米的汽车达到 B 地，则 A，B 两地的距离为 960 千米

（1）乘动车时间与乘汽车时间相等

（2）乘动车时间与乘汽车的时间之和为 6 小时

【解】条件（1）、（2）单独不充分，考虑联合，则乘动车和乘汽车的时间都为 3 小时，AB 之间的距离长度 $(220 + 100) \times 3 = 960$ 千米，充分。

答案为 C。

> **周老师提醒您**
>
> 考生在解答行程问题的过程中，需要考虑如下解题技巧：
> - 判断问题的类型，寻找变量间的等式，当情况比较复杂或有多个过程时，可简单画图，帮助分析。
> - 多数情况采用列方程解题会方便些，但有时可采用比例的相关知识，行程问题中
>   路程一定，速度和时间成反比；
>   速度一定，路程和时间成正比；
>   时间一定，路程和速度成反比。

工程问题

一、基本概念

有关计算单位时间（1 天、1 小时、1 分钟）内的工作量（即工作效率），以及完成一定的工作量所需要时间（简称工作时间），与在一定时间内所完成的工作量（简称工作总量）的问题叫作工程问题。

有关工程问题的关系式有：

工作效率 × 工作时间 = 工作总量

工作总量 ÷ 工作时间 = 工作效率

工作总量 ÷ 工作效率 = 工作时间

在问题中，若对于工作总量与工作效率没有说明具体的数量，那么我们通常把工作总量看作 "1"。

二、例题精讲

1. 一项工程，甲、乙队合作 20 天可以完成。共同做了 8 天后，甲队离开了，由乙队继续做了 18 天才完成。如果这项工程由甲队单独完成，需要（　　）天

   A. 20　　　　B. 30　　　　C. 40　　　　D. 50　　　　E. 60

   【解题思路】根据总工程量为单位 "1"，利用已知条件求出甲的工作效率即可。

   【解】设这项工程为单位 "1"，当甲离开后，乙做的工作量为 $1 - \frac{1}{20} \times 8 = \frac{3}{5}$，乙单独做这项工程的时间为 18，除以 $\frac{3}{5}$ 得 $18 \div \frac{3}{5} = 30$（天），甲单独做的时间为 $1 \div \left(\frac{1}{20} - \frac{1}{30}\right) = 60$（天）。

   答案为 E。

2. 一件工作，甲先做 7 天，乙接着做 14 天可以完成；如果由甲先做 10 天，乙接着做 2 天也可

以完成。现在甲先做了 5 天后，剩下的全部由乙接着做，还需要（　　）天完成

A. 20　　　　B. 22　　　　C. 25　　　　D. 32　　　　E. 48

【解题思路】首先根据甲先做 7 天，乙接着做 14 天可以完成；如果由甲先做 10 天，乙接着做 2 天也可以完成，求出甲和乙的工作效率，然后进行运算即可。

【解】方法 1：设甲每天做 $\dfrac{1}{X}$，乙每天做 $\dfrac{1}{Y}$，那么可以得到方程

$\begin{cases} \dfrac{7}{X} + \dfrac{14}{Y} = 1 \\ \dfrac{10}{X} + \dfrac{2}{Y} = 1 \end{cases}$，解得 $X = 10.5$，$Y = 42$。

先做了 5 天后还剩下的工作量为 $1 - \dfrac{1}{10.5} \times 5 = \dfrac{11}{21}$，则由乙来完成需要的时间为 $\dfrac{11}{21} \div \dfrac{1}{42} = 22$。

方法 2（等量代换法）：甲（10 − 7）天的工作量 = 乙（14 − 2）天的工作量，即甲 1 天的工作量 = 乙 4 天的工作量，甲（7 − 5）天的工作量 = 乙 8 天的工作量，所以乙还需要 8 + 14 = 22 天。答案为 B。

3. 甲、乙两人共同加工一批零件，8 小时可以完成任务。如果甲单独加工，便需要 12 小时完成。现在甲、乙两人共同生产了 $2\dfrac{2}{5}$ 小时后，甲被调出做其他工作，由乙继续生产了 420 个零件才完成任务。乙一共加工零件（　　）个

A. 200　　　　B. 220　　　　C. 320　　　　D. 480　　　　E. 360

【解题思路】首先计算出乙的工作效率，然后根据"总量 = 效率 × 时间"计算乙的工作总量。

【解】乙单独加工，每小时加工 $\dfrac{1}{8} - \dfrac{1}{12} = \dfrac{1}{24}$。甲调出后，剩下工作乙需做 $\left(8 - 2\dfrac{2}{5}\right) \times \left(\dfrac{1}{8} \div \dfrac{1}{24}\right) = \dfrac{84}{5}$（小时），所以乙每小时加工零件 $420 \div \dfrac{84}{5} = 25$（个），则 $2\dfrac{2}{5}$ 小时加工 $2\dfrac{2}{5} \times 25 = 60$（个），因此乙一共加工零件 60 + 420 = 480（个）。答案为 D。

4. 有一条公路，甲队单独修需 10 天，乙队单独修需 12 天，丙队单独修需 15 天。现在让三个队合修，但中途甲队撤出去到另外工地，结果用了 6 天才把这条公路修完。当甲队撤出后，乙、丙两队又共同合修了（　　）天才完成

A. 2　　　　B. 3　　　　C. 5　　　　D. 7　　　　E. 9

【解题思路】首先计算三个队合修的工作效率，然后运算出 6 天后剩下的工作量，最后根据乙和丙的效率运算时间。

【解】甲、乙、丙三个队合修的工作效率为 $\dfrac{1}{10} + \dfrac{1}{12} + \dfrac{1}{15} = \dfrac{1}{4}$，那么它们 6 天完成的工程量

为 $\frac{1}{4} \times 6 = \frac{3}{2}$，而实际上因为中途撤出甲队6天完成了的工程量为1。所以 $\frac{3}{2} - 1 = \frac{1}{2}$ 是因为甲队的中途撤出造成的，甲队需 $\frac{1}{2} \div \frac{1}{10} = 5$（天）才能完成 $\frac{1}{2}$ 的工程量，所以甲队在6天内撤出了5天。当甲队撤出后，乙、丙两队又共同合修了5天才完成。答案为C。

5. 一件工程，甲队单独做12天可以完成，甲队做3天后乙队做2天恰好完成一半。现在甲、乙两队合做若干天后，由乙队单独完成，做完后发现两段所用时间相等，则共用了（　　）天

　　A. 4　　　B. 6　　　C. 8　　　D. 10　　　E. 以上答案均不正确

【解】甲队做6天完成一半，甲队做3天乙队做2天也完成一半。所以甲队做3天相当于乙队做2天，即甲的工作效率是乙的 $\frac{2}{3}$，从而乙单独做 $12 \times \frac{2}{3} = 8$（天）完成，所以两段所用时间相等。设每段时间是 x，则 $\left(\frac{1}{12} + \frac{1}{8}\right)x + \frac{x}{8} = 1$，解得 $x = 3$，因此共用 $3 \times 2 = 6$（天）。答案为B。

6. 抄一份书稿，甲每天的工作效率等于乙、丙二人每天的工作效率的和；丙的工作效率相当甲、乙每天工作效率和的 $\frac{1}{5}$。如果三人合抄只需8天就完成了，那么乙一人单独抄需要（　　）天才能完成

　　A. 24　　　B. 36　　　C. 18　　　D. 40　　　E. 以上答案均不正确

【解题思路】根据已知条件分别计算甲、乙、丙的工作效率。

【解】已知甲、乙、丙合抄一天完成书稿的 $\frac{1}{8}$，又已知甲每天抄写量等于乙、丙两人每天抄写量之和，因此甲两天抄写书稿的 $\frac{1}{8}$，即甲每天抄写书稿的 $\frac{1}{16}$。由于丙抄写5天相当于甲乙合抄一天，从而丙6天抄写书稿的 $\frac{1}{8}$，即丙每天抄写书稿的 $\frac{1}{48}$，于是可知乙每天抄写书稿的 $\frac{1}{8} - \frac{1}{16} - \frac{1}{48} = \frac{1}{24}$。所以乙一人单独抄写需要 $1 \div \frac{1}{24} = (24)$ 天才能完成。答案为A。

7. 游泳池有甲、乙、丙三个注水管。如果单开甲管需要20小时注满水池；甲、乙两管合开需要8小时注满水池；乙、丙两管合开需要6小时注满水池。那么，单开丙管需要（　　）小时注满水池

　　A. $\frac{3}{40}$　　　B. $\frac{120}{11}$　　　C. 11　　　D. $\frac{11}{120}$　　　E. 13

【解题思路】根据总工程量为单位"1"，求出甲的效率，然后求出乙的效率，最后根据乙、丙两管合开需要6小时注满水池求出丙的工作效率。

【解】乙管每小时注满水池的 $\frac{1}{8} - \frac{1}{20} = \frac{3}{40}$，丙管每小时注满水池的 $\frac{1}{6} - \frac{3}{40} = \frac{11}{120}$。因此，单开丙管需要 $1 \div \frac{11}{120} = \frac{120}{11} = 10\frac{10}{11}$（小时）。答案为 B。

8. 某水池的容积是 100 立方米，它有甲、乙两个进水管和一个排水管。甲、乙两管单独灌满水池分别需要 10 小时和 15 小时。水池中原有一些水，如果甲、乙两管同时进水而排水管放水，需要 6 小时将水池中的水放完；如果甲管进水而排水管放水，需要 2 小时将水池中的水放完。问水池中原有水（　　）立方米

A. 12　　　B. 18　　　C. 20　　　D. 26　　　E. 34

【解】甲每小时注水 $100 \div 10 = 10$（立方米），乙每小时注水 $100 \div 15 = \frac{20}{3}$（立方米），设排水管每小时排水量为"排"，则 $\left("排" - 10 - \frac{20}{3}\right) \times 3 = ("排" - 10)$，整理得

$3"排" - 3 \times \frac{50}{3} = "排" - 10$，$2"排" = 40$，则 $"排" = 20$。

所以水池中原有水 $(20 - 10) \times 2 = 20$（立方米）。答案为 C。

9. 一个水池，底部安有一个常开的排水管，上部安有若干个同样粗细的进水管。当打开 4 个进水管时，需要 5 小时才能注满水池；当打开 2 个进水管时，需要 15 小时才能注满水池。现在需要在 2 小时内将水池注满，那么最少要打开（　　）个进水管

A. 7　　　B. 8　　　C. 9　　　D. 10　　　E. 6

【解题思路】根据进水管和出水管效率之差作为工作效率，然后利用"总量 = 效率 × 时间"进行求解。

【解】记水池的容积为"1"，设每个进水管的工作效率为"进"，排水管的工作效率为"排"，那么有：

$4"进" - "排" = \frac{1}{5}$，$2"进" - "排" = \frac{1}{15}$。所以有，$2"进" = \left(\frac{1}{5} - \frac{1}{15}\right) = \frac{2}{15}$，那么 $"进" = \frac{1}{15}$，则 $"排" = \frac{1}{15}$。

题中需同时打开 x 个进水管 2 小时才能注满，有：$x"进" - "排" = \frac{1}{2}$，即 $\frac{1}{15}x - \frac{1}{15} = \frac{1}{2}$，解得 $x = 8.5$。

所以至少需打开 9 个进水管，才能在 2 小时内将水池注满。答案为 C。

10. 某项工程，甲单独做会比乙单独做多用 5 天，如果甲、乙同时做，则 6 天可完成。甲队单独做一天可以完成工程量的（　　）

A. $\frac{1}{10}$　　　B. $\frac{1}{20}$　　　C. $\frac{1}{15}$　　　D. $\frac{1}{12}$　　　E. 以上答案均不对

【解题思路】根据"总工程量 = 效率 × 时间"进行运算。

【解】方法 1：设乙单独做要用 x 天完成，则甲单独做要 $x+5$ 天完成。

由题意得 $\left(\dfrac{1}{x}+\dfrac{1}{x+5}\right)6=1 \Rightarrow x=10$，$x+5=15$。

方法 2（估算法）：若甲、乙工作速度相同，则乙单独做要 12 天，而实际上甲比乙慢，则：

$t_{甲}>12$ 天，$t_{乙}<12$ 天，因为 $t_{甲}=t_{乙}+5$，所以 $t_{甲}<12+5$，即 $12<t_{甲}<17$。

答案为 C。

11. 甲乙两车运一堆货物。若甲单独运，则甲车运的次数比乙车少 5 次；如果两车合运，那么各运 6 次就能运完，甲车单独运完这堆货物需要（　　）次
    A. 9　　　　B. 10　　　　C. 13　　　　D. 15　　　　E. 20

【解题思路】根据"总工程量 = 效率 × 时间"进行运算。

【解】设甲单独运需要 x 次，则乙单独需要 $x+5$ 次，甲的工作效率为 $\dfrac{1}{x}$，乙的工作效率为 $\dfrac{1}{x+5}$，依题意有 $\dfrac{1}{x}+\dfrac{1}{x+5}=\dfrac{1}{6}$，解得 $x=10$。答案为 B。

12. 甲、乙合作完成一项工作，由于配合得好，甲的工作效率比单独做时提高 $\dfrac{1}{10}$，乙的工作效率比单独做时提高 $\dfrac{1}{5}$，甲、乙合作 6 小时完成了这项工作，如果甲单独做需要 11 小时完工，那么乙单独做需要（　　）小时完工
    A. 15　　　　B. 16　　　　C. 17　　　　D. 18　　　　E. 20

【解题思路】根据"总工程量 = 效率 × 时间"进行运算。

【解】甲、乙合作的效率是 $\dfrac{1}{6}$，甲单独做的效率是 $\dfrac{1}{11}$，合作时效率提高 $\dfrac{1}{10}$，因此甲合作时的效率是 $\left(1+\dfrac{1}{10}\right)\times\dfrac{1}{11}=\dfrac{1}{10}$。那么乙合作时候的效率就是 $\dfrac{1}{6}-\dfrac{1}{10}=\dfrac{1}{15}$。乙单独做的效率是合作时效率的 $\dfrac{5}{6}$，因此乙单独做的效率是 $\dfrac{5}{6}\times\dfrac{1}{15}=\dfrac{1}{18}$，即要做 18 小时。答案为 D。

13. 甲、乙、丙共同编制一份标书，前三天三人一起完成工作的 $\dfrac{1}{5}$，第四天丙没参加，甲、乙完成了全部工作的 $\dfrac{1}{18}$，第五天甲、丙没参加，乙完成了全部工作量的 $\dfrac{1}{90}$，第六天起三人一起工作直到结束，问这份标书的编制一共用（　　）天
    A. 13　　　　B. 14　　　　C. 15　　　　D. 16　　　　E. 20

【解题思路】首先求出前五天的工作量，然后求出三人一起工作每天的效率，最后求出总时间。

【解】前五天一共完成了全部工作量的 $\frac{1}{5} + \frac{1}{18} + \frac{1}{90} = \frac{4}{15}$，三人一起工作每天可完成全部工作的 $\frac{1}{5} \div 3 = \frac{1}{15}$，则还需 $\left(1 - \frac{4}{15}\right) \div \frac{1}{15} = 11$，故一共需 $5 + 11 = 16$（天）完成工作。答案为 D。

14. 加工一批零件，原计划每天加工 15 个，若干天可以完成。当完成工作任务的 $\frac{3}{5}$ 时，采用新技术，效率提高 20%。结果，完成任务的时间提前 10 天，这批零件共有（　　）个

A. 1500　　B. 2250　　C. 1800　　D. 2700　　E. 2000

【解题思路】根据"总工程量=效率×时间"进行运算。

【解】方法 1：效率提高 20% 的话每天加工 $15 \times 1.2 = 18$（个），每天多 3 个。原计划的 10 天内共生产 150 个零件，而由于每天多 3 个导致提前 10 天结束，则效率提高后共生产了 $150 \div 3 = 50$（天）。这部分原计划生产 60 天，则全部零件原计划生产 $60 \div \left(\frac{2}{5}\right) = 150$（天），共有零件 $150 \times 15 = 2250$（个）。

方法 2：设零件共有 x 个，则 $\frac{0.4x}{15} - \frac{0.4x}{18} = 10$，解得 $x = 2250$。答案为 B。

真题解析

（2006-1-2）甲、乙两项工程分别由一、二工程队负责完成。晴天时，一队完成甲工程需要 12 天，二队完成乙工程需要 15 天；雨天时一队的工作效率是晴天时的 60%，二队的工作效率是晴天时的 80%，结果两队同时开工同时完成各自的工程。那么，在这段施工期内雨天的天数为（　　）

A. 8　　B. 10　　C. 12　　D. 15　　E. 以上答案均不正确

【解】设雨天 x 天，晴天 y 天。一队雨天效率为 $\frac{1}{12} \times 60\% = \frac{1}{20}$，二队雨天效率为 $\frac{1}{15} \times 80\% = \frac{4}{75}$，故 $\frac{y}{12} + \frac{x}{20} = 1$，$\frac{y}{15} + \frac{4x}{75} = 1$，$5y + 3x = 60$，$5y + 4x = 75$，解得 $x = 15$，$y = 3$。答案为 D。

（2007-10-5）完成某项任务，甲单独做需要 4 天，乙单独做需要 6 天，丙单独做需要 8 天。现甲、乙、丙三人依次一日一轮地工作，则完成该任务共需的天数为（　　）

A. $6\frac{2}{3}$　　B. $5\frac{1}{3}$　　C. 6　　D. $4\frac{2}{3}$　　E. 4

【解】根据题意可知甲的工作效率为 $\frac{1}{4}$，乙的工作效率为 $\frac{1}{6}$，丙的工作效率为 $\frac{1}{8}$。甲、乙、丙轮流工作 1 天，由此做完工程的 $\frac{1}{4} + \frac{1}{6} + \frac{1}{8} = \frac{13}{24}$，剩下 $1 - \frac{13}{24} = \frac{11}{24}$。甲和乙共做了 $\frac{1}{4} + \frac{1}{6} = \frac{10}{24}$，最后剩下 $\frac{11}{24} - \frac{10}{24} = \frac{1}{24}$，所以用丙来完成需要 $\frac{\frac{1}{24}}{\frac{1}{8}} = \frac{1}{3}$，故共需要 $5 + \frac{1}{3} = 5\frac{1}{3}$

（天）。答案为 B。

（2007-10-25）（条件充分性判断）管径相同的三条不同管道甲、乙、丙同时向某基地容积为 1000 立方米的油罐供油，丙管道的供油速度比甲管道供油速度大

（1）甲、乙同时供油 10 天可灌满油罐

（2）乙、丙同时供油 5 天可灌满油罐

【解】根据逻辑分析，将条件（1）和条件（2）联合考虑可知，丙管道的供油速度比甲管道供油速度大，故条件（1）和条件（2）联合充分。答案为 C。

（2011-11-14）某施工队承担了开凿一条长为 2400 米隧道的工程，在掘进了 400 米后，由于改进了施工工艺，每天比原计划多掘进 2 米，最后提前 50 天完成了施工任务，原计划施工的工期是（　　）

A. 200 天　　　B. 240 天　　　C. 250 天　　　D. 300 天　　　E. 350 天

【解】此题设定原来计划每天 x 米，则根据题意可列出方程：

$\dfrac{2400}{x}-50=\dfrac{400}{x}+\dfrac{2000}{x+2}$，解答出 $x=8$，然后得 $\dfrac{2400}{x}=300$（天）。答案为 D。

（2011-10-5）录入一份资料，若每分钟录入 30 个字，需要若干小时录入完。当录入到此材料的 $\dfrac{2}{5}$ 时，打字效率提高了 40%，结果提前半小时录入完。这份材料的字数是（　　）个

A. 4650　　　B. 4800　　　C. 4950　　　D. 5100　　　E. 5250

【解】设这份材料的总字数为 x，根据题意可知 $\dfrac{\dfrac{3}{5}x}{30(1+40\%)}=\dfrac{\dfrac{3}{5}x}{30}-30$，解得 $x=5250$。答案为 E。

（2013-1-1）某工厂生产一批零件，计划 10 天完成任务，实际提前 2 天完成任务，则每天的产量比计划平均提高了（　　）

A. 15%　　　B. 20%　　　C. 25%　　　D. 30%　　　E. 35%

【解】每天的产量比计划平均提高了：$\dfrac{\dfrac{1}{10-2}-\dfrac{1}{10}}{\dfrac{1}{10}}\times 100\%=25\%$。答案为 C。

（2013-1-4）某工程由甲公司 60 天完成，由甲、乙两个公司共同承包需要 28 天完成，由乙、丙两公司共同承包需要 35 天完成，则由丙公司承包该工程需要的天数为（　　）

A. 85　　　B. 90　　　C. 95　　　D. 100　　　E. 105

【解】甲公司的效率是 $\dfrac{1}{60}$，设乙的效率为 a，丙的效率为 b。则根据题意可知：

$\dfrac{1}{60}+a=\dfrac{1}{28}$，$a+b=\dfrac{1}{35}$，$b=\dfrac{1}{105}$

丙需要的天数为 105 天。答案为 E。

（2014-1-2）某单位进行办公室装修，若甲、乙两个装修公司合作，需 10 周完成，工时费为 100

万元；甲公司单独做 6 周后由乙公司接着做 18 周完成，工时费为 96 万元。甲公司每周的工时费为（　　）

A. 7.5 万元　　B. 7 万元　　C. 6.5 万元　　D. 6 万元　　E. 5.5 万元

【解】设甲、乙公司每周的工时费分别为 x、y 万元。根据题意可得：

$$\begin{cases}(x+y)\times 10=100\\6x+18y=96\end{cases}\Rightarrow\begin{cases}x=7\\y=3\end{cases}$$

答案为 B。

（2015-1-2）某公司共有甲、乙两个部门，如果从甲部门调 10 人到乙部门，那么乙部门人数是甲部门的 2 倍；如果把乙部门员工的 $\frac{1}{5}$ 调到甲部门，那么两个部门的人数相等。求公司的总人数为（　　）

A. 150　　B. 180　　C. 200　　D. 240　　E. 250

【解】设甲部门人数为 x，乙部门人数为 y，则可得方程组 $\begin{cases}2(x-10)=y+10\\\frac{4}{5}y=x+\frac{1}{5}y\end{cases}$，解得 $x=90, y=150$。故总人数为 240 人。答案为 D。

浓度问题

一、基本概念

其基本数量关系是：

$$溶液质量 = 溶质质量 + 溶剂质量$$

$$浓度 = \frac{溶质}{溶液}$$

二、例题精讲

1. 一容器盛满纯药液 63 升，第一次倒出部分纯药液后用水加满，第二次又倒出同样多的药液，再加满水，这时容器中剩下的纯药液是 28 升，那么每次倒出的液体是（　　）

A. 18 升　　B. 19 升　　C. 20 升　　D. 21 升　　E. 22 升

【解题思路】本题是连续倒等量溶液的问题，本质是稀释问题，根据"浓度 $=\frac{溶质}{溶液}$"进行运算。

【解】方法 1：设每次倒出的药液为 x 升，

根据题意，第一次倒出后，剩下的纯药液为 $63-x$ 升；第二次倒出后，剩下的纯药液为 $(63-x)-\frac{(63-x)}{63}x$ 升，则 $63-x-\frac{(63-x)x}{63}=28\Rightarrow\frac{(63-x)^2}{63^2}=\frac{28}{63}=\frac{4}{9}=\left(\frac{2}{3}\right)^2$，解得

$x = 21$。答案为 D。

2. 某种酒精溶液的浓度为 60%，加入 100 升纯酒精后，配成浓度为 80% 的酒精溶液，则原有酒精（　　）升

A. 70　　　　B. 80　　　　C. 90　　　　D. 100　　　　E. 150

【解题思路】此题是加浓问题，抓住溶剂不变、浓度增减进行运算。

【解】设原有酒精量 x 升，$\dfrac{x \cdot 60\% + 100}{x + 100} = 80\%$，所以 $x = 100$。答案为 D。

3. 甲杯中有纯酒精 12 克，乙杯中有水 15 克，第一次将甲杯中的部分纯酒精倒入乙杯，使酒精与水混合。第二次将乙杯中的部分混合溶液倒入甲杯，这样甲杯中纯酒精含量为 50%，乙杯中纯酒精含量为 25%。问第二次从乙杯倒入甲杯的混合溶液是（　　）克

A. 13　　　　B. 14　　　　C. 15　　　　D. 16　　　　E. 17

【解】由题意得，甲杯中的部分纯酒精倒入乙杯混合后，浓度为 25%，则从甲杯中倒入的纯酒精为 5 克，则甲杯中剩余纯酒精 7 克，设第二次从乙杯中倒出的溶液 x 克，$\dfrac{x \cdot 25\% + 7}{x + 7} = 50\%$，则 $x = 14$。答案为 B。

4. 在盛有 x 升浓度为 60% 的盐水容器中，第一次倒出 20 升后，再加入等量的水，又倒出 30 升后，再加入等量的水，这时盐水浓度为 20%，则 $x = $（　　）升

A. 40　　　　B. 45　　　　C. 50　　　　D. 57　　　　E. 60

【解题思路】不断地倒入等量的水，稀释溶液，最后根据"浓度 = $\dfrac{溶质}{溶液}$"进行运算。

【解】由题意得，$60\% \cdot \dfrac{(x-20) \cdot (x-30)}{x^2} = 20\%$，解得 $x = 60$。答案为 E。

真题解析

（2007-10-24）（条件充分性判断）一满杯酒容积为 $\dfrac{1}{8}$ 升

（1）瓶中有 $\dfrac{3}{4}$ 升酒，再倒入 1 满杯酒可使瓶中的酒增至 $\dfrac{7}{8}$ 升

（2）瓶中有 $\dfrac{3}{4}$ 升酒，再从瓶中倒满 2 满杯酒可使瓶中的酒减至 $\dfrac{1}{2}$ 升

【解】针对条件（1）而言，一杯酒的容积为 $\dfrac{\dfrac{7}{8} - \dfrac{3}{4}}{1} = \dfrac{1}{8}$，故条件（1）充分；

针对条件（2）而言，一杯酒的容积为 $\dfrac{\dfrac{3}{4} - \dfrac{1}{2}}{2} = \dfrac{1}{8}$，故条件（2）也充分。

答案为 D。

（2008-1-8）若用浓度为 30% 和 20% 的甲、乙两种食盐溶液配成浓度为 24% 的食盐溶液 500 克，则甲、乙两种溶液各取（　　）

A. 180 克，320 克　　　　B. 185 克，315 克　　　　C. 190 克，310 克
D. 195 克，305 克　　　　E. 200 克，300 克

【解】方法 1：设需要甲溶液 x 克，乙溶液 y 克。根据题意可列如下方程：

$$x + y = 500$$

$$\frac{x \times 30\% + y \times 20\%}{x + y} \times 100\% = 24\%$$

两式联立可解得 $x = 200$，$y = 300$。

方法 2：

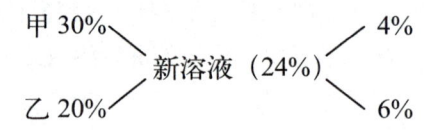

甲 30% ╲　　　╱ 4%
　　　　新溶液（24%）
乙 20% ╱　　　╲ 6%

所以得到 $\frac{甲}{乙} = \frac{2}{3}$，可知甲为 200 克，乙为 300 克。答案为 E。

（2009-1-4）在某实验中，三个试管各盛水若干克。现将浓度为 12% 的盐水 10 克倒入 A 管中，混合后，取 10 克倒入 B 管中，混合后再取 10 克倒入 C 管中，结果 A、B、C 三个试管中盐水的浓度分别为 6%、2%、0.5%，那么三个试管中原来盛水最多的试管及其盛水量各是（　　）

A. A 试管，10 克　　　　B. B 试管，20 克　　　　C. C 试管，30 克
D. B 试管，40 克　　　　E. C 试管，50 克

【解】混合后 A 浓度为 6%，利用十字交叉法可得：

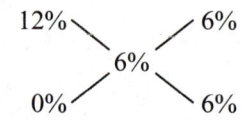

12% ╲　　　╱ 6%
　　　　6%
0% ╱　　　╲ 6%

所以可以得到 12% 的盐水倒入 A 试管得到 6% 的盐水，知 A 试管原有水 10 克，同理可知 B 有 20 克水，C 有 30 克水。

答案为 C。

（2011-10-2）含盐 12.5% 的盐水 40 千克蒸发掉部分水分后变成了含盐 20% 的盐水，蒸发掉的水分重量为（　　）千克

A. 19　　　　B. 18　　　　C. 17　　　　D. 16　　　　E. 15

【解】设蒸发去的水分为 x 千克，则根据题目意思可知：$40 \times 12.5\% = (40 - x) \times 20\%$，$x = 15$。

答案为 E。

（2014-1-6）某容器中装满了浓度为 90% 的酒精，倒出 1 升后用水将容器充满，搅拌均匀后倒出 1 升，再用水将容器注满，已知此时的酒精浓度为 40%，则该容器的容积是（　　）

A. 2.5 升　　　　B. 3 升　　　　C. 3.5 升　　　　D. 4 升　　　　E. 4.5 升

【解】设该容器的容积是 V 升，第一次倒出的纯酒精为 $1 \times 90\% = 0.9$ 升，用水充满后的浓度

变为 $\dfrac{V \times 90\% - 0.9}{V} = \dfrac{0.9(V-1)}{V}$

第二次倒出的纯酒精为：$1 \times \dfrac{0.9(V-1)}{V}$

用水充满后的浓度为：$\dfrac{0.9V - 0.9 - 1 \times \dfrac{0.9(V-1)}{V}}{V}$

由题意可列方程：$\dfrac{0.9V - 0.9 - 1 \times \dfrac{0.9(V-1)}{V}}{V} = 40\% \Rightarrow V = 3$

答案为 B。

画饼问题

一、基本概念

1. 两个集合容斥问题基础知识

（1）容斥原理问题。

先不考虑重叠的情况，把包含于某内容中所有对象的数目先计算出来，然后把计算的数目排斥出去，使得计算的结果既无遗漏又无重复，这种技术的方法称为容斥原理。

（2）两个集合容斥问题。

容斥原理一：如果被计数的事物有 A、B 两类，那么，A 类元素个数 + B 类元素个数 = 既是 A 类又是 B 类的元素个数 + A 类或 B 类元素个数。写成公式形式即 A + B = A∪B + A∩B，A∪B = A + B–A∩B。

文氏图：解决简单的两类或三类被计数事物之间的重叠问题时采用文氏图会更加便捷、直接。如右图所示，左边圆圈表示 A，右边圆圈表示 B，中间部分表示 A 与 B 的交集，即 A∪B = A + B–A∩B。

2. 三个集合容斥问题基础知识

容斥原理二：如果被计数的事物有 A、B、C 三类，那么，A 类元素个数 + B 类元素个数 + C 类元素个数 = A 类或 B 类或 C 类元素个数 + 既是 A 类又是 B 类的元素个数 + 既是 A 类又是 C 类的元素个数 + 既是 B 类又是 C 类的元素个数 – 既是 A 类又是 B 类而且是 C 类的元素个数。写成公式形式即：

A + B + C = A∪B∪C + A∩B + B∩C + C∩A – A∩B∩C

【注意】单纯使用容斥原理来解题，会比较麻烦。推荐使用文氏图，结合容斥原理解题。

容斥原理公式法：适用于"条件与问题"都可直接代入公式的题目。

- 两个集合：A∪B = A + B – A∩B
- 三个集合：A∪B∪C = A + B + C – A∩B – B∩C – C∩A + A∩B∩C

文氏图示意法：条件或者所求不完全能用上述两个公式
表示时，利用文氏图来解决。

如右图，若左、右、下三个圆圈分别表示 A、B、C，
1、2、3、4、5、6、7 分别表示相应的区域，则 A + B + C =
1 + 2 + 3 + 4 + 5 + 6 + 7 = (1 + 2 + 4 + 5) + (2 + 3 + 5 + 6)
+ (4 + 5 + 6 + 7) − (2 + 5) − (5 + 6)−(4 + 5) + 5。

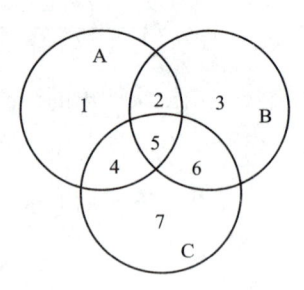

由图可以看出，A∩B = 2 + 5；B∩C = 5 + 6；
C∩A = 4 + 5；A∩B∩C = 5；A = 1 + 2 + 4 + 5；B = 2 + 3 + 5 + 6；C = 4 + 5 + 6 + 7。
所以 A∪B∪C = A + B + C − A∩B − B∩C − C∩A + A∩B∩C。

二、例题精讲

1. 四年级一班有 54 人，订阅《小学生优秀作文》和《数学大世界》两种读物的有 13 人，订阅《小学生优秀作文》的有 45 人，每人至少订阅一种读物，订阅《数学大世界》的有（　　）人
   A. 13　　　　B. 22　　　　C. 33　　　　D. 41　　　　E. 44

   【解题思路】利用两个集合的容斥关系公式 A∪B = A + B − A∩B（∩：重合的部分）进行运算。

   【解】设 A = {订阅《小学生优秀作文》的人}，B = {订阅《数学大世界》的人}，那么 A∩B = {同时订阅两本读物的人}，A∪B = {至少订阅一样的人}，由容斥原则，B = A∪B + A∩B − A = 54 + 13 − 45 = 22 人。答案为 B。

2. 现有 50 名学生都做物理、化学实验，如果物理实验做正确的有 40 人，化学实验做正确的有 31 人，两种实验都做错的有 4 人，则两种实验都做对的有（　　）人
   A. 27　　　　B. 25　　　　C. 19　　　　D. 10　　　　E. 12

   【解题思路】按照两个集合的容斥关系公式 A∪B = A + B − A∩B 进行运算。

   【解】根据公式"物理实验做正确人数 + 化学实验做正确人数 − 两种实验都做正确人数 = 总人数 − 两种实验都做错人数"可得 40 + 31 − x = 50 − 4，解得 x = 25。答案为 B。

3. 一个俱乐部会下象棋的有 69 人，会下围棋的有 58 人，两种棋都不会下的有 12 人，两种棋都会下的有 30 人，这个俱乐部一共有（　　）
   A. 109 人　　B. 115 人　　C. 127 人　　D. 139 人　　E. 140 人

   【解题思路】按照两个集合的容斥关系公式 A∪B = A + B − A∩B 进行运算。

   【解】根据公式"会下象棋的人数 + 会下围棋的人数 − 两种都会下的人数 = 总人数 − 两种都不会下的人数"可得 69 + 58 − 30 = x − 12，解得 x = 109。答案为 A。

4. 一名外国游客到北京旅游，他要么上午出去游玩，下午在旅馆休息，要么上午休息，下午出去游玩，而下雨天他只能一天都待在屋里。期间，不下雨的天数是 12 天，他上午待在旅馆

的天数为 8 天，下午待在旅馆的天数为 12 天，他在北京共待了（　　）

A. 16 天　　　B. 20 天　　　C. 22 天　　　D. 24 天　　　E. 40 天

【解题思路】按照两个集合的容斥关系公式 A∪B = A + B − A∩B 进行运算。

【解】设这个人在北京共待了 n 天，其中 12 天不下雨，那么 n − 12 天下雨。根据公式"上午待在旅馆的天数 + 下午待在旅馆的天数 − 上下午都待在旅馆的天数(就是下雨的天数) = 总天数 − 上下午都不待在旅馆的天数（根据题意不存在这样的一天）"可得 $8 + 12 − (n − 12) = n − 0$，解得 $n = 16$。答案为 A。

5. 有 62 名学生，会击剑的有 11 人，会游泳的有 56 人，两种都不会的有 4 人，两种都会的学生有（　　）

A. 1 人　　　B. 5 人　　　C. 7 人　　　D. 9 人　　　E. 10 人

【解题思路】按照两个集合的容斥关系公式 A∪B = A + B − A∩B 进行运算。

【解】根据公式 $11 + 56 − x = 62 − 4$，解得 $x = 9$。答案为 D。

6. 学校文艺组每人至少会演奏一种乐器，已知会拉手提琴的有 24 人，会弹电子琴的有 17 人，其中两样都会的有 8 人。这个文艺组共有（　　）人

A. 25　　　B. 32　　　C. 33　　　D. 41　　　E. 47

【解题思路】根据两个集合的容斥原理公式 A∪B = A + B − A∩B 进行运算。

【解】设 A = {会拉手提琴的人}，B = {会弹电子琴的人}，因此 A∪B = {文艺组的人}，A∩B = {两样都会的人}，由两个集合的容斥原理可得 A∪B = A + B − A∩B = 24 + 17 − 8 = 33。答案为 C。

7. 某大学有外语教师 120 名，其中教英语的有 50 名，教日语的有 45 名，教法语的有 40 名，有 15 名既教英语又教日语，有 10 名既教英语又教法语，有 8 名既教日语又教法语，有 4 名教英语、日语和法语三门课，则不教三门课的外语教师有（　　）名

A. 12　　　B. 14　　　C. 16　　　D. 18　　　E. 19

【解题思路】根据三个集合容斥原理的运算关系式 A∪B∪C = A + B + C − A∩B − B∩C − C∩A + A∩B∩C 进行运算即可。

【解】此题是三个集合的容斥问题，根据容斥原理可以得到，至少教英、日、法三门课其中一门的外语教师有 50 + 45 + 40 − 10 − 15 − 8 + 4 = 106，不教这三门课的外语教师人数为 120 − 106 = 14（名）。答案为 B。

8. 对厦门大学计算机系 100 名学生进行调查，结果发现他们喜欢看 NBA、足球和赛车。其中 58 人喜欢看 NBA，38 人喜欢看赛车，52 人喜欢看足球，既喜欢看 NBA 又喜欢看赛车的有 18 人，既喜欢看足球又喜欢看赛车的有 16 人，三种都喜欢看的有 12 人，则只喜欢看足球的有（　　）

A. 22 人　　　B. 28 人　　　C. 30 人　　　D. 36 人　　　E. 38 人

【解题思路】根据三个集合容斥原理的运算关系式 A∪B∪C＝A＋B＋C－A∩B－B∩C－C∩A＋A∩B∩C 进行运算即可。

【解】求只喜欢看足球的，只要总人数减去喜欢看 NBA 和喜欢看赛车的，但多减去了既喜欢看 NBA 又喜欢看赛车的，再加回去即可，即 100－58－38＋18＝22（人）。答案为 A。

9. 某工作组有 12 名外国人，其中 6 人会说英语，5 人会说法语，5 人会说西班牙语；有 3 人既会说英语又会说法语，有 2 人既会说法语又会说西班牙语，有 2 人既会说西班牙语又会说英语；有 1 人这三种语言都会说。只会说一种语言的人比一种语言都不会说的人多（　　）
A. 1 人　　B. 2 人　　C. 3 人　　D. 5 人　　E. 7 人

【解题思路】根据三个集合容斥原理的运算关系式 A∪B∪C＝A＋B＋C－A∩B－B∩C－C∩A＋A∩B∩C 进行运算即可。

【解】如图所示，只懂英语、法语和西班牙语的人数分别人 2、1 和 2，共 5 人，而一种语言都不会说的人数为 12－(2＋2＋1＋1＋1＋1＋2)＝2（人），5－2＝3（人）。答案为 C。

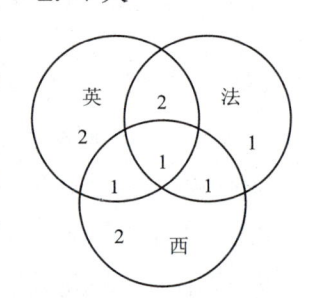

真题解析

（2008-1-4）某单位有 90 人，其中 65 人参加外语培训，72 人参加计算机培训，已知参加外语培训而未参加计算机培训的有 8 人，则参加计算机培训而未参加英语培训的人数是（　　）
A. 5　　B. 8　　C. 10　　D. 12　　E. 15

【解】根据题意可知 72－(65－8)＝15（人）。答案为 E。

（2008-1-19）（条件充分性判断）申请驾照时必须参加理论考试和路考且两种考试均通过，若在同一批学员中有 70% 的人通过了理论考试，80% 的人通过了路考，则最后领到驾驶执照的人有 60%
（1）10% 的人两种考试都没通过　　　　（2）20% 人仅通过了路考

【解】针对条件（1）而言，最后领到驾驶执照的人有 (70%＋80%)－(100%－10%)＝60%，故条件（1）充分；针对条件（2）而言，最后领到驾驶执照的人有 80%－20%＝60%，故条件（2）也充分。
答案为 D。

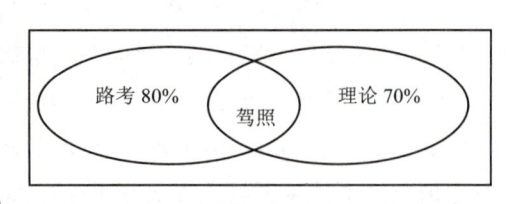

（2008-10-9）某班同学参加智力竞赛，共有 A、B、C 三题，每题或得 0 分或满分。竞赛结果无人得 0 分，三题全部答对的有 1 人，答对 2 题的有 15 人，答对 A 题的人数和答对 B 题的人数之和为 29 人，答对 A 题的人数和答对 C 题的人数之和为 25 人，答对 B 题的人数和答对 C 题的人数之和为 20 人，那么该班的人数为（　　）
A. 20　　B. 25　　C. 30　　D. 35　　E. 40

【解】该班人数为：

答对 A 题的人数 + 答对 B 题的人数 + 答对 C 题人数 – 仅答对任意二者之和 – 2 × 仅答对三题的，故人数 = $\dfrac{29+25+20}{2} - 15 - 1 \times 2 = 20$（人）。

答案为 A。

（2010-1-8）某公司的员工中，拥有本科毕业证、计算机等级证、汽车驾驶证的人数分别为 130，110，90。又知只有一种证的人数为 140，三证齐全的人数为 30，则恰有双证的人数为（　　）

A. 45　　　B. 50　　　C. 52　　　D. 65　　　E. 100

【解】方法 1：

可列出等式 $\begin{cases} a+x+b+m=110 \\ c+y+a+m=130 \\ c+z+b+m=90 \\ x+y+z=140 \\ m=30 \end{cases}$，$a+b+c=50$。

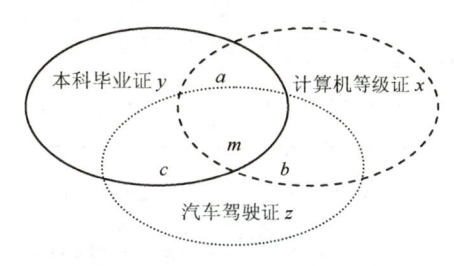

方法 2：$\dfrac{130+110+90-140-30\times 3}{2} = 50$。答案为 B。

（2011-1-3）某年级 60 名学生中，有 30 人参加合唱团，45 人参加运动队，其中参加合唱团而未参加运动队的有 8 人，则参加运动队而未参加合唱团的有（　　）

A. 15 人　　B. 22 人　　C. 23 人
D. 30 人　　E. 37 人

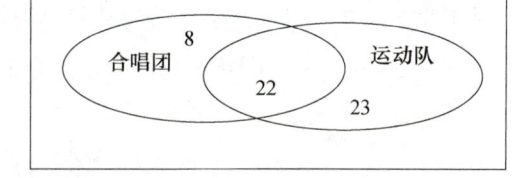

【解】如图，答案为 C。

（2017-1-10）老师问班上 50 名同学周末复习的情况，结果有 20 人复习过数学，30 人复习过语文，6 人复习过英语，且同时复习了数学和语文的有 10 人，同时复习了语文和英语的有 2 人，同时复习了英语和数学的有 3 人。若同时复习过这三门课的人数为 0，则没有复习过这三门课程的学生的人数是（　　）

A. 7　　　B. 8　　　C. 9
D. 10　　　E. 11

【解】三个集合的关系表达如图，则三门课程都没有复习的学生人数 50 − (20 + 30 + 6 − 10 − 2 − 3) = 9（人）。答案为 C。

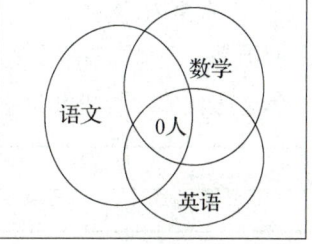

> **周老师提醒您**
>
> 关于画饼问题，考生最好以文氏图的形式来做题，这样清晰明了，减少出错的概率。

阶梯形价格问题

例题精讲

1. 2009年1月1日起，某市全面推行农村合作医疗，农民每年每人只拿出10元就可以享受合作医疗。某人住院报销了805元，则花费了（　　）元

住院费（元）	报销率（%）
不超过3000	15
3000～4000	25
4000～5000	30
5000～10 000	35
10 000～20 000	40

A. 3220　　　　B. 4183.33　　　　C. 4350　　　　D. 4500　　　　E. 以上答案均不正确

【解题思路】根据计算每个阶段内报销的最大额度，确定805元在哪个额度内，然后再还原即可。

【解】$3000 \times 0.15 = 450$，$1000 \times 0.25 = 250$，$1000 \times 0.3 = 300$，$805 < 450 + 250 + 300$。此人住院的医疗费是 $4000 + (805 - 700)/0.3 = 4350$（元）。答案为C。

2. 某市收取水费按以下规定：若每月每户用水不超过20立方米，则每立方米按1.2元收费；若超过20立方米，则超过的部分每立方米按2元收费。如果某户居民某月所交水费的平均水价为每立方米1.5元，那么他这一个月用了（　　）立方米水

A. 32　　　　B. 41　　　　C. 43　　　　D. 45　　　　E. 28

【解题思路】根据题意可知，1.5大于1.2，所以这一个月的用水量超过了20立方米，利用水费的两种不同求法作为等量关系列方程求解。

【解】设他这一个月共用了x立方米的水，根据题意得$1.2 \times 20 + 2(x - 20) = 1.5x$，解得$x = 32$。答案为A。

3. 我国是一个水资源严重缺乏的国家，为了鼓励居民节约用水，某市城区水费按下表规定收取。学生张伟家3月份共付水费17元，他家3月份用水（　　）吨

每户每月用水量	不超过10吨（含10吨）	超过10吨的部分
水费单价	1.30元/吨	2.00元/吨

A. 7　　　　B. 9　　　　C. 11　　　　D. 12　　　　E. 14

【解题思路】根据题意可知，水费为17元，用水超过了10吨，所以应该按照超过10吨水的计费方式列方程求解。

【解】设他家三月份用水x吨，依题意，得$1.3 \times 10 + (x - 10) \times 2 = 17$，解这个方程得$x = 12$。

答案为 D。

真题解析

（2007-1-5）某自来水公司的消费计算方法如下：每户每月用水不超过 5 吨的，每吨收费 4 元，超过 5 吨的，每吨收取较高标准的费用。已知 9 月份张家的用水量比李家的用水量多 50%，张家和李家的水费分别是 90 元和 55 元，则用水量超过 5 吨的收费标准是（ ）

A. 5 元/吨　　B. 5.5 元/吨　　C. 6 元/吨　　D. 6.5 元/吨　　E. 7 元/吨

【解】设李家用水量为 x 吨，则张家用水量为 $1.5x$ 吨，用水量超过 5 吨的收费标准为 y 元/吨，则：

$$\begin{cases} 5 \times 4 + (x-5)y = 55 \\ 5 \times 4 + [(50\%+1)x - 5]y = 90 \end{cases}$$

解得 $y = 7$。答案为 E。

（2011-10-3）为了调节个人收入，减少中低收入者的赋税负担，国家调整了个人工资薪金所得税的征收方案。已知原方案的起征点为 2000 元/月，税费分九级征收，前四级税率见下表。

级 数	全月应纳税所得额 q（元）	税率（%）
1	$0 < q \leqslant 500$	5
2	$500 < q \leqslant 2000$	10
3	$2000 < q \leqslant 5000$	15
4	$5000 < q \leqslant 20\,000$	20

新方案的起征点为 3500 元/月，税费分七级征收，前三级税率见下表。

级 数	全月应纳税所得额 q（元）	税率（%）
1	$0 < q \leqslant 1500$	3
2	$1500 < q \leqslant 4500$	10
3	$4500 < q \leqslant 9000$	20

若某人在新方案下每月缴纳的个人工资薪金所得税是 345 元，则此人每月缴纳的个人工资薪金所得税比原方案减少了（ ）元

A. 825　　B. 480　　C. 345　　D. 280　　E. 135

【解】设此人在新方案下应该缴纳的部分为 x 元，则根据第二张表可知：$1500 \times 3\% + (x - 1500) \times 10\% = 345$，$x = 4500$，由此可知该人的薪资为 8000 元，在旧方案下应缴纳的税收为 $8000 - 2000 = 6000$（元），于是旧的方案下应该缴纳的税收为 $500 \times 5\% + 1500 \times 10\% + 3000 \times 15\% + 1000 \times 20\% = 825$，每月缴纳的个人工资薪金所得

比原方案减少了 $825-345=480$（元）。答案为 B。

> **周老师提醒您**
>
> 计算阶梯形价格应用题的过程中，考生一定要找准所给出的数据还原到原始阶段所处的位置，最后再进行运算。

最值问题

例题精讲

1. 某商店将进价为 8 元的商品按每件 10 元售出，每天可售出 200 件，现在采取提高商品售价减少销售量的办法增加利润，如果这种商品每件的销售价每提高 0.5 元其销售量就减少 10 件，问应将每件售价定为（　　）元时，才能使每天利润为 640 元

   A. 12　　　　B. 16　　　　C. 12 或 16　　　　D. 20　　　　E. 18

   【解题思路】根据出售的件数和售价建立总利润的关系式，解一元二次方程即可。

   【解】设每件售价 x 元，则每件利润为 $x-8$，每天销售量则为 $200-\dfrac{x-10}{0.5}\times 10$，所以每天利润为 640 元时，则根据"每天销售量×每件利润=每天利润"，故有 $\left(200-\dfrac{x-10}{0.5}\times 10\right)(x-8)=640$，则有 $x^2-28x+192=0$，即 $(x-12)(x-16)=0$，所以 $x_1=12$ 或 $x_2=16$。答案为 C。

2. 某商场销售一批名牌衬衫，平均每天可售出 20 件，每件盈利 40 元，为了扩大销售，增加盈利，尽快减少库存，商场决定采取适当的减价措施。经调查发现，如果每件衬衫每降价 1 元，商场平均每天可多销售出 2 件，每件衬衫降价（　　）元时，商场平均每天盈利最多

   A. 12　　　　B. 13　　　　C. 14　　　　D. 15　　　　E. 16

   【解题思路】建立利润与售价和件数的一元二次方程，然后根据一元二次方程求最值进行求解。

   【解】设每件衬衫应降价 x 元，商场平均每天盈利最多 y 元，得

   $(20+x\cdot 2)(40-x)=y$

   $y=-2x^2+60x+800$

   $y=-2(x-15)^2+1250$

   即 $x=15$ 时，y 有最大值为 1250。每件衬衫应降价 15 元，商场平均每天盈利最多（最多为 1250 元）。答案为 D。

3. 某水果批发商场经销一种高档水果，如果每千克盈利 10 元，每天可售出 500 千克，经市场

调查发现，在进价不变的情况下，若每千克涨价 1 元，日销售量将减少 20 千克。现该商品要保证每天盈利 6000 元，同时又要使顾客得到实惠，那么每千克应涨价（　　）元

A. 5　　　　B. 10　　　　C. 5 或 10　　　　D. 6　　　　E. 8

【解题思路】本题按照上述题目的解题思路解答即可，但是切记本题中有这样一句话"又要使顾客得到实惠"，那么就需要选择涨价少的。

【解】设定涨价 X 元，根据题意可列 $(10+X)(500-20X)=6000$，结果得 $X=5$ 或 10。也就是说，涨价 5 元、10 元，商场均盈利 6000，为了"使顾客得到实惠"，涨价 5 元。答案为 A。

4. 有甲、乙两种商品，经营销售这两种商品所能获得的利润依次是 P（万元）和 Q（万元），它们与投入资金 x（万元）的关系，有经验公式：$P=\dfrac{x}{5}$，$Q=\dfrac{3}{5}\sqrt{x}$。今有 3 万元资金投入经营甲、乙两种商品，为获得最大利润，对甲、乙两种商品的资金投入进行调整，能获得最大的利润是（　　）万元

A. 1.0　　　　B. 1.05　　　　C. 1.15　　　　D. 2.05　　　　E. 3.15

【解题思路】建立一元二次方程，然后按照其求最值的思路进行求解。

【解】设对甲种商品投资 x 万元，则乙种商品投资 $(3-x)$ 万元，总利润 y 万元，据题意有：

$$y=\dfrac{1}{5}x+\dfrac{3}{5}\sqrt{3-x} \quad (0\leqslant x\leqslant 3)$$

设 $\sqrt{3-x}=t$，则 $x=3-t^2$（$0\leqslant t\leqslant \sqrt{3}$），所以 $y=\dfrac{1}{5}(3-t^2)+\dfrac{3}{5}t=-\dfrac{1}{5}\left(t-\dfrac{3}{2}\right)^2+\dfrac{21}{20}$（$0\leqslant t\leqslant \sqrt{3}$）

当 $t=\dfrac{3}{2}$ 时，$y_{大}=1.05$，此时 $x=0.75$，$3-x=2.25$。

由此可知，为获得最大利润，对甲乙两种商品的资金投入应分别为 0.75 万元和 2.25 万元，获得总利润为 1.05 万元。答案为 B。

真题解析

（2009-1-3）某工厂定期购买一种原料，已知该厂每天需用该原料 6 吨，每吨价格 1800 元。原料的保管等费用平均每吨 3 元，每次购买原料支付运费 900 元，若该厂要使平均每天支付的总费用最省，则应该每（　　）天购买一次原料

A. 11　　　　B. 10　　　　C. 9　　　　D. 8　　　　E. 7

【解】设每 x 天购买一次原料，总成本为 y，根据题意可列：

$y=1800\times 6x+(3\times 6+2\times 3\times 6+3\times 3\times 6+\cdots+x\times 3\times 6)+900=10\,800x+900+9x(1+x)$

故平均每天花费 $\bar{y}=10\,809+\dfrac{900}{x}+9x\geqslant 10\,800+2\sqrt{900\times 9}=10\,980$，当 $\dfrac{900}{x}=9x, x=10$ 时满足条件。答案为 B。

（2010-1-9）甲商店销售某种商品，该商品的进价为每件 90 元，若每件定价为 100 元，则一天内能销售 500 件，在此基础上，定价每增加 1 元，一天便能少售出 10 件，甲商店欲获得最大利润，则该商品的定价为（　　）

A. 115 元　　B. 120 元　　C. 125 元　　D. 130 元　　E. 135 元

【解】设比原定价 100 元高 x 元，利润为 y，则根据题意可列方程：

$$y = (100+x-90)(500-10x) = 10(10+x)(50-x) = -10[(x-20)^2 - 400 + 500]$$

则当 $x = 20$ 时，利润最大，因此定价为 120 元。答案为 B。

（2016-1-5）某商场将每台进价为 2000 元的冰箱以 2400 元销售时，每天销售 8 台，调研表明这种冰箱的售价每降低 50 元，每天就能多销售 4 台，若要每天销售利润最大，则该冰箱的定价应为（　　）元

A. 2200　　B. 2250　　C. 2300　　D. 2350　　E. 2400

【解】设定价为 x，每台盈利为 $(x-2000)$，销售量为 $\left(8 + \dfrac{2400-x}{50} \times 4\right)$，因此每天的利润

$$y = (x-2000)\left(8 + \dfrac{2400-x}{50} \times 4\right)，整理得 y = \dfrac{2}{25}(x-2000)(2500-x)，令 y=0，得到$$

$x_1 = 2000$，$x_2 = 2500$，所以 $x = \dfrac{x_1 + x_2}{2} = 2250$ 时利润最大。答案为 B。

> **周老师提醒您**
>
> 最值问题的解题思路一般都是建立一元二次方程，然后根据图像求取最大或者最小值。

不等式问题

例题精讲

在一次国际会议上，人们发现与会代表中有 10 人是东欧人，有 6 人是亚太地区的，会说汉语的有 6 人。欧美地区的代表占了与会代表总数的 $\dfrac{2}{3}$ 以上，而东欧代表占了欧美代表的 $\dfrac{2}{3}$ 以上。由此可见，与会代表人数可能是（　　）

A. 22　　B. 21　　C. 19　　D. 18　　E. 17

【解】由欧美地区代表占全部代表的 $\dfrac{2}{3}$ 以上，东欧代表 10 人，则欧美代表人数小于 15 人（最多为 14 人）。欧美代表≤14 人，则欧美代表占总代表的 $\dfrac{2}{3}$ 以上，则总代表人数小于 21 人（最多 20 人），总代表人数大于 18 人而小于 21 人，即总代表人数为 19 或 20。答案为 C。

最优化问题

例题精讲

学校大扫除，四位同学各拿大小不一的桶一同去打水，注满这些水桶，第一人需要 5 分钟，第二人需要 3 分钟，第三人需要 4 分钟，第四人需要 2 分钟。现只有一个水龙头，应如何安排这四个人的打水次序，使他们花费的等候时间总和最少，这个时间为（　　）分钟

A. 10   B. 15   C. 20   D. 25   E. 30

【解】设第一个打水的人需要 x 分钟，第二个人需要 y 分钟，第三个人需要 m 分钟，第 4 个人需要 n 分钟，则总等待时间 $t = 4x + 3y + 2m + n$，为使 t 最小，则 $x = 2$，$y = 3$，$m = 4$，$n = 5$，$t = 8 + 9 + 2 \times 4 + 5 = 30$。答案为 E。

真题解析

（2010-1-13）某居民小区决定投资 15 万元修建停车位，据测算，修建一个室内车位的费用为 5000 元，修建一个室外车位的费用为 1000 元，考虑到实际因素，计划室外车位的数量不少于室内车位的 2 倍，也不多于室内车位的 3 倍，这笔投资最多可修建车位的数量为（　　）

A. 78   B. 74   C. 72   D. 70   E. 66

【解】设室内修 x 个车位，室外修 y 个车位，则根据题意可列出如下不等式：

$\begin{cases} 5000x + 1000y \leqslant 150\,000 \\ 2x \leqslant y \leqslant 3x \end{cases}$，$\begin{cases} x = 18.75 \\ y = 56.25 \end{cases}$，取整后可得 $\begin{cases} x = 18 \\ y = 56 \end{cases}$，$x + y = 18 + 56 = 74$。

答案为 B。

（2011-10-7）某地区平均每天产生生活垃圾 700 吨，由甲、乙两个处理厂处理。甲厂每小时可处理垃圾 55 吨，所需费用为 550 元；乙厂每小时可处理垃圾 45 吨，所需费用为 495 元。如果该地区每天的垃圾处理费不能超过 7370 元，那么甲厂每天处理垃圾的时间至少需要（　　）小时

A. 6   B. 7   C. 8   D. 9   E. 10

【解】设定甲、乙每天处理垃圾的时间分别为 a，b，由此可知 $\begin{cases} 55a + 45b = 700 \\ 550a + 495b \leqslant 7370 \end{cases}$，解得 $a = 6$。

答案为 A。

（2012-1-13）某公司计划运送 180 台电视机和 110 台洗衣机下乡。现有两种货车，甲种货车每辆最多可载 40 台电视机和 10 台洗衣机，乙种货车每辆最多可载 20 台电视机和 20 台洗衣机。已知甲、乙两种货车的租金分别是每辆 400 元和 360 元，则最少的运费是（　　）

A. 2560 元   B. 2600 元   C. 2640 元   D. 2680 元   E. 2720 元

【解】设需要甲货车 x 和乙货车 y，最少的运费为 z，则根据题意可知：

$$\begin{cases} 40x+20y \geqslant 180 \\ 10x+20y \geqslant 110 \\ z=400x+360y \end{cases}$$ 故当 $x=2$，$y=5$ 时，z 最小，$z=400 \times 2+360 \times 5=2600$（元）。

答案为 B。

（2013-1-10）有一批水果要装箱，一名熟练工单独装箱需要 10 天，每天报酬为 200 元；一名普通工单独装箱需要 15 天，每天报酬为 120 元。由于场地限制，最多可同时安排 12 人装箱，若要求在一天内完成装箱任务，则支付的最少报酬为（　　）

A．1800 元　　B．1840 元　　C．1920 元　　D．1960 元　　E．2000 元

【解】假定安排熟练工 a 个，普通工 b 个，则根据题意可知：

$$\frac{1}{10}a+\frac{1}{15}b=1，a+b \leqslant 200a+120b \text{ 最小}$$

由此可知 $a=b=6$ 即可，故 $200a+120b=1920$。答案为 C。

> **周老师提醒您**
>
> 最优化问题就是要达到资源的合理利用，产生的价值最大化，要求考生在运算的过程中，抓住临界点解题。

守恒问题

例题精讲

某校办工厂将总价值为 2000 元的甲种原料与总价值为 4800 元的乙种原料混合后，其平均价比原甲种原料 0.5 千克少 3 元，比乙种原料 0.5 千克多 1 元，混合后的单价是 0.5 千克（　　）元

A．15　　B．16　　C．17　　D．18　　E．19

【解题思路】利用质量守恒定理建立等量关系式进行运算。

【解】设混合后的单价为 0.5 千克 x 元，则甲种原料的单价为 0.5 千克 $(x+3)$ 元，混合后的总价值为 $(2000+4800)$ 元，混合后的重量为 $\frac{2000+4800}{x}$ 斤，甲种原料的重量为 $\frac{2000}{x+3}$，乙种原料的重量为 $\frac{4800}{x-1}$，依题意得：

$$\frac{2000}{x+3}+\frac{4800}{x-1}=\frac{2000+4800}{x}$$，解得 $x=17$，经检验，$x=17$ 是原方程的根，所以 $x=17$。

答案为 C。

真题解析

（2010-1-9）将价值 200 元的甲原料与价值 480 元的乙原料配成一种新原料，若新原料每千克的

售价分别比甲、乙原料每千克的售价少 3 元和多 1 元，则新原料的售价是（　　）

A. 15 元　　　B. 16 元　　　C. 17 元　　　D. 18 元　　　E. 19 元

【解】设新原料单价为 x，甲为 $x+3$，乙为 $x-1$，根据质量守恒：$\dfrac{200}{x+3}+\dfrac{480}{x-1}=\dfrac{680}{x}$，验证得到 $x=17$。答案为 C。

图像走势问题

例题精讲

如图所示，向放在水槽底部的烧杯注水（流量一定）。注满烧杯后，继续注水，直至注满水槽，水槽中水面高度 y 与注水时间 x 之间的函数关系图像大致是（　　）

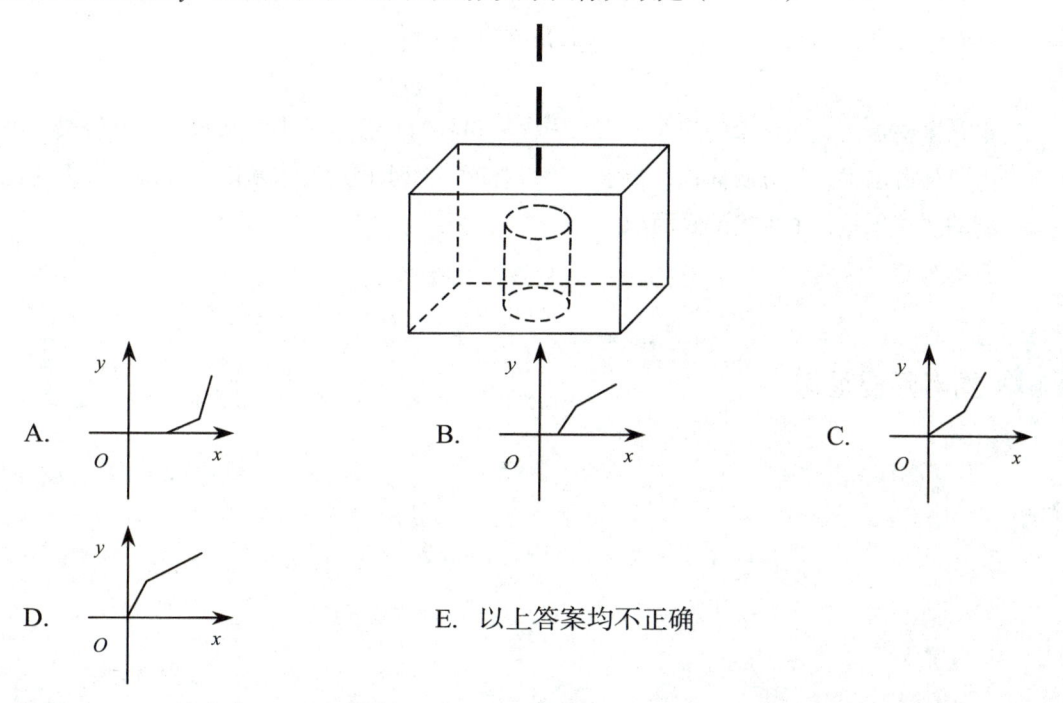

A.　　　B.　　　C.

D.　　　E. 以上答案均不正确

【解题思路】首先水流入的是烧杯，然后水才溢出，此刻水槽中水的高度才随着时间的变化不断增加。

【解】因为向烧杯注水需要时间，这段时间内水槽中水面的高度 $y=0$，所以排除选项 C、D。由于烧杯注满水之后在水槽中占有一定体积，所以在烧杯口以下部分水槽水面上升速度要快于烧杯口以上部分水槽水面上升的速度（上升速度越快，相应的图像就越"陡"），应排除选项 A。答案为 B。

真题解析

（2009-10-13）如图所示，向放在水槽底部的口杯注水（流量一定），注满口杯后继续注水，直

到注满水槽，水槽中水平面上升高度 h 与水时间 t 之间的函数关系大致是（　　）

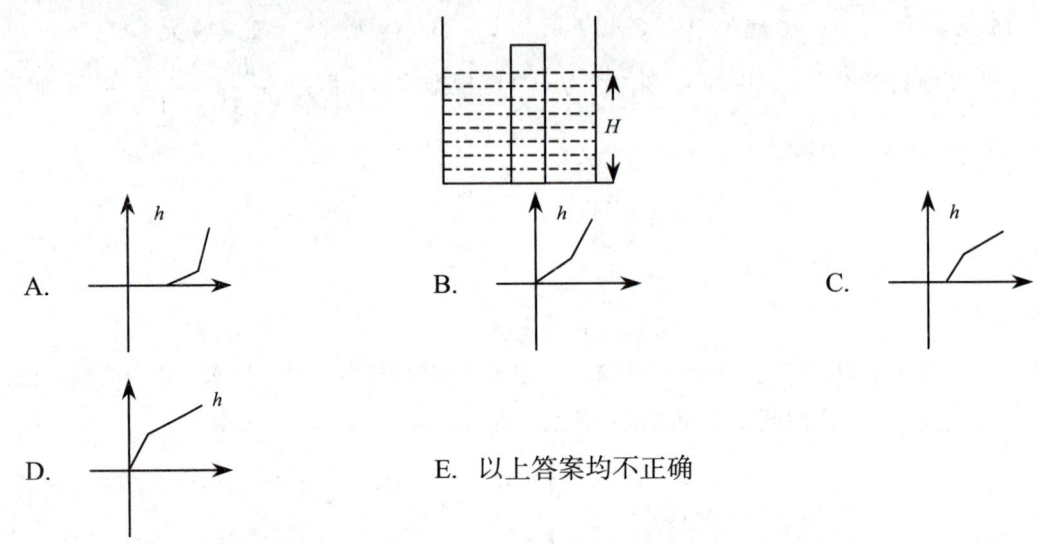

A.　　　　　　　　B.　　　　　　　　C.

D.　　　　　　　　E. 以上答案均不正确

【解】本题主要是考查变化率的问题，当水未注满口杯时，往水槽中注水水面上升得快，因为口杯占据了一部分底面积；当水注满口杯时，往水槽中注水水面上升得慢，因为此刻的底面积是整个水槽的底面积。

答案为 C。

> **周老师提醒您**
>
> 解答图像问题的过程中，考生要注意观察每个临界点，然后根据数学的相关性质进行运算。

第四章 几 何

第一节 平面几何

◎ 知识框架图

```
                    ┌── 线与线的关系
                    │
                    │                    ┌── 存在的条件★★★ ──→ 形状判定★★★
                    │                    │
                    │                    │           ┌── 内心★★★
                    │          ┌── 三角形 ──┤           │
                    │          │          │    ┌── 四心 ──┤── 外心
                    │          │          │    │      │
                    │          │          │    │      ├── 垂心
                    │          │          │    │      │
          平面几何 ──┤          │          │    │      └── 重心
                    │          │          │
                    │          │          │         ┌── 面积转化★★★
                    │          │          └── 面积 ──┤
                    │          │                    └── 阴影部分面积★★★
                    │          │
                    │          │          ┌── 平行四边形
                    │          │          │
                    │          │          ├── 矩形★★
                    │          ├── 四边形 ──┤
                    │          │          ├── 菱形
                    │          │          │
                    │          │          └── 梯形★★
                    │          │
                    │          │          ┌── 圆★★★
                    │          └── 圆和扇形 ──┤
                    │                     └── 扇形★★
```

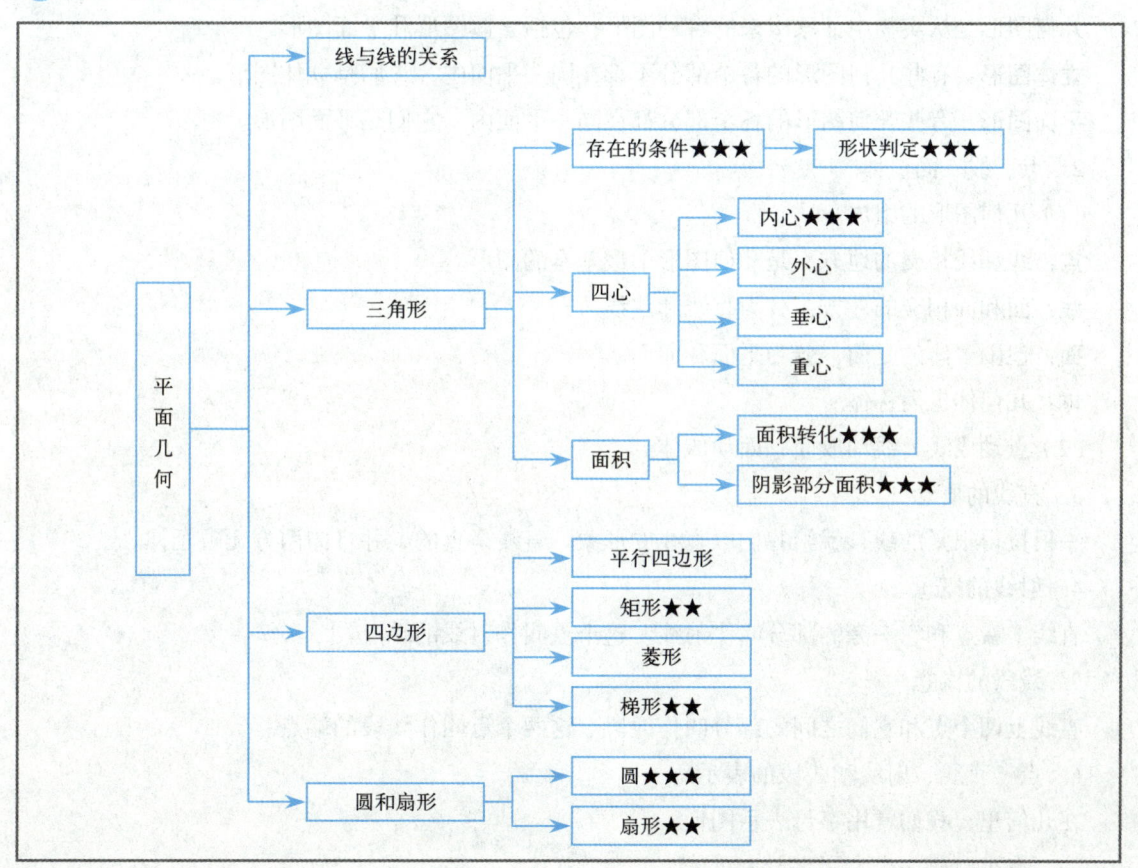

考点说明

平面几何在考试中每年有 2 道题，主要涉及三角形形状的判断、阴影部分面积的求法，以及三角形相似性的应用，需要考生在复习过程中注重基本的定义，牢固掌握一些特殊三角形的性质。

模块化讲解

线与线的关系

一、基本概念

（一）线的相关知识

1. 几何图形

几何图形是从实物中抽象出来的各种图形，包括立体图形和平面图形。

立体图形：有些几何图形的各个部分不都在同一平面内，它们是立体图形。

平面图形：有些几何图形的各个部分都在同一平面内，它们是平面图形。

2. 点、线、面、体

（1）几何图形的组成。

点：线和线相交的地方，是几何图形中最基本的图形。

线：面和面相交的地方，分为直线和曲线。

面：包围着体的是面，分为平面和曲面。

体：几何体也简称体。

（2）点动成线，线动成面，面动成体。

3. 直线的概念

一根拉得很紧的线，就给我们以直线的形象。直线是直的，并且向两方无限延伸。

4. 射线的概念

直线上一点和它一旁的部分叫作射线。这个点叫作射线的端点。

5. 线段的概念

直线上两个点和它们之间的部分叫作线段。这两个点叫作线段的端点。

6. 点、直线、射线和线段的表示

在几何里，我们常用字母表示图形。

一个点可以用一个大写字母表示。

一条直线可以用一个小写字母表示。

一条射线可以用端点和射线上另一点来表示。

一条线段可用它的两个端点的大写字母来表示。

【注意】
- 表示点、直线、射线、线段时，都要在字母前面注明点、直线、射线、线段。
- 直线和射线无长度，线段有长度。
- 直线无端点，射线有一个端点，线段有两个端点。
- 点和直线的位置关系有两种：点在直线上，或者说直线经过这个点；点在直线外，或者说直线不经过这个点。

7. 直线的性质

（1）直线公理：经过两个点有一条直线，并且只有一条直线。也可以简单地说成：过两点有且只有一条直线。

（2）过一点的直线有无数条。

（3）直线是向两方无限延伸的，无端点，不可度量，不能比较大小。

（4）直线上有无穷多个点。

（5）两条不同的直线至多有一个公共点。

8. 线段的性质

（1）线段公理：所有连接两点的线中，线段最短。也可简单说成：两点之间线段最短。

（2）连接两点的线段的长度，叫作这两点的距离。

（3）线段的中点到两端点的距离相等。

（4）线段的大小关系和它们的长度的大小关系是一致的。

9. 线段垂直平分线的性质定理及逆定理

垂直于一条线段并且平分这条线段的直线是这条线段的垂直平分线。

线段垂直平分线的性质定理：线段垂直平分线上的点和这条线段两个端点的距离相等。

逆定理：和一条线段两个端点距离相等的点，在这条线段的垂直平分线上。

（二）角的相关知识

1. 角的相关概念

有公共端点的两条射线组成的图形叫作角，这个公共端点叫作角的顶点，这两条射线叫作角的边。

当角的两边在一条直线上时，组成的角叫作平角。

平角的一半叫作直角；小于直角的角叫作锐角；大于直角且小于平角的角叫作钝角。

如果两个角的和是一个直角，那么这两个角叫作互为余角，其中一个角叫作另一个角的余角。

如果两个角的和是一个平角，那么这两个角叫作互为补角，其中一个角叫作另一个角的补角。

2. 角的表示

角可以用大写英文字母、阿拉伯数字或小写的希腊字母表示，具体的有以下四种表示方法：

用数字表示单独的角，如∠1，∠2，∠3等；

用小写的希腊字母表示单独的一个角，如∠α，∠β，∠γ，∠θ等；

用一个大写英文字母表示一个独立（在一个顶点处只有一个角）的角，如∠B，∠C等；

用三个大写英文字母表示任一个角，如∠BAD，∠BAE，∠CAE等。

【注意】用三个大写英文字母表示角时，一定要把顶点字母写在中间，边上的字母写在两侧。

3. 角的性质

（1）角的大小与边的长短无关，只与构成角的两条射线的幅度大小有关。

（2）角的大小可以度量，可以比较。

（3）角可以参与运算。

4. 角的平分线及其性质

一条射线把一个角分成两个相等的角，这条射线叫作这个角的平分线。

角的平分线有下面的性质定理：

（1）角平分线上的点到这个角的两边距离相等。

（2）到一个角的两边距离相等的点在这个角的平分线上。

（三）相交线相关知识

1. 相交线中的角

两条直线相交，可以得到四个角。我们把两条直线相交所构成的四个角中，有公共顶点但没有公共边的两个角叫作对顶角。我们把两条直线相交所构成的四个角中，有公共顶点且有一条公共边的两个角叫作临补角。

临补角互补，对顶角相等。

直线 AB、CD 与 EF 相交（或者说两条直线 AB、CD 被第三条直线 EF 所截），构成八个角。其中∠1 与∠5 这两个角分别在 AB、CD 的上方，并且在 EF 的同侧，像这样位置相同的一对角叫作同位角；∠3 与∠5 这两个角都在 AB、CD 之间，并且在 EF 的异侧，像这样位置的两个角叫作内错角；∠3 与∠6 在直线 AB、CD 之间，并侧在 EF 的同侧，像这样位置的两个角叫作同旁内角。

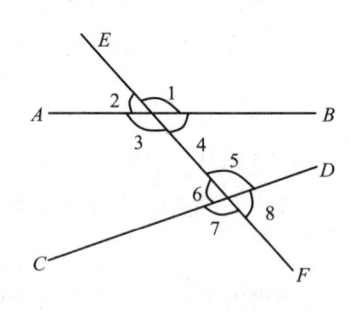

2. 垂线

两条直线相交所成的四个角中，有一个角是直角时，就说这两条直线互相垂直。其中一条直线叫作另一条直线的垂线，它们的交点叫作垂足。

直线 AB、CD 互相垂直，记作"$AB \perp CD$"（或"$CD \perp AB$"），读作"AB 垂直于 CD"（或"CD 垂直于 AB"）。

垂线的性质：

（1）过一点有且只有一条直线与已知直线垂直。

（2）直线外一点与直线上各点连接的所有线段中，垂线段最短。简称：垂线段最短。

（四）平行线的相关知识

1. 平行线的概念

在同一个平面内，不相交的两条直线叫作平行线。平行用符号"∥"表示，如"AB∥CD"，读作"AB 平行于 CD"。

同一平面内，两条直线的位置关系只有两种：相交或平行。

【注意】

- 平行线是无限延伸的，无论怎样延伸也不相交。
- 当遇到线段、射线平行时，指的是线段、射线所在的直线平行。

2. 平行线公理及其推论

平行公理：经过直线外一点，有且只有一条直线与这条直线平行。

推论：如果两条直线都和第三条直线平行，那么这两条直线也互相平行。

3. 平行线的判定

平行线的判定公理：两条直线被第三条直线所截，如果同位角相等，那么两直线平行。简称：同位角相等，两直线平行。

平行线的两条判定定理：

（1）两条直线被第三条直线所截，如果内错角相等，那么两直线平行。简称：内错角相等，两直线平行。

（2）两条直线被第三条直线所截，如果同旁内角互补，那么两直线平行。简称：同旁内角互补，两直线平行。

补充平行线的判定方法：

（1）平行于同一条直线的两直线平行。

（2）垂直于同一条直线的两直线平行。

（3）平行线的定义。

4. 平行线的性质

（1）两直线平行，同位角相等。（∠1 = ∠4）

（2）两直线平行，内错角相等。（∠2 = ∠4）

（3）两直线平行，同旁内角互补。（∠3 + ∠4 = 180°）

二、例题精讲

1. 如图，已知 AB∥CD，∠1 = 70°，则∠2 的度数是（　　）

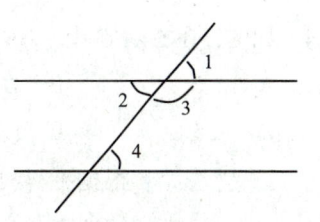

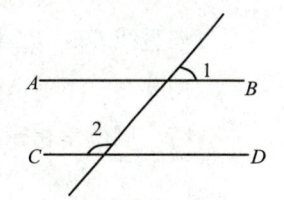

A. 60　　　　B. 70　　　　C. 80　　　　D. 110　　　　E. 115

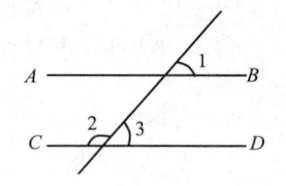

【解题思路】由 $AB/\!/CD$，根据两直线平行，同位角相等，即可求得 $\angle 2$ 的度数，又由邻补角的性质，即可求得 $\angle 2$ 的度数。

【解】由 $AB/\!/CD$，得 $\angle 1 = \angle 3 = 70°$，又因为 $\angle 2 + \angle 3 = 180°$，得 $\angle 2 = 110°$。答案为 D。

2. 如图，直线 $AB/\!/CD$，P 是 AB 上的动点，当点 P 的位置变化时，三角形 PCD 的面积将（　　）

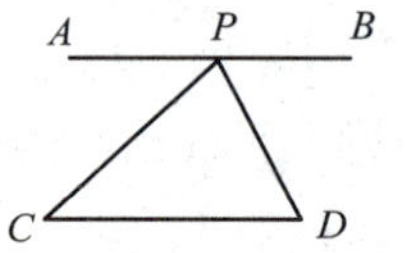

　A. 不变　　　　B. 变大　　　　C. 变小

　D. 变大变小要看点 P 向左还是向右移动

　E. 以上答案均不正确

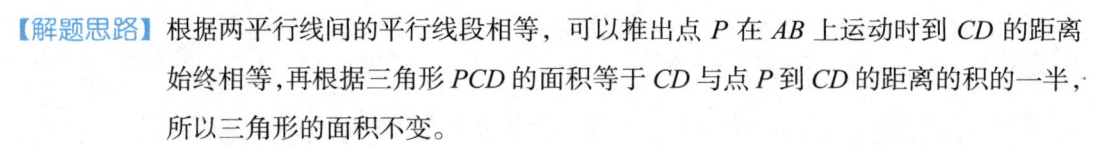

【解题思路】根据两平行线间的平行线段相等，可以推出点 P 在 AB 上运动时到 CD 的距离始终相等，再根据三角形 PCD 的面积等于 CD 与点 P 到 CD 的距离的积的一半，所以三角形的面积不变。

【解】设平行线 AB、CD 间的距离为 h，则 $S_{\triangle PCD} = \dfrac{1}{2}CD \cdot h$，因为 CD 长度不变，h 大小不变，所以三角形的面积不变。答案为 A。

3. 如图，$Rt\triangle ABC$ 中，$\angle ACB = 90°$，DE 过点 C，且 $DE/\!/AB$，若 $\angle ACD = 50°$，则 $\angle B$ 的度数是（　　）

　A. 50°　　　　B. 40°　　　　C. 30°

　D. 25°　　　　E. 以上答案均不正确

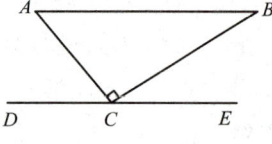

【解题思路】首先由平行线的性质得 $\angle A = \angle ACD = 50°$，再由 $\angle A + \angle B = 90°$，求出 $\angle B$。

【解】因为 $DE/\!/AB$，所以 $\angle A = \angle ACD = 50°$，又 $\angle ACB = 90°$，所以 $\angle A + \angle B = 90°$，$\angle B = 90° - 50° = 40°$。答案为 B。

4. 如图，在 $\triangle ABC$ 中，$DE/\!/BC$，那么图中与 $\angle 1$ 相等的角是（　　）

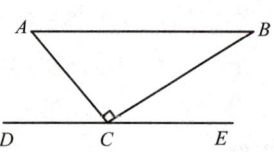

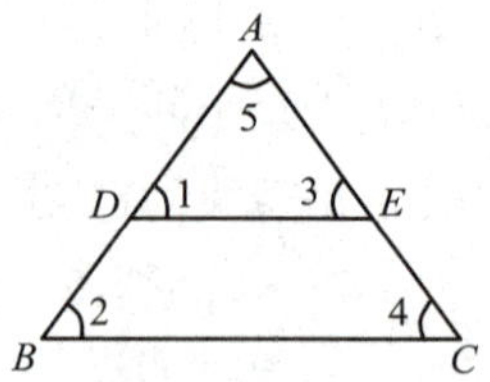

　A. $\angle 2$　　　　B. $\angle 3$　　　　C. $\angle 4$

　D. $\angle 5$　　　　E. 以上答案均不正确

【解题思路】根据平行线的性质，两直线平行，同位角相等直接求解即可。

【解】在直线 DE、BC 被 AB 所截形成的三线八角中，$\angle 5$，$\angle 3$，$\angle 4$ 与 $\angle 1$ 构不成同位角或内错角，不一定相等，故选项 B、C、D 错误。由 $DE/\!/BC$，得 $\angle 1 = \angle 2$（两直线平行，同位角相等），故与 $\angle 1$ 相等的角是 $\angle 2$。答案为 A。

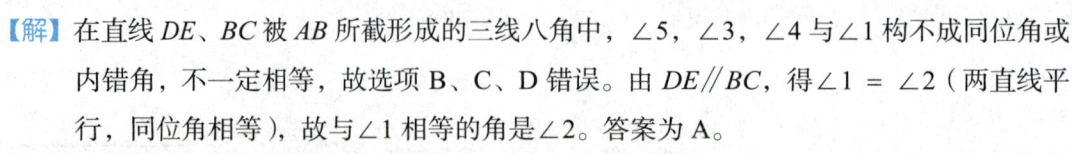

> **周老师提醒您**
>
> 考试中涉及角度的运算的题目不多，一般要求考生理解角度的基本知识点，然后在后面的三角形全等以及相似中可以灵活运用。

三角形

一、基本概念

（一）三角形的基本知识

1. 三角形的概念

由不在同一直线上的三条线段首尾顺次相接所组成的图形叫作三角形。组成三角形的线段叫作三角形的边；相邻两边的公共端点叫作三角形的顶点；相邻两边所组成的角叫作三角形的内角，简称三角形的角。

2. 三角形中的主要线段

（1）三角形的一个角的平分线与这个角的对边相交，这个角的顶点和交点间的线段叫作三角形的角平分线。

（2）在三角形中，连接一个顶点和它对边的中点的线段叫作三角形的中线。

（3）从三角形一个顶点向它的对边做垂线，顶点和垂足之间的线段叫作三角形的高线（简称三角形的高）。

3. 三角形的稳定性

三角形的形状是固定的，三角形的这个性质叫作三角形的稳定性。三角形的这个性质在生产生活中应用很广，需要稳定的东西一般都制成三角形的形状。

4. 三角形的特性与表示

三角形有下面三个特性：

（1）三角形有三条线段

（2）三条线段不在同一直线上　｝三角形是封闭图形

（3）首尾顺次相接

三角形用符号"△"表示，顶点是 A、B、C 的三角形记作"△ABC"，读作"三角形 ABC"。

5. 三角形的分类

按边的关系分类：

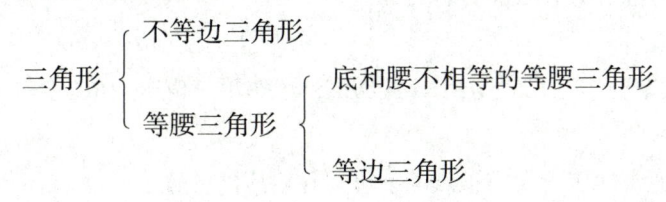

三角形 ｛ 不等边三角形；等腰三角形 ｛ 底和腰不相等的等腰三角形；等边三角形

按角的关系分类：

三角形 $\begin{cases} \text{直角三角形（有一个角为直角的三角形）} \\ \text{斜三角形} \begin{cases} \text{锐角三角形（三个角都是锐角的三角形）} \\ \text{钝角三角形（有一个角为钝角的三角形）} \end{cases} \end{cases}$

把边和角联系在一起，又有一种特殊的三角形：等腰直角三角形。它是两条直角边相等的直角三角形。

6．三角形的三边关系定理及推论

（1）三角形三边关系定理：三角形的任意两边之和大于第三边。

推论：三角形的任意两边之差小于第三边。

（2）三角形三边关系定理及推论的作用：

判断三条已知线段能否组成三角形；

当已知两边时，可确定第三边的范围；

证明线段不等关系。

7．三角形的内角和定理及推论

三角形的内角和定理：三角形三个内角和等于180°。

推论：

（1）直角三角形的两个锐角互余；

（2）三角形的一个外角等于和它不相邻的两个内角的和；

（3）三角形的一个外角大于任何一个和它不相邻的内角。

【注意】在同一个三角形中：等角对等边；等边对等角；大角对大边；大边对大角。

8．三角形的面积

三角形的面积 $= \dfrac{1}{2} \times 底 \times 高$

（二）全等三角形

1．全等三角形的概念

能够完全重合的两个图形叫作全等形。

能够完全重合的两个三角形叫作全等三角形。两个三角形全等时，互相重合的顶点叫作对应顶点，互相重合的边叫作对应边，互相重合的角叫作对应角。夹边就是三角形中相邻两角的公共边，夹角就是三角形中有公共端点的两边所成的角。

2．全等三角形的表示

全等用符号"≅"表示，读作"全等于"。如△ABC≅△DEF，读作"三角形 ABC 全等于三角形 DEF"。

【注意】记两个全等三角形时，通常把表示对应顶点的字母写在对应的位置上。

3. 三角形全等的判定

（1）三角形全等的判定定理

边角边定理：有两边和它们的夹角对应相等的两个三角形全等（可简写成"边角边"或"SAS"）。

角边角定理：有两角和它们的夹边对应相等的两个三角形全等（可简写成"角边角"或"ASA"）。

边边边定理：有三边对应相等的两个三角形全等（可简写成"边边边"或"SSS"）。

（2）直角三角形全等的判定

对于特殊的直角三角形，判定它们全等时，还有 HL 定理（斜边、直角边定理）：有斜边和一条直角边对应相等的两个直角三角形全等（可简写成"斜边、直角边"或"HL"）。

（三）特殊三角形

1. 等腰三角形的性质

（1）等腰三角形的性质定理及推论

定理：等腰三角形的两个底角相等（简称：等边对等角）。

推论 1：等腰三角形顶角平分线平分底边并且垂直于底边，即等腰三角形的顶角平分线、底边上的中线、底边上的高重合。

推论 2：等边三角形的各个角都相等，并且每个角都等于 60°。

（2）等腰三角形的其他性质

等腰直角三角形的两个底角相等且等于 45°。

等腰三角形的底角只能为锐角，不能为钝角（或直角），但顶角可为钝角（或直角）。

等腰三角形的三边关系：设腰长为 a，底边长为 b，则 $\frac{b}{2}<a$。

等腰三角形的三角关系：设顶角为顶角为 $\angle A$，底角为 $\angle B$、$\angle C$，则 $\angle A = 180° - 2\angle B$，$\angle B = \angle C = \frac{180°-\angle A}{2}$。

2. 等腰三角形的判定定理及推论

定理：如果一个三角形有两个角相等，那么这两个角所对的边也相等（简称：等角对等边）。这个判定定理常用于证明同一个三角形中的边相等。

推论 1：三个角都相等的三角形是等边三角形。

推论 2：有一个角是 60°的等腰三角形是等边三角形。

推论 3：在直角三角形中，如果一个锐角等于 30°，那么它所对的直角边等于斜边的一半。

	等腰三角形性质	等腰三角形判定
中线	等腰三角形底边上的中线垂直底边，平分顶角 等腰三角形两腰上的中线相等，并且它们的交点与底边两端点距离相等	两边上中线相等的三角形是等腰三角形 如果一个三角形的一边中线垂直这条边（平分这个边的对角），那么这个三角形是等腰三角形

续表

	等腰三角形性质	等腰三角形判定
角平分线	等腰三角形顶角平分线垂直平分底边 等腰三角形两底角平分线相等，并且它们的交点到底边两端点的距离相等	如果三角形的顶角平分线垂直于这个角的对边（平分对边），那么这个三角形是等腰三角形 三角形中两个角的平分线相等，那么这个三角形是等腰三角形
高线	等腰三角形底边上的高平分顶角、平分底边 等腰三角形两腰上的高相等，并且它们的交点和底边两端点距离相等	如果一个三角形一边上的高平分这条边（平分这条边的对角），那么这个三角形是等腰三角形 有两条高相等的三角形是等腰三角形
角	等边对等角	等角对等边
边	底的一半<腰长<周长的一半	两边相等的三角形是等腰三角形

3. 三角形的中位线

（1）中位线的定义。

连接三角形两边中点的线段叫作三角形的中位线。

三角形共有三条中位线，并且它们又重新构成一个新的三角形。

要会区别三角形中线与中位线。

（2）三角形中位线定理。

三角形的中位线平行于第三边，并且等于它的一半。

（3）三角形中位线定理的作用。

位置关系：可以证明两条直线平行。

数量关系：可以证明线段的倍分关系。

常用结论：任一个三角形都有三条中位线，由此有如下结论。

- 结论1：三条中位线组成一个三角形，其周长为原三角形周长的一半。
- 结论2：三条中位线将原三角形分割成四个全等的三角形。
- 结论3：三条中位线将原三角形划分出三个面积相等的平行四边形。
- 结论4：三角形一条中线和与它相交的中位线互相平分。
- 结论5：三角形中任意两条中位线的夹角与这夹角所对的三角形的顶角相等。

（四）直角三角形的性质

1. 直角三角形的两个锐角互余

可表示为 $\angle C = 90° \Rightarrow \angle A + \angle B = 90°$

2. 在直角三角形中，30°角所对的直角边等于斜边的一半

可表示为 $\left.\begin{array}{l}\angle A = 30°\\ \angle C = 90°\end{array}\right\} \Rightarrow BC = \dfrac{1}{2}AB$

3. 直角三角形斜边上的中线等于斜边的一半

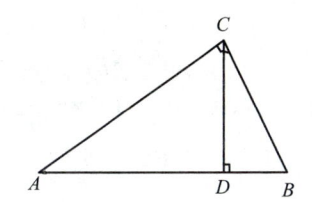

可表示为 $\left.\begin{array}{l}\angle ACB = 90° \\ \angle D 为 AB 的中点\end{array}\right\} \Rightarrow CD = \dfrac{1}{2}AB = BD = AD$

4. 勾股定理

直角三角形两直角边 a, b 的平方和等于斜边 c 的平方，即 $a^2 + b^2 = c^2$。

5. 射影定理

在直角三角形中，斜边上的高线是两直角边在斜边上的射影的比例中项，每条直角边是它们在斜边上的射影和斜边的比例中项。

$\left.\begin{array}{l}\angle ACB = 90° \\ CD \perp AB\end{array}\right\} \Rightarrow \begin{cases} CD^2 = AD \cdot BD \\ AC^2 = AD \cdot AB \\ BC^2 = BD \cdot AB \end{cases}$

6. 常用关系式

由三角形面积公式可得 $AB \times CD = AC \times BC$。

7. 解直角三角形的理论依据

在 Rt$\triangle ABC$ 中，$\angle C = 90°$，$\angle A$，$\angle B$，$\angle C$ 所对的边分别为 a，b，c

（1）三边之间的关系：$a^2 + b^2 = c^2$（勾股定理）；

（2）锐角之间的关系：$\angle A + \angle B = 90°$；

（3）边角之间的关系（了解）：$\sin A = \dfrac{a}{c}$，$\cos A = \dfrac{b}{c}$，$\tan A = \dfrac{a}{b}$，$\cot A = \dfrac{b}{a}$；$\sin B = \dfrac{b}{c}$，$\cos B = \dfrac{a}{c}$，$\tan B = \dfrac{b}{a}$，$\cot B = \dfrac{a}{b}$。

二、例题精讲

1. 已知 p, q 均为质数，且满足 $5p^2 + 3q = 59$，由以 $p + 3, 1 - p + q, 2p + q - 4$ 为边长的三角形是（　　）

   A. 锐角三角形 　　　　　B. 直角三角形 　　　　　C. 钝角三角形

   D. 等腰三角形 　　　　　E. 以上答案都不正确

   【解题思路】根据题目中的要求求出 p, q，然后求出三角形的三边，即可判断三角形的形状。

   【解】由 p, q 均为质数，且满足 $5p^2 + 3q = 59$，可知 $p = 2$，$q = 13$，所以三角形的三边为 5, 12, 13。答案为 B。

2. 若 $\triangle ABC$ 三个内角的度数分别为 m, n, p，且 $|m - n| + (n - p)^2 = 0$，则这个三角形为（　　）

   A. 锐角三角形 　　　　　B. 直角三角形 　　　　　C. 钝角三角形

   D. 等边三角形 　　　　　E. 以上答案都不正确

   【解题思路】本题可根据非负数的性质"两个非负数相加，和为 0，这两个非负数的值都为 0"得出 m、n、p 的关系，再判断三角形的类型。

【解】由$|m-n|+(n-p)^2=0$，得$m-n=0$，$n-p=0$，有$m=n$，$n=p$，即$m=n=p$，所以三角形ABC为等边三角形。答案为D。

3. 如图所示，$BA \perp AC$，$AD \perp BC$，垂足分别为A,D，已知$AB=3$，$AC=4$，$BC=5$，$AD=2.4$，则点A到线段BC的距离是（　　）
   A. 2.4　　　B. 3　　　C. 4
   D. 5　　　　E. 6

   【解题思路】根据三角形高的定义可知，AD长度就是点A到线段BC的距离，根据此解答即可。
   【解】由$AD \perp BC$，$AD=2.4$，得点A到线段BC的距离是2.4。答案为A。

4. 已知不等边$\triangle ABC$的三边长为正整数a,b,c，且满足$a^2+b^2-4a-6b+13=0$，则c边的长是（　　）
   A. 2　　　B. 3　　　C. 4　　　D. 5　　　E. 6

   【解题思路】先根据完全平方公式配方，然后根据非负数的性质列式求出a、b的值，再根据三角形的任意两边之和大于第三边、两边之差小于第三边求出c的取值范围，再根据c是整数求出c的值。
   【解】由$a^2+b^2-4a-6b+13=a^2-4a+4+b^2-6b+9=(a-2)^2+(b-3)^2=0$，得$a-2=0$，$b-3=0$，解得$a=2$，$b=3$，又$3-2=1$，$3+2=5$，故$1<c<5$，又不等边$\triangle ABC$的三边长为正整数$a,b,c$，因此$c=4$。答案为C。

5. 如图，在正三角形ABC中，D、E、F分别是BC、AC、AB上的点，$DE \perp AC$，$EF \perp AB$，$FD \perp BC$，则$\triangle DEF$的面积与$\triangle ABC$的面积之比等于（　　）
   A. $1:3$　　　B. $2:3$　　　C. $3:2$
   D. $3:3$　　　E. $3:4$

   【解题思路】由题可知$\triangle DEF$为正三角形，则$Rt\triangle AEF \cong Rt\triangle BFD \cong Rt\triangle CDE$，所以$AF=CE$，$AE=BF$，又$AF+BF=AB$，所以$AF+AE=AB$，则$AE=2/3AB$，在$Rt\triangle AEF$中由勾股定理$EF^2=AE^2-AF^2=(AE+AF)(AE-AF)=AB \cdot 1/2AE=1/3AB^2$，$S_{\triangle DEF}:S_{\triangle ABC}=EF^2:AB^2=1:3$。

   【解】$\because \triangle ABC$是正三角形
   $\therefore \angle A = \angle B = \angle C = 60°$
   $\because EF \perp AB$
   $\therefore \angle AEF = 30°$，$AF = 1/2AE$
   $\therefore \angle FED = 60°$
   同理$\angle EFD = \angle EDF = 60°$
   $\therefore \triangle DEF$为正三角形
   $\therefore Rt\triangle AEF \cong Rt\triangle BFD \cong Rt\triangle CDE$

$\therefore AF = CE$，$AE = BF$

又 $AF + BF = AB$

$\therefore AF + AE = AB$

$\therefore AE = 2/3 AB$

$\therefore EF^2 = AE^2 - AF^2 = (AE + AF)(AE - AF) = AB \times 1/2 AE = 1/3 AB^2$

$\therefore S_{\triangle DEF} : S_{\triangle ABC} = EF^2 : AB^2 = 1 : 3$

答案为 A。

6. 如图，直角三角形 ABC 中，$\angle ACB = 90°$，CD 是 AB 边上的高，且 $AB = 5$，$AC = 4$，$BC = 3$，则 $CD = ($ $)$

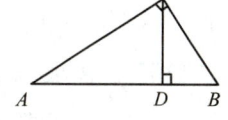

A. 2.4　　　　B. 3　　　　C. 4　　　　D. 2　　　　E. 2.5

【解题思路】根据直角三角形的面积等于两条直角边的乘积的一半，也等于斜边与斜边上的高的积的一半，进行计算。

【解】根据直角三角形的面积公式，得 $\dfrac{1}{2} AC \times BC = \dfrac{1}{2} AB \times CD$，则 $CD = \dfrac{AC \times BC}{AB} = 2.4$。答案为 A。

7. 如图，一个圆桶底面直径为 12 厘米，高为 8 厘米，则桶内能容下的最长的木棒为（　　）

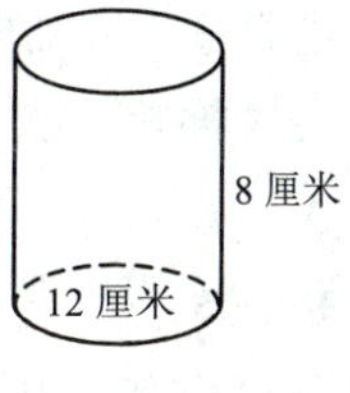

A. 8　　　　B. 6　　　　C. 10

D. $4\sqrt{13}$　　　　E. 4

【解题思路】桶内能容下的最长的木棒长是圆桶沿底面直径切面的长方形的对角线长，所以只要求出桶的对角线长则可。

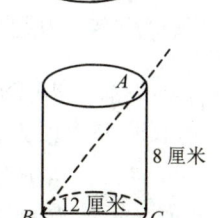

【解】圆桶最长对角线长为 $\sqrt{12^2 + 8^2} = 4\sqrt{13}$（厘米），桶内能容下的最长的木棒为 $4\sqrt{13}$ 厘米。答案为 D。

8. 如图，设正方体 $ABCD - A_1B_1C_1D_1$ 的棱长为 1，黑、白两个甲壳虫同时从 A 点出发，以相同的速度分别沿棱向前爬行，黑甲壳虫爬行的路线是：$AA_1 \Rightarrow A_1D_1 \Rightarrow D_1C_1 \Rightarrow C_1C \Rightarrow CB \Rightarrow BA \Rightarrow AA_1 \Rightarrow A_1D_1 \cdots$，白甲壳虫爬行的路线是：$AB \Rightarrow BB_1 \Rightarrow B_1C_1 \Rightarrow C_1D_1 \Rightarrow D_1A_1 \Rightarrow A_1A \Rightarrow AB \Rightarrow BB_1 \cdots$，那么当黑、白两个甲壳虫各爬行完第 2008 条棱，分别停止在所到的正方体顶点处时，它们之间的距离是（　　）

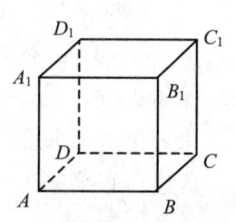

A. 1　　　　B. $\sqrt{2}$　　　　C. 3

D. 4　　　　E. 5

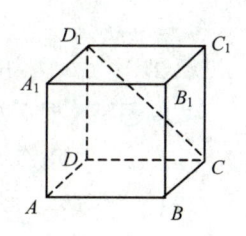

【解题思路】先确定黑、白两个甲壳虫各爬行完第 2008 条棱分别停止的点，再根据勾股定理求出它们之间的位置。

【解】因为 $2008 \div 6 = 334.6$，所以黑、白两个甲壳虫各爬行完第 2008 条棱分别停止的点是 C 和 D_1，由于 $\angle CDD_1 = 90°$，所以根据勾股定理：$CD_1 = \sqrt{1^2 + 1^2} = \sqrt{2}$。答案为 B。

9. 有一块边长为 24 米的正方形绿地，如图所示，在绿地旁边 B 处有健身器材，由于居住在 A 处的居民践踏了绿地，小明想在 A 处立一个标牌"少走 □ 米，踏之何忍"。请你计算后帮小明在标牌的"□"填上适当的数字。填入"□"的数字是（　） 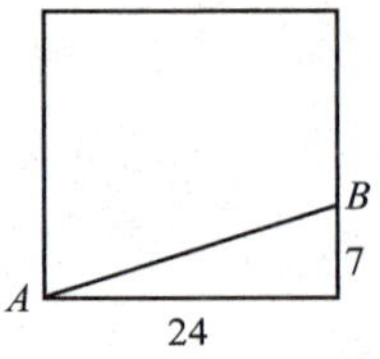
A. 1　　　　B. 2　　　　C. 3
D. 4　　　　E. 6

【解题思路】根据捷径 AB 恰好与 AC、BC 构成直角三角形，由勾股定理即可求出 AB 的长。

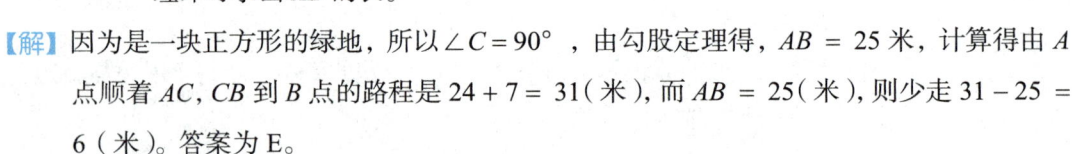

【解】因为是一块正方形的绿地，所以 $\angle C = 90°$，由勾股定理得，$AB = 25$ 米，计算得由 A 点顺着 AC, CB 到 B 点的路程是 $24 + 7 = 31$（米），而 $AB = 25$（米），则少走 $31 - 25 = 6$（米）。答案为 E。

10. 如图，将圆桶中的水倒入一个直径为 40 厘米、高为 55 厘米的圆口容器中，圆桶放置的角度与水平线的夹角为 $45°$。若使容器中的水面与圆桶相接触，则容器中水的深度至少应为（　）厘米 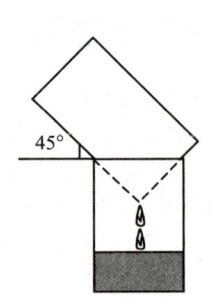
A. 10　　　　B. 15　　　　C. 25
D. 35　　　　E. 40

【解题思路】由题可知，进入容器中的三角形 ABC 可看作一个斜边为 40 的等腰直角三角形，所以在此三角形中斜边上的高应该为 20，因此若使高为 55 容器中的水面与圆桶相接触，由此可以求出水深。

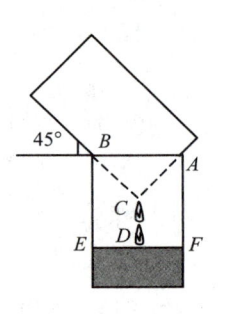

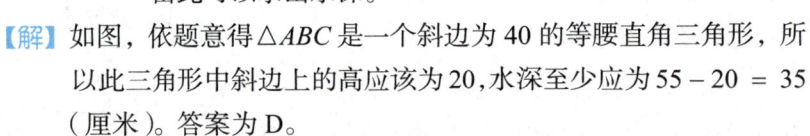

【解】如图，依题意得 $\triangle ABC$ 是一个斜边为 40 的等腰直角三角形，所以此三角形中斜边上的高应该为 20，水深至少应为 $55 - 20 = 35$（厘米）。答案为 D。

11. 已知 $\triangle ABC$ 是边长为 1 的等腰直角三角形，以 Rt$\triangle ABC$ 的斜边 AC 为直角边，画第二个等腰 Rt$\triangle ACD$，再以 Rt$\triangle ACD$ 的斜边 AD 为直角边，画第三个等腰 Rt$\triangle ADE$，依此类推，第 n 个等腰直角三角形的面积是（　） 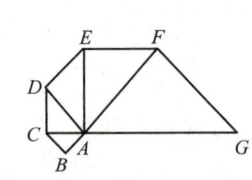
A. 2　　　　B. 2^{n-2}　　　　C. 2^{n-1}
D. 2^n　　　　E. 2^{n+1}

【解题思路】根据 $\triangle ABC$ 是边长为 1 的等腰直角三角形，分别求出 Rt$\triangle ABC$、Rt$\triangle ACD$、Rt$\triangle ADE$ 的面积，找出规律即可。

【解】∵ $\triangle ABC$ 是边长为 1 的等腰直角三角形
∴ $S_{\triangle ABC} = 1/2 \times 1 \times 1 = 1/2 = 2^{1-2}$，$AC = \sqrt{1+1} = \sqrt{2}$，$AD = \sqrt{2+2} = 2$，…

∴ $S_{\triangle ACD} = 1/2 \times \sqrt{2} \times \sqrt{2} = 1 = 2^{2-2}$，$S_{\triangle ADE} = 1/2 \times 2 \times 2 = 1 = 2^{3-2}$，…

∴ 第 n 个等腰直角三角形的面积是 2^{n-2}。

答案为 B。

真题解析

（2008-1-2）若 $\triangle ABC$ 的三边 a,b,c 满足 $a^2+b^2+c^2 = ab+ac+bc$，则 $\triangle ABC$ 为（　　）

    A. 等腰三角形　　　　　　B. 直角三角形　　　　　　C. 等边三角形

    D. 等腰直角三角形　　　　E. 钝角三角形

【解】由 $a^2+b^2+c^2 = ab+ac+bc$，可知 $(a-b)^2+(b-c)^2+(a+c)^2 = 0$，得到 $a=b=c$。答案为 C。

（2008-1-5）方程 $x^2-\left(1+\sqrt{3}\right)x+\sqrt{3}=0$ 的两根分别为等腰三角形的腰 a 和底 b（$a<b$），则该三角形的面积是（　　）

    A. $\dfrac{\sqrt{11}}{4}$　　　　B. $\dfrac{\sqrt{11}}{8}$　　　　C. $\dfrac{\sqrt{3}}{4}$　　　　D. $\dfrac{\sqrt{3}}{5}$　　　　E. $\dfrac{\sqrt{3}}{8}$

【解】根据方程 $x^2-\left(1+\sqrt{3}\right)x+\sqrt{3}=0$ 的两根分别为 $1, \sqrt{3}$，可知等腰三角形的腰 $a=1$ 和底 $b=\sqrt{3}$，得到面积为 $S_\triangle = \dfrac{1}{2} \times \sqrt{3} \times \sqrt{1-\left(\dfrac{\sqrt{3}}{2}\right)^2} = \dfrac{\sqrt{3}}{4}$。答案为 C。

（2008-10-29）（条件充分性判断）方程 $3x^2+[2b-4(a+c)]x+(4ac-b^2)=0$ 有相等的实根

（1）a,b,c 是等边三角形的三条边

（2）a,b,c 是等腰直角三角形的三条边

【解】针对条件（1）而言，$a=b=c$，则 $3x^2-6ac+3a^2=0$，所以 $\Delta = b^2-4ac=0$，有两个相等的实根，故条件（1）充分；针对条件（2）而言，a,b,c 三边关系无法准确确定哪个是直角边哪个是斜边，故条件（2）不充分。

答案为 A。

（2009-10-23）（条件充分性判断）$\triangle ABC$ 是等边三角形

（1）$\triangle ABC$ 的三边满足 $a^2+b^2+c^2 = ab+ac+bc$

（2）$\triangle ABC$ 的三边满足 $a^3-a^2b+ab^2+ac^2-b^3-bc^2=0$

【解】针对条件（1）而言，$a^2+b^2+c^2-(ab+ac+bc)=0 \Rightarrow (a-b)^2+(b-c)^2+(a-c)^2=0 \Rightarrow a=b=c$，故可知三角形为等边三角形，条件（1）充分；针对条件（2）而言，$a^3-a^2b+ab^2+ac^2-b^3-bc^2 = (a-b)(a^2+ab+b^2)-ab(a-b)+c^2(a-b) = (a-b)(a^2+b^2+c^2)=0 \Rightarrow a=b$，无法判定 a,b 和 c 的关系，可知 $\triangle ABC$ 为等腰三角形，故条件（2）不充分。

答案为 A。

（2013-1-18）（条件充分性判断）$\triangle ABC$ 的边长为 a,b,c，则 $\triangle ABC$ 为直角三角形

（1）$(c^2 - a^2 - b^2)(a^2 - b^2) = 0$　　　　　　（2）$\triangle ABC$ 的面积为 $\dfrac{1}{2}ab$

【解】针对条件（1）而言，不能判定是等腰还是直角三角形；针对条件（2）而言，利用三角形面积公式 $S_{\triangle ABC} = \dfrac{1}{2}ab\sin\angle c = \dfrac{1}{2}ab$，$\angle c = 90°$，故条件（2）充分。答案为 B。

三角形的相似

一、基本概念

1. 相似三角形的概念

对应角相等，对应边成比例的三角形叫作相似三角形。相似用符号"∽"来表示，读作"相似于"。相似三角形对应边的比叫作相似比（或相似系数）。

2. 相似三角形的基本定理

平行于三角形一边的直线和其他两边（或两边的延长线）相交，所构成的三角形与原三角形相似。

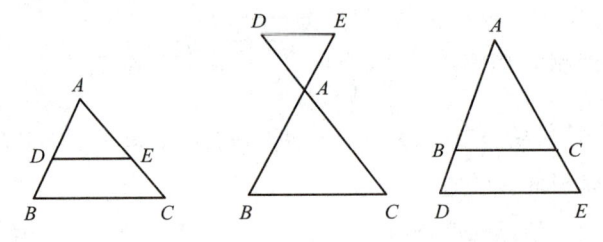

用数学语言表述如下：

∵ DE∥BC，∴ △ADE∽△ABC

相似三角形的等价关系：

（1）反身性：对于任一 $\triangle ABC$，都有 △ABC∽△ABC；

（2）对称性：若 △ABC∽△A'B'C'，则 △A'B'C'∽△ABC；

（3）传递性：若 △ABC∽△A'B'C'，并且 △A'B'C'∽△A"B"C"，则 △ABC∽△A"B"C"。

3. 三角形相似的判定

（1）三角形相似的判定方法。

定义法：对应角相等，对应边成比例的两个三角形相似。

平行法：平行于三角形一边的直线和其他两边（或两边的延长线）相交，所构成的三角形与原三角形相似。

判定定理 1：如果一个三角形的两个角与另一个三角形的两个角对应相等，那么这两个三角形相似，可简述为两角对应相等，两三角形相似。

判定定理 2：如果一个三角形的两条边和另一个三角形的两条边对应成比例，并且夹角相等，那么这两个三角形相似，可简述为两边对应成比例且夹角相等，两三角形相似。

判定定理 3：如果一个三角形的三条边与另一个三角形的三条边对应成比例，那么这两个三角形相似，可简述为三边对应成比例，两三角形相似。

（2）直角三角形相似的判定方法。

- 以上各种判定方法均适用
- 定理：如果一个直角三角形的斜边和一条直角边与另一个直角三角形的斜边和一条直角边对应成比例，那么这两个直角三角形相似。
- 垂直法：直角三角形被斜边上的高分成的两个直角三角形与原三角形相似。

4. 相似三角形的性质

（1）相似三角形的对应角相等，对应边成比例；

（2）相似三角形对应高的比、对应中线的比与对应角平分线的比都等于相似比；

（3）相似三角形周长的比等于相似比；

（4）相似三角形面积的比等于相似比的平方。

二、例题精讲

1. 两个相似三角形的面积之比为 1∶2，则相似比为（　　）

   A. 1∶4　　　B. 1∶$\sqrt{2}$　　　C. 2∶1　　　D. 4∶1　　　E. 以上答案均不正确

   【解题思路】本题可根据相似三角形的性质"相似三角形的面积比等于相似比的平方"求解。

   【解】由两个相似三角形的面积之比为 1∶2，且相似三角形面积的比等于相似比的平方，知它们的相似比为 1∶$\sqrt{2}$。答案为 B。

2. 如图，已知 △ADE∽△ABC，相似比为 1∶3，则 AF∶AG =（　　）

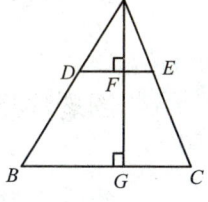

   A. 1∶2　　　B. 1∶3　　　C. 3∶1

   D. 9∶1　　　E. 1∶9

   【解题思路】本题可根据相似三角形的性质求解：相似三角形的对应高的比等于相似比。由于 △ADE∽△ABC，且 AF 是 △ADE 的高，AG 是 △ABC 的高，因此 AF、AG 的比就等于相似比。

   【解】∵ △ADE∽△ABC，且相似比为 1∶3，

   又∵ AF 是 △ADE 的高，AG 是 △ABC 的高，

   ∴ AF∶AG = 1∶3。答案为 B。

🔹 真题解析

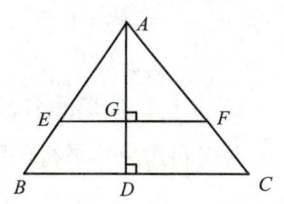

(2010-1-25)(条件充分性判断)如图，在三角形 ABC 中，已知 EF∥BC，则三角形 AEF 的面积等于梯形 EBCF 的面积

（1）|AG| = 2|GD|　　　（2）|BC| = $\sqrt{2}$|EF|

【解】此题主要考查的是三角形的相似。

方法1：针对条件（1）而言，$AG = \frac{2}{3}AD, EF = \frac{2}{3}BC, S_{\triangle AEF} = \frac{2}{3} \times \frac{2}{3} S_{\triangle ABC} = \frac{4}{9} S_{\triangle ABC}$，故条件（1）不充分；针对条件（2）而言，$EF = \frac{\sqrt{2}}{2} BC, AG = \frac{\sqrt{2}}{2} AD, S_{\triangle AEF} = \frac{\sqrt{2}}{2} \times \frac{\sqrt{2}}{2} S_{\triangle ABC}$，故条件（2）充分。

方法2：$EF // BC, \frac{AG}{AD} = \frac{EF}{BC} = \sqrt{\frac{S_{\triangle AEF}}{S_{\triangle ABC}}} = \frac{\sqrt{2}}{2}$，故一眼即可看出答案。答案为B。

（2012-1-15）如图，$\triangle ABC$ 是直角三角形，S_1, S_2, S_3 为正方形。已知 a, b, c 分别是 S_1, S_2, S_3 的边长，则（　　）

A. $a = b + c$ 　　　　B. $a^2 = b^2 + c^2$
C. $a^2 = 2b^2 + 2c^2$　　D. $a^3 = b^3 + c^3$
E. $a^3 = 2b^3 + 2c^3$

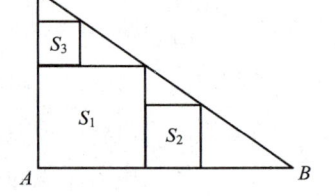

【解】利用三角形相似得到 $\frac{c}{a-c} = \frac{a-b}{b} \Rightarrow a = b + c$。答案为A。

（2013-1-7）如右图，在直角三角形 ABC 中，$AC=4, BC=3, DE//BC$，已知梯形 $BCDE$ 的面积为3，则 DE 长为（　　）

A. $\sqrt{3}$　　　　B. $\sqrt{3}+1$　　　　C. $4\sqrt{3}-4$
D. $\frac{3\sqrt{2}}{2}$　　　　E. $\sqrt{2}+1$

【解】$\frac{DE}{BC} = \sqrt{\frac{1}{2}}, DE = \frac{3\sqrt{2}}{2}$

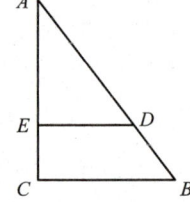

> **周老师提醒您**
>
> 考查相似性，一般题目中都会出现很明显的标志"//"，考生要注意面积比等于相似比的平方这个知识点。

四边形、圆和扇形

一、基本概念

（一）平行四边形

1. 平行四边形的概念

两组对边分别平行的四边形叫作平行四边形。

平行四边形用符号"▱ABCD"表示，如平行四边形 ABCD 记作"▱ABCD"，读作"平行四边形 ABCD"。

2. 平行四边形的性质

（1）平行四边形的邻角互补，对角相等。

（2）平行四边形的对边平行且相等。

推论：夹在两条平行线间的平行线段相等。

（3）平行四边形的对角线互相平分。

（4）若一直线过平行四边形两对角线的交点，则这条直线被一组对边截下的线段以对角线的交点为中点，并且这条直线平分此平行四边形的面积。

3. 平行四边形的判定

（1）定义：两组对边分别平行的四边形是平行四边形。

（2）定理1：两组对角分别相等的四边形是平行四边形。

（3）定理2：两组对边分别相等的四边形是平行四边形。

（4）定理3：对角线互相平分的四边形是平行四边形。

（5）定理4：一组对边平行且相等的四边形是平行四边形。

4. 两条平行线的距离

两条平行线中，一条直线上的任意一点到另一条直线的距离，叫作这两条平行线的距离。平行线间的距离处处相等。

5. 平行四边形的面积

$S_{平行四边形} = 底边长 \times 高 = ah$

（二）矩形

1. 矩形的概念

有一个角是直角的平行四边形叫作矩形。

2. 矩形的性质

（1）具有平行四边形的一切性质。

（2）矩形的四个角都是直角。

（3）矩形的对角线相等。

（4）矩形是轴对称图形。

3. 矩形的判定

（1）定义：有一个角是直角的平行四边形是矩形。

（2）定理1：有三个角是直角的四边形是矩形。

（3）定理2：对角线相等的平行四边形是矩形。

4. 矩形的面积

$S_{矩形} = 长 \times 宽 = ab$

（三）菱形

1. 菱形的概念

有一组邻边相等的平行四边形叫作菱形。

2. 菱形的性质

（1）具有平行四边形的一切性质。

（2）菱形的四条边相等。

（3）菱形的对角线互相垂直，并且每一条对角线平分一组对角。

（4）菱形是轴对称图形。

3. 菱形的判定

（1）定义：有一组邻边相等的平行四边形是菱形。

（2）定理1：四边都相等的四边形是菱形。

（3）定理2：对角线互相垂直的平行四边形是菱形。

4. 菱形的面积

$S_{菱形} = 底边长 \times 高 = 两条对角线乘积的一半$

（四）正方形

1. 正方形的概念

有一组邻边相等并且有一个角是直角的平行四边形叫作正方形。

2. 正方形的性质

（1）具有平行四边形、矩形、菱形的一切性质。

（2）正方形的四个角都是直角，四条边都相等。

（3）正方形的两条对角线相等，并且互相垂直平分，每一条对角线平分一组对角。

（4）正方形是轴对称图形，有四条对称轴。

（5）正方形的一条对角线把正方形分成两个全等的等腰直角三角形，两条对角线把正方形分成四个全等的小等腰直角三角形。

（6）正方形的一条对角线上的一点到另一条对角线的两端点的距离相等。

3. 正方形的判定

（1）判定一个四边形是正方形的主要依据是定义，途径有两种。

- 先证它是矩形，再证有一组邻边相等。

- 先证它是菱形，再证有一个角是直角。

（2）判定一个四边形为正方形的一般顺序如下。

- 先证明它是平行四边形；
- 再证明它是菱形（或矩形）；
- 最后证明它是矩形（或菱形）。

4. 正方形的面积

设正方形边长为 a，对角线长为 b，则

$$S_{正方形} = a^2 = \frac{b^2}{2}$$

（五）梯形

1. 梯形的相关概念

一组对边平行而另一组对边不平行的四边形叫作梯形。

梯形中平行的两边叫作梯形的底，通常把较短的底叫作上底，较长的底叫作下底。

梯形中不平行的两边叫作梯形的腰。

梯形两底的距离叫作梯形的高。

两腰相等的梯形叫作等腰梯形。

一腰垂直于底的梯形叫作直角梯形。

一般地，梯形的分类如下：

$$梯形\begin{cases}一般梯形\\特殊梯形\begin{cases}直角梯形\\等腰梯形\end{cases}\end{cases}$$

2. 梯形的判定

（1）定义：一组对边平行而另一组对边不平行的四边形是梯形。

（2）一组对边平行且不相等的四边形是梯形。

3. 等腰梯形的性质

（1）等腰梯形的两腰相等，两底平行。

（2）等腰梯形的对角线相等。

（3）等腰梯形是轴对称图形，它只有一条对称轴，即两底的垂直平分线。

4. 等腰梯形的判定

（1）定义：两腰相等的梯形是等腰梯形。

（2）定理：在同一底上的两个角相等的梯形是等腰梯形。

（3）对角线相等的梯形是等腰梯形。

5. 梯形的面积

（1）如图，$S_{梯形ABCD} = \dfrac{1}{2}(CD + AB) \times DE$

（2）梯形中有关图形的面积：

$S_{\triangle ABD} = S_{\triangle BAC}$

$S_{\triangle AOD} = S_{\triangle BOC}$

$S_{\triangle ADC} = S_{\triangle BCD}$

6. 梯形中位线定理

梯形中位线平行于两底，并且等于两底和的一半。

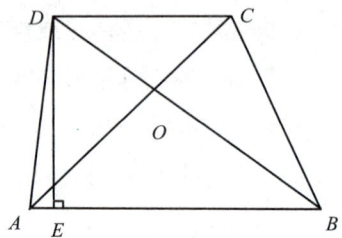

（六）圆的相关概念

1. 圆的定义

在一个平面内，线段 OA 绕它固定的一个端点 O 旋转一周，另一个端点 A 随之旋转所形成的图形叫作圆。固定的端点 O 叫作圆心，线段 OA 叫作半径。

2. 圆的几何表示

以点 O 为圆心的圆记作"$\odot O$"，读作"圆 O"。

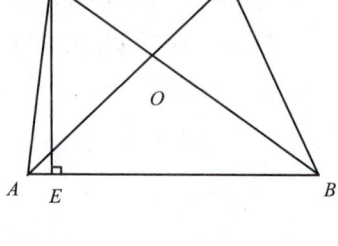

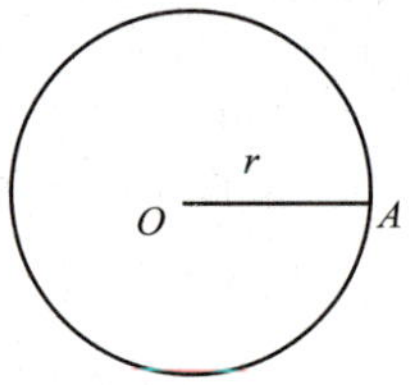

（七）弦、弧等与圆有关的定义

弦：连接圆上任意两点的线段（如图中的 AB）。

直径：经过圆心的弦（如图中的 CD）。直径等于半径的 2 倍。

半圆：圆的任意一条直径的两个端点分圆成两条弧，每一条弧都叫作半圆。

弧、优弧、劣弧：圆上任意两点间的部分叫作圆弧，简称弧。弧用符号"⌒"表示，以 A，B 为端点的弧记作"$\overset{\frown}{AB}$"，读作"圆弧 AB"或"弧 AB"。大于半圆的弧叫作优弧（多用三个字母表示）；小于半圆的弧叫作劣弧（多用两个字母表示）。

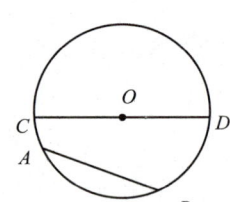

（八）垂径定理及其推论

1. 垂径定理

垂直于弦的直径平分这条弦，并且平分弦所对的弧。

推论 1：（1）平分弦（不是直径）的直径垂直于弦，并且平分弦所对的两条弧。

（2）弦的垂直平分线经过圆心，并且平分弦所对的两条弧。

（3）平分弦所对的一条弧的直径垂直平分弦，并且平分弦所对的另一条弧。

推论 2：圆的两条平行弦所夹的弧相等。

2. 垂径定理及其推论

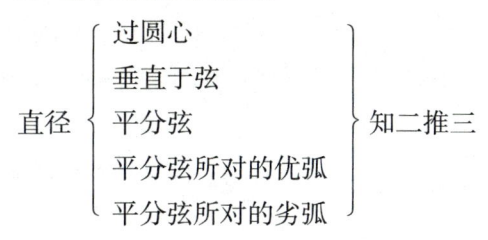

直径 $\begin{cases} 过圆心 \\ 垂直于弦 \\ 平分弦 \\ 平分弦所对的优弧 \\ 平分弦所对的劣弧 \end{cases}$ 知二推三

（九）圆的对称性

1. 圆的轴对称性

圆是轴对称图形，经过圆心的每一条直线都是它的对称轴。

2. 圆的中心对称性

圆是以圆心为对称中心的中心对称图形。

（十）弧、弦、弦心距、圆心角之间的关系定理

1. 圆心角

顶点在圆心的角叫作圆心角。

2. 弦心距

从圆心到弦的距离叫作弦心距。

3. 弧、弦、弦心距、圆心角之间的关系定理

在同圆或等圆中，相等的圆心角所对的弧相等，所对的弦相等，所对的弦的弦心距相等。

推论：在同圆或等圆中，如果两个圆的圆心角、两条弧、两条弦或两条弦的弦心距中有一组量相等，那么它们所对应的其余各组量都分别相等。

（十一）圆周角定理及其推论

1. 圆周角

顶点在圆上，并且两边都和圆相交的角叫作圆周角。

2. 圆周角定理

一条弧所对的圆周角等于它所对的圆心角的一半。

推论1：同弧或等弧所对的圆周角相等；同圆或等圆中，相等的圆周角所对的弧也相等。

推论2：半圆（或直径）所对的圆周角是直角；90°的圆周角所对的弦是直径。

（十二）切线的判定和性质

1. 切线的判定定理

经过半径的外端并且垂直于这条半径的直线是圆的切线。

2. 切线的性质定理

圆的切线垂直于经过切点的半径。

（十三）切线长定理

1. 切线长

在经过圆外一点的圆的切线上，这点和切点之间的线段的长叫作这点到圆的切线长。

2. 切线长定理

从圆外一点引圆的两条切线，它们的切线长相等，圆心和这一点的连线平分两条切线的夹角。

（十四）圆的相关运算

圆的圆心为 O，半径为 r，直径为 d，则：

周长为 $C = 2\pi r$

面积是 $S = \pi r^2$

（十五）扇形的相关运算

扇形弧长：$l = r\theta = \dfrac{\alpha°}{360°} \times 2\pi r$，其中 θ 为扇形角的弧度数，α 为扇形角的角度，r 为扇形半径。

扇形面积：$S = \dfrac{\alpha°}{360°} \times \pi r^2 = \dfrac{1}{2}lr$，$\alpha$ 为扇形角的角度，r 为扇形半径。

【注意】扇形面积公式可以和三角形面积公式类比记忆。

二、例题精讲

1. 如图，AD 是圆 O 的直径，A、B、C、D、E、F 顺次六等分圆 O，已知圆 O 的半径为 1，P 为直径 AD 上任意一点，则图中阴影部分的面积为（　　）

   A. $\dfrac{\pi}{3}$　　　B. $\dfrac{\pi}{2}$　　　C. $\dfrac{2\pi}{3}$

   D. $\dfrac{4\pi}{3}$　　　E. $\dfrac{\pi}{5}$

   【解题思路】本题主要是通过同底等高进行面积转化，将阴影部分面积转移然后进行运算即可。

   【解】连接 OE、OF、EF，则 $\triangle OEF$ 为等边三角形，$\angle FEO = \angle EOF = \angle EOD = 60°$，$EF // DA$，所以 $S_{\triangle PEF}$ 可被等积移位成 $S_{\triangle OEF}$，即 $S_{\triangle PEF} = S_{\triangle OEF}$（同底等高）。因此，直径 AD 左侧的阴影面积 $= S_{扇形OEF}$，再由对称性知 $S_{阴影} = \dfrac{\pi}{3}$。答案为 A。

2. 如图，正方形的边长为 a，以各边为直径在正方形内画半圆，所以围成的图形（阴影部分）的面积为（　　）

   A. $\dfrac{\pi a^2 - 2a^2}{2}$　　B. $\dfrac{\pi a^2 - 3a^2}{2}$　　C. $\dfrac{\pi a^2 - a^2}{2}$

D. $\dfrac{\pi a^2 + 2a^2}{2}$　　　　　E. 以上答案均不正确

【解题思路】根据四个半圆相加减去正方形的面积即可。

【解】上图中阴影部分面积可以看作四个半圆的面积之和与正方形面积之差（重叠部分）。所以 $S_{阴影} = 4 \times \dfrac{\pi}{2} \times \left(\dfrac{a}{2}\right)^2 - a^2 = \dfrac{\pi a^2 - 2a^2}{2}$。答案为 A。

3. 如图所示，已知正方形 ABFG 的边长为 10 厘米，正方形 BCDE 的面积为 36 平方厘米。以 E 为圆心，ED 为半径在正方形 BCDE 内画弧并连接 AD，求阴影部分的面积（　　）

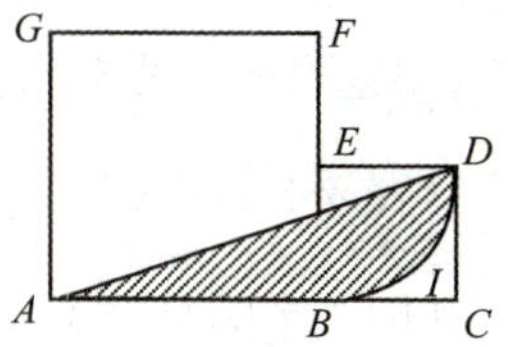

A. 39.26　　　　B. 38.26　　　　C. 47.26

D. 40.26　　　　E. 以上答案均不正确

【解题思路】利用 $S_{阴影} = S_{\triangle ACD} - (S_{正方形BCDE} - S_{扇形EBD})$ 运算即可。

【解】图中阴影部分的面积等于底边为 16 厘米、高为 6 厘米的直角三角形的面积减去（I）的面积。（I）的面积等于正方形 BCDE 的面积减去扇形 EBD 的面积。

$$S_{阴影} = S_{\triangle ACD} - (S_{正方形BCDE} - S_{扇形EBD})$$
$$= \dfrac{1}{2}(10+6) \times 6 - \left(6 \times 6 - \dfrac{1}{4} \times \pi \times 6^2\right)$$
$$\approx 48 - 7.74 = 40.26（平方厘米）$$

答案为 D。

4. 如图，Rt△ABC 中，$AC = 8$，$BC = 6$，$\angle C = 90°$，分别以 AB、BC、AC 为直径作三个半圆，那么阴影部分的面积为（　　）

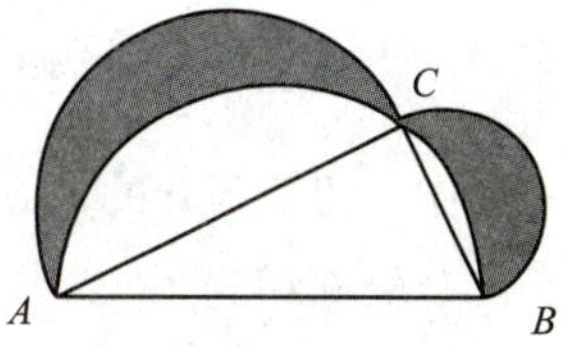

A. 6　　　　B. 24　　　　C. 18

D. 20　　　　E. 以上答案均不正确

【解题思路】利用阴影部分面积等于以 AC 为直径的半圆和直角三角形 ABC，以及直径为 BC 的半圆之和减去以 AB 为直径的半圆即可。

【解】利用半圆 AC 与半圆 BC 和直角三角形 ABC 之和减去半圆 AB 即可，所以可以知道

$$S_{阴影} = \pi\left(\dfrac{8}{2}\right)^2 + \pi\left(\dfrac{6}{2}\right)^2 + 6 \times 8 \times \dfrac{1}{2} - \pi\left(\dfrac{10}{2}\right)^2 = 24$$

答案为 B。

5. 如图，以 BC 为直径，在半径为 2、圆心角为 90° 的扇形内作半圆，交弦 AB 于点 D，连接 CD，则阴影部分的面积是（　　）

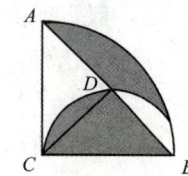

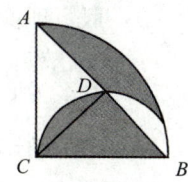

A. $\pi - 1$　　　　B. $\pi - 2$　　　　C. $\dfrac{1}{2}\pi - 1$

D. $\dfrac{1}{2}\pi - 2$　　　　E. 以上答案均不正确

【解题思路】利用阴影部分的面积等于扇形 ACB 的面积减去三角形 ACB

的面积，加上 1/2 三角形 ACB 的面积即可。

【解】$S_{阴影}=S_{扇形ACB}-S_{\triangle ACB}+\frac{1}{2}S_{\triangle ACB}=\frac{1}{4}\pi(2)^2-2\times 2\times\frac{1}{2}+2\times 2\times\frac{1}{2}\times\frac{1}{2}=\pi-1$。答案为 A。

6. 如图，菱形 ABCD 中，对角线 AC、BD 交于 O 点，分别以 A、C 为圆心，AO、CO 为半径画圆弧，交菱形各边于点 E、F、G、H，若 $AC=2\sqrt{3}$，$BD=2$，则图中阴影部分面积是（　　）
   A. $\sqrt{3}+\pi$　　　B. $2\sqrt{3}+\pi$　　　C. $2\sqrt{3}-\pi$
   D. $\sqrt{3}-\pi$　　　E. 以上答案均不正确

   【解题思路】利用 $S_{阴影}=S_{菱形}-2S_{扇形}$ 进行运算即可。

   【解】利用 $S_{阴影}=S_{菱形}-2S_{扇形}=\frac{1}{2}\times 2\sqrt{3}\times 2-2\times\frac{1}{6}\pi\times(\sqrt{3})^2=2\sqrt{3}-\pi$。答案为 C。

7. 如图，半圆 A 和半圆 B 均与 y 轴相切于点 O，其直径 CD、EF 均和 x 轴垂直，以 O 为顶点的两条抛物线分别经过 C、E 和 D、F，则图中阴影部分的面积是（　　）
   A. π　　　B. $\frac{1}{2}$　　　C. $\frac{1}{2}\pi$
   D. $\frac{1}{2}\pi-2$　　　E. 以上答案均不正确

   【解题思路】本题主要考查考生能够迅速地观察出，将阴影部分面积进行转移后，本质就是一个半圆。

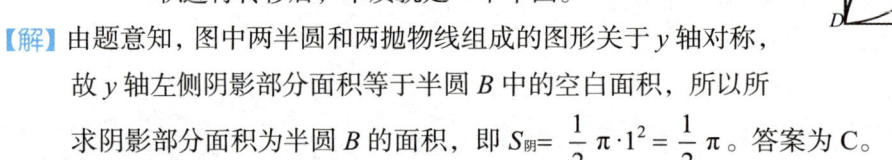

   【解】由题意知，图中两半圆和两抛物线组成的图形关于 y 轴对称，故 y 轴左侧阴影部分面积等于半圆 B 中的空白面积，所以所求阴影部分面积为半圆 B 的面积，即 $S_{阴}=\frac{1}{2}\pi\cdot 1^2=\frac{1}{2}\pi$。答案为 C。

8. 如图，边长为 a 的正方形 ABCD 绕点 A 逆时针方向旋转 30° 得到正方形 AB'C'D'，图中阴影部分的面积为（　　）
   A. $\frac{1}{2}a^2$　　　B. $\frac{\sqrt{3}}{3}a^2$　　　C. $\left(1-\frac{\sqrt{3}}{3}\right)a^2$
   D. $\left(1-\frac{\sqrt{3}}{4}\right)a^2$　　　E. 以上答案均不正确

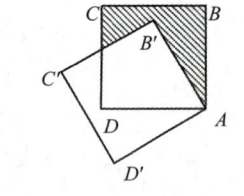

   【解题思路】通过观察会发现这是一个对称的图形，利用正方形的面积减去空白部分的面积即可。

   【解】设 CD 与 B'C' 交点为 M，在直角三角形 DAM 中，$\angle DAM=30°$，则 $AM=2DM$，利用勾股定理可得 $DM=\frac{\sqrt{3}}{3}a$，所以阴影部分的面积等于 $a^2-2\times\frac{1}{2}\times a\times\frac{\sqrt{3}}{3}a=\left(1-\frac{\sqrt{3}}{3}\right)a^2$。

   答案为 C。

9. 矩形 ABCD 长 a，宽 b，如果 $S_1=S_2=\frac{1}{2}(S_3+S_4)$，则 $S_4=$（　　）

A. $\frac{3}{8}ab$ B. $\frac{3}{4}ab$ C. $\frac{2}{3}ab$

D. $\frac{1}{2}ab$ E. 以上答案均不正确

【解题思路】利用各个面积之间的关系，可以找出边之间的关系，最终找到所要求的面积。

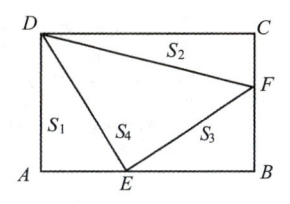

【解】$S_1+S_2+S_3+S_4=ab$，$S_1=S_2=\frac{1}{2}(S_3+S_4)$，所以 $S_4=\frac{1}{2}ab-\frac{1}{8}ab=\frac{3}{8}ab$。答案为 A。

10. 如图，在直角梯形 $ABCD$ 中，$\angle ABC=90°$，$DC /\!/ AB$，$BC=3$，$DC=4$，$AD=5$。动点 P 从 B 点出发，由 $B \to C \to D \to A$ 沿边运动，则 $\triangle ABP$ 的最大面积为（   ）

A. 10   B. 14   C. 12

D. 16   E. 18

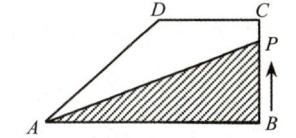

【解题思路】因为 AB 一定，即在三角形中底边一定，当高越大时面积越大，所以当点 P 在 CD 边上运动时，$\triangle ABP$ 的面积最大。

【解】过点 D 作 $DE \perp AB$，则 $DE=BC=3$，$BE=CD=4$，在 Rt $\triangle ADE$ 中，利用勾股定理可知 $AE=4$，所以 $AB=8$，$S_{\triangle ABP}=\frac{1}{2}\times AB \times BC=\frac{1}{2}\times 8 \times 3=12$，即 $\triangle ABP$ 的最大面积为 12。答案为 C。

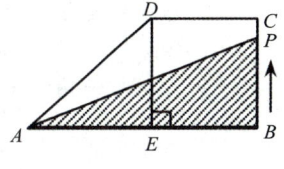

11. （条件充分性判断）设 a,b,c 是 $\triangle ABC$ 的三边长，则 $\triangle ABC$ 是直角三角形

（1）二次函数 $y=\left(a-\frac{b}{2}\right)x^2-cx-a-\frac{b}{2}$ 在 $x=1$ 时取最小值 $-\frac{8}{5}b$

（2）a,b,c 是 $\triangle ABC$ 的三边长，且 a,b,c 满足等差数列，其内切圆半径为 1

【解】（1）对称轴为 $x=-\dfrac{-c}{2\left(a-\frac{b}{2}\right)}=1 \Rightarrow 2a-b=c$ ①

最小值为 $\dfrac{-4\left(a-\frac{b}{2}\right)\left(a+\frac{b}{2}\right)-c^2}{4\left(a-\frac{b}{2}\right)}=-\frac{8}{5}b \Rightarrow 20a^2+11b^2+5c^2-32ab=0$ ②

① 代入 ② 得 $10a^2-13ab+4b^2=0 \Rightarrow b=2a$ 或 $b=\dfrac{5a}{4}$，由此得 $c=0$（舍去）或 $c=\dfrac{3a}{4}$，故成直角三角形。充分。

（2）a,b,c 成等差数列，所以 $a+b+c=3b$，设其公差为 d，且 $a<b<c$。故

$\dfrac{3b}{2}=\sqrt{\dfrac{3b}{2}\left(\dfrac{3b}{2}-a\right)\left(\dfrac{3b}{2}-b\right)\left(\dfrac{3b}{2}-c\right)} \Rightarrow \left(\dfrac{b}{2}+d\right)\times\dfrac{b}{2}\times\left(\dfrac{b}{2}-d\right)=\dfrac{3b}{2} \Rightarrow b^2=12+3d^2$。

显然可以找出很多反例。事实上，等边三角形也有内切圆半径为 1 的情况，而等边三角形的三边也可构成等差数列，故不充分。答案为 A。

12. 如图，在梯形 $ABCD$ 中，$AB /\!/ CD$，中位线 EF 与对角线 AC、BD 交于 M、N 两点，若 $EF = 18$ 厘米，$MN = 8$ 厘米，则 AB 的长等于（　　）

A. 10　　　B. 13　　　C. 20

D. 26　　　E. 28

【解题思路】首先根据梯形的中位线定理，得到 $EF /\!/ CD /\!/ AB$，再根据平行线等分线段定理，得到 M，N 分别是 AC，BD 的中点；然后根据三角形的中位线定理得到 $CD = 2EM = 2NF = 10$，最后根据梯形的中位线定理即可求得 AB 的长。

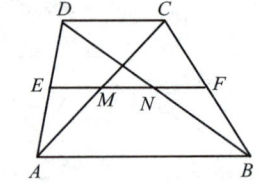

【解】∵ EF 是梯形的中位线

∴ $EF /\!/ CD /\!/ AB$

∴ $AM = CM$，$BN = DN$

∴ $EM = \dfrac{1}{2} CD$，$NF = \dfrac{1}{2} CD$

∴ $EM = NF = \dfrac{1}{2}(EF - MN) = \dfrac{1}{2}(18 - 8) = 5$，即 $CD = 10$

∵ EF 是梯形 $ABCD$ 的中位线

∴ $DC + AB = 2EF$，即 $10 + AB = 2 \times 18 = 36$

∴ $AB = 26$

答案为 D。

真题解析

（2008-1-3）P 是以 a 为边长的正方形，P_1 是以 P 的四边中点为顶点的正方形，P_2 是以 P_1 的四边中点为顶点的正方形，P_i 是以 P_{i-1} 的四边中点为顶点的正方形，则 P_6 的面积是（　　）

A. $\dfrac{a^2}{16}$　　B. $\dfrac{a^2}{32}$　　C. $\dfrac{a^2}{40}$　　D. $\dfrac{a^2}{48}$　　E. $\dfrac{a^2}{64}$

【解】每次面积为原来的 $\dfrac{1}{2}$，所以 $P_6 = \left(\dfrac{1}{2}\right)^6 a^2 = \dfrac{1}{64} a^2$。答案为 E。

（2008-1-7）如图所示长方形 $ABCD$ 中的 $AB = 10$ 厘米，$BC = 5$ 厘米，设 AB 和 AD 分别为半径作半圆，则图中阴影部分的面积为（　　）

A. $25 - \dfrac{25}{2}\pi$ 平方厘米　　　　B. $25 + \dfrac{125}{2}\pi$ 平方厘米

C. $50 + \dfrac{25}{4}\pi$ 平方厘米　　　　D. $\dfrac{125}{4}\pi - 50$ 平方厘米　　　　E. 以上都不是

【解】由图像观察可知，阴影部分的面积是通过扇形 ADF 的面积与扇形 ABE 的面积之和

减去矩形 $ABCD$ 所得到的,故可知 $S = \frac{1}{4}\pi \times 100 - \left(25 + 25 - \frac{1}{4}\pi \times 25\right) = \frac{125}{4}\pi - 50$。答案为 D。

（2008-10-7）图中，过点 $A(2,0)$ 向圆 $x^2 + y^2 = 1$ 作两条切线 AM 和 AN，则两切线和弧 MN 所围成的面积（图中阴影部分）为（　　）

A. $1 - \frac{\pi}{3}$　　B. $1 - \frac{\pi}{6}$　　C. $\frac{\sqrt{3}}{2} - \frac{\pi}{6}$

D. $\sqrt{3} - \frac{\pi}{6}$　　E. $\sqrt{3} - \frac{\pi}{3}$

【解】连接 ON 和 OM，则可知

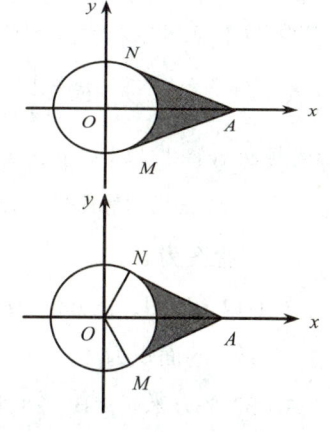

$$S_{阴影} = S_{四边形 OMAN} - S_{扇形 ONM}$$
$$= \sqrt{4-1} \times 1 \times \frac{1}{2} \times 2 - \frac{1}{3}\pi \times 1^2$$
$$= \sqrt{3} - \frac{\pi}{3}$$

答案为 E。

（2008-10-30）（条件充分性判断）直线 $y = x, y = ax + b$ 与 $x = 0$ 所围成的三角形的面积等于 1

（1）$a = -1, b = 2$　　　　（2）$a = -1, b = -2$

【解】本题采用将条件代入法。

针对条件（1）而言，$S = 2 \times 1 \times \frac{1}{2} = 1$，条件（1）充分；针对条件（2）而言，$S = 2 \times 1 \times \frac{1}{2} = 1$，故条件（2）也充分。

答案为 D。

（2009-1-12）直角三角形 ABC 的斜边 $AB = 13$ 厘米，直角边 $AC = 5$ 厘米，把 AC 对折到 AB 上去与斜边相重合，点 C 与点 E 重合，折痕为 AD（见右图），则图中阴影部分的面积为（　　）

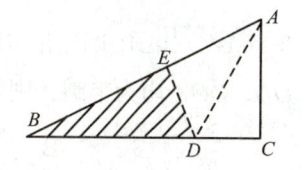

A. 20　　B. $\frac{40}{3}$　　C. $\frac{38}{3}$　　D. 14　　E. 12

【解】由 $AB = 13, AC = 5$，可知 $BC = 12$。设 $S_{\triangle ACD} = S_{\triangle AED} = x$，通过解答三角形可以知 $BE = 8, AE = 5$，所以可知 $S_{\triangle BED} : S_{\triangle AED} = 8 : 5$（高相等），故 $S_{\triangle BED} = \frac{8}{5}x$，

$\frac{8}{5}x + x + x = 30$，$x = \frac{25}{3}, S_{\triangle BED} = \frac{8}{5} \times \frac{25}{3} = \frac{40}{3}$。

答案为 B。

（2009-1-13）设直线 $nx + (n+1)y = 1$（n 为正整数）与两坐标轴围成的三角形面积 S_n，$n = 1, 2, \cdots, 2009$，则 $S_1 + S_2 + \cdots + S_{2009} = $（　　）

A. $\frac{1}{2} \times \frac{2009}{2008}$　　B. $\frac{1}{2} \times \frac{2008}{2009}$　　C. $\frac{1}{2} \times \frac{2009}{2010}$　　D. $\frac{1}{2} \times \frac{2010}{2009}$　　E. 以上结论都不正确

【解】直线与 x 轴的交点为 $\left(0, \dfrac{1}{n+1}\right)$，与 y 轴的交点为 $\left(\dfrac{1}{n}, 0\right)$，面积为 $S_n = \dfrac{1}{2} \times \dfrac{1}{n(n+1)}$，$S_1 + S_2 + \cdots + S_{2009} = \dfrac{1}{2}\left(1 - \dfrac{1}{2010}\right) = \dfrac{1}{2} \times \dfrac{2009}{2010}$。

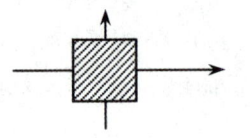

答案为 C。

（2009-10-12）曲线 $|xy|+1=|x|+|y|$ 所围成的图形的面积为（　　）

A. $\dfrac{1}{4}$ B. $\dfrac{1}{2}$ C. 1 D. 2 E. 4

【解】$|xy|+1=|x|+|y|$，$|xy|-|x|-|y|+1=(|x|-1)(|y|-1)=0$，$|x|-1=0$ 或 $|y|-1=0$，$x=\pm 1$，$y=\pm 1$，围成的是边长为 2 的正方形，所以面积为 $S=2\times 2=4$。

答案为 E。

（2010-1-14）如图，长方形 $ABCD$ 的两条边长为 8 米和 6 米，四边形 $OEFG$ 的面积是 4 平方米，则阴影部分的面积为（　　）

A. 32 平方米 B. 28 平方米 C. 24 平方米 D. 20 平方米 E. 16 平方米

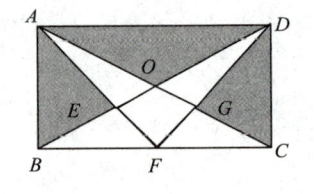

【解】方法 1：F 是中点（F 是中点，E、G 是三等分点，故可知 $S_{OEFG}=4$），由此可知 $S_{\triangle AOD}=12$，$S_{\triangle CDG}=\dfrac{1}{3}S_{\triangle ACD}=8$，

从而阴影部分面积为 $12+8+8=28$。

答案为 B。

方法 2：$S_{阴影}=S_{矩形\,ABCD}-S_{\triangle AFC}-S_{\triangle DFB}+S_{四边形\,OEFG}=8\times 6-\dfrac{1}{2}\times 8\times 6+4=28$

（2011-1-9）如图，四边形 $ABCD$ 是边长为 1 的正方形，弧 AOB，BOC，COD，DOA 均为半圆，则阴影部分的面积为（　　）

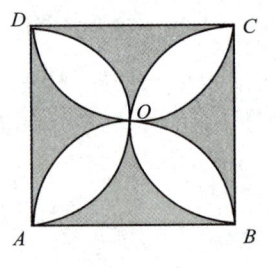

A. $\dfrac{1}{2}$ B. $\dfrac{\pi}{2}$ C. $1-\dfrac{\pi}{4}$

D. $\dfrac{\pi}{2}-1$ E. $2-\dfrac{\pi}{2}$

【解】$S_{阴}=2S_{正}-2S_{圆}=2-\dfrac{\pi}{2}$。答案为 E。

（2011-10-13）如下图，若相邻点的水平距离与竖直距离都是 1，则多边形 $ABCDE$ 的面积为（　　）

A. 7 B. 8 C. 9 D. 10 E. 11

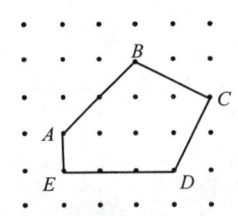

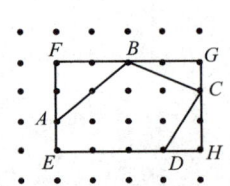

【解】将上述图形直接补全即可：

利用 $S_{ABDCE} = S_{矩形EFGH} - S_{\triangle AFB} - S_{\triangle BGC} - S_{\triangle DCH} = 8$。答案为 B。

（2011-10-14）如图，一块面积为 400 平方米的正方形土地被分割成甲、乙、丙、丁四个小长方形区域作为不同的功能区域，它们的面积分别为 128，192，48 和 32 平方米。乙的左小角划出一块正方形区域（阴影）作为公共区域，这块小正方形的面积为（　　）平方米

A. 16　　　　B. 17　　　　C. 18　　　　D. 19　　　　E. 20

【解】因为大正方形的边长为 20，丙和丁的面积之和为 80，所以丙的宽度是 4，丙的长度是 12，所以甲的长度是 16，甲的宽度是 8，所以阴影部分面积的边长为丙的长度与甲的宽度之差 = 4，故面积是 16。答案为 A。

（2012-1-14）如图，三个边长为 1 的正方形所组成区域（实线区域）的面积为（　　）

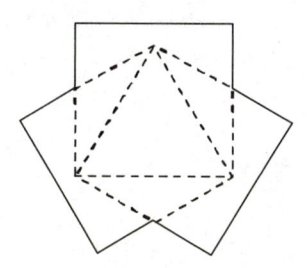

A. $3-\sqrt{2}$　　B. $3-\dfrac{3\sqrt{2}}{4}$　　C. $3-\sqrt{3}$　　D. $3-\dfrac{\sqrt{3}}{2}$　　E. $3-\dfrac{3\sqrt{3}}{4}$

【解】$S_{实线区域} = 3S_{正方形} - 3S_{等边三角形} = 3 - \dfrac{\sqrt{3}}{4} \times 3 = 3 - \dfrac{3\sqrt{3}}{4}$

答案为 E。

（2014-1-3）如图，已知 $AE=3AB$，$BF=2BC$，若 $\triangle ABC$ 的面积是 2，则 $\triangle AEF$ 的面积为（　　）

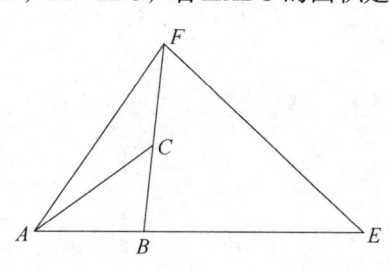

A. 14　　　　B. 12　　　　C. 10　　　　D. 8　　　　E. 6

【解】B。由于△ABC 与△ABF 有共同顶点 A，所以高相等，所以
$S_{\triangle ABF} : S_{\triangle ABC} = BF : BC = 2 : 1 \Rightarrow S_{\triangle ABF} = 2S_{\triangle ABC} = 4$
同理：△AEF 与△ABF 有共同顶点 F，所以高相等，所以
$S_{\triangle AEF} : S_{\triangle ABF} = AE : AB = 3 : 1 \Rightarrow S_{\triangle AEF} = 3S_{\triangle ABF} = 12$
答案为 A。

（2014-1-5）如下图所示，圆 A 与圆 B 的半径均为 1，则阴影部分的面积为（　　）

A. $\dfrac{2\pi}{3}$　　　B. $\dfrac{\sqrt{3}}{2}$　　　C. $\dfrac{\pi}{3} - \dfrac{\sqrt{3}}{4}$

D. $\dfrac{2\pi}{3} - \dfrac{\sqrt{3}}{4}$　　　E. $\dfrac{2\pi}{3} - \dfrac{\sqrt{3}}{2}$

【解】如下图所示，因为 $AB = BC = AC = 1$（半径），所以 $\angle ABC = 60°$，所以 $\angle CBD = 120°$，$S_{\text{扇形}BCAD} = \dfrac{1}{3}\pi r^2 = \dfrac{\pi}{3}$。$S_{\triangle BCD} = \dfrac{1}{2} \times \sqrt{3} \times \dfrac{1}{2} = \dfrac{\sqrt{3}}{4}$。根据对称性可知阴影面积为 $2 \times \left(\dfrac{\pi}{3} - \dfrac{\sqrt{3}}{4}\right) = \dfrac{2\pi}{3} - \dfrac{\sqrt{3}}{2}$。答案为 E。

（2015-1-4）如图，BC 是半圆直径，且 $BC = 4$，$\angle ABC = 30°$，则图中阴影部分面积为（　　）

A. $\dfrac{4}{3}\pi - \sqrt{3}$　　　B. $\dfrac{4}{3}\pi - 2\sqrt{3}$　　　C. $\dfrac{4}{3}\pi + \sqrt{3}$

D. $\dfrac{4}{3}\pi + 2\sqrt{3}$　　　E. $2\pi - 2\sqrt{3}$

【解】连接 OA，因为 $\angle ABC = 30°$，则 $\angle BOA = 120°$，等腰三角形 ABO 面积计算可得 $\dfrac{1}{2} \times 2\sqrt{3} \times 1 = \sqrt{3}$，扇形 ABO 面积计算可得 $\dfrac{1}{3} \times \pi \times 2^2 = \dfrac{4}{3}\pi$，故所求阴影面积为 $\dfrac{4}{3}\pi - \sqrt{3}$。答案为 A。

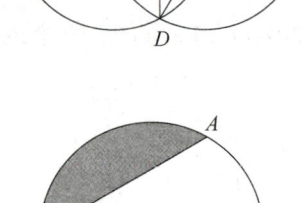

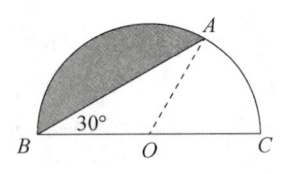

周老师提醒您

阴影部分面积的考点是历年必考知识点，要求考生一定要善于观察，首先将所有正规的图形全部列出来，然后进行加减组合，就可以求解出阴影部分的面积。

第二节　立体几何

知识框架图

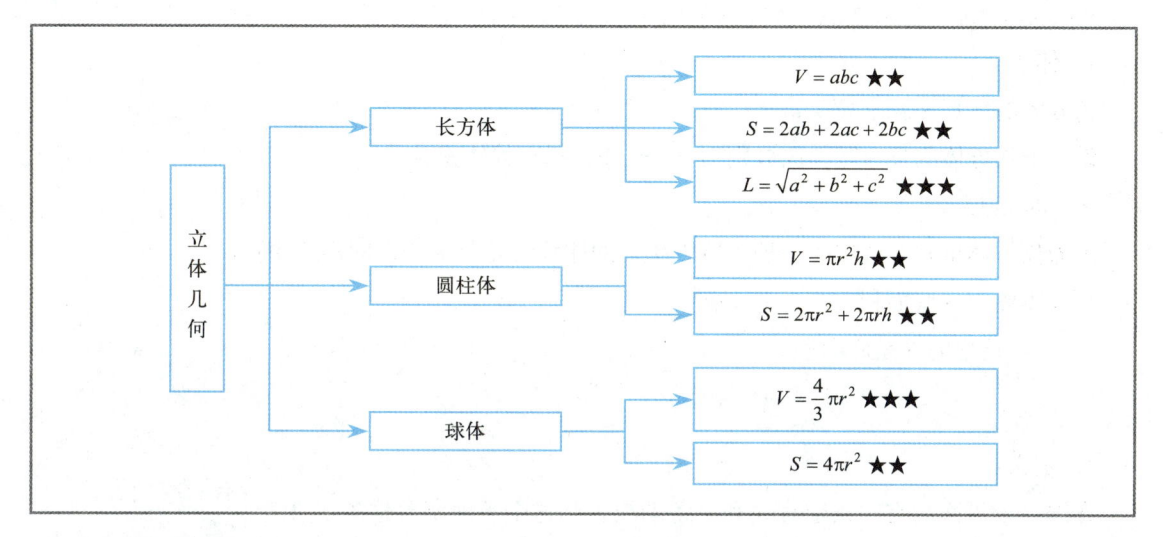

```
                    ┌── 长方体 ──┬── $V = abc$ ★★
                    │           ├── $S = 2ab + 2ac + 2bc$ ★★
                    │           └── $L = \sqrt{a^2 + b^2 + c^2}$ ★★★
   立体几何 ────────┤
                    ├── 圆柱体 ──┬── $V = \pi r^2 h$ ★★
                    │           └── $S = 2\pi r^2 + 2\pi rh$ ★★
                    │
                    └── 球体  ──┬── $V = \dfrac{4}{3}\pi r^2$ ★★★
                                └── $S = 4\pi r^2$ ★★
```

考点说明

本节要求考生必须掌握长方体、圆柱体、球体的性质以及运算公式，理解棱柱的相关知识。

模块化讲解

一、基本概念

（一）长方体

1. 定义

由 6 个长方形（特殊情况有两个相对的面是正方形）围成的立体图形叫作长方体。

长方体的每一个矩形都叫作长方体的面，面与面相交的线叫作长方体的棱，三条棱相交的点叫作长方体的顶点，相交于一个顶点的三条棱的长度分别叫作长方体的长、宽、高。

2. 特征

长方体有 6 个面，每个面都是长方形，至少有两个相对的两个面完全相同。特殊情况时有两个面是正方形，其他四个面都是长方形，并且完全相同。

长方体有 12 条棱，相对的棱长度相等。可分为三组，每一组有 4 条棱。还可分为四组，每一组有 3 条棱。

长方体有 8 个顶点。

长方体相邻的两条棱互相（相互）垂直。

3. 表面积

因为相对的两个面相等，所以先算上下两个面，再算前后两个面，最后算左右两个面。

设一个长方体的长、宽、高分别为 a、b、c，则它的表面积 S：

$S = 2ab + 2bc + 2ca = 2(ab + bc + ca)$

4. 体积

长方体的体积 = 长 × 宽 × 高

设一个长方体的长、宽、高分别为 a、b、c，则它的体积 V：

$V = abc = Sh$

因为长方体也属于棱柱的一种，所以棱柱的体积计算公式它也同样适用：

长方体体积 = 底面积 × 高，$V = Sh$

【注意】这里的 S 是底面积。

（二）圆柱体

1. 定义

在同一个平面内有一条定直线和一条动线，当这个平面绕着这条定直线旋转一周时，这条动线所成的面叫作旋转面，这条定直线叫作旋转面的轴，这条动线叫作旋转面的母线。如果母线是和轴平行的一条直线，那么所生成的旋转面叫作圆柱面。如果用垂直于轴的两个平面去截圆柱面，那么两个截面和圆柱面所围成的几何体叫作直圆柱，简称圆柱。圆柱又可以看作由一个矩形绕着它的一边旋转一周而得到的。

2. 侧面积和体积

设高为 h，底面半径为 r

体积：$V = \pi r^2 h$

侧面积：$S = 2\pi rh$（其侧面展开图为一个长为 $2\pi r$、宽为 h 的长方形）

全面积：$F = S_{侧} + 2S_{底} = 2\pi rh + 2\pi r^2$

（三）球体

1. 定义

如右图所示的图形为球体。

半圆以它的直径为旋转轴，旋转所成的曲面叫作球面。

球面所围成的几何体叫作球体，简称球。

半圆的圆心叫作球心。

连接球心和球面上任意一点的线段叫作球的半径。

连接球面上两点并且经过球心的线段叫作球的直径。

2. 球的性质

用一个平面去截一个球，截面是圆面。球的截面有以下性质：

- 球心和截面圆心的连线垂直于截面。
- 球心到截面的距离 d 与球的半径 R 及截面的半径 r 有下面的关系：$r^2 = R^2 - d^2$。

球面被经过球心的平面截得的圆叫作大圆，被不经过球心的截面截得的圆叫作小圆。

在球面上，两点之间的最短连线的长度，就是经过这两点的大圆在这两点间的一段劣弧的长度，我们把这个弧长叫作两点的球面距离。

3. 球的面积和体积

设球半径为 r，体积为 $V = \frac{4}{3}\pi r^3$，面积为 $S = 4\pi r^2$。

二、例题精讲

1. 一个长方体的对角线长为 $\sqrt{14}$ 厘米，全表面积为 22 平方厘米，则这个长方体所有的棱长之和为（　　）厘米

   A. 22　　　　B. 24　　　　C. 26　　　　D. 28　　　　E. 30

   【解题思路】利用长方体体对角线和边长与全面积的关系直接求解。

   【解】由已知得 $\sqrt{a^2 + b^2 + c^2} = \sqrt{14}$，$2(ab + ac + bc) = 22$，从而

   $(a+b+c)^2 = a^2 + b^2 + c^2 + 2ab + 2ac + 2bc = 14 + 22 = 36$，

   所以 $a+b+c = 6$，而长方体总共有 12 条棱，故总棱长为 $4 \times 6 = 24$。

   答案为 B。

2. 一个圆柱的直视图是一个正方形，这个圆柱的全面积与侧面积的比是（　　）

   A. 3：2　　　　B. 2：3　　　　C. 4：9

   D. 9：4　　　　E. 以上答案都不正确

   【解题思路】根据直视图是一个正方形，求出底面半径和母线长的关系。

   【解】设定圆柱的底面半径为 r，母线长为 l，根据题意可知 $l = 2\pi r$，圆柱的全面积为：

   $S = 2\pi r^2 + 2\pi rl = 6\pi r^2$

   圆柱的侧面积为：$S_{侧} = 2\pi rl = 4\pi r^2$，故二者之比为 3：2。答案为 A。

3. 长方体中，与一个顶点相邻的三个面的面积分别为 2、6 和 9，则长方体的体积为（　　）

   A. 7　　　　B. 8　　　　C. $3\sqrt{6}$　　　　D. $6\sqrt{3}$　　　　E. 以上答案都不正确

   【解题思路】直接利用三个面的面积之积，然后求其算术平方根即可。

   【解】$V = \sqrt{2 \times 6 \times 9} = 6\sqrt{3}$。答案为 D。

4. 一个圆柱形容器的轴截面尺寸如下图所示,将一个实心铁球放入该容器中,球的直径等于圆柱的高,现将容器注满水,然后取出该球(假设原水量不受损失),则容器中水面的高度为( )

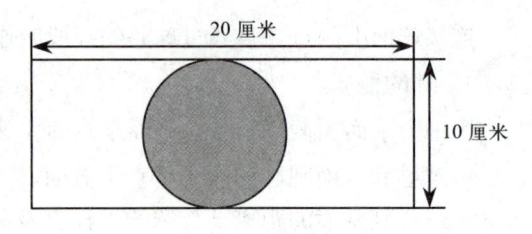

   A. $5\dfrac{1}{3}$ 厘米 B. $6\dfrac{1}{3}$ 厘米 C. $7\dfrac{1}{3}$ 厘米 D. $8\dfrac{1}{3}$ 厘米 E. 8 厘米

   【解题思路】由题意求出球的体积,求出圆柱的体积,即可得到水的体积,然后求出球取出后容器中水面的高度。

   【解】由题意可知球的体积为 $V = \dfrac{4}{3}\pi \times 5^3 = \dfrac{500}{3}\pi$(平方厘米)。圆柱的体积为 $V = \pi \times 10^2 \times 10 = 1000\pi$(平方厘米)。所以容器中水的体积为 $1000\pi - \dfrac{500}{3}\pi = \dfrac{2500}{3}\pi$($cm^2$)。

   球取出后,容器中水面的高度为 h,$10^2 \pi h = \dfrac{2500}{3}\pi$,解得 $h = 25/3$(厘米)。答案为 D。

5. 如图,圆柱形水管内积水的水面宽度 $CD = 8$ 厘米,F 为 $\overset{\frown}{CD}$ 的中点,圆柱形水管的半径为 5 厘米,则此时水深 GF 的长度为( )厘米

   A. 2   B. 3   C. 4   D. 3.5   E. 1

   【解题思路】由于 F 是 $\overset{\frown}{CD}$ 的中点,由垂径定理知 OF 垂直平分弦 CD,连接 OC,即可在 Rt△OCG 中,由勾股定理求出 OG 的值,进而由 $GF = OF - OG$ 求出水深。

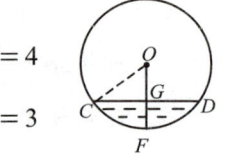

   【解】连接 OC;由 F 为 $\overset{\frown}{CD}$ 的中点,得 $OF \perp CD$,且 $CG = GD = \dfrac{1}{2}CD = 4$ 厘米;在 Rt△OCG 中,$OC = 5$ 厘米,$CG = 4$ 厘米,由勾股定理得 $OG = 3$ 厘米;故 $GF = OF - OG = 5 - 3 = 2$ 厘米。答案为 A。

6. 如图,有一个圆柱形仓库,它的高为 10 米,底面半径为 4 米,在圆柱形仓库下底面的 A 处有一只蚂蚁,它想吃相对侧中点 B 处的食物,蚂蚁爬行的速度是 50 厘米/分钟,那么蚂蚁吃到食物最少需要( )分钟(π 取 3)

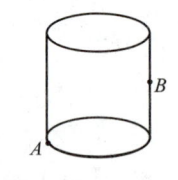

   A. 23   B. 32   C. 24   D. 25   E. 26

   【解题思路】要想求得最少时间,则需要求得最短路程。首先展开圆柱的半个侧面,即是矩形。此时 AB 所在的三角形的直角边分别是 5 米、12 米,根据勾股定理求得 AB 的长,再根据时间=路程÷速度,求出蚂蚁吃到食物最少需要的时间。

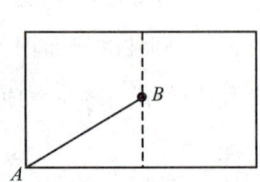

   【解】首先展开圆柱的半个侧面,即是矩形。此时 AB 所在的三角形的直角边分别是 5 米、12 米。根据勾股定理求得 $AB = 13$ 米 = 1300 厘米,故蚂蚁吃到食物最少需要的时间是 $1300 \div 50 = 26$(秒)。答案为 E。

7. 现往一塑料圆柱形杯子（重量忽略不计）中匀速注水，已知 10 秒钟能注满杯子，之后注入的水会溢出，下列四个图像中，能反映从注水开始，15 秒内注水时间 t 与杯底压强 P 的图像是（ ）

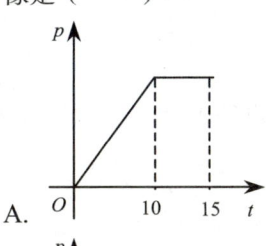

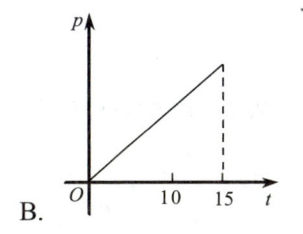

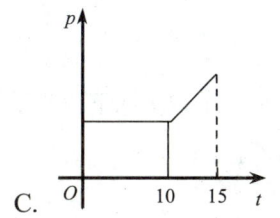

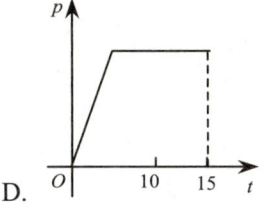

A.　　　　B.　　　　C.

D.　　　　E. 以上答案均不正确

【解题思路】杯底的面积一定，随着注水量的增加，压力从 0 开始增大，压强 = $\dfrac{压力}{面积}$；那么压强也将变大，10 秒时注满水，压强开始不变，直到第 15 秒。

【解】把注水的 15 分钟时间分为两个阶段：0～10 分钟，水位逐步上升，压强 p 逐步增大；10～15 分钟，水会溢出，压强 p 不变，即图像先上升，再与 x 轴平行。答案为 A。

真题解析

（2011-1-3）现有一个半径为 R 的球体，拟用刨床将其加工成正方体，则能加工成的最大正方体的体积是（ ）

A. $\dfrac{8}{3}R^3$　　B. $\dfrac{8\sqrt{3}}{9}R^3$　　C. $\dfrac{4}{3}R^3$　　D. $\dfrac{1}{3}R^3$　　E. $\dfrac{3}{9}R^3$

【解】本题既然求最大内接正方形，可知球的直径即为正方体的体对角线，由此可知：

$2R = \sqrt{3}a, a = \dfrac{2}{\sqrt{3}}R$，然后 $V = a^3 = \left(\dfrac{2}{\sqrt{3}}R\right)^3 \dfrac{8\sqrt{3}R^3}{9}$。

答案为 B。

（2012-1-3）如图所示，一个储物罐的下半部分是底面直径与高均是 20 米的圆柱形，上半部分（顶部）是半球形，已知底面与顶部的造价是 400 元每平方米，侧面的造价是 300 元每平方米，该储物罐的造价是（ ）（$\pi = 3.14$）

A. 56.52 万元　　B. 62.8 万元　　C. 75.36 万元

D. 87.92 万元　　E. 100.48 万元

【解】造价 = 底面 + 侧面 + 顶部，有

$2\pi \times 10^2 \times 400 + \pi \times 10^2 \times 400 + \pi \times 20^2 \times 300 \approx 75.36$（万元）。答案为 C。

（2013-1-11）将体积为 4πcm³ 和 32πcm³ 的两个实心金属球熔化后铸成一个实心大球，求大球的表面积为（   ）

A. 32πcm²   B. 36πcm²   C. 38πcm²   D. 40πcm²   E. 42πcm²

【解】$4\pi + 32\pi = \frac{4}{3}\pi r^3$，$r = 3$，$4\pi r^2 = 36\pi$ cm²。答案为 B。

（2014-1-12）如下图所示，正方体 $ABCD-A'B'C'D'$ 棱长为 2，F 是棱 $C'D'$ 的中点，则 AF 的长为（   ）

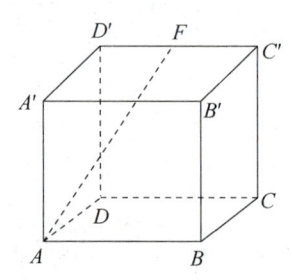

A. 3   B. 5   C. $\sqrt{5}$ D. $2\sqrt{2}$ E. $2\sqrt{3}$

【解】由勾股定理 $AF^2 = D'F + D'A^2 = 1^2 + 2^2 + 2^2 = 9$，所以 $AF = 3$。答案为 A。

（2014-1-14）某工厂在半径为 5cm 的球形工艺品上镀一层装饰金属，厚度为 0.01cm，已知装饰金属的原材料是棱长为 20cm 的正方体锭子，则加工该工艺品需要的锭子数最少为（   ）（不考虑加工损耗，π = 3.14 ）

A. 2   B. 3   C. 4   D. 5   E. 20

【解】每个球形工艺品需要装饰材料的体积为：$\frac{4}{3}\pi(R^3 - r^3) = \frac{4}{3}\pi(5.01^3 - 5^3)$，10 000 个的体积为 $\frac{4}{3}\pi(5.01^3 - 5^3) \times 10\,000$，而每个锭子的体积为：$20^3 = 8000$，所以需要的锭子数为 $\dfrac{\frac{4}{3}\pi(5.01^3 - 5^3) \times 10\,000}{8000} \approx 4$。答案为 C。

（2015-1-7）有一根圆柱形铁管，管壁厚度为 0.1 米，内径为 1.8 米，长度为 2 米，若将该铁管融化后浇铸成长方体，则该长方体的体积为（   ）（π ≈ 3.14 ）

A. 0.38   B. 0.59   C. 1.19   D. 5.09   E. 6.28

【解】设外部体积为 V_1，内部体积为 V_2，所以体积为：
$$V = V_1 - V_2 = \pi\left(\frac{1.8}{2} + 0.1\right)^2 h - \pi\left(\frac{1.8}{2}\right)^2 h = \pi(1^2 - 0.9^2) \cdot 2 = 1.19$$。答案为 C。

（2016-1-9）现有长方形木板 340 张，正方形木板 160 张，这些木板可以装配成若干竖式和横式的无盖箱子，装配成的竖式和横式箱子的个数为（   ）

A. 25, 80   B. 60, 50   C. 20, 70   D. 60, 40   E. 40, 60

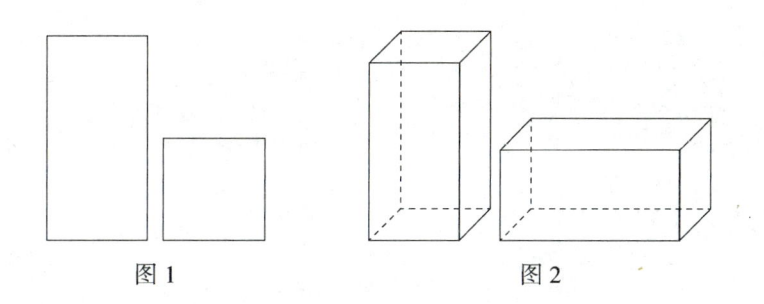

【解】依题意得，竖式的箱子需要一个正方形木板，4个长方形木板，横式的箱子需要2个正方形木板，3个长方形木板。设竖式的箱子 x 个，横式的箱子 y 个，则 $\begin{cases} x+2y=160 \\ 4x+3y=340 \end{cases} \Rightarrow x=40, y=60$。答案为 E。

（2017-1-21）（条件充分性判断）如图，一个铁球沉入水池中，则能确定铁球的体积

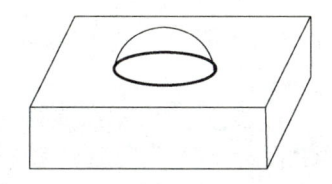

（1）已知铁球露出水面的高度

（2）已知水深及铁球与水面交线的周长

【解】题干图形的纵截面图形如图所示，要确定铁球的体积只需知道铁球的半径即可。对条件（1），仅仅已知铁球露出水面的高度，显然条件的有效性不够，条件（1）不充分；对条件（2），已知铁球与水面交线的周长，可以知道铁球与水面所成圆的半径 r，已知水深，可以知道球心到水面的距离 $h-R$，故根据如果所画出的直角三角形，利用勾股定理可以求得球的半径 R，从而确定铁球的体积，条件（2）充分。

答案为 B。

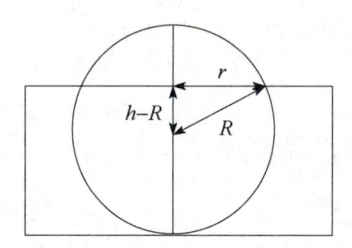

> **周老师提醒您**
>
> 关于立体几何，一般考试必有一个题目，主要涉及圆柱体和球体，要求考生必须掌握圆柱体和球体的性质及运算公式。

第三节　解析几何

知识框架图

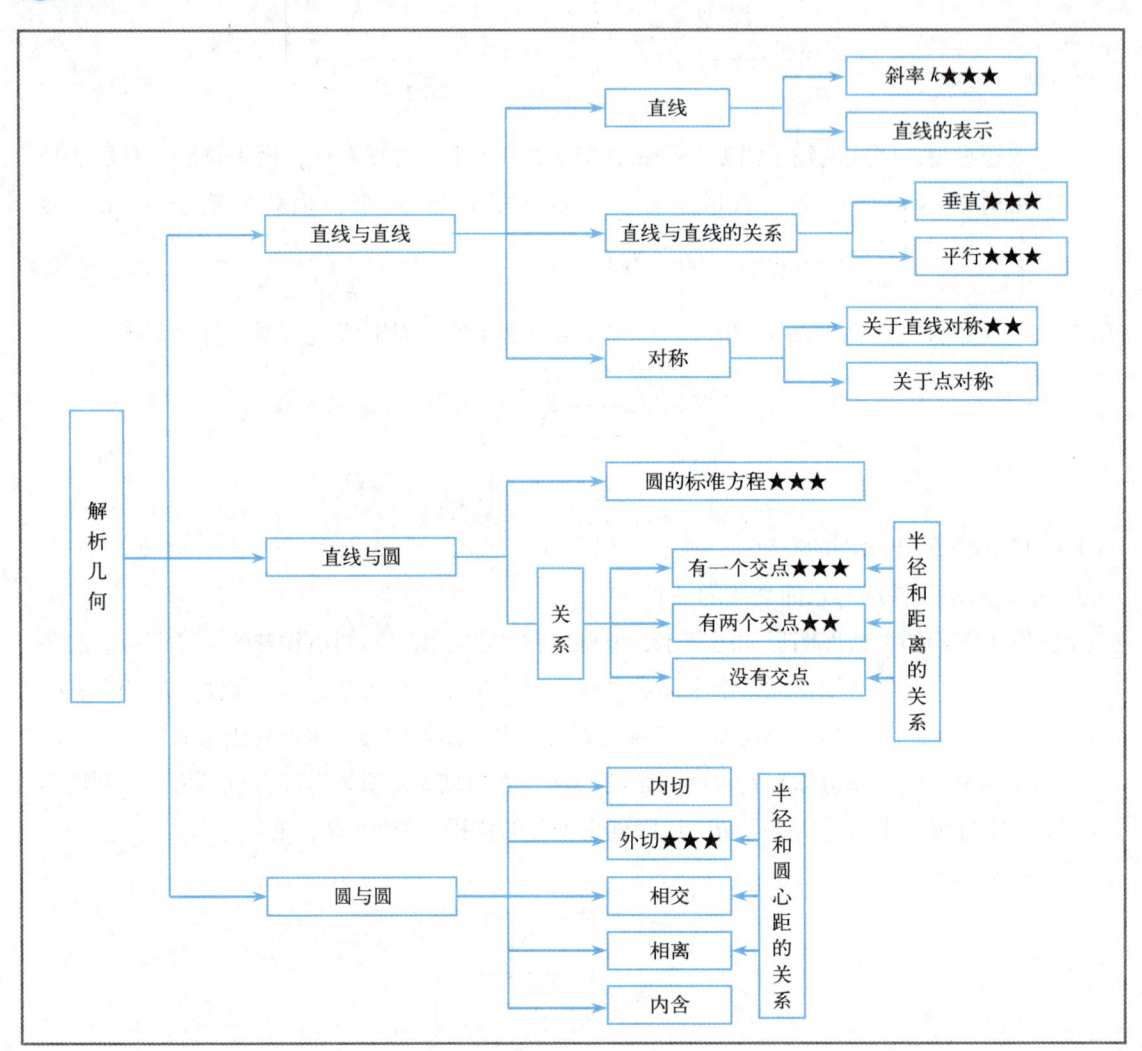

```
                           ┌─ 直线 ──┬─ 斜率 k ★★★
                           │         └─ 直线的表示
          ┌─ 直线与直线 ──┼─ 直线与直线的关系 ──┬─ 垂直 ★★★
          │               │                     └─ 平行 ★★★
          │               └─ 对称 ──┬─ 关于直线对称 ★★
          │                         └─ 关于点对称
          │
          │               ┌─ 圆的标准方程 ★★★
解析几何 ─┼─ 直线与圆 ────┤         ┌─ 有一个交点 ★★★ ┐
          │               └─ 关系 ──┼─ 有两个交点 ★★   ├ 半径和距离的关系
          │                         └─ 没有交点       ┘
          │
          │               ┌─ 内切              ┐
          │               ├─ 外切 ★★★         │
          └─ 圆与圆 ──────┼─ 相交              ├ 半径和圆心距的关系
                          ├─ 相离              │
                          └─ 内含              ┘
```

考点说明

解析几何是历年来考查的一个重点，也是必考点，每年的考试至少考查 2 道题，考生需要给予足够的重视。解析几何主要涉及的考点有两点之间的距离公式，直线与直线的关系，点到直线的距离，直线与圆的位置关系，以及对称，这些需要考生牢固掌握。本节也是历年考试失分比较多的一部分，所以要求考生在平时的复习过程中注意总结每个知识点对应考题的做题方法。

模块化讲解

平面直角坐标系

一、基本概念

1. 有序数对

我们把有顺序的两个数 a 与 b 组成的数对叫作有序数对，记作 (a,b)。

由于 a 与 b 是有顺序之分的，所以 $(1,2)$ 与 $(2,1)$ 表示的意义不一样。

2. 平面直角坐标系的定义

在平面内画出两条互相垂直而且有公共原点的数轴，水平的一条叫作 x 轴或横轴，规定向右的方向为正方向，铅直的一条叫作 y 轴或纵轴，规定向上的方向为正方向，这就构成了平面直角坐标系，简称直角坐标系。在直角坐标系中，x 轴与 y 轴统称坐标轴，它们的公共原点叫作坐标原点，简称原点，一般用 O 表示，建立了坐标系的平面叫作坐标平面。

3. 点的坐标的确定

点的坐标用 (a,b) 表示，从点向横轴作垂线段，垂足在横轴上表示的数是其横坐标 a；从点向纵轴作垂线段，垂足在纵轴上表示的数是其纵坐标 b。

坐标点 (a,b) 的确定，在 x 轴上找到表示数 a 的点，过该点做 x 轴的垂线；在 y 轴上找到表示数 b 的点，过该点作 y 轴的垂线；两条垂线的交点就是点 (a,b) 的位置。

4. 各象限内点及坐标轴上点的坐标特点

（1）在第一象限内的点横纵坐标都为正；（2）在第二象限内的点横负纵正；

（3）在第三象限内的点横纵坐标都为负；（4）在第四象限内的点横正纵负；

（5）横轴上的点纵坐标为 0；纵轴上的点横坐标为 0。

5. 特殊直线上点的坐标特点

（1）垂直于 x 轴的直线上的点的横坐标相等；

（2）垂直于 y 轴的直线上的点的纵坐标相等；

（3）第一、三象限角平分线上的点的横坐标与纵坐标相等；

（4）第二、四象限角平分线上的点的横坐标与纵坐标互为相反数。

6. 点 $P(x,y)$ 到坐标轴的距离

（1）点 $P(x,y)$ 到横轴的距离等于纵坐标的绝对值 $|y|$；

（2）点 $P(x,y)$ 到纵轴的距离等于横坐标的绝对值 $|x|$。

7. 坐标平面内两点间的距离

（1）横坐标相同的两点的距离等于纵坐标差的绝对值；

（2）纵坐标相同的两点的距离等于横坐标差的绝对值。

8. 坐标平面内的点 $P(a,b)$ 的坐标特征

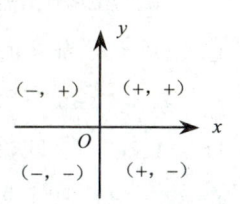

象限内的点	点 P 在第一象限	$a>0$, $b>0$
	点 P 在第二象限	$a<0$, $b>0$
	点 P 在第三象限	$a<0$, $b<0$
	点 P 在第四象限	$a>0$, $b<0$
坐标轴上的点	点 P 在 x 轴上：$y=0$，x 为一切实数	点 P 在 x 轴正半轴上：$a>0$, $b=0$
		点 P 在 x 轴负半轴上：$a<0$, $b=0$
	点 P 在 y 轴上：$x=0$，y 为一切实数	点 P 在 y 轴正半轴上：$b>0$, $a=0$
		点 P 在 y 轴负半轴上：$b<0$, $a=0$

9. 两点之间的中点公式

有 $A(x_1, y_1)$, $B(x_2, y_2)$，则 A 点和 B 点的中点坐标为 $C\left(\dfrac{x_1+x_2}{2}, \dfrac{y_1+y_2}{2}\right)$。

二、例题精讲

1. 若直线 $Ax + By + C = 0$ 在第一、二、三象限，则（　　）

   A. $AB>0$，$BC>0$　　　　B. $AB>0$，$BC<0$　　　　C. $AB<0$，$BC>0$

   D. $AB<0$，$BC<0$　　　　E. 以上答案均不正确

   【解题思路】由直线 $Ax + By + C = 0$ 在第一、二、三象限，知直线 $Ax + By + C = 0$ 与 x 轴交于负半轴，与 y 轴交于正半轴，由此能得到正确结果。

   【解】因为直线 $Ax + By + C = 0$ 在第一、二、三象限，所以直线 $Ax + By + C = 0$ 与 x 轴交于负半轴，与 y 轴交于正半轴，令 $y=0$，得 $x = -C/A$；令 $x=0$，得 $y = -C/B$。有 $AC>0$，$BC<0$，故 $AB<0$，$BC<0$。答案为 D。

2. 已知 $ab<0$，$bc<0$，则直线 $ax + by = c$ 通过（　　）

   A. 第一、二、三象限　　　B. 第一、二、四象限　　　C. 第一、三、四象限

   D. 第二、三、四象限　　　E. 以上答案均不正确

   【解题思路】把直线的方程化为斜截式，判断斜率及在 y 轴上的截距的符号，从而确定直线在坐标系中的位置。

   【解】直线 $ax + by = c$ 即 $y = -\dfrac{a}{b}x + \dfrac{c}{b}$，由 $ab<0$，$bc<0$，得斜率 $k = -ab>0$，在 y 轴上的截距 $cb<0$，故直线通过第一、三、四象限。答案为 C。

3. 已知 $A(-1, 2)$、$B(3, -4)$，则线段 AB 的中点为（　　）

   A. $(1, -1)$　　B. $(-2, 3)$　　C. $\left(\dfrac{1}{2}, -\dfrac{1}{2}\right)$　　D. $\left(\dfrac{3}{2}, -\dfrac{3}{2}\right)$　　E. $(2, -3)$

   【解题思路】由已知点 A 和 B 的坐标，可以求得中点的坐标，用中点坐标公式求即可。

【解】$A(-1, 2)$、$B(3, -4)$，则线段 AB 的中点为 $x = \dfrac{(-1+3)}{2}, y = \dfrac{(2-4)}{2}$，即 $(1, -1)$。答案为 A。

> **周老师提醒您**
>
> 该知识点重要的内容在于象限的判定和中点公式，要求考生牢记中点公式，在判断直线象限的过程中可以采用特殊值的方法运算。

直线

一、基本概念

1. 直线的倾斜角和斜率

直线的斜率为 k，倾斜角为 α，它们的关系为：$k = \tan \alpha$；

若 $A(x_1, y_1)$，$B(x_2, y_2)$，则 $K_{AB} = \dfrac{y_2 - y_1}{x_2 - x_1}$。

2. 直线的方程

（1）点斜式：$y - y_1 = k(x - x_1)$；

（2）斜截式：$y = kx + b$；

（3）两点式：$\dfrac{y - y_1}{y_2 - y_1} = \dfrac{x - x_1}{x_2 - x_1}$；

（4）截距式：$\dfrac{x}{a} + \dfrac{y}{b} = 1$；

（5）一般式：$Ax + By + C = 0$，其中 A、B 不同时为 0。

3. 两直线的位置关系

两条直线 l_1 和 l_2 有三种位置关系：平行（没有公共点）；相交（有且只有一个公共点）；重合（有无数个公共点）。在这三种位置关系中，我们重点研究平行与垂直。

下面从几个典型的直线方程形式来看直线的位置关系。

（1）斜截式。设两直线分别为 $l_1: y = k_1 x + b_1$，$l_2: y = k_2 x + b_2$

$l_1 // l_2 \Leftrightarrow k_1 = k_2,\ b_1 \neq b_2$

$l_1 \perp l_2 \Leftrightarrow k_1 k_2 = -1$

（2）一般式。设两直线分别为 $l_1: a_1 x + b_1 y + c_1 = 0$，$l_2: a_2 x + b_2 y + c_2 = 0$

$l_1 // l_2 \Leftrightarrow \dfrac{a_1}{a_2} = \dfrac{b_1}{b_2} \neq \dfrac{c_1}{c_2}$

$l_1 \perp l_2 \Leftrightarrow a_1 a_2 + b_1 b_2 = 0 \Leftrightarrow \dfrac{a_1}{b_1} \times \dfrac{a_2}{b_2} = -1$

后一个等价关系式只有两直线的斜率都存在的情况下才成立。

4. 点、直线之间的距离

点 $A(x_0, y_0)$ 到直线 $Ax + By + C = 0$ 的距离为 $d = \dfrac{|Ax_0 + By_0 + C|}{\sqrt{A^2 + B^2}}$。

$A(x_1, y_1)$，$B(x_2, y_2)$ 两点之间的距离为 $|AB| = \sqrt{(x_2 - x_1)^2 + (y_2 - y_1)^2}$。

二、例题精讲

1. 直线 l 过点 $(-1, 2)$ 且与直线 $2x - 3y + 4 = 0$ 垂直，则 l 的方程是（　　）
   A. $3x + 2y - 1 = 0$　　B. $3x + 2y + 1 = 0$　　C. $3x - 2y - 1 = 0$
   D. $3x - 2y + 1 = 0$　　E. 以上答案均不正确

   【解题思路】根据两条直线垂直，求出直线 l 的斜率，然后根据点斜式求出直线的方程。

   【解】由题意知，直线 l 的斜率为 $-\dfrac{3}{2}$，因此直线 l 的方程为 $y - 2 = -\dfrac{3}{2}(x + 1)$，即 $3x + 2y - 1 = 0$。答案为 A。

2. 已知两条直线 $y = ax - 2$ 和 $y = (a + 2)x + 1$ 互相垂直，则 a 等于（　　）
   A. 0　　B. 1　　C. -1　　D. 2　　E. -2

   【解题思路】根据两条直线垂直的条件，求出 a 即可。

   【解】由两条直线互相垂直，得 $a(a + 2) = -1$，故 $a = -1$。答案为 C。

3. 若直线 $l_1: y = kx + k + 2$ 与 $l_2: y = -2x + 4$ 的交点在第一象限，则实数 k 的取值范围是（　　）
   A. $k > -\dfrac{2}{3}$　　B. $k < 2$　　C. $-\dfrac{2}{3} < k < 2$
   D. $k < -\dfrac{2}{3}$ 或 $k > 2$　　E. 以上答案均不正确

   【解题思路】根据直线与直线相交，求出交点，然后利用第一象限的条件计算位置的范围即可。

   【解】由 $\begin{cases} y = kx + k + 2 \\ y = -2x + 4 \end{cases}$ 得 $\begin{cases} x = \dfrac{2 - k}{k + 2} \\ y = \dfrac{6k + 4}{k + 2} \end{cases}$，

   由 $\begin{cases} \dfrac{2-k}{k+2} > 0 \\ \dfrac{6k+4}{k+2} > 0 \end{cases}$ 得 $\begin{cases} -2 < k < 2 \\ k < -2 \text{ 或 } k > -\dfrac{2}{3} \end{cases}$，即 $-\dfrac{2}{3} < k < 2$。

   答案为 C。

4. 已知直线 $a^2x + y + 2 = 0$ 与直线 $bx - (a^2 + 1)y - 1 = 0$ 互相垂直，则 $|ab|$ 的最小值为（　　）
   A. 5　　B. 4　　C. 2
   D. 1　　E. 以上答案均不正确

   【解题思路】根据两条直线的垂直条件，建立 a 和 b 的关系，然后进行运算即可。

【解】由题意知，$a^2b - (a^2+1) = 0$ 且 $a \neq 0$，得 $a^2b = a^2+1$，所以 $ab = \dfrac{a^2+1}{a} = a + \dfrac{1}{a}$，得 $|ab| = \left|a + \dfrac{1}{a}\right| = |a| + \dfrac{1}{|a|} \geq 2$（当且仅当 $a = \pm 1$ 时取"="）。答案为 C。

5. 已知点 $A(-3,-4)$，$B(6,3)$ 到直线 $l: ax+y+1=0$ 的距离相等，则实数 a 的值等于（　　）

   A. $\dfrac{7}{9}$　　　B. $-\dfrac{1}{3}$　　　C. $-\dfrac{7}{9}$ 或 $-\dfrac{1}{3}$

   D. $\dfrac{7}{9}$ 或 $\dfrac{1}{3}$　　　　E. 以上答案均不正确

   【解题思路】根据点到直线的距离建立等量关系，直接运算即可。

   【解】由题意知 $\dfrac{|6a+3+1|}{\sqrt{a^2+1}} = \dfrac{|-3a-4+1|}{\sqrt{a^2+1}}$，解得 $a = -\dfrac{1}{3}$ 或 $a = -\dfrac{7}{9}$。答案为 C。

6. 已知直线 $l_1: (k-3)x + (4-k)y + 1 = 0$ 与 $l_2: 2(k-3)x - 2y + 3 = 0$ 平行，则 k 的值是（　　）

   A. 1 或 3　　B. 1 或 5　　C. 3 或 5　　D. 1 或 2　　E. 以上答案均不正确

   【解题思路】直线平行有两种情况：斜率不存在；斜率相等。

   【解】当 $k=3$ 时，两直线平行，当 $k \neq 3$ 时，由两直线平行，斜率相等，得 $\dfrac{3-k}{4-k} = k-3$，解得 $k=5$。答案为 C。

7. 若直线 $l_1: ax+2y-1=0$ 与 $l_2: 3x-ay+1=0$ 垂直，则 $a=$（　　）

   A. -1　　B. 1　　C. 0　　D. 2　　E. 以上答案均不正确

   【解题思路】利用直线与直线垂直的条件直接运算。

   【解】由 $3a-2a=0$，得 $a=0$。答案为 C。

8. 过点 $(1,0)$ 且与直线 $x-2y-2=0$ 平行的直线方程是（　　）

   A. $x-2y-1=0$　　B. $x-2y+1=0$　　C. $2x+y-2=0$

   D. $x+2y-1=0$　　E. 以上答案均不正确

   【解题思路】首先根据直线平行求出需求直线的斜率，然后利用点斜式求方程即可。

   【解】设直线方程为 $x-2y+c=0$，又经过 $(1,0)$，故 $c=-1$，所求方程为 $x-2y-1=0$。答案为 A。

9. 已知点 $A(1,-2)$，$B(m,2)$，且线段 AB 的垂直平分线的方程是 $x+2y-2=0$，则实数 m 的值是（　　）

   A. -2　　B. -7　　C. 3　　D. 1　　E. 以上答案均不正确

   【解题思路】首先根据中点公式求出 A 点和 B 点的中点坐标，然后利用中点坐标满足直线方程求解。

   【解】由已知条件可知线段 AB 的中点 $\left(\dfrac{1+m}{2}, 0\right)$ 在直线 $x+2y-2=0$ 上，代入直线方程解得 $m=3$。答案为 C。

10. 不论 k 为何值，直线 $(2k-1)x-(k-2)y-(k+4)=0$ 恒过的一个定点是（　　）

A. $(0,0)$　　B. $(2,3)$　　C. $(3,2)$　　D. $(-2,3)$　　E. $(-1,3)$

【解题思路】方法1：不论 k 为何值直线恒过定点，即跟参数 k 无关，原直线方程可整理为 $(2x-y-1)k-(x-2y+4)=0$，k 的系数为0，解方程组即可。

方法2：因为是选择题，跟 k 无关，不妨取两个特殊值，确定两条直线求交点即可。

【解】方法1：直线方程 $(2k-1)x-(k-2)y-(k+4)=0$ 变形为 $(2x-y-1)k-(x-2y+4)=0$。由直线过定点，与 k 无关，知 $2x-y-1=0, x-2y+4=0$，解得 $x=2, y=3$。答案为 B。

方法2：无论 k 取何值，不妨取 $k=1/2$，得 $y=3$；取 $k=2$，得 $x=2$。直线 $x=2$ 与 $y=3$ 的交点为 $(2,3)$。答案为 B。

真题解析

（2011-1-11）设 P 是圆 $x^2+y^2=2$ 上的一点，该圆在点 P 的切线平行于直线 $x+y+2=0$，则点 P 的坐标为（　　）

A. $(-1,1)$　　B. $(1,-1)$　　C. $(0,\sqrt{2})$

D. $(\sqrt{2},0)$　　E. $(1,1)$

【解】画出图形直接观察后可知答案为 E。

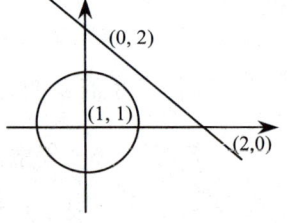

（2011-1-21）（条件充分性判断）已知实数 a,b,c,d 满足 $a^2+b^2=1, c^2+d^2=1$，则 $|ac+bd|<1$。

（1）直线 $ax+by=1$ 与 $cx+dy=1$ 仅有一个交点　　（2）$a\neq c, b\neq d$

【解】针对条件（1）而言，利用 $(a^2+b^2)(c^2+d^2)\geqslant (ac+bd)^2$，而 $ad\neq bc$，两直线相交一点则满足上述条件，充分；针对条件（2）而言，将特殊值 $a=\dfrac{1}{\sqrt{2}}, c=-\dfrac{1}{\sqrt{2}}, b=-\dfrac{1}{\sqrt{2}}, d=\dfrac{1}{\sqrt{2}}$ 代入即可发现不可以，不充分。

答案为 A。

（2012-1-17）（条件充分性判断）直线 $y=ax+b$ 过第二象限。

（1）$a=-1, b=1$　　（2）$a=1, b=-1$

【解】直线代入自行画图可知只有条件（1）充分，条件（2）不充分。答案为 A。

> **周老师提醒您**
>
> 解答直线与直线位置关系的过程中，考生需要抓住两个关系：垂直和平行。在解答这种关系时，要求考生注意两种非常特殊的情况，就是斜率不存在的情况下，直线可能垂直或者平行。

对称关系

一、基本概念

1. 点关于点对称

（1）点 $P(a,b)$ 关于原点的对称点坐标是 $(-a,-b)$；

（2）点 $P(a,b)$ 关于某一点 $M(x_0, y_0)$ 的对称点的坐标，利用中点坐标式求得为 $(2x_0 - a, 2y_0 - b)$。

2. 直线关于点对称

（1）直线 $L: Ax + By + C = 0$ 关于原点的对称直线。

设所求直线上一点为 $P(x, y)$，则它关于原点的对称点为 $Q(-x, -y)$，因为 Q 点在直线 L 上，故有 $A(-x) + B(-y) + C = 0$，即 $Ax + By - C = 0$。

（2）直线 l_1 关于某一点 $M(x_0, y_0)$ 的对称直线 l_2。

它的求法分两种情况：

当 $M(x_0, y_0)$ 在 l_1 上时，它的对称直线为过 M 点的任一条直线。

当 M 点不在 l_1 上时，对称直线的求法为：

- 方法1：在直线 l_2 上任取一点 $P(x, y)$，则它关于 M 的对称点为 $Q(2x_0 - x, 2y_0 - y)$，因为 Q 点在 l_1 上，把 Q 点坐标代入直线在 l_1 中，便得到 l_2 的方程。

- 方法2：在 l_1 上取一点 $P(x_1, y_1)$，求出 P 关于 M 点的对称点 Q 的坐标。再由 $K_{l_1} = K_{l_2}$，可求出直线 l_2 的方程。

- 方法3：由 $K_{l_1} = K_{l_2}$，可设 $l_1: Ax + By + C = 0$ 关于点 $M(x_0, y_0)$ 的对称直线为 $Ax + By + C' = 0$ 且 $\dfrac{|Ax_0 + By_0 + C|}{\sqrt{A^2 + B^2}} = \dfrac{|Ax_0 + By_0 + C'|}{\sqrt{A^2 + B^2}}$，求出 C' 从而可求出对称直线方程。

3. 点关于直线对称

（1）点 $P(a, b)$ 关于 x 轴和 y 轴，直线 $x = y$，$x = -y$ 的对称点坐标可利用图像分别求得 $(a, -b), (-a, b), (b, a), (-b, -a)$。

（2）点 $P(a, b)$ 关于某直线 $L: Ax + By + C = 0$ 的对称点 P' 的坐标。

- 方法1：由 $PP' \perp L$ 知，$K_{PP'} = \dfrac{B}{A} \Rightarrow$ 直线 PP' 的方程 $\rightarrow y - b = \dfrac{B}{A}(x - a)$。由 $\begin{cases} Ax + By + C = 0 \\ y - b = \dfrac{B}{A}(x - a) \end{cases}$

可求得交点坐标，再由中点坐标公式求得对称点 P' 的坐标。

- 方法2：设对称点 $P'(x, y)$，由中点坐标公式求得中点坐标为 $\left(\dfrac{a+x}{2}, \dfrac{b+y}{2}\right)$。把中点坐标代入 L 中得到 $A \cdot \dfrac{a+x}{2} + B \cdot \dfrac{b+y}{2} + C = 0$ ①；再由 $K_{PP'} = \dfrac{B}{A}$ 得 $\dfrac{b-y}{a-x} = \dfrac{B}{A}$ ②，联立①、②可得到 P' 点坐标。

- 方法 3：设对称点为 $P'(x,y)$，由点到直线的距离公式有 $\dfrac{|Ax_0+By_0+C|}{\sqrt{A^2+B^2}} = \dfrac{|Ax_0+By_0+C'|}{\sqrt{A^2+B^2}}$ ①，再由 $K_{PP'}=\dfrac{B}{A}$ 得 $\dfrac{b-y}{a-x}=\dfrac{B}{A}$ ②，由①、②可得到 P' 点坐标。

4. 直线 l_1 关于直线 l 的对称直线 l_2

（1）当 l_1 与 l 不相交时，则 $l_1 \parallel l \parallel l_2$。在 l_1 上取一点 $P(x_0,y_0)$，求出它关于 l 的对称点 Q 的坐标，再利用 $P_{l_1}=P_{l_2}$ 可求出 l_2 的方程。

（2）当 l_1 与 l 相交时，l_1、l、l_2 三线交于一点。

- 方法 1：先解 l_1 与 l 组成的方程组，求出交点 A 的坐标，则交点必在对称直线 l_2 上。再在 l_1 上找一点 B，点 B 的对称点 B' 也在 l_2 上，由 A、B' 两点可求出直线 l_2 的方程。
- 方法 2：在 l_1 上任取一点 $P(x_1,y_1)$，则 P 点关于直线 l 的对称点 Q 在直线 l_2 上，再由 $PQ \perp l$，$K_{PQ}K_L=-1$。又 PQ 的中点在 l 上，由此解得 $x_1=f(x,y), y_1=g(x,y)$，把点 (x_1,y_1) 代入直线 l_1 的方程中可求出 l_2 的方程。
- 方法 3：设 l_1 关于 l 的对称直线为 l_2，则 l_2 必过 l_1 与 l 的交点，且 l_2 到 l 的角等于 l 到 l_1 的角，从而求出 l_2 的斜率，进而求出 l_2 的方程。

二、例题精讲

1. 点 $(-3,-1)$ 关于直线 $3x+4y-12=0$ 的对称点是（　　）

    A. $(2,8)$ B. $(1,3)$ C. $(4,6)$ D. $(3,7)$ E. 以上答案均不正确

    【解题思路】点关于直线对称，根据斜率的关系和中点要满足直线方程两个条件建立等量关系进行运算。

    【解】设对称点为 (x_0,y_0)，则：

    $\begin{cases} \dfrac{y_0+1}{x_0+3}=\dfrac{4}{3} \\ 3\cdot\dfrac{x_0-3}{2}+4\cdot\dfrac{y_0-1}{2}-12=0 \end{cases} \Rightarrow \begin{cases} x_0=3 \\ y_0=7 \end{cases}$

    答案为 D。

2. 直线 $x-2y+1=0$ 关于直线 $x=1$ 对称的直线方程是（　　）

    A. $x+2y-1=0$ B. $2x+y-1=0$ C. $2x+y-3=0$

    D. $x+2y-3=0$ E. 以上结论均不正确

    【解题思路】设定任一点 (x,y)，则它关于 $x=1$ 的对称点为 $(2-x,y)$，需要满足直线方程，代入即可得到直线方程。

    【解】方法 1（利用相关点法）：设所求直线上任一点 (x,y)，则它关于 $x=1$ 的对称点为 $(2-x,y)$ 在直线 $x-2y+1=0$ 上，所以 $2-x-2y+1=0$，化简得 $x+2y-3=0$。

    方法 2（排除法）：根据直线 $x-2y+1=0$ 关于直线 $x=1$ 对称的直线斜率是互为相反数

得选项 A 或 D，再根据两直线 $x-2y+1=0$ 与直线 $x=1$ 交点为 $(1,1)$ 在所求直线上可知答案为 D。

3. 如果直线 $y=ax+2$ 与直线 $y=3x-b$ 关于直线 $y=x$ 对称，那么（　　）

   A. $a=\dfrac{1}{3}$，$b=6$　　　　B. $a=\dfrac{1}{3}$，$b=-6$　　　　C. $a=3$，$b=-2$

   D. $a=3$，$b=6$　　　　E. 以上结论均不正确

   【解题思路】利用直线关于直线 $y=x$ 对称，找出对称后的直线然后进行对应系数相等即可。

   【解】$y=ax+2$ 关于 $y=x$ 对称直线为 $x=ay+2$，则 $y=\dfrac{1}{a}x-\dfrac{2}{a} \Rightarrow a=\dfrac{1}{3}$，$b=6$。答案为 A。

4. 若直线 l_1：$y=k(x-4)$ 与直线 l_2 关于点 $(2,1)$ 对称，则直线 l_2 恒过定点（　　）

   A. $(0,4)$　　B. $(0,2)$　　C. $(-2,4)$　　D. $(4,-2)$　　E. 以上答案均不正确

   【解题思路】直线 l_1：$y=k(x-4)$ 恒过定点 $(4,0)$，然后关于点 $(2,1)$ 对称，利用中点公式直接运算即可。

   【解】直线 l_1 恒过定点 $(4,0)$，点 $(4,0)$ 关于点 $(2,1)$ 对称的点为 $(0,2)$，由题意知 l_2 恒过点 $(0,2)$。答案为 B。

5. 已知点 $P(3,2)$ 与点 $Q(1,4)$ 关于直线 l 对称，则直线 l 的方程为（　　）

   A. $x-y+1=0$　　　　B. $x-y-1=0$　　　　C. $x+y+1=0$

   D. $x+y-1=0$　　　　E. 以上答案均不正确

   【解题思路】首先根据点 $P(3,2)$ 与点 $Q(1,4)$ 关于直线 l 对称，找出中点坐标，然后中点坐标需要满足直线方程即可。

   【解】$k_{PQ}=\dfrac{4-2}{1-3}=-1$，$PQ$ 的中点为 $\left(\dfrac{3+1}{2},\dfrac{2+4}{2}\right)$，即 $(2,3)$，故 $k_l=1$，则直线 l 的方程为 $y-3=(x-2)$，即 $x-y+1=0$。答案为 A。

6. 若函数 $y=ax+8$ 与 $y=-\dfrac{1}{2}x+b$ 的图像关于直线 $y=x$ 对称，则 $a+b=$（　　）

   A. 1　　B. 2　　C. 3　　D. 4　　E. 5

   【解题思路】求出直线 $y=ax+8$ 关于 $y=x$ 对称的直线方程，然后根据直线相等对应项系数相等即可。

   【解】直线 $y=ax+8$ 关于 $y=x$ 对称的直线方程为 $x=ay+8$，所以 $x=ay+8$ 与 $y=-\dfrac{1}{2}x+b$ 为同一直线，故得 $\begin{cases}a=-2\\b=4\end{cases}$，所以 $a+b=2$。答案为 B。

真题解析

（2007-10-12）点 $P_0(2,3)$ 关于直线 $x+y=0$ 的对称点是（　　）

A. $(4,3)$　　B. $(-2,-3)$　　C. $(-3,-2)$　　D. $(-2,3)$　　E. $(-4,-3)$

【解】方法1：设定对称点为 $A(a,b)$，则中点坐标为 $\left(\dfrac{2+a}{2},\dfrac{3+b}{2}\right)$，该中点在直线 $x+y=0$ 上，所以代入后可得

$$5+a+b=0 \qquad ①$$

点 $P_0(2,3)$ 关于 $x+y=0$ 为 $A(a,b)$，那么 P_0A 所在的直线的斜率为 $k=1$，而

$$k=\dfrac{b-3}{a-2}=1 \qquad ②$$

①②二式联立解答出 $a=-3,b=-2$。

方法2：直接将各个答案代入后和 $P_0(2,3)$ 点求取中点坐标，然后查看该中点是否在直线 $x+y=0$ 上即可。答案为 C。

（2008-1-12）以直线 $y+x=0$ 为对称轴且与直线 $y-3x=2$ 对称的直线方程为（　　）

A. $y=\dfrac{x}{3}+\dfrac{2}{3}$　　B. $y=\dfrac{x}{-3}+\dfrac{2}{3}$　　C. $y=-3x-2$　　D. $y=-3x+2$　　E. 以上都不是

【解】直线 $y-3x=2$ 关于 $y+x=0$ 对称的直线方程为 $(-x)-3\times(-y)=2$，所以得到直线方程为 $y=\dfrac{x}{3}+\dfrac{2}{3}$。答案为 A。

（2008-1-24）（条件充分性判断）$a=-4$

（1）点 $A(1,0)$ 关于直线 $x-y+1=0$ 的对称点是 $A'\left(\dfrac{a}{4},-\dfrac{a}{2}\right)$

（2）直线 $l_1:(2+a)x+5y=1$ 与直线 $l_2: ax+(2+a)y=2$ 垂直

【解】针对条件（1）而言，点 $A(1,0)$ 关于直线 $x-y+1=0$ 的对称点是 $A'\left(\dfrac{a}{4},-\dfrac{a}{2}\right)$，$A$ 与 A' 之间的中点坐标为 $\left(\dfrac{1+\dfrac{a}{4}}{2},\dfrac{-\dfrac{a}{2}}{2}\right)\Leftrightarrow\left(\dfrac{4+a}{8},-\dfrac{a}{4}\right)$ 代入直线 $x-y+1=0$ 计算出 $a=-4$，所以条件（1）充分；针对条件（2）而言，利用两条直线垂直的斜率之间的关系 $k_1k_2=-1$，可得 $-\dfrac{2+a}{5}\times\left(-\dfrac{a}{a+2}\right)=-1$，解出 $a=-5$，并且当 $a=-2$ 时，直线 $l_1: y=\dfrac{1}{5}$，直线 $l_2: x=-1$，$l_1\perp l_2$，故条件（2）不充分。

答案为 A。

（2012-1-25）（条件充分性判断）直线 $y=x+b$ 是抛物线 $y=x^2+a$ 的切线

（1）$y=x+b$ 与 $y=x^2+a$ 有且仅有一个交点

（2）$y=x^2-x>b-a(x\in R)$

【解】针对条件（1）而言，直线与抛物线仅有一个交点，说明二者联立的一元二次方程有两个相等的实根，即直线是抛物线的切线，充分；针对条件（2）而言，$y=x^2-x>b-a(x\in R)$ 不一定只有一个交点，不充分。

答案为 A。

（2013-1-8）点(0,4)关于直线$2x+y+1=0$的对称点为（　　）

A. (2,0)　　　B. (–3,0)　　　C. (–6,1)　　　D. (4,2)　　　E. (–4,–2)

【解】(0,4)与(–4,–2)的中点为(–2,1)，满足直线$2x+y+1=0$，且两点的斜率与直线$2x+y+1=0$的斜率垂直。答案为E。

> **周老师提醒您**
>
> 关于解析几何中的对称问题，考生要熟练运用中点公式进行解答，同时还要注意利用特殊坐标代入进行运算。

圆的相关性质

一、基本概念

1. 直线与圆的位置关系

直线l：$y=kx+b$；圆O：$(x-x_0)^2+(y-y_0)^2=r^2$，d为圆心(x_0,y_0)到直线l的距离。

直线与圆位置关系	图形	成立条件（几何表示）	成立条件（代数式表示）
直线与圆相离	（圆O在直线l上方）	$d>r$	方程组 $\begin{cases} y=kx+b \\ (x-x_0)^2+(y-y_0)^2=r^2 \end{cases}$ 无实根，即$\Delta<0$
直线与圆相切	（圆O与直线l切于A）	$d=r$	方程组 $\begin{cases} y=kx+b \\ (x-x_0)^2+(y-y_0)^2=r^2 \end{cases}$ 有两个相等的实根，即$\Delta=0$
直线与圆相交	（圆O与直线l交于A、B）	$d<r$	方程组 $\begin{cases} y=kx+b \\ (x-x_0)^2+(y-y_0)^2=r^2 \end{cases}$ 有两个不等的实根，即$\Delta>0$

【注意】在直线与圆的位置关系中，常常用到的一个重要的三角形Rt$\triangle OAB$做计算。

2. 两圆的位置关系

圆O_1：$(x-x_1)^2+(y-y_1)^2=r_1^2$；圆$O_2$：$(x-x_2)^2+(y-y_2)^2=r_2^2$（不妨设$r_1>r_2$）；

d 为圆心 (x_1, y_1) 与 (x_2, y_2) 的圆心距。

两圆位置关系	图形	成立条件（几何表示）	公共内切线条数	公共外切线条数
外离		$d > r_1 + r_2$	2	2
外切		$d = r_1 + r_2$	1	2
相交		$r_1 - r_2 < d < r_1 + r_2$	0	2
内切		$d = r_1 - r_2$	1	0
内含		$0 \leq d < r_1 - r_2$	0	0

二、例题精讲

1. 已知 $\odot O_1$ 与 $\odot O_2$ 的半径为 4 厘米和 5 厘米，圆心距 O_1O_2 为 1 厘米，则 $\odot O_1$ 与 $\odot O_2$ 的公切线有（　　）条。

   A. 1　　　　B. 2　　　　C. 3　　　　D. 4　　　　E. 5

   【解题思路】利用两圆的位置关系确定公切线的条数。

   【解】由于 $d = R - r = 5 - 4 = 1$，则两圆内切，公切线有 1 条。答案为 A。

2. 若 $\odot O_1$ 与 $\odot O_2$ 的面积之比为 4∶9，$\odot O_1$ 的直径为 12，则 $\odot O_2$ 的半径是（　　）

   A. 6　　　　B. 9　　　　C. 12　　　　D. 18　　　　E. 19

   【解题思路】根据面积之比为半径之比的平方进行运算。

   【解】面积比为半径比的平方，从而 $\left(\dfrac{6}{r}\right)^2 = \dfrac{4}{9} \Rightarrow r = 9$。答案为 B。

3. 直线 $y = kx + 3$ 与圆 $(x-3)^2 + (y-2)^2 = 4$ 相交于 M、N 两点，若 $|MN| \geq 2\sqrt{3}$，则 k 的取值范围是（　　）

A. $\left[-\dfrac{3}{4},0\right]$ B. $\left[-\infty,-\dfrac{3}{4}\right]\cup[0,+\infty]$ C. $\left[-\dfrac{\sqrt{3}}{3},\dfrac{\sqrt{3}}{3}\right]$

D. $\left[-\dfrac{2}{3},0\right]$ E. 以上答案均不正确

【解题思路】考查直线与圆的位置关系、点到直线距离公式，重点考查数形结合的运用。

【解】方法 1：圆心的坐标为 $(3,2)$，且圆与 y 轴相切；当 $|MN|=2\sqrt{3}$ 时，由点到直线距离公式，解得 $\left[-\dfrac{3}{4},0\right]$。

方法 2：数形结合，如图由垂径定理得夹在两直线之间即可，不取 $+\infty$，排除 B，考虑区间不对称，排除 C，利用斜率估值。答案为 A。

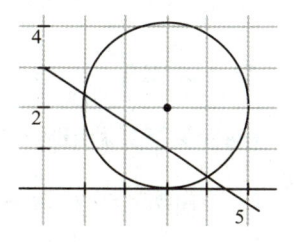

4. 圆心在 y 轴上，半径为 1，且过点 $(1,2)$ 的圆的方程为（　　）

A. $x^2+(y-2)^2=1$ B. $x^2+(y+2)^2=1$ C. $(x-1)^2+(y-3)^2=1$

D. $x^2+(y-3)^2=1$ E. 以上答案均不正确

【解题思路】求出圆的圆心和半径，根据标准形式直接列出方程即可。

【解】方法 1（直接法）：设圆心坐标为 $(0,b)$，则由题意知 $\sqrt{(0-1)^2+(b-2)^2}=1$，解得 $b=2$，故圆的方程为 $x^2+(y-2)^2=1$。答案为 A。

方法 2（数形结合法）：由作图根据点 $(1,2)$ 到圆心的距离为 1 易知圆心为 $(0,2)$，故圆的方程为 $x^2+(y-2)^2=1$。

方法 3（验证法）：将点 $(1,2)$ 代入四个选项，排除 B 和 D，又由于圆心在 y 轴上，排除 C。

5. 点 $P(4,-2)$ 与圆 $x^2+y^2=4$ 上任一点连续的中点轨迹方程是（　　）

A. $(x-2)^2+(y+1)^2=1$ B. $(x-2)^2+(y+1)^2=4$

C. $(x+4)^2+(y-2)^2=4$ D. $(x+2)^2+(y-1)^2=1$ E. 以上答案均不正确

【解题思路】利用中点坐标公式运算即可。

【解】设圆上任一点为 $Q(s,t)$，PQ 的中点为 $A(x,y)$，则 $\begin{cases}x=\dfrac{4+s}{2}\\y=\dfrac{-2+t}{2}\end{cases}$，解得 $\begin{cases}s=2x-4\\t=2y+2\end{cases}$，代入圆方程，得 $(2x-4)^2+(2y+2)^2=4$，整理得 $(x-2)^2+(y+1)^2=1$。

答案为 A。

6. 过圆 $C:(x-1)^2+(y-1)^2=1$ 的圆心，作直线分别交 x、y 正半轴于点 A、B，$\triangle AOB$ 被圆分成四部分（如图），若这四部分图形面积满足 $S_\mathrm{I}+S_\mathrm{II}=S_\mathrm{III}+S_\mathrm{IV}$，则直线 AB 有（　　）

A. 0 条 B. 1 条 C. 2 条

D. 3 条 E. 4 条

【解题思路】根据 II、IV 部分的面积是定值，所以，$S_\mathrm{IV}-S_\mathrm{II}$ 为定

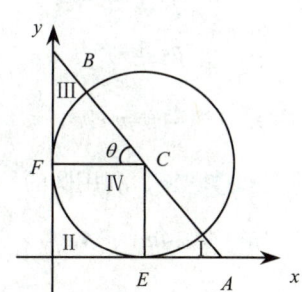

值,即 $S_{Ⅲ}-S_Ⅰ$ 为定值,确定符合题意要求的直线的条数。

【解】由已知,得 $S_{Ⅳ}-S_{Ⅱ}=S_{Ⅲ}-S_Ⅰ$,第 Ⅱ、Ⅳ 部分的面积是定值,所以,$S_{Ⅳ}-S_{Ⅱ}$ 为定值,即 $S_{Ⅲ}-S_Ⅰ$ 为定值,当直线 AB 绕着圆心 C 移动时,只可能有一个位置符合题意,即直线 AB 只有一条。答案为 B。

7. 若圆 $x^2+y^2-2x-4y=0$ 的圆心到直线 $x-y+a=0$ 的距离为 $\dfrac{\sqrt{2}}{2}$,则 a 的值为(　　)

   A. -2 或 2　　　B. $\dfrac{1}{2}$ 或 $\dfrac{3}{2}$　　　C. 2 或 0　　　D. -2 或 0　　　E. 1 或 -2

   【解题思路】利用圆心到直线的距离公式建立等量关系即可。

   【解】由圆 $x^2+y^2-2x-4y=0$ 的圆心 $(1,2)$ 到直线 $x-y+a=0$ 的距离为 $\dfrac{\sqrt{2}}{2}$,得 $\dfrac{|1-2+a|}{\sqrt{2}}=\dfrac{\sqrt{2}}{2}$,故 $a=2$ 或 0。答案为 C。

8. 圆 O_1: $x^2+y^2-2x=0$ 和圆 O_2: $x^2+y^2-4y=0$ 的位置关系是(　　)

   A. 相离　　　B. 相交　　　C. 外切　　　D. 内切　　　E. 以上答案均不正确

   【解题思路】将圆的方程化为标准方程,求出半径,判断半径和圆心距的关系即可。

   【解】配方得圆 O_1: $(x-1)^2+y^2=1$ 和圆 O_2: $x^2+(y-2)^2=4$,圆心为 $(1,0)$ 和 $(0,2)$,半径为 $r_1=1$ 和 $r_2=2$,圆心之间距离为:$\sqrt{(1-0)^2+(0-2)^2}=\sqrt{5}$,因为 $2-1<\sqrt{5}<2+1$,所以两圆相交。答案为 B。

9. 圆 $x^2+y^2-4x-4y+5=0$ 上的点到直线 $x+y-9=0$ 的最大距离与最小距离的差为(　　)

   A. 6　　　B. 2　　　C. 3　　　D. $2\sqrt{3}$　　　E. 33

   【解题思路】求出圆心,求出半径,判断直线与圆的位置关系,然后求出圆心到直线的距离,再求最大值、最小值,最后求出它们的差即可。

   【解】圆 $x^2+y^2-4x-4y+5=0$ 的标准方程是 $(x-2)^2+(y-2)^2=3$,圆心 $(2,2)$ 到直线 $x+y-9=0$ 的距离 $\dfrac{|2+2-9|}{\sqrt{1+1}}=\dfrac{5\sqrt{2}}{2}>3$,故直线 $x+y-9=0$ 与圆 $x^2+y^2-4x-4y+5=0$ 相离,因此圆 $x^2+y^2-4x-4y+5=0$ 上的点到直线 $x+y-9=0$ 的最大距离与最小距离的差为直径。答案为 D。

10. 方程 $x^2+y^2+4mx-2y+5m=0$ 表示圆的充要条件是(　　)

    A. $\dfrac{1}{4}<m<1$　　　B. $m<\dfrac{1}{4}$　　　C. $m>1$

    D. $m<\dfrac{1}{4}$ 或 $m>1$　　　E. 以上答案均不正确

    【解题思路】利用圆的一般方程表示圆的充要条件,$D^2+E^2-4F>0$ 求解即可。

    【解】由 $(4m)^2+4-4\times 5m>0$ 知 $m<\dfrac{1}{4}$ 或 $m>1$。答案为 D。

真题解析

（2007-10-14）圆 $x^2+(y-1)^2=4$ 与 x 轴两个交点（　　）

A. $(-\sqrt{5},0)$，$(\sqrt{5},0)$　　　B. $(-2,0)$，$(2,0)$　　　C. $(0,-\sqrt{5})$，$(0,\sqrt{5})$

D. $(-\sqrt{3},0)$，$(\sqrt{3},0)$　　　E. $(-\sqrt{2},\sqrt{3})$，$(\sqrt{2},\sqrt{3})$

【解】圆 $x^2+(y-1)^2=4$ 与 x 轴相交，那么 $y=0$，故 $x^2=3, x=\pm\sqrt{3}$，所以点的坐标为 $(-\sqrt{3},0)$，$(\sqrt{3},0)$。答案为 D。

（2008-1-22）（条件充分性判断）动点 (x,y) 的轨迹是圆

（1）$|x-1|+|y|=4$　　　　　（2）$3(x^2+y^2)+6x-9y+1=0$

【解】针对条件（1）而言，$|x-1|+|y|=4$ 分别根据 x,y 的范围可以将该表达式围成的图像化为由四条直线 $x+y=5, y-x=3, x-y=5, x+y=-3$ 围成，这四条直线围成的图形为正方形，所以条件（1）不充分；针对条件（2）而言，$3(x^2+y^2)+6x-9y+1=0$ 化简后得到 $(x+1)^2+\left(y-\dfrac{3}{2}\right)^2=\dfrac{35}{12}$，所以图形为圆，条件（2）充分。答案为 B。

（2008-1-28）（条件充分性判断）圆 C_1：$\left(x-\dfrac{3}{2}\right)^2+(y-2)^2=r^2$ 与圆 C_2：$x^2-6x+y^2-8y=0$ 有交点

（1）$0<r<\dfrac{5}{2}$　　　　　（2）$r>\dfrac{15}{2}$

【解】根据结论可知两圆圆心距 $d=\sqrt{\left(\dfrac{3}{2}\right)^2+4}=\dfrac{5}{2}$，当 $5-\dfrac{5}{2}<r<5+\dfrac{5}{2}$，两圆有交点，所以条件（1）和条件（2）均不充分。答案为 E。

（2008-10-25）（条件充分性判断）方程 $x^2+mxy+6y^2-10y-4=0$ 的图形是两条直线

（1）$m=7$　　　　　（2）$m=-7$

【解】本题通过观察可以直接采用条件代入法。针对条件（1）而言，$x^2+7xy+6y^2-10y-4=0$ 可化简为 $\left(x+\dfrac{7}{2}y\right)^2-\left(\dfrac{5}{2}y+2\right)^2=0$，故 $x+\dfrac{7}{2}y=\pm\left(2+\dfrac{5}{2}y\right), x+y-2=0, x+6y+2=0$ 满足结论，故条件（1）充分；同理可得，条件（2）也充分。答案为 D。

（2009-1-14）若圆 C：$(x+1)^2+(y-1)^2=1$ 与 x 轴交于 A 点、与 y 轴交于 B 点，则与此圆相切于劣弧 AB 中点 M（注：小于半圆的弧称为劣弧）的切线方程是（　　）

A. $y=x+2-\sqrt{2}$　　　B. $y=x+1-\dfrac{1}{\sqrt{2}}$　　　C. $y=x-1+\dfrac{1}{\sqrt{2}}$

D. $y = x - 2 + \sqrt{2}$　　　　　　　　E. $y = x + 1 - \sqrt{2}$

【解】方法 1：如图可知 $OC = \sqrt{2}$，$OM = \sqrt{2} - 1$，$OD = \sqrt{2}(\sqrt{2} - 1) = 2 - \sqrt{2}$，当 $x = 0$ 时，$y = 2 - \sqrt{2}$ 即可满足。

方法 2：利用角度也可以很快求出来直线的斜率为 -1，然后接着求一点坐标即可。答案为 A。

（2009-1-24）（条件充分性判断）圆 $(x-1)^2 + (y-2)^2 = 4$ 和直线 $(1+2\lambda)x + (1-\lambda)y - 3 - 3\lambda = 0$ 相交于两点

（1）$\lambda = \dfrac{2\sqrt{3}}{5}$　　　　　　　　（2）$\lambda = \dfrac{5\sqrt{3}}{2}$

【解】直线 $(1+2\lambda)x + (1-\lambda)y - 3 - 3\lambda = 0$ 恒过点 $(2, 1)$，点 $(2, 1)$ 在圆 $(x-1)^2 + (y-2)^2 = 4$ 内部，所以可知条件（1）和条件（2）充分。答案为 D。

（2009-10-11）曲线 $x^2 - 2x + y^2 = 0$ 上的点到直线 $3x + 4y - 12 = 0$ 的最短距离是（　　）

A. $\dfrac{3}{5}$　　B. $\dfrac{4}{5}$　　C. 1　　D. $\dfrac{4}{3}$　　E. $\sqrt{2}$

【解】$x^2 - 2x + y^2 = 0 \Rightarrow (x-1)^2 + y^2 = 1$，圆心为 $(1, 0)$，圆心到直线 $3x + 4y - 12 = 0$ 的距离为 $d = \dfrac{|3-12|}{\sqrt{3^2 + 4^2}} = \dfrac{9}{5}$，所以最短距离为 $\dfrac{9}{5} - r = \dfrac{9}{5} - 1 = \dfrac{4}{5}$。答案为 B。

（2009-10-24）（条件充分性判断）圆 $(x-3)^2 + (y-4)^2 = 25$ 与圆 $(x-1)^2 + (y-2)^2 = r^2(r > 0)$ 相切

（1）$r = 5 \pm 2\sqrt{3}$　　　　　　　　（2）$r = 5 \pm 2\sqrt{2}$

【解】$r = R \pm d = 5 \pm \sqrt{(3-1)^2 + (4-2)^2} = 5 \pm 2\sqrt{2}$，故可知条件（2）充分。答案为 B。

（2010-1-10）已知直线 $ax - by + 3 = 0(a > 0,\ b > 0)$ 过圆 $x^2 + 4x + y^2 - 2y + 1 = 0$ 的圆心，则 ab 的最大值为（　　）

A. $\dfrac{9}{16}$　　B. $\dfrac{11}{16}$　　C. $\dfrac{3}{4}$　　D. $\dfrac{9}{8}$　　E. $\dfrac{9}{4}$

【解】由题目已知的意思可知，圆心为 $(-2, 1)$，则可以列出下式：$-2a - b + 3 = 0$，$2a + b = 3$，$2ab \leqslant \left(\dfrac{2a+b}{2}\right)^2 = \dfrac{9}{4}$，$ab \leqslant \dfrac{9}{8}$。答案为 D。

（2011-10-15）已知直线 $y = kx$ 与圆 $x^2 + y^2 = 2y$ 有两个交点 A、B。若 AB 的长度大于 $\sqrt{2}$，则 k 的取值范围是（　　）

A. $(-\infty, -1)$　　B. $(-1, 0)$　　C. $(0, 1)$　　D. $(1, +\infty)$　　E. $(-\infty, -1) \cup (1, +\infty)$

【解】圆的方程为 $x^2 + (y-1)^2 = 1$，圆心为 $(0, 1)$，$r = 1$，$\dfrac{1}{2}AB = \sqrt{r^2 - d^2} > \dfrac{\sqrt{2}}{2}$，然后利用点到直线的距离公式 $d^2 = \dfrac{1}{k^2 + 1} < \dfrac{1}{2}$，解得 $k > 1$ 或 $k < -1$。答案为 E。

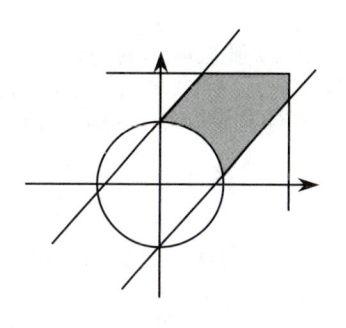

（2012-1-9）在直角坐标系中，若平面区域 D 中所有点的坐标 $[x,y]$ 均满足 $0 \leqslant x \leqslant 6$，$0 \leqslant y \leqslant 6$，$|y-x| \leqslant 3$，$x^2+y^2 \geqslant 9$，则 D 的面积是（　　）

A. $\dfrac{9}{4}(1+4\pi)$　　　B. $9\left(4-\dfrac{\pi}{4}\right)$　　　C. $9\left(3-\dfrac{\pi}{4}\right)$

D. $\dfrac{9}{4}(2+\pi)$　　　E. $\dfrac{9}{4}(1+\pi)$

【解】$S_{阴影}=6\times 6-\dfrac{1}{4}\pi\times 9-\dfrac{1}{2}\times 3\times 3\times 2=27-\dfrac{9}{4}\pi$。答案为 C。

（2011-10-25）（条件充分性判断）如右图，在直角坐标系 xOy 中，矩形 $OABC$ 的顶点 B 的坐标是 $(6,4)$，则直线 l 将矩形 $OABC$ 分成了面积相等的两部分

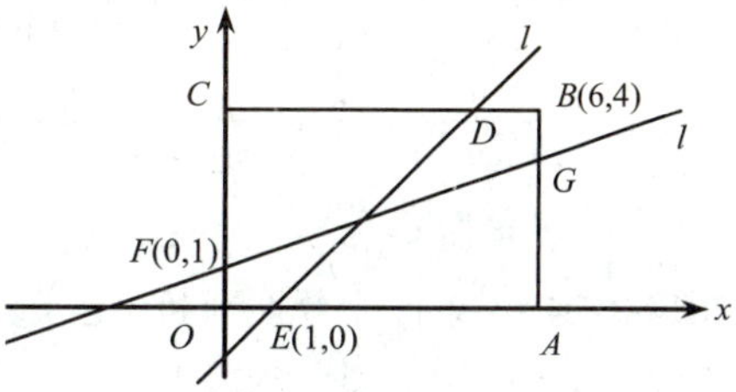

（1）$l: x-y-1=0$　　　（2）$l: x-3y+3=0$

【解】针对条件（1）而言，$x-y-1=0$，如图所示，

$S_{OEDC}=\dfrac{1+5}{2}\times 4=12$，条件充分；

针对条件（2）而言，$x-3y+3=0$，如图所示，

$S_{CFGB}=\dfrac{1+3}{2}\times 6=12$，条件充分。

答案为 D。

（2014-1-11）已知直线 l 是圆 $x^2+y^2=5$ 在点（1,2）处的切线，则 l 在 y 轴上的截距为（　　）

A. $\dfrac{2}{5}$　　B. $\dfrac{2}{3}$　　C. $\dfrac{3}{2}$　　D. $\dfrac{5}{2}$　　E. 5

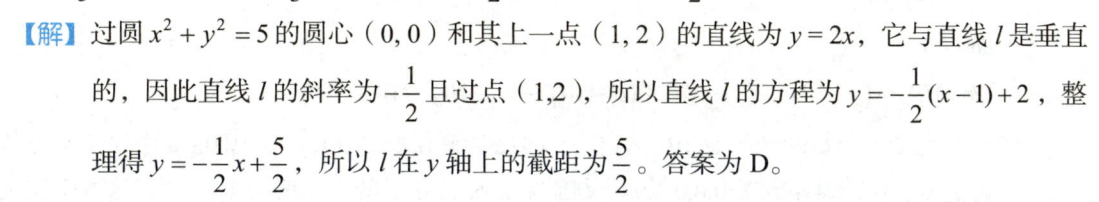

【解】过圆 $x^2+y^2=5$ 的圆心（0,0）和其上一点（1,2）的直线为 $y=2x$，它与直线 l 是垂直的，因此直线 l 的斜率为 $-\dfrac{1}{2}$ 且过点（1,2），所以直线 l 的方程为 $y=-\dfrac{1}{2}(x-1)+2$，整理得 $y=-\dfrac{1}{2}x+\dfrac{5}{2}$，所以 l 在 y 轴上的截距为 $\dfrac{5}{2}$。答案为 D。

（2014-1-16）（条件充分性判断）已知曲线 $l: y=a+bx-6x^2+x^3$，则 $(a+b-5)(a-b-5)=0$

（1）曲线 l 过点（1,0）

（2）曲线 l 过点（-1,0）

【解】条件（1）：将（1,0）代入得，$a+b-6+1=a+b-5=0$，条件（1）充分。

条件（2）：将（-1,0）代入得，$a-b-6-1=a-b-7=0$，条件（2）不充分。

答案为 A。

（2014-1-23）（条件充分性判断）已知袋中装有红、黑、白三种颜色的球若干个，则红球最多。

（1）随机取出的一球是白球的概率为 $\dfrac{2}{5}$

（2）随机取出的两球中至少有一个黑球的概率小于 $\dfrac{1}{5}$

【解】设红球、黑球、白球个数分别为 m、n、r。

条件（1）：$\dfrac{C_r^1}{C_{m+n+r}^1} = \dfrac{r}{m+n+r} = \dfrac{2}{5}$，无法确定 m 最大。

条件（2）：至少有一个黑球的概率小于 $\dfrac{1}{5}$ $\Leftrightarrow$ 没有黑球的概率大于 $\dfrac{4}{5}$。

即，$\dfrac{C_{m+r}^2}{C_{m+n+r}^2} = \dfrac{(m+r)(m+r-1)}{(m+n+r)(m+n+r-1)} > \dfrac{4}{5}$

也无法确定 m 最大。

联合（1）（2）：因为 $\dfrac{m+r-1}{m+n+r-1} < 1$，所以 $\dfrac{m+r}{m+n+r} > \dfrac{4}{5}$。又因为 $\dfrac{r}{m+n+r} = \dfrac{2}{5}$，故有 $\dfrac{m}{m+n+r} > \dfrac{2}{5}$，$\dfrac{n}{m+n+r} < \dfrac{1}{5}$，故红球最多，联合充分。

答案为 C。

（2014-1-24）（条件充分性判断）已知 $M = \{a, b, c, d, e\}$ 是一个整数集合，则能确定集合 M。

（1）a, b, c, d, e 的平均值为 10

（2）a, b, c, d, e 的方差为 2

【解】条件（1）：$a + b + c + d + e = 50$，显然不充分。

条件（2）显然也不充分。

联合条件（1）（2）：

方差 $S^2 = \dfrac{1}{5}\left[(a-10)^2 + (b-10)^2 + (c-10)^2 + (d-10)^2 + (e-10)^2\right] = 2$

即

$(a-10)^2 + (b-10)^2 + (c-10)^2 + (d-10)^2 + (e-10)^2 = 10$

5 个完全平方数的和等于 10（小于 10 的完全平方数为 0,1,4,9），则这 5 个完全平方数可能是：0,1,1,4,4 或者 0,0,0,1,9。又因为 a, b, c, d, e 的平均值为 10，所以这 5 个完全平方数只能为：0,1,1,4,4。对应的 a, b, c, d, e 为 8,9,10,11,12，即集合 $M\{8,9,10,11,12\}$（集合具有无序性）。

答案为 C。

（2014-1-25）（条件充分性判断）已知 x, y 为实数，则 $x^2 + y^2 \geq 1$

（1）$4y - 3x \geq 5$

（2）$(x-1)^2 + (y-1)^2 \geq 5$

【解】本题利用数形结合比较简单。题干要求点 (x, y) 在圆 $x^2 + y^2 = 1$（圆 1）上或外。

满足条件（1）的点 (x, y) 在直线 $4y - 3x = 5$（直线 L）左上方（异于原点的一方，见

下图），而圆心（0,0）到直线 $4y-3x=5$ 的距离 $d=\dfrac{|4\times 0-3\times 0-5|}{\sqrt{3^2+4^2}}=1=$ 半径，显然满足条件（1）的点都在圆 $x^2+y^2=1$ 上或外。条件（1）充分。

满足条件（2）的点 (x,y) 在圆 $(x-1)^2+(y-1)^2=5$（圆2）上或外。

而其圆心（1,1）与圆 $x^2+y^2=1$ 的圆心（0,0）的距离：$d=\sqrt{(1-0)^2+(1-0)^2}=\sqrt{2}$，因为 $\sqrt{5}-1<d<\sqrt{5}+1$，所以两圆相交，如下图所示。所以不能保证满足条件（2）的点都在圆 $x^2+y^2=1$ 上或外。条件（2）不充分。

答案为 A。

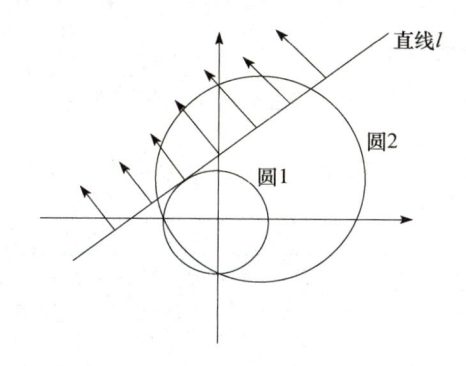

周老师提醒您

考生要抓住两个要点：
- 考查直线与圆的关系时，主要考查的是圆心到直线的距离与圆的关系。
- 考查圆与圆的位置关系时，主要考查的是圆心与圆心之间的距离与圆心的关系。

求最值题型

1. 已知 AC、BD 为圆 $O：x^2+y^2=4$ 的两条相互垂直的弦，垂足为 $M\left(1,\sqrt{2}\right)$，则四边形 $ABCD$ 的面积的最大值为（　　）

   A. 5　　　　B. 4　　　　C. 6　　　　D. 3　　　　E. 2

   【解】设圆心 O 到 AC、BD 的距离分别为 d_1、d_2，则 $d_1^2+d_2^2=OM^2=3$。四边形 $ABCD$ 的面积 $S=\dfrac{1}{2}|AB|\cdot|CD|=2\sqrt{\left(4-d_1^2\right)\left(4-d_2^2\right)}\leqslant 8-\left(d_1^2+d_2^2\right)=5$。答案为 A。

2. 已知 $0<k<4$，直线 $l_1：kx-2y-2k+8=0$ 和直线 $l_2：2x+k^2y-4k^2-4=0$ 与两坐标轴围成一个四边形，则使得这个四边形面积最小的 k 值为（　　）

   A. $\dfrac{1}{2}$　　　B. $\dfrac{1}{3}$　　　C. $\dfrac{1}{6}$　　　D. $\dfrac{1}{8}$　　　E. $\dfrac{1}{7}$

【解】l_1：$k(x-2)-2y+8=0$，过定点$(2,4)$，l_2：$k^2(y-4)=4-2x$ 也过定点$(2,4)$，如图，$A(0,4-k)$，$B(2k^2+2,0)$，

$S=\dfrac{1}{2}\times 2k^2\times 4+(4-k+4)\times 2\times\dfrac{1}{2}=$

$4k^2-k+8$，当$k=\dfrac{1}{8}$时，S取得最小值。答案为D。

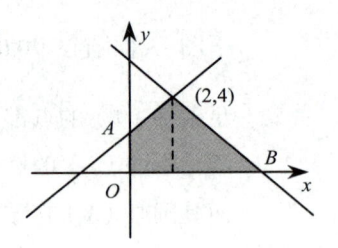

3. 已知实数x、y满足$2x^2+3y^2=2x$，则x^2+y^2的最大值为（ ）
   A. 1　　　　B. 2　　　　C. 3　　　　D. 4　　　　E. 5

【解题思路】根据x、y满足$2x^2+3y^2=2x$，$3y^2=-2x^2+2x\geqslant 0$，则$0\leqslant x\leqslant 1$，令$u=x^2+y^2$，根据配方法即可求其最大值。

【解】由x、y满足$2x^2+3y^2=2x$，$3y^2=-2x^2+2x\geqslant 0$，则$0\leqslant x\leqslant 1$，令$u=x^2+y^2$，则$u=\dfrac{1}{3}x^2+\dfrac{2}{3}x=\dfrac{1}{3}(x+1)^2-\dfrac{1}{3}$，故当$x=1$时，$u$有最大值为1。答案为A。

> **周老师提醒您**
>
> 求最值的题型要求考生从以下两个方面进行考虑：
> - 平均值定理；
> - 一元二次方程图像求最值。

第五章　数据描述

第一节　排列组合

◎ 知识框架图

```
                            ┌─→ 加法原理（分类原理）★★★
            ┌─ 两个基本原理 ─┤
            │               └─→ 乘法原理（分步原理）★★★
            │
            │               ┌─→ 排列★★★
            ├─ 两个基本定义 ─┤
            │               └─→ 组合★★★
            │
排列         │               ┌─→ 捆绑法★★★
组合 ────────┤               ├─→ 插空法★★★
            │               ├─→ 元素可重复问题★★★
            │               ├─→ 隔板法★★★
            └─ 题型分类 ────┤─→ 元素不对应问题★★★
                            ├─→ 定序问题★★★
                            │                    ┌─→ 均匀分组★★
                            ├─→ 分组问题★ ──────┤
                            │                    └─→ 非均匀分组★★
                            ├─→ 涂色问题★★
                            └─→ 特殊元素优先法问题★★★
```

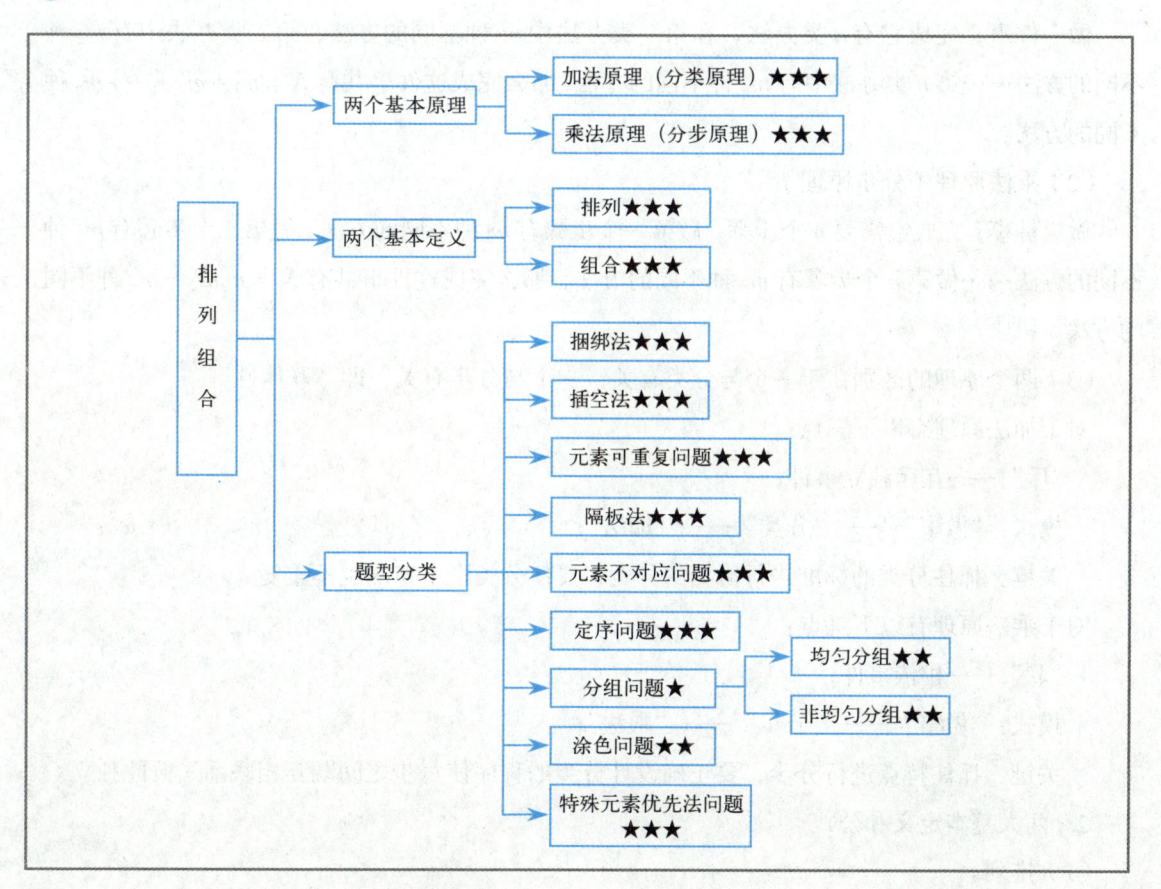

考点说明

排列组合主要考查学生的逻辑思维能力，要求考生具备严密的思维。在历年考试中，该知识点是必考点，一般是 2 道题，同时该知识点又是概率的基础，要求考生必须掌握。本节需要考生理解两大基本原理和两大基本定义，牢固掌握各大题型的特点和解题技巧。

模块化讲解

两大基本原理和两大基本定义

一、基本概念

1. 两大基本原理

（1）加法原理（分类原理）。

做一件事，完成它有 n 类办法，在第一类办法中 m_1 种不同的方法，第二类办法中有 m_2 种不同的方法……第 n 类办法中有 m_n 种不同的办法，那么完成这件事共有 $N = m_1 + m_2 + \cdots + m_n$ 种不同的方法。

（2）乘法原理（分步原理）。

做一件事，完成它需要 n 个步骤，做第一个步骤有 m_1 种不同的方法，做第二个步骤有 m_2 种不同的方法……做第 n 个步骤有 m_n 种不同的方法，那么完成这件事共有 $N = m_1 m_2 \cdots m_n$ 种不同的方法。

（3）两个原理的区别在于一个与分类有关，一个与分步有关，即"联斥性"。

对于加法原理有以下三点：

- "斥"——互斥独立事件；
- 模式："做事"——"分类"——"加法"；
- 关键：抓住分类的标准进行恰当的分类，要使分类既不遗漏也不重复。

对于乘法原理有以下三点：

- "联"——相依事件；
- 模式："做事"——"分步"——"乘法"；
- 关键：抓住特点进行分步，要正确设计分步的程序使每步之间既互相联系又彼此独立。

2. 两大基本定义和公式

（1）排列。

从 n 个不同的元素中，无放回地任取出 m 个 $(1 \leqslant m \leqslant n)$，按一定顺序排成一列，称为从 n 个元素中每次取 m 个（无重复）的排列，这样的不同排列总数记为 P_n^m，$P_n^m = n(n-1)\cdots(n-m+1)$。

当 $m = n$ 时，称为全排列。我们记排列数为 P_n^n

$$P_n^n = n \times (n-1) \times \cdots \times 2 \times 1 = n!$$

由阶乘的定义

$$n! = 1 \times 2 \times 3 \times \cdots \times (n-1) \times n$$

$$0! = 1, \quad P_n^n = n!, \quad P_n^m = \frac{n!}{(n-m)!}$$

【注意】从 n 个不同的元素中，有放回地任取出 m 个，按一定顺序排成一列，称为从 n 个元素中每次取 m 个（可重复）的排列，这样的不同排列总数 U_n^m，由乘法原理得

$$U_n^m = \underbrace{n \times n \times \cdots \times n}_{m\,\text{个}} = n^m \quad （\text{此处 } m \text{ 可以大于 } n）$$

（2）组合。

从 n 个不同的元素中，任取 m 个 $(m \leqslant n)$ 元素并为一组，叫作从 n 个不同元素中，取出 m 个元素的一个组合，组合数记为 C_n^m，公式为

$$C_n^m = \frac{P_n^m}{P_m^m} = \frac{n!}{m!(n-m)!} = \frac{n(n-1)\cdots(n-m+1)}{m(m-1)\cdots 2 \times 1}$$

性质是

$$C_n^m = C_n^{n-m}$$

（3）二项式定理。

$(a+b)^n$ 的展开式的各项都是 n 次式，即展开式应有下面形式的各项：

$$a^n, \ a^{n-1}b, \ \cdots, \ a^{n-r}b^r, \ \cdots, \ b^n$$

展开式各项的系数：

每个都不取 b 的情况有 1 种，即 C_n^0 种，a^n 的系数是 C_n^0；

恰有 1 个取 b 的情况有 C_n^1 种，$a^{n-1}b$ 的系数是 C_n^1；

恰有 r 个取 b 的情况有 C_n^r 种，$a^{n-r}b^r$ 的系数是 C_n^r；

有 n 个都取 b 的情况有 C_n^n 种，b^n 的系数是 C_n^n。

$$\therefore (a+b)^n = C_n^0 a^n + C_n^1 a^{n-1}b + \cdots + C_n^r a^{n-r}b^r + \cdots + C_n^n b^n \ (n \in N^*)$$

这个公式所表示的定理叫二项式定理，右边的多项式叫 $(a+b)^n$ 的二项展开式，它有 $n+1$ 项，各项的系数 $C_n^r(r = 0, 1, \cdots, n)$ 叫二项式系数。

$C_n^r a^{n-r}b^r$ 叫二项展开式的通项，用 T_{r+1} 表示，即通项 $T_{r+1} = C_n^r a^{n-r}b^r$。

二项式定理中，设 $a = 1$，$b = x$，则 $(1+x)^n = 1 + C_n^1 x + \cdots + C_n^r x^r + \cdots + x^n$。

【注意】

排列的应用问题

- 无限制条件的简单排列应用问题，可直接用公式求解。
- 有限制条件的排列问题，可根据具体的限制条件，用"直接法"或"间接法"求解。

组合的应用问题

- 无限制条件的简单组合应用问题，可直接用公式求解。
- 有限制条件的组合问题，可根据具体的限制条件，用"直接法"或"间接法"求解。

二、例题精讲

1. 3 人互相传球，由甲开始发球，并作为第 1 次传球，那么经过 5 次传球后，球仍回到甲手中，则不同的传球方式有（　　）种

    A. 6　　　　　B. 8　　　　　C. 10

    D. 12　　　　E. 14

    【解题思路】由甲开始进行分类考虑，第 5 次传回到甲手中，需要注意第 4 次不在甲手中即可。

    【解】设甲先传球给乙，则以下 3 次传球方式如右图所示。为使第 5 次传球时球回到甲手中，必须第 4 次传球后球不在甲手中，这有 5 种情况。同理，甲先传球给丙，也有 5 种情况，共 10 种。答案为 C。

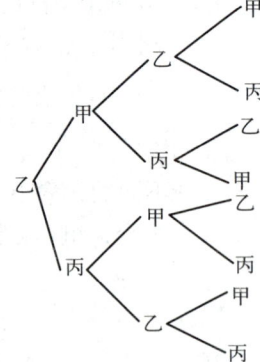

2. 把 A、B、C、D 四个小球平均分成两组，有（　　）种分法

    A. 2　　　B. 16　　　C. 4　　　D. 3　　　E. 14

    【解题思路】按照组合的定义进行分组。

    【解】先取两个 C_4^2，再取两个 C_2^2，如果先取的是 AC，剩下 BD，或者先取的是 BD，剩下 AC，而 $\begin{cases} AC & BD \\ BD & AC \end{cases}$ 这两种分法对于分组是同一种；同理 $\begin{cases} AD & BC \\ BC & AD \end{cases}$ 这两种分法对于分组是同一种；$\begin{cases} AB & CD \\ CD & AB \end{cases}$ 这两种分法对于分组是同一种；所以，共有 $\dfrac{C_4^2 C_2^2}{P_2^2} = 3$（种）。

    答案为 D。

3. 如图，小黑点表示网络的结点，结点之间的连线表示它们有网络相连。连线上标注的数字表示该段网线单位时间内可以通过的最大信息量。现在从结点 A 向结点 B 传递信息，信息可分开沿不同的路线同时传递，则单位时间内传递的最大信息量为（　　）

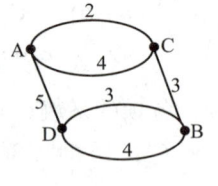

    A. 21　　　B. 13　　　C. 9　　　D. 12　　　E. 8

    【解题思路】从图形可以看出，从 A→B，可以分成这样几种情况，A→D→B，或 A→C→B，这两类方法中各自包含的单位时间中通过的最小的信息量分别是 3 和 5，根据分类加法得到结果。

    【解】从图形可以看出，从 A→B，可以分成 A→D→B 或 A→C→B，这两类方法中各自包含的单位时间中通过的信息量分别是 3 和 5，根据分类计数原理知共有 3 + 5 = 8。答案为 E。

4. 某外语组有9人，每人至少会英语和日语中的一门，其中7人会英语，3人会日语，从中选出会英语和日语各1人，有（　　）种不同的选法

   A. 20　　　　　B. 6　　　　　C. 2　　　　　D. 12　　　　　E. 8

   【解题思路】主要是既会英语又会日语的这个人很特殊，按照其被选入和没有被选入进行分类计算即可。

   【解】"完成一件事"指从9人中选出会英语与日语各1人，由题意可知，9人中仅会英语的有6人，既会英语又会日语的有1人，仅会日语的有2人。因此可根据此人是否当选，将所有选法分为三类：此人不当选有6×2种；此人按日语当选有6×1种；此人按英语当选有2×1种。根据加法原理，共有$6\times2+6\times1+2\times1=20$种不同的选法。答案为A。

5. 3名医生和6名护士被分配到3所学校为学生体检，每校分配1名医生和2名护士，不同的分配方法种数共有（　　）种

   A. 320　　　　　B. 36　　　　　C. 540　　　　　D. 120　　　　　E. 80

   【解题思路】首先从3名医生中选取1名，再从6名护士中选取2名，然后分配到3所学校去。

   【解】用分步计数的原理，分两大步。

   第一类：先把3名医生分配到3所学校共有$C_3^1 C_2^1 C_1^1$种（分三小步）；

   第二类：再把6名护士分配到3所学校共有$C_6^2 C_4^2 C_2^2$种（分三小步）；

   根据分步计数原理可得$C_3^1 C_2^1 C_1^1 C_6^2 C_4^2 C_2^2 = 540$（种）。答案为C。

6. 4位同学参加某种形式的竞赛，竞赛规则规定：每位同学必须从甲、乙两道题中任选一道作答，选甲题答对得100分，答错得-100分；选乙题答对得90分，答错得-90分。若4位同学的总分为零，则这4位同学不同得分的种数为（　　）

   A. 48　　　　　B. 36　　　　　C. 24　　　　　D. 18　　　　　E. 19

   【解题思路】得零分可能是抽的为同一道题，结果2个人做对和2个人做错；还可能是抽的两道不一样的题，每道题有一个人做对还有一个人做错。

   【解】4位同学的总分为零，有且只有如下三种情况：

   若4人全部选甲题，其总分和为零，必须2人答对另2人答错，有$C_4^2 = 6$种情况；

   若4人全部选乙题，同理也有$C_4^2 = 6$种情况；

   若4人中两人选甲题，另两人选乙题，其总分和为零，必须各1人答对另1人答错，有$P_4^2 P_2^2 = 24$种情况。

   由加法原理，不同的得分种数为$6+6+24=36$（种）。答案为B。

7. 从6台原装计算机和5台组装计算机中任意选取5台，其中至少有原装与组装计算机各两台，则不同的取法有（　　）种

   A. 480　　　　　B. 300　　　　　C. 350　　　　　D. 180　　　　　E. 210

   【解题思路】"选取2台原装与3台组装计算机或是3台原装与2台组装计算机"是完成任务的两"类"办法，每类办法中都还有不同的取法。

【解】由分析，完成第一类办法还可以分成两步：第一步在原装计算机中任意选取2台，有C_6^2种方法；第二步是在组装计算机中任意选取3台，有C_5^3种方法，据乘法原理共有$C_6^2 C_5^3$种方法。同理，完成第二类办法有$C_6^3 C_5^2$种方法。据加法原理完成全部的选取过程共有$C_6^2 C_5^3 + C_6^3 C_5^2 = 350$（种）。答案为C。

8. 某地政府召集5家企业的负责人开会，已知甲企业有2人到会，其余4家企业各有1人到会，会上有3人发言，则这3人来自3家不同企业的可能情况的种数为（　　）
   A. 12　　　　B. 4　　　　C. 16　　　　D. 18　　　　E. 21

【解题思路】本题是一个分类计数问题，由于甲有两个人参加会议需要分两类，含有甲的选法有$C_2^1 C_4^2$种，不含有甲的选法有C_4^3种，根据分类计数原理得到结果。

【解】由题意知本题是一个分类计数问题，由于甲有两个人参加会议需要分两类：含有甲的选法有$C_2^1 C_4^2$种，不含有甲的选法有C_4^3种，共有$C_2^1 C_4^2 + C_4^3 = 16$（种）。答案为C。

真题解析

（2010-1-11）某大学派出5名志愿者到西部4所中学支教，若每所中学至少有一名志愿者，则不同的分配方案共有（　　）
   A. 240种　　B. 144种　　C. 120种　　D. 60种　　E. 24种

【解】不同的分配方案有$C_5^2 P_4^4 = 240$。答案为A。

（2008-10-13）公司员工义务献血，在体检合格的人中，O型血的有10人，A型血的有5人，B型血的有8人，AB型血的有3人。若从四种血型的人中各选1人去献血，则不同的选法种数共有（　　）
   A. 1200　　B. 600　　C. 400　　D. 300　　E. 26

【解】不同的选法种数有：$C_{10}^1 C_5^1 C_8^1 C_3^1 = 1200$。答案为A。

（2009-1-10）湖中有四个小岛，它们的位置恰好近似构成正方形的四个顶点。若要修建三座桥将这四个小岛连接起来，则不同的建桥方案有（　　）种
   A. 12　　　　B. 16　　　　C. 13　　　　D. 20　　　　E. 24

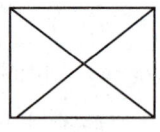

【解】由图可知建桥方案有$C_6^3 - 4 = 16$。答案为B。

（2011-10-12）在8名志愿者中，只能做英语翻译的有4人，只能做法语翻译的有3人，既能做英语翻译又能做法语翻译的有1人。现从这些志愿者中选取3人做翻译工作，确保英语和法语都有翻译的不同选法共有（　　）种
   A. 12　　　　B. 18　　　　C. 21　　　　D. 30　　　　E. 51

【解】本题直接采取分类法很明确：
   ① 只能做英语翻译的选2人，只能做法语翻译的选1人：$C_4^2 C_3^1 = 18$；
   ② 只能做英语翻译的选1人，做法语翻译的选2人：$C_4^1 C_3^2 = 12$；
   ③ 既可以做英语还可以做法语翻译的选1人，剩下选2人：$1 \times C_7^2 = 21$。

所以共计有 18 + 12 + 21 = 51 种方案。答案为 E。

（2012-1-5）某商店经营 15 种商品，每次在橱窗内陈列 5 种，若每两次陈列的商品不完全相同，则最多可陈列（　　）

  A. 3000 次 B. 3003 次 C. 4000 次 D. 4003 次 E. 4300 次

【解】$C_{15}^5 = \dfrac{15 \times 14 \times 13 \times 12 \times 11}{5 \times 4 \times 3 \times 2 \times 1} = 3003$。答案为 B。

（2012-1-11）在两队进行的羽毛球对抗赛中，每对派出 3 男 2 女共 5 名运动员进行 5 局单打比赛，如果女子比赛安排在第二和第四局进行，则每队队员的不同出场顺序有（　　）

  A. 12 种 B. 10 种 C. 8 种 D. 6 种 E. 4 种

【解】$N = P_2^2 \times P_3^3 = 12$。答案为 A。

（2013-1-9）在 $(x^2 + 3x + 1)^5$ 的展开式中，x^2 的系数为（　　）

  A. 5 B. 10 C. 45 D. 90 E. 95

【解】x^2 的有 5 个，$3x$ 一共有 5 对，所以 $C_5^2(3x)^2 = 90x^2$，故 x^2 的系数为 95。答案为 E。

（2013-1-15）确定两人从 A 地出发经过 B、C 沿逆时针方向行走一圈回到 A 地的方法，若 A 地出发时，每人均可选大路或山道，经过 B、C 时，至多有一人可以更改道路，则不同的方案有（　　）

  A. 16 种 B. 24 种 C. 36 种

  D. 48 种 E. 64 种

【解】$4 \times 3 \times 3 = 36$。答案为 C。

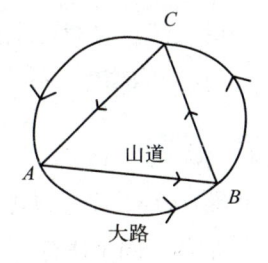

> **周老师提醒您**
>
> 计算关于两大基本原理的题型，考生要能够准确分类，合理分步，然后仔细运算。解含有约束条件的排列组合问题，可按元素的性质进行分类，按事件发生的连续过程分步，做到标准明确。分步层次清楚，不重不漏，分类标准一旦确定要贯穿于解题过程的始终。

捆绑法

【标志】"相邻""在一起"

【解决方案】

- 先整体考虑，将相邻元素看作一个大元素进行排序（注意考虑大元素内全排）。
- 大元素与剩余元素进行全排。

例题精讲

1. 7 人站成一排，其中甲乙相邻且丙丁相邻，共有（　　）种不同的排法。

A. 160　　　　B. 240　　　　C. 360　　　　D. 480　　　　E. 600

【解题思路】首先将甲和乙进行捆绑，然后将丙和丁进行捆绑，最后进行排列。

【解】可先将甲乙两元素捆绑成整体并看成一个复合元素，同时丙丁也看成一个复合元素，再与其他元素进行排列，同时对相邻元素内部进行自排。由分步计数原理可得共有 $P_5^5 P_2^2 P_2^2 = 480$ 种不同的排法。答案为 D。

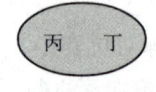

○　　○　　甲乙　　丙丁　　○

2. 记者要为 5 名志愿者和他们帮助的 2 位老人拍照，要求排成一排，2 位老人相邻但不排在两端，不同的排法共有（　　）种

A. 1440　　　B. 960　　　C. 720　　　D. 480　　　E. 380

【解题思路】首先将两位老人捆绑，然后与剩余元素按照要求进行排列。

【解】视两位老人为 1 人，连同其余 5 人共 6 人进行排列。由于老人不能排两端，从其余 5 人中选 2 人排两端，有 P_5^2 种排法；还有 4 人（实为 5 人）可以任意排列，有 P_4^4 种排法；又两位老人的位置可以互易，有 P_2^2 种情况。根据乘法原理，不同的排法共有 $P_5^2 P_4^4 P_2^2 = 960$。答案为 B。

真题解析

（2011-1-10）3 个三口之家一起观看演出，他们购买了同一排的 9 张连座票，则每一家的人都坐在一起的不同坐法有（　　）

A. $(3!)^2$ 种　　B. $(3!)^3$ 种　　C. $3(3!)^3$ 种　　D. $(3!)^4$ 种　　E. 9! 种

【解】首先将 3 个一家人利用捆绑法捆在一起：3!，接着对 3 个家庭进行全排：P_3^3，所以一共有：$P_3^3 3! 3! 3! = (3!)^4$。答案为 D。

> **周老师提醒您**
>
> 捆绑法一般出题难度不大，要求考生牢记捆绑法的特点，然后按照其步骤进行运算即可。

插空法

【标志】"不相邻""不在一起"

【解决方案】元素相离问题可先把没有位置要求的元素进行排队，再把不相邻元素插入中间和两端。

例题精讲

1. 3 个人坐在一排 8 个椅子上，若每个人左右两边都有空位，则坐法的种数有（　　）种

A. 14　　　　　B. 9　　　　　C. 72　　　　　D. 48　　　　　E. 24

【解题思路】首先对3个人进行全排，然后在剩下的5个椅子中间4个空隙中按照要求安排这3个人。

【解】方法1：先将3个人（各带一把椅子）进行全排列有P_3^3，○*○*○*○，在四个空中分别放一把椅子，还剩一把椅子再去插空有P_4^1种，所以每个人左右两边都空位的排法有$P_4^1 P_3^3 = 24$（种）。

方法2：先拿出5个椅子排成一排，在5个椅子中间出现4个空，*○*○*○*再让3个人每人带一把椅子去插空，于是有$P_4^3 = 24$（种）。答案为E。

2. A、B、C、D、E、F六个字母排成一排，若A、B、C必须按A在前、B居中、C在后的原则排列，共有（　　）种排法

A. 140　　　　　B. 90　　　　　C. 120　　　　　D. 480　　　　　E. 240

【解题思路】首先将A、B、C进行固定顺序，产生4个空隙，安排D、E、F按照要求入座。

【解】方法1：依题意，○A○B○C○，将D、E、F按下列分类去插4个空。①将D、E、F看作整体去插4个空有P_4^1种，D、E、F自身全排列有P_3^3种，共有$P_4^1 P_3^3$种。②将D、E、F分开（每空一个元素）插法有P_4^3种。③将D、E、F中两个元素看成整体去插空有$C_3^2 P_4^1 P_3^1 P_2^2$种，于是共有$P_4^1 P_3^3 + P_4^3 + C_3^2 P_4^1 P_3^1 P_2^2 = 120$种。

方法2：在方法1的图示空中，让D、E、F分别去插空，若将D去插这4个空有P_4^1种，在A、B、C及D中间及两端就出现5个空，再将E去插空有P_5^1种，这样就在A、B、C及D、E中间及两端出现6个空，再将F去插空有P_6^1种，所以符合题意的排法有$P_4^1 P_5^1 P_6^1 = 120$（种）。答案为C。

3. 停车场划出一排12个停车位置，今有8辆车需要停放。要求空车位置连在一起，不同的停车方法有（　　）种

A. $C_9^1 P_8^8$　　　B. $C_{10}^1 P_8^8$　　　C. $C_8^1 P_8^8$　　　D. $C_9^4 P_8^8$　　　E. 以上答案均不正确

【解题思路】首先将4个空车位打包，然后插入8个车位九个空隙中。

【解】先排好8辆车有P_8^8种方法，要求空车位置连在一起，则在每2辆之间及其两端的9个空档中任选一个，将空车位置插入有C_9^1种方法，所以共有$C_9^1 P_8^8$种方法。答案为A。

4. 一个晚会的节目有4个舞蹈、2个相声和3个独唱，舞蹈节目不能连续出场，则节目的出场顺序有（　　）

A. $P_5^5 P_6^4$种　　B. $P_5^5 P_5^4$种　　C. $P_6^5 P_5^4$种　　D. $P_5^5 P_6^3$种　　E. 6!5!种

【解题思路】首先将相声和独唱进行排列，然后将舞蹈插进去即可。

【解】分两步进行。第一步排2个相声和3个独唱共有P_5^5种，第二步将4个舞蹈插入第一步排好的6个元素中间包含首尾两个空位共有种P_6^4不同的方法，由分步计数原理，节目的不同顺序共有$P_5^5 P_6^4$种。答案为A。

5. 现有8个人排成一排照相，其中甲、乙、丙三人不能相邻的排法有（　　）种

A. $P_6^3 P_5^5$　　　B. $P_8^8 - P_6^6 P_3^3$　　　C. $P_5^3 P_3^3$　　　D. $P_8^8 - P_6^4$　　　E. $P_8^8 - 2P_6^4$

【解题思路】理解"甲、乙、丙三人不能相邻"的含义，得到的结果不是"甲、乙、丙三人互不相邻"的情况。"甲、乙、丙三人不能相邻"是指甲、乙、丙三人不能同时相邻，但允许其中有两人相邻。

【解】在 8 个人全排列的方法数中减去甲、乙、丙全相邻的方法数，就得到甲、乙、丙三人不相邻的方法数，即 $P_8^8 - P_6^6 P_3^3$。答案为 B。

6. 某人射击 8 枪，命中 4 枪，其中恰有 3 枪连中的不同种数有（　　）种
   A. 72　　　B. 24　　　C. 20　　　D. 19　　　E. 64

【解题思路】原题不便于操作，我们"换汤不换药"地将其改编为下题：8 个相同的球摆成一排，其中 A、B、C 三球必须相邻且与顺序无关，另一球 D 不得与前 3 球相邻的排法有几种？

【解】先排其余 4 球（对应于未中的 4 枪，显然与顺序无关），然后在 4 球之间及其两端共 5 空任选 2 空插入 A、B、C 及 D，故有 $P_5^2 = 20$ 种排法。答案为 C。

周老师提醒您

插空法在考查中主要是和捆绑法结合来考的，要求考生理解插空法的特点，以及找出合乎题意的空隙。

元素可重复性问题

【万能解法】每个事物 A 只可以容纳一个事物 B，若 a 表示事件 A 的个数，b 表示事件 B 的个数，则有 a^b 种方案（允许重复的排列问题的特点是以元素为研究对象，元素不受位置的约束，可以逐一安排各个元素的位置，一般地 n 个不同的元素没有限制地安排在 m 个位置上的排列数为 m^n 种）。

例题精讲

1. 在一次运动会上有四项比赛的冠军在甲、乙、丙三人中产生，那么不同的夺冠情况共有（　　）种
   A. P_4^3　　　B. 4^3　　　C. 3^4　　　D. C_4^3　　　E. 以上答案均不正确

【解题思路】本题是可重复性排列，可以按照分步原理进行解答。

【解】四项比赛的冠军依次在甲、乙、丙三人中选取，每项冠军都有 3 种选取方法，由乘法原理共有 $3 \times 3 \times 3 \times 3 = 3^4$ 种。答案为 C。

【注意】本题还有同学这样误解，甲乙丙夺冠均有四种情况，由乘法原理得 4^3。这是由于没有考虑到某项冠军一旦被一人夺得后，其他人就不再有 4 种夺冠可能。

2. 完成某项工作需 4 个步骤，每一步方法数相等，完成这项工作共有 81 种方法。改革后完成

这项工作减少了一个步骤，则改革后完成该项工作有（　　）种方法

A．81　　　　B．64　　　　C．4　　　　D．27　　　　E．以上答案均不正确

【解题思路】4个步骤却有81种方法，可见每个步骤都有可供选择的多种方法，而且"每一步方法数相等"，可见本题属于重复排列。

【解】设原来每个步骤有 x 种方法，则 $x^4=81$，所以 $x=3$。现在减少1个步骤，即完成该项工作只有3个步骤，每个步骤仍有3种方法 $3^3=27$，所以改革后完成该项工作有27种方法。答案为D。

3. 高三年级的三个班到甲、乙、丙、丁四个工厂进行社会实践，其中工厂甲必须有班级去，每班去何工厂可自由选择，则不同的分配方案有（　　）

A．16种　　　B．18种　　　C．37种　　　D．48种　　　E．38种

【解题思路】显然这里有重复计算。如：a 班先派去了甲工厂，b 班选择时也去了甲工厂，这与 b 班先派去了甲工厂，a 班选择时也去了甲工厂是同一种情况，而在上述解法中当作了不一样的情况，并且这种重复很难排除。

【解】用间接法。先计算3个班自由选择去何工厂的总数，再扣除甲工厂无人去的情况，即：$4×4×4-3×3×3=37$ 种方案。答案为C。

真题解析

（2007-10-7）有5人报名参加3项不同的培训，每人都只报一项，则不同的报法有（　　）

A．243种　　　B．125种　　　C．81种　　　D．60种　　　E．以上结论均不正确

【解】方法1：根据分类原理，可知每个人都可以报3项中的一项有3种选择余地，所以一共是 $3^5=243$。

方法2：根据"每个A只允许容纳一个B"的原理，则共计有 a^b 种方法（其中 a 为事件A的个数，b 为事件B的个数）。那么此题就可以根据题目已经"给出每人都只报一项"，所以直接给出答案 3^5 种方法。答案为A。

周老师提醒您

可重复性问题的本质是分步原理，要求考生善于按照可重复性的特点进行翻译，然后直接找出结果。

隔板法

一、基本概念

1. 隔板法定义

在 n 个元素间的 $n-1$ 个空中插入 b 个板，可以把 n 个元素分成 $b+1$ 组的方法。

2. 满足条件

（1）这 n 个元素必须相同；

（2）所分成的每一组至少分得一个元素；

（3）分成的组别彼此相异。

【万能解法】将 n 个相同的元素分成 m 份（n，m 为正整数），每份至少一个元素，可以用 $m-1$ 块隔板，插入 n 个元素排成一排的 $n-1$ 个空隙中，所有分法数为 C_{n-1}^{m-1}。

二、例题精讲

1. 方程 $x+y+z+t=10$ 的正整数解有（　　）

   A. C_9^3　　　B. C_{10}^2　　　C. C_{10}^3　　　D. C_9^2　　　E. 以上答案均不正确

   【解题思路】正整数解的个数求解，可以将 10 看成是 10 个相同的元素放入 4 个不同的盒子中，每个盒子不能为空的运算。

   【解】如图，设想有 10 个相同的球并放成一行，选取 3 块隔板任意插入其中，则每一种插入方法都对应一个正整数解。例如图中的插入方法即对应于 $1+4+3+2=10$。由于 10 球之间共有 9 空，任选 3 空插入隔板，有 C_9^3 种插入方法，所以方程 $x+y+z+t=10$ 的正整数解有 84 个。答案为 A。

2. 将 20 个相同的小球放入编号分别为 1，2，3，4 的四个盒子中，要求每个盒子中的球数不少于它的编号数，放法总数为（　　）

   A. C_{20}^3　　　B. C_{20}^2　　　C. C_{13}^3　　　D. C_{13}^2　　　E. C_{19}^4

   【解题思路】通过先在每个盒子里面放入一定的球数，然后再转换到放球的个数不能为空的情形。

   【解】方法 1：先在编号 1，2，3，4 的四个盒子内分别放 0，1，2，3 个球，有 1 种方法；再把剩下的 14 个球，分成 4 组，每组至少 1 个，可知有 $C_{13}^3 = 286$ 种。

   方法 2：第一步先在编号 1，2，3，4 的四个盒子内分别放 1，2，3，4 个球，有 1 种方法；第二步把剩下的 10 个相同的球放入编号为 1，2，3，4 的盒子里，可知有 $C_{13}^2 = 286$ 种方法。答案为 C。

3. 有 10 个运动员名额，分给 7 个班，每班至少 1 个，有（　　）种分配方案

   A. C_{10}^7　　　B. C_{10}^6　　　C. C_9^7　　　D. C_9^6　　　E. P_9^6

   【解题思路】按照 10 个相同元素放入 7 个不同的盒子，每个盒子不为空即可。

   【解】因为 10 个名额没有差别，把它们排成一排。相邻名额之间形成 9 个空隙。在 9 个空档中选 6 个位置插入隔板，可把名额分成 7 份，对应地分给 7 个班级，每一种插板方法对应一种分法共有 C_9^6 种分法。答案为 D。

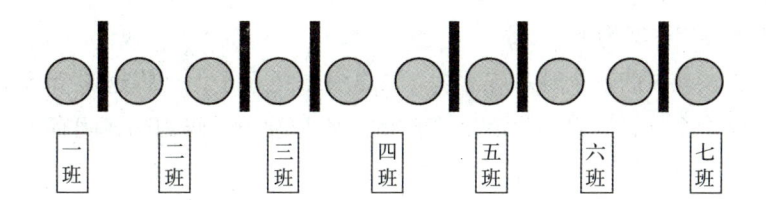

真题解析

（2009-10-14）若将 10 只相同的球随机放入编号为 1, 2, 3, 4 的四个盒子中，则每个盒子不空的投放方法有（　　）

A. 72　　　　B. 84　　　　C. 96　　　　D. 108　　　　E. 120

【解】本题的本质是 $x_1 + x_2 + x_3 + \cdots + x_n = m$ 有非负整数解，则解的种类有 C_{m-1}^{n-1} 种。根据题意可知每个盒子不空的方法有 $C_{10-1}^{4-1} = C_9^3 = 84$ 种。答案为 B。

周老师提醒您

隔板法的前提是相同元素的分布，最终划归的本质就是求解含有几个不同未知数的方程的正整数解。

元素不对应问题

【万能解法】两种元素不对应有 1 种方案；三种元素不对应有 2 种方案；四种元素不对应有 9 种方案；五种元素不对应有 44 种方案。

例题精讲

1. 一个年级有 7 个班，考试时只允许其中的 3 位教师监考本班，则不同监考方案有（　　）种

　　A. 105　　　B. 90　　　　C. 315　　　D. 420　　　E. 650

【解题思路】首先找出 3 个特殊的老师，然后按照其他 4 个老师对应于 4 个班，每个老师不能对应于自己的班级而定。

【解】老师和监考班级中 3 组对应，4 组不对应，$C_7^3 \times 9 = 315$。答案为 C。

2. 将数字 1, 2, 3, 4 填入标号为 1, 2, 3, 4 的四个方格里，每格填一个数，则每个方格的标号与所填数字均不相同的填法有（　　）

　　A. 6 种　　　B. 9 种　　　C. 11 种　　　D. 23 种　　　E. 24 种

【解题思路】按照 4 个元素不对应总计有 9 种方案可以直接进行运算。

【解】先把 1 填入方格中，符合条件的有 3 种方法，第二步把被填入方格的对应数字填入其他三个方格，又有 3 种方法；第三步填余下的两个数字，只有 1 种填法，共有 3×3×

1 = 9 种填法。答案为 B。

3. 设有编号为 1, 2, 3, 4, 5 的五个球和编号为 1, 2, 3, 4, 5 的盒子，现将这 5 个球投入 5 个盒子，要求每个盒子放 1 个球，并且恰好有 2 个球的号码与盒子号码相同，问有（　　）种不同的方法

   A. 60 种　　　B. 32 种　　　C. 24 种　　　D. 31 种　　　E. 20 种

   【解题思路】首先找出 2 个号码与盒子号码相同的球，还剩下 3 个元素不对应有 2 种方案。

   【解】从 5 个球中取出 2 个与盒子对号有 C_5^2 种，还剩下 3 个球与 3 个盒子序号不能对应，利用枚举法分析，如果剩下 3, 4, 5 号球与 3, 4, 5 号盒子时，3 号球不能装入 3 号盒子，当 3 号球装入 4 号盒子时，4, 5 号球只有 1 种装法，3 号球装入 5 号盒子时，4, 5 号球也只有 1 种装法，所以剩下 3 球只有 2 种装法，因此总共装法数为 $2C_5^2 = 20$ 种。答案为 E。

> **周老师提醒您**
>
> 针对元素不对应的考题，考生只需要牢记总结出来的几种元素不对应方案总数即可。

定序问题

对于某几个元素顺序固定的排列问题，可先把这几个元素与其他元素一同排列，然后除去定序元素的全排；或先在总体位置中选出定序元素的位置不参加排列，然后对其他元素进行排列。

例题精讲

1. 甲乙丙丁戊站成一排照相，要求甲必须站在乙的左边，丙必须站在乙的右边，有（　　）种不同的排法

   A. 60　　　B. 32　　　C. 24　　　D. 31　　　E. 20

   【解题思路】本题是部分不同元素定序问题，可以用逐一插入法。

   【解】先把甲乙丙按指定顺序排成一排只有 1 种排法，再在甲乙丙的两端和之间 4 个空档中选 1 个位置让丁站有 C_4^1 种不同的方法，再在这 4 人之间和两端 5 个空档中选 1 个位置让戊站有 C_5^1 种不同的站法，根据分步计数原理，符合要求的站法有 $1 C_4^1 C_5^1 = 20$ 种。答案为 E。

   【注意】对部分不同元素定序（或部分相同元素）排列的问题，常用逐一插入法，先将这些"特殊元素"按指定顺序排列，再将"普通元素"逐一插入其间或两端。注意定序的元素之间顺序一定、部分相同元素是组合问题。

2. 今有 2 本相同语文书、3 本相同数学书、4 本相同英语书排成一排，有（　　）种不同的排法

   A. 600　　　B. 1440　　　C. 1260　　　D. 310　　　E. 200

【解题思路】本题是部分相同元素的排列问题，可以用消序法。

【解】先把这9本书排成一排有 P_9^9 种不同的排法，其中，2本语文书有 P_2^2 排法，3本数学书有 P_3^3 种排法，4本英语书有 P_4^4 种排法，因相同的书无序，所以2本相同语文书、3本相同数学书、4本相同英语书都各只有1种排法，消去它们的顺序，这9本书的排法有 $\dfrac{P_9^9}{P_2^2 P_3^3 P_4^4} = 1260$ 种。答案为C。

【注意】对部分不同元素定序（或部分相同元素）排列的问题，常用消序法，先将所有元素全排列，再将特殊元素在其位置上换位情况消去（通常除以特殊元素的全排列数），只保留指定的一种顺序。

3. 晚会上有相声、唱歌、诗歌朗诵、小品、小提琴独奏节目各一个，要求相声节目必须排在小提琴独奏前，小品排在小提琴独奏后，这台晚会的节目有（　　）种不同的排法
   A. 60　　　　B. 14　　　　C. 12　　　　D. 20　　　　E. 40

【解题思路】本题是部分元素顺序一定排序问题，可以用优序法。

【解】先把这5个节目排成一排占5个位置，先在这5个位置中选3个位置按从前到后为相声、小提琴独奏、小品顺序安排这三个节目，有 C_5^3 种不同方法，再在其余2个位置上安排唱歌和诗歌朗诵有 P_2^2 种不同方法，根据分步计数原理，符合要求的节目排法有 $C_5^3 P_2^2 = 20$ 种。答案为D。

【注意】对部分不同元素定序（或部分相同元素）排列的问题，常用方法还有优序法，先从所有位置中按"特殊元素"个数选出若干位置，并把这些特殊元素按指定顺序排上去，再将普通元素在其余位置上全排列。

4. 5人并排站成一排，甲必须站在乙的左边（甲乙可以不相邻），则不同的排法有（　　）种
   A. 60　　　　B. 14　　　　C. 12　　　　D. 20　　　　E. 40

【解题思路】本题按照消序或只选不排都可以计算。

【解】方法1（先排后除）：$\dfrac{P_5^5}{P_2^2} = 60$ 种。

方法2（只选不排）：$C_5^2 P_3^3 = 60$ 种。

答案为A。

5. 为构建和谐社会出一份力，一文艺团体下基层宣传演出，准备的节目表中原有4个歌舞节目，如果保持这些节目的相对顺序不变，拟再添2个小品节目，则不同的排列方法有（　　）
   A. 36种　　　B. 30种　　　C. 24种　　　D. 12种　　　E. 18种

【解题思路】因为插入的元素数目不多，所以可以采用优先插入法。

【解】记两个小品节目分别为A、B。先排A节目。根据A节目前后的歌舞节目数目考虑方法数，相当于把A节目插入到4个节目的前后，可知有 C_5^1 种方法。这一步完成后就有5个节目了。再考虑需加入的B节目前后的节目数，同理知有 C_6^1 种方法。由乘法原理知，共有 $C_5^1 C_6^1 = 30$ 种方法。答案为B。

6. 书架上某层有 6 本书，新买了 3 本书插进去，要保持原来 6 本书原有顺序，有（　　）种不同插法
   A. P_9^9　　　　B. P_6^6　　　　C. P_9^3　　　　D. P_9^6　　　　E. 18

   【解题思路】直接采用公式进行全部元素全排后除以顺序不变的元素全排，目的是消序。
   【解】9 本书按一定顺序排在一层有 P_9^9 种，考虑到其中原来的 6 本书保持原有顺序，原来的每一种排法都重复了 P_6^6 次，所以有 $P_9^9 \div P_6^6$ 种。答案为 C。

> **周老师提醒您**
>
> 定序问题的计算，要求考生牢牢记住基本公式，直接除以定序元素的全排即可。

分组问题

一、基本概念

n 个不同元素按照某些条件分配给 k 个不同的对象，称为分配问题，分定向分配和不定向分配两种问题；将 n 个不同元素按照某些条件分成 k 组，称为分组问题。分组问题有非平均分组、平均分组和部分平均分组三种情况。

（一）非均匀分组

所谓"非均匀分组"是指所有元素个数彼此不相等的组，对于非均匀分组不需要考虑它的重复性问题，只需分步取元素即可，看下面一道例题。

【例 1】7 个人参加义务劳动，按下列方法分组有多少种不同的分法？
　　　　（1）分成三组，分别是 1 人、2 人、4 人。
　　　　（2）选出 5 个人再分成两组，一组 2 人，另一组 3 人。

【解】由于各组元素都不相同，所以按组合进行分组的时候不会出现重复的现象，我们只需分步取元素就能得到正确答案。于是第一小题为 $C_7^1 C_6^2 C_4^4$，第二小题为 $C_7^5 C_5^2 C_3^3$。

（二）均匀分组

所谓"均匀分组"是指将所有元素分成所有组元素个数相等或部分组元素个数相等的组。此时的分组将会出现重复现象，我们需要对重复的部分进行排除。下面我们分别来讨论这两种情况。

1. 全部均匀分组

【例 2】6 本不同的书，分为 3 组，每组 2 本，有多少种分法？

【解】 该题中每组的元素个数都相同，因此为全部均匀分组。很多同学都会认为先从 6 本书中选 2 本为一组，即 C_6^2；然后从剩下的 4 本书中选 2 本为一组，即 C_4^2；最后剩下的 2 本为一组，于是得出分组的方法有 $C_6^2 C_4^2 C_2^2$。其实不然，例如我们对 6 本书进行编号，分别为 a、b、c、d、e、f，观察下面 6 种分组法：a、b，c、d，e、f；a、b，e、f，c、d；c、d，e、f，a、b；c、d，a、b，e、f；e、f，c、d，a、b；e、f，a、b，c、d。这 6 种分组的方法都是先从 6 本书中选 2 本为一组，然后从剩下的 4 本书选 2 本为一组，最后剩下的 2 本为一组，但是它们都是相同的，重复数有 P_3^3，于是正确的分组方法应为 $\dfrac{C_6^2 C_4^2 C_2^2}{P_3^3}$。

2. 部分均匀分组

【例 3】 将 10 个不同的零件分成 4 堆，每堆分别有 2 个、2 个、2 个、4 个，有多少种不同的分法？

【解】 经过例 2 的分析我们可以知道这里有 3 组的元素个数相同，即重复数为 P_3^3，分组的方法有 $\dfrac{C_{10}^2 C_8^2 C_6^2 C_4^4}{P_3^3}$。

通过以上三个例题的分析，我们可以得出分组问题的一般方法：

一般地，n 个不同的元素分成 p 组，各组内元素数目分别为 m_1，m_2，$\cdots$，m_p，其中 k 组内元素数目相等，那么分组方法数是 $\dfrac{C_n^{m_1} C_{n-m_1}^{m_2} C_{n-m_1-m_2}^{m_3} \cdots C_{m_p}^{m_p}}{P_k^k}$。

二、例题精讲

1. 12 封不同的信，投到 3 个相同的邮筒中，若一个邮筒里投 6 封信，另外两个邮筒各投 3 封信，不同的投法有（　　）种

    A. $C_{12}^6 C_6^3 C_3^3$ 　　B. $C_{12}^6 C_6^3 C_3^3 P_3^3$ 　　C. $\dfrac{C_{12}^6 C_6^3 C_3^3}{P_3^3}$ 　　D. $\dfrac{C_{12}^6 C_6^3 C_3^3}{P_2^2}$ 　　E. $C_{12}^6 C_6^3 C_3^3 P_2^2$

    【解题思路】 6 封信平均投递到两个信封，属于平均分组。

    【解】 首先从 12 封信中抽出 6 封信放进一个邮筒：C_{12}^6，第二步将剩下的 6 封信平均分到 2 个邮筒：$\dfrac{C_6^3 C_3^3}{P_2^2}$，故总的方案有：$\dfrac{C_{12}^6 C_6^3 C_3^3}{P_2^2}$。答案为 D。

2. 4 个不同的小球放入编号为 1、2、3、4 的 4 个盒中，则恰有一个空盒的放法共有（　　）

    A. 182 种　　B. 148 种　　C. 128 种　　D. 144 种　　E. 84 种

    【解题思路】 本题因为恰有一个空盒，说明放的盒子里面球的个数为 1，1，2，其中有 2 个盒子是均匀分组。

    【解】 先从 4 个盒中选 1 个成为空盒有 C_4^1 种；再把 4 个球分成 3 组每组至少 1 个，即分为 2，1，1 的三组，有 $\dfrac{C_4^2 C_2^1 C_1^1}{A_2^2}$ 种；最后将 3 组球放入 3 个盒中，进行全排列有 P_3^3 种。因

此，放法共有 $C_4^1 \times \dfrac{C_4^2 C_2^1 C_1^1}{A_2^2} \times P_3^3 = 144$ 种。答案为 D。

涂色问题

例题精讲

1. 如图，一个地区分为 5 个行政区域，现给地图着色，要求相邻区域不得使用同一颜色，现有 4 种颜色可供选择，则不同的着色方法共有（　　）

    A. 18 种　　B. 48 种　　C. 128 种
    D. 72 种　　E. 84 种

    【解题思路】看清题设"有 4 种颜色可供选择"，不一定需要 4 种颜色全部使用，用 3 种也可以完成任务。

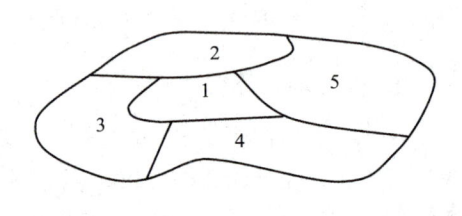

    【解】当使用 4 种颜色时，知有 48 种着色方法；当仅使用 3 种颜色时：从 4 种颜色中选取 3 种有 C_4^3 种方法，先着色第 1 区域，有 3 种方法，剩下 2 种颜色涂 4 个区域，只能是 1 种颜色涂第 2、4 区域，另一种颜色涂第 3、5 区域，有 2 种着色方法，由乘法原理有 $C_4^3 \times 3 \times 2 = 24$ 种。综上共有：$48 + 24 = 72$ 种。答案为 D。

2. 4 种不同的颜色涂在如图所示的 6 个区域，且相邻两个区域不能同色。共计（　　）方案

    A. 18 种　　B. 48 种　　C. 120 种
    D. 72 种　　E. 84 种

    【解题思路】4 种颜色涂 6 个区域，需要从哪些区域颜色相同来着手。

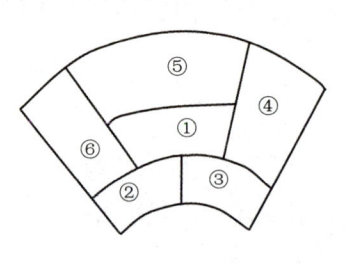

    【解】依题意只能选用 4 种颜色，要分 4 类：
    ②与⑤同色、④与⑥同色，则有 P_4^4；
    ③与⑤同色、④与⑥同色，则有 P_4^4；
    ②与⑤同色、③与⑥同色，则有 P_4^4；
    ③与⑤同色、②与④同色，则有 P_4^4；
    ②与④同色、③与⑥同色，则有 P_4^4。
    所以根据加法原理得涂色方法总数为 $5 P_4^4 = 120$。答案为 C。

3. 用红、黄、蓝、白、黑 5 种颜色涂在如图所示的 4 个区域内，每个区域涂一种颜色，相邻两个区域涂不同的颜色，如果颜色可以反复使用，共有（　　）种不同的涂色方法

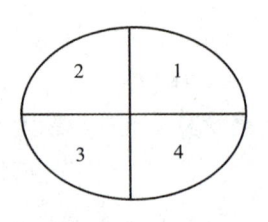

    A. 180　　B. 480　　C. 120　　D. 720　　E. 260

【解题思路】4 种颜色涂 4 块地，需要分为 4 格涂不同的颜色；有且仅有两个区域相同的颜色；两组对角小方格分别涂相同的颜色进行讨论。

【解】可把问题分为 3 类：

4 格涂不同的颜色，方法种数为 P_5^4；有且仅两个区域相同的颜色，即只有一组对角小方格涂相同的颜色，涂法种数为 $2C_5^1 P_4^2$；两组对角小方格分别涂相同的颜色，涂法种数为 P_5^2，因此，所求的涂法种数为 $P_5^4 + 2C_5^1 P_4^2 + P_5^2 = 260$。答案为 E。

> **周老师提醒您**
>
> 涂色问题在运算的过程中，考生需要注意所给的颜色并非全部都要用上，一般都要进行分情况讨论。

其他问题

例题精讲

(等价转化) 10 级楼梯，要求 7 步跨完，且每步可跨 1 级或 2 级，问有（　　）种不同的跨法

A. 18　　B. 35　　C. 12　　D. 72　　E. 26

【解】设有 x 步跨 1 级，y 步可跨 2 级

$$\begin{cases} 2y+x=10 \\ x+y=7 \end{cases} \Rightarrow \begin{cases} x=4 \\ y=3 \end{cases}$$

7 步中选 4 步跨 1 级，剩下 3 步跨 2 级，所以共有 $C_7^4 = 35$ 种跨法。答案为 B。

(等价转化) 某城市有 7 条南北向的街道，5 条东西向的街道，如果从城市一端 A 走向另一端 B，最短的走法有（　　）

A. 210 种　　B. 350 种　　C. 120 种

D. 720 种　　E. 260 种

【解】问题等价转化为从 $4+6=10$ 条街道中选出 4 条街道，设 a 表示一条东西走向的街道，b 表示一条南北走向的街道，问题等价于从 10 个空位中选出 4 个，即有 $C_{10}^4 = 210$。答案为 A。

(列举法) 将 4 个颜色互不相同的球全部放入编号为 1 和 2 的两个盒子里，使得放入每个盒子里的球的个数不小于该盒子的编号，则不同的放球方法有（　　）

A. 10 种　　B. 20 种　　C. 36 种　　D. 52 种　　E. 42 种

【解】将 4 个颜色互不相同的球全部放入编号为 1 和 2 的两个盒子里，使得放入每个盒子里的球的个数不小于该盒子的编号，分情况讨论：

① 1号盒子中放1个球，其余3个放入2号盒子，有 $C_4^1 = 4$ 种方法；

② 1号盒子中放2个球，其余2个放入2号盒子，有 $C_4^2 = 6$ 种方法。

不同的放球方法有 10 种。答案为 A。

（环排问题） 8 人围桌而坐，共有（　　）种坐法

A. 6!　　　　B. 7!　　　　C. 8!　　　　D. 9!　　　　E. 5!

【解】围桌而坐与坐成一排的不同点在于，坐成圆形没有首尾之分，所以固定一人 A 并从此位置把圆形展成直线，其余 7 人共有 (8–1)! 种排法，即 7!。答案为 B。

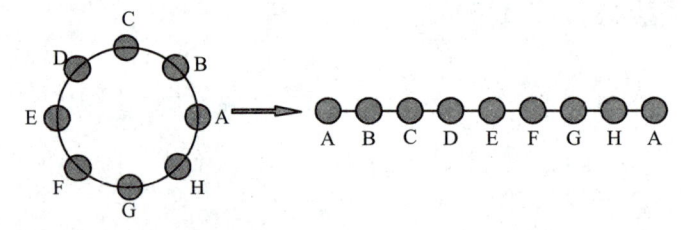

【注意】一般地，n 个不同元素作圆形排列，共有 $(n-1)!$ 种排法。如果从 n 个不同元素中取出 m 个元素作圆形排列共有 $\dfrac{1}{n}P_n^m$ 种排法。

第二节　概率初步

◎ 知识框架图

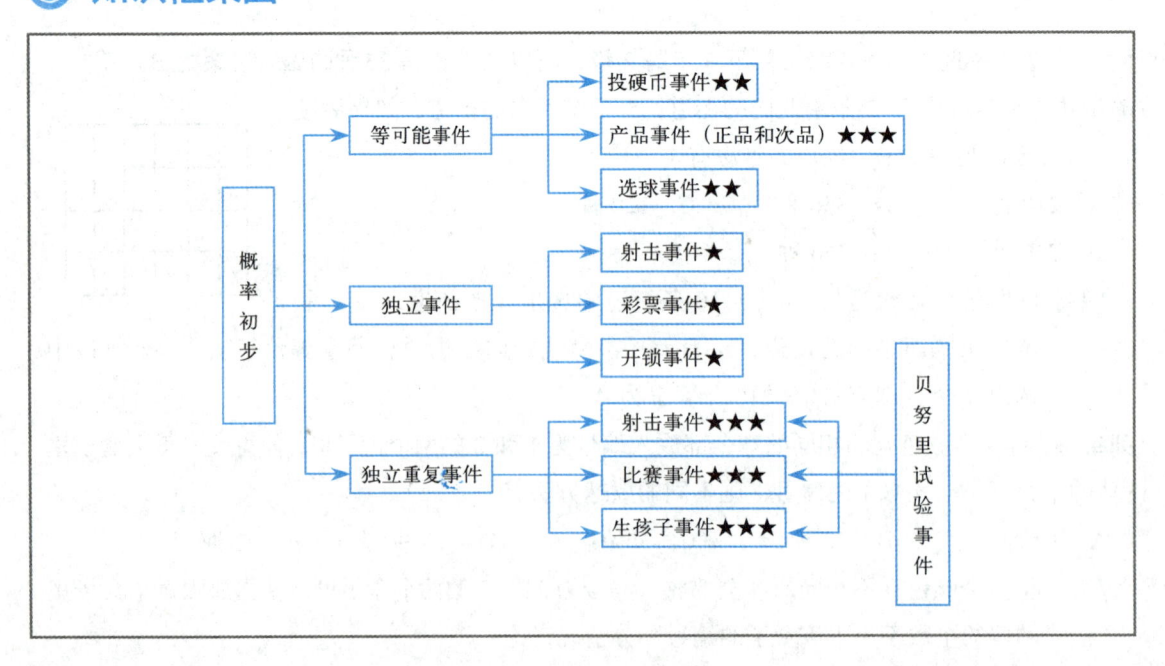

考点说明

概率初步在考试中占据很重要的位置，是历年来必考的知识点，一般考查 2 道题。考生对于这个考点的熟练程度一定程度上取决于排列组合学习的好坏。本节需要考生理解随机事件、必然事件、不可能事件的含义，掌握古典概率（等可能事件）、独立事件、贝努里试验的运算。

模块化讲解

古典概型（等可能事件）

一、基本概念

1. 必然事件、不可能事件与随机事件

在一定的条件下必然发生的事件叫作必然事件，如"在标准大气压下，水的温度达到 100℃ 时沸腾"，就是必然事件。

在一定条件下不可能发生的事件叫作不可能事件，如"在常温下，铁熔化"，就是不可能事件。

在一定的条件下可能发生也可能不发生的事件叫作随机事件，如"掷一枚硬币，正面向上"就是随机事件。

我们常用大写英文字母 A，B，C，…表示事件，如设"掷两枚硬币，至少有一个正面向上"为事件 B。

2. 随机事件的概率

在重复同一试验时，若进行了 n 次试验，事件 A 发生了 m 次，则称 $\dfrac{m}{n}$ 为事件 A 发生的频率。

在大量重复同一试验时，事件 A 发生的频率 $\dfrac{m}{n}$ 总是接近于某个常数，在它附近摆动，我们就把这个常数叫作事件 A 的概率，记作 $P(A)$。显然：

$$0 \leqslant P(A) \leqslant 1$$

易知，必然事件的概率为 1，不可能事件的概率为 0。

求一个随机事件的概率的最基本的方法是：依上面给出的概率的定义，进行大量（实现事件条件）的重复试验，用这个事件发生的频率近似地作为该事件的概率。

3. 等可能事件的概率

（1）基本事件及由基本事件组成的事件。

一次试验连同其中可能出现的结果，称为一个基本事件。例如，在"将一枚均匀硬币先后抛掷两次"的试验中，可能出现的结果是：（正，正）（正，反）（反，正）（反，反）。其中"将一枚均匀硬币先后抛掷两次，两次均为正面向上""将一枚均匀硬币先后抛掷两次，第 1 次正面向上，第 2 次反面向上""将一枚均匀硬币先后抛掷两次，第 1 次反面向上，第 2 次正面向上"

"将一枚均匀硬币先后抛掷两次，两次均为反面向上"都是基本事件。在这个试验中，以上 4 个基本事件发生的可能性相等，我们称它们为等可能事件。

一个事件常常是由几个基本事件组合而成的，如事件 A "将一枚均匀硬币先后抛掷，至少有一次正面向上"就是由 3 个基本事件组合而成的：事件 A_1 "将一枚均匀硬币先后抛掷两次，两次均为正面向上"，事件 A_2 "将一枚均匀硬币先后抛掷两次，第 2 次反面向上"，以及事件 A_3 "将一枚均匀硬币先后抛掷两次，第 1 次反面向上，第 2 次正面向上"。可以用集合的符号表示为 $A = A_1 \cup A_2 \cup A_3$。

（2）等可能事件的概率。

如果一次试验中的基本事件有 n 个，而且这些基本事件都是等可能事件，那么每一个基本事件的概率都是 $\dfrac{1}{n}$。如果事件 A 包含了 m 个基本事件，那么事件 A 的概率：

$$P(A) = \dfrac{m}{n}$$

4. 互斥（或称互不相容）事件有一个发生的概率

（1）互斥（或称互不相容）事件。

如果事件 A 和事件 B 不可能同时发生，则称事件 A 与事件 B 为互斥事件，比如抛掷一枚均匀硬币，出现正面向上的事件和出现反面向上的事件就是一对互斥事件。一般地，如果事件 $A_1, A_2, \cdots, A_n$ 任何两个都是互斥事件，则说事件 $A_1, A_2, \cdots, A_n$ 彼此互斥。

（2）互斥事件有一个发生的概率。

事件 A 与事件 B 至少有一个发生的事件叫作事件 A 与事件 B 的和，记作 $A \cup B$ 或 $A + B$。如果事件 A 与事件 B 互斥，则有：

$$P(A + B) = P(A) + P(B)$$

一般地，事件 $A_1, A_2, \cdots, A_n$ 至少有一个发生的事件叫作事件 $A_1, A_2, \cdots, A_n$ 的和，记作 $A_1 + A_2 + \cdots + A_n$。如果事件 $A_1, A_2, \cdots, A_n$ 彼此互斥，则有：

$$P(A_1 + A_2 + \cdots A_n) = P(A_1) + P(A_2) + \cdots + P(A_n)$$

（3）对立事件的概率。

其中必有一个发生的两个互斥事件叫作对立事件。如：在一个口袋中装有 1 个红球和 1 个白球，从中任意取出 1 个球，摸出红球和摸出白球这两个事件就是对立事件。

一个事件 A 的对立事件记作 $\overline{A}$。显然 $A + \overline{A}$ 是必然事件，$P(A + \overline{A}) = 1$，又因为 A 与 $\overline{A}$ 互斥，所以有 $P(A) + P(\overline{A}) = P(A + \overline{A}) = 1$，故 $P(\overline{A}) = 1 - P(A)$。

例如，还可以用下面的方法求解：将取出的 3 件全是一级品的事件记为 A，则它的对立事件 $\overline{A}$ 就是取出的 3 件至少有 1 件二级品，事件 A 的概率为 $P(A) = \dfrac{C_{15}^3}{C_{20}^3} = \dfrac{91}{228}$，所以 $P(\overline{A}) = 1 - P(A) = 1 - \dfrac{91}{228} = \dfrac{137}{228}$。

【万能解题】

- 一个基本事件是一次试验的结果，且每个基本事件的概率都是 $\dfrac{1}{n}$，即是等可能的；
- 公式 $P(A) = \dfrac{m}{n}$ 是求解公式，也是等可能性事件的概率的定义，它与随机事件的频率有本质区别；
- 可以从集合的观点来考查事件 A 的概率：$P(A) = \dfrac{\text{card}(A)}{\text{card}(I)}$。

二、例题精讲

1. 从 $\{1, 2, 3, 4, 5\}$ 中随机选取一个数为 a，从 $\{1, 2, 3\}$ 中随机选取一个数为 b，则 $b > a$ 的概率是（　　）

   A. $\dfrac{1}{5}$　　　　B. $\dfrac{2}{5}$　　　　C. $\dfrac{3}{5}$　　　　D. $\dfrac{4}{5}$　　　　E. 以上答案均不正确

   【解题思路】由题意知本题是一个古典概型，试验包含的所有事件根据分步计数原理知共有 5×3 种结果，而满足条件的事件是 $a = 1$，$b = 2$；$a = 1$，$b = 3$；$a = 2$，$b = 3$。共有 3 种结果。

   【解】试验包含的所有事件根据分步计数原理知共有 5×3 种结果。而满足条件的事件是 $a = 1$，$b = 2$；$a = 1$，$b = 3$；$a = 2$，$b = 3$。共有 3 种结果，由古典概型公式得到 $P = \dfrac{3}{5 \times 3} = \dfrac{1}{5}$，答案为 A。

2. 一袋中装有大小相同，编号分别为 1, 2, 3, 4, 5, 6, 7, 8 的 8 个球，从中有放回地每次取一个球，共取 2 次，则取得两个球的编号和不小于 15 的概率为（　　）

   A. $\dfrac{1}{64}$　　　　B. $\dfrac{3}{64}$　　　　C. $\dfrac{5}{64}$　　　　D. $\dfrac{7}{64}$　　　　E. $\dfrac{9}{64}$

   【解题思路】由分步计数原理知从有 8 个球的袋中有放回地取 2 次，所取号码共有 8×8 种，题目的困难之处是列出其中 (7, 8)，(8, 7)，(8, 8) 和不小于 15 的 3 种结果，也就是找出符合条件的事件数。

   【解】由分步计数原理知，从有 8 个球的袋中有放回地取 2 次，所取号码共有 $8 \times 8 = 64$ 种，其中 (7, 8)，(8, 7)，(8, 8) 和不小于 15 的有 3 种，所以所求概率为 $P = \dfrac{3}{64}$。

3. 有 5 本不同的书，其中语文书 2 本，数学书 2 本，物理书 1 本。若将其随机地摆放到书架的同一层上，则同一科目的书都不相邻的概率是（　　）

   A. $\dfrac{1}{5}$　　　　B. $\dfrac{2}{5}$　　　　C. $\dfrac{3}{5}$　　　　D. $\dfrac{4}{5}$　　　　E. 以上答案均不正确

   【解题思路】本题是一个等可能事件的概率，试验发生包含的事件是把 5 本书随机地摆到一个书架上，共有 P_5^5 种结果，满足条件的事件是同一科目的书都不相邻，表示出结果，得到概率。

【解】试验发生包含的事件是把 5 本书随机地摆到一个书架上，共有 $P_5^5 = 120$ 种结果，下面分类研究同类数不相邻的排法种数。

假设第一本是语文书（或数学书），第二本是数学书（或语文书），则有 $4 \times 2 \times 2 \times 2 \times 1 = 32$ 种可能；

假设第一本是语文书（或数学书），第二本是物理书，则有 $4 \times 1 \times 2 \times 1 \times 1 = 8$ 种可能；

假设第一本是物理书，则有 $1 \times 4 \times 2 \times 1 \times 1 = 8$ 种可能。

所以同一科目的书都不相邻的概率 $P = \dfrac{2}{5}$。答案为 B。

4. 甲从正方形四个顶点中任意选择两个顶点连成直线，乙从该正方形四个顶点中任意选择两个顶点连成直线，则所得的两条直线相互垂直的概率是（　　）

A. $\dfrac{1}{18}$　　　　B. $\dfrac{5}{18}$　　　　C. $\dfrac{3}{18}$　　　　D. $\dfrac{7}{18}$　　　　E. 以上答案均不正确

【解题思路】正方形四个顶点可以确定 6 条直线，甲乙各自任选一条共有 36 个基本事件。4 组邻边和对角线中两条直线相互垂直的情况有 5 种，包括 10 个基本事件。

【解】正方形四个顶点可以确定 6 条直线，甲乙各自任选一条共有 36 个基本事件。4 组邻边和对角线中两条直线相互垂直的情况有 5 种，包括 10 个基本事件，所以概率 $P = \dfrac{5}{18}$。

答案为 B。

5. 12 个篮球队中有 3 个强队，将这 12 个队任意分成 3 个组（每组 4 个队），则 3 个强队恰好被分在同一组的概率为（　　）

A. $\dfrac{1}{55}$　　　　B. $\dfrac{1}{4}$　　　　C. $\dfrac{3}{55}$　　　　D. $\dfrac{7}{55}$　　　　E. $\dfrac{1}{3}$

【解题思路】12 个队任意分成 3 个组（每组 4 个队）属于均匀分组的排列组合问题，然后 3 个强队恰好被分在同一组的分法有 $C_3^3 C_9^1 C_8^4 C_4^4 P_2^2$ 种。

【解】试验发生的所有事件是将 12 个组分成 4 个组的分法有 $C_{12}^4 C_8^4 C_4^4 P_3^3$ 种，而满足条件的 3 个强队恰好被分在同一组的分法有 $C_3^3 C_9^1 C_8^4 C_4^4 P_2^2$ 种，根据古典概型公式，3 个强队恰好被分在同一组的概率为 $P = \dfrac{3}{55}$。答案为 C。

6. 已知一组抛物线 $y = \dfrac{1}{2}ax^2 + bx + 1$，其中 a 为 2、4、6、8 中任取的一个数，b 为 1、3、5、7 中任取的一个数，从这些抛物线中任意抽取两条，它们在与直线 $x = 1$ 交点处的切线相互平行的概率是（　　）

A. $\dfrac{1}{12}$　　　　B. $\dfrac{7}{60}$　　　　C. $\dfrac{3}{25}$　　　　D. $\dfrac{7}{25}$　　　　E. $\dfrac{1}{3}$

【解题思路】抛物线共 $4 \times 4 = 16$ 条，从中任意抽取两条共有 $C_{16}^2 = 120$ 种不同的方法。它们

在与直线 $x=1$ 交点处的切线的斜率 $k=y'|_{x=1}=a+b$，然后进行讨论计算。

【解】由题意知这一组抛物线共 $4×4=16$ 条，从中任意抽取两条共有 $C_{16}^2=120$ 种不同的方法。它们在与直线 $x=1$ 交点处的切线的斜率 $k=y'|_{x=1}=a+b$。

若 $a+b=5$，有两种情形，从中取出两条，有 C_2^2 种取法；

若 $a+b=7$，有三种情形，从中取出两条，有 C_3^2 种取法；

若 $a+b=9$，有四种情形，从中取出两条，有 C_4^2 种取法；

若 $a+b=11$，有三种情形，从中取出两条，有 C_3^2 种取法；

若 $a+b=13$，有两种情形，从中取出两条，有 C_2^2 种取法.

由分类计数原理知，任取两条切线平行的情形共有 $C_2^2+C_3^2+C_4^2+C_3^2+C_2^2=14$（种），

所以所求概率为 $P=\dfrac{7}{60}$。答案为 B。

7. 在一个口袋中装有 5 个白球和 3 个黑球，这些球除颜色外完全相同。从中摸出 3 个球，至少摸到 2 个黑球的概率等于（　　）

A. $\dfrac{2}{7}$　　B. $\dfrac{7}{60}$　　C. $\dfrac{3}{8}$　　D. $\dfrac{7}{64}$　　E. $\dfrac{1}{3}$

【解题思路】至少摸到两个黑球分为 2 个黑球和 1 个白球或者 3 个黑球进行运算即可。

【解】在一个口袋中装有 5 个白球和 3 个黑球，这些球除颜色外完全相同。试验的总事件是从 8 个球中取 3 个球有 C_8^3 种取法，从中摸出 3 个球，至少摸到 2 个黑球，包括摸到 2 个黑球，或摸到 3 个黑球有 $C_3^2 C_5^1+C_3^3$ 种不同的取法，所以至少摸到 2 个黑球的概率 $P=\dfrac{2}{7}$。答案为 A。

8. 先后抛掷两枚均匀的正方体骰子（它们的六个面分别标有点数 1、2、3、4、5、6），骰子朝上的面的点数分别为 X、Y，则 $\log_{2X}Y=1$ 的概率为（　　）

A. $\dfrac{2}{7}$　　B. $\dfrac{7}{60}$　　C. $\dfrac{3}{8}$　　D. $\dfrac{7}{64}$　　E. $\dfrac{1}{12}$

【解题思路】利用 $\log_{2X}Y=1$ 得到 $Y=2X$，满足条件的 X、Y 有 3 对。

【解】$\log_{2X}Y=1$，所以 $Y=2X$，满足条件的 X、Y 有 3 对 $(1,2)$，$(2,4)$，$(3,6)$，而骰子朝上的点数 X、Y 共有 36 对，所以概率为 $P=\dfrac{1}{12}$。答案为 E。

9. 某校 A 班有学生 40 名，其中男生 24 人，B 班有学生 50 名，其中女生 30 人，现从 A、B 两班各找一名学生进行问卷调查，则找出的学生是一男一女的概率为（　　）

A. $\dfrac{1}{12}$　　B. $\dfrac{7}{60}$　　C. $\dfrac{13}{25}$　　D. $\dfrac{7}{64}$　　E. $\dfrac{1}{3}$

【解题思路】现从 A、B 两班各找一名学生进行问卷调查，则找出的学生是一男一女可能是学生为 A 班男生 B 班女生或 B 班男生 A 班女生。

【解】所找学生为 A 班男生 B 班女生的概率为 $\dfrac{3}{5}×\dfrac{3}{5}=\dfrac{9}{25}$，为 B 班男生 A 班女生的概率为

$\dfrac{2}{5} \times \dfrac{2}{5} = \dfrac{4}{25}$，故所求概率为 $\dfrac{9}{25} + \dfrac{4}{25} = \dfrac{13}{25}$。答案为 C。

10. 将 10 个参加比赛的代表队，通过抽签分成 A、B 两组，每组 5 个队，其中甲、乙两队恰好被分在 A 组的概率为（　　）

   A. $\dfrac{1}{12}$ B. $\dfrac{7}{60}$ C. $\dfrac{4}{9}$ D. $\dfrac{2}{9}$ E. $\dfrac{1}{3}$

   【解题思路】试验发生包含的所有事件是把 10 个队分成两组，共用 $C_{10}^{5}C_{5}^{5}$ 种结果，而满足条件的事件是甲、乙两队恰好被分在 A 组，再从另外 8 个队中选 3 个即可。

   【解】试验发生包含的所有事件是把 10 个队分成两组，共有 $C_{10}^{5}C_{5}^{5}$ 种结果，而满足条件的事件是甲、乙两队恰好被分在 A 组，再从另外 8 个队中选 3 个即可，共有 $C_{8}^{3}C_{5}^{5}$ 种结果，所以 $P = \dfrac{2}{9}$。答案为 D。

11. 我国西南今春大旱，某基金会计划给予援助，6 家矿泉水企业参与了竞标，其中 A 企业来自浙江省，B、C 两家企业来自福建省，D、E、F 三家企业来自广东省。此项援助计划从两家企业购水，假设每家企业中标的概率相同，则在中标的企业中，至少有一家来自广东省的概率是（　　）

   A. $\dfrac{1}{5}$ B. $\dfrac{7}{60}$ C. $\dfrac{4}{5}$ D. $\dfrac{2}{5}$ E. $\dfrac{1}{3}$

   【解题思路】从 6 家企业中选两家试验的总事件数是 $C_{6}^{2}=15$，至少有一家来自广东省的对立事件是在中标的企业中没有来自广东省的企业。

   【解】从 6 家企业中选两家试验的总事件数是 $C_{6}^{2}=15$，至少有一家来自广东省的对立事件是在中标的企业中没有来自广东省的企业，不符合条件的有 $C_{3}^{2}=3$，所以 $P=1-\dfrac{1}{5}=\dfrac{4}{5}$。答案为 C。

12. 市区某公共汽车站有 10 个候车位（成一排），现有 4 名乘客随便坐在某个座位上候车，则恰好有 5 个连续空座位的候车方式的概率为（　　）

   A. $\dfrac{2}{21}$ B. $\dfrac{7}{60}$ C. $\dfrac{4}{21}$ D. $\dfrac{2}{5}$ E. $\dfrac{1}{21}$

   【解】试验发生包含的事件是 4 个人在 10 个位置排列，共有 $C_{10}^{4}P_{4}^{4}$，把 4 位乘客当作 4 个元素做全排列有 P_{4}^{4} 种排法，将一个空位和余下的 5 个空位作为一个元素插空有 P_{5}^{2} 种排法，共有 $P_{4}^{4} \cdot P_{5}^{2} = 480$，所以要求的概率是 $P = \dfrac{2}{21}$。答案为 A。

真题解析

（2009-1-22）（条件充分性判断）点 (s,t) 落入圆 $(x-a)^{2}+(y-a)^{2}=a^{2}$ 内的概率是 $\dfrac{1}{4}$

（1）s, t 是连续掷一枚骰子两次所得到的点数，$a=3$

（2）s,t 是连续掷一枚骰子两次所得到的点数，$a=2$

【解】针对条件（1）而言，$(x-3)^2+(y-3)^2=9$，s,t 是连续抛出骰子的点数，点(s,t)的所有可能情况有 36 种，点(s,t)落入$(x-3)^2+(y-3)^2=9$内的情况有(1,1)，(1,2)，(2,1)，(2,2)，(2,3)，(3,2)，(3,3)，(3,4)，(4,3)，(4,4)，(4,5)，(5,4)，(5,5)，(1,3)，(1,4)，(1,5)，(2,4)，(2,5)，(3,5)。点(s,t)落入圆$(x-a)^2+(y-a)^2=a^2$内的概率是 $\frac{19}{36}$，故条件（1）不充分；针对条件（2）而言，$(x-2)^2+(y-2)^2=4$，点(s,t)落入$(x-2)^2+(y-2)^2=4$内的情况有(1,1)，(1,2)，(2,1)，(2,2)，(2,3)，(3,1)，(3,2)，(3,3)，(1,3)共计 9 种情况，点(s,t)落入圆$(x-a)^2+(y-a)^2=a^2$内的概率是 $\frac{1}{4}$，所以条件（2）充分。

答案为 B。

（2009-1-9）在 36 人中，血型情况如下：A 型 12 人，B 型 10 人，AB 型 8 人，O 型 6 人。若从中随机选出两人，则两人血型相同的概率是（　　）

A. $\frac{77}{315}$　　　B. $\frac{44}{315}$　　　C. $\frac{33}{315}$　　　D. $\frac{9}{122}$　　　E. 以上结论均不正确

【解】总样本点数为 C_{36}^2，符合条件的样本点为 $C_{12}^2+C_{10}^2+C_8^2+C_6^2$，所以 $P=\frac{77}{315}$。答案为 A。

（2007-10-22）（条件充分性判断）从含有 2 件次品，$n-2(n>2)$ 件正品中随机抽查 2 件，其中恰有 1 件次品的概率为 0.6

（1）$n=5$　　　　　　　　（2）$n=6$

【解】方法 1：根据结论所给条件，可列出：$P=\dfrac{C_2^1 C_{n-2}^1}{C_n^2}=0.6$，解得 $n=5$，可知条件（1）充分。

方法 2：直接采用逆向思维做法，将所给的条件（1）和条件（2）直接代入，即可迅速解答出条件（1）是充分的。答案为 A。

（2011-1-6）现从 5 名管理专业、4 名经济专业和 1 名财会专业的学生中随机派出一个 3 人小组，则该小组中 3 个专业各有 1 名学生的概率为（　　）

A. $\frac{1}{2}$　　　B. $\frac{1}{3}$　　　C. $\frac{1}{4}$　　　D. $\frac{1}{5}$　　　E. $\frac{1}{6}$

【解】$P=\dfrac{C_5^1 C_4^1 C_1^1}{C_{10}^3}=\dfrac{1}{6}$。答案为 E。

（2011-10-10）10 名网球选手中有 2 名种子选手。现将他们分成两组，每组 5 人，则 2 名种子选手不在同一组的概率为（　　）

A. $\frac{5}{18}$　　　B. $\frac{4}{9}$　　　C. $\frac{5}{9}$　　　D. $\frac{1}{2}$　　　E. $\frac{2}{3}$

【解】$P = \dfrac{C_8^4 C_4^4}{\dfrac{C_{10}^5 C_5^5}{P_2^2}} = \dfrac{5}{9}$（10 个人均分两组的过程中很容易出错）。答案为 C。

（2012-1-4）在一次商品促销活动中，主持人出示一个 9 位数，让顾客猜测商品的价格，商品的价格是该 9 位数中从左到右相邻的 3 个数字组成的 3 位数，若主持人出示的是 513535319，则顾客一次猜中价格的概率是（　　）

A. $\dfrac{1}{7}$　　　B. $\dfrac{1}{6}$　　　C. $\dfrac{1}{5}$　　　D. $\dfrac{2}{7}$　　　E. $\dfrac{1}{3}$

【解】9 位数字 513535319，三位的有 513，135，353，535，353，531，319，重复一种，所以共计有 6 种，随机抽取一种的概率为 $\dfrac{1}{6}$。答案为 B。

（2013-1-14）已知 10 件产品中有 4 件一等品，从中任取 2 件，则至少有 1 件一等品的概率为（　　）

A. $\dfrac{1}{3}$　　　B. $\dfrac{2}{3}$　　　C. $\dfrac{1}{15}$　　　D. $\dfrac{8}{15}$　　　E. $\dfrac{13}{15}$

【解】$1 - \dfrac{C_6^2}{C_{10}^2} = \dfrac{2}{3}$。答案为 B。

独立事件

一、基本概念

（1）相互独立事件。

事件 A（或事件 B）是否发生对事件 B（或事件 A）发生的概率没有影响，这样的两个事件叫作相互独立事件。如一枚均匀硬币先后抛掷两次，设第一次正面向上为事件 A，第二次正面向上为事件 B，这两个事件就是相互独立事件。

（2）相互独立事件同时发生的概率。

事件 A 与事件 B 同时发生的事件叫作事件 A 与事件 B 的积，记作 AB 或 A∩B。一般地，事件 $A_1, A_2, \cdots, A_n$ 同时发生的事件叫作事件 $A_1, A_2, \cdots, A_n$ 的积，记作 $A_1 A_2 \cdots A_n$ 或 $A_1 \cap A_2 \cap \cdots \cap A_n$。

如果事件 A 与事件 B 是相互独立事件，则事件 A 与事件 B 同时发生的概率为：

$$P(AB) = P(A)P(B)$$

一般地，如果事件 $A_1, A_2, \cdots, A_n$ 相互独立，则 $A_1, A_2, \cdots, A_n$ 同时发生的概率为：

$$P(A_1 A_2 \cdots A_n) = P(A_1) P(A_2) \cdots P(A_n)$$

二、例题精讲

1. 10 件产品中有 4 件是次品，从这 10 件产品中任选 2 件，恰好是 2 件正品或 2 件次品的概率

是（ ）

A. $\dfrac{2}{25}$ B. $\dfrac{2}{15}$ C. $\dfrac{1}{3}$ D. $\dfrac{7}{15}$ E. 以上结论均不正确

【解题思路】2 件正品或 2 件次品分两种情况进行讨论，最后按照排列组合的加法原理计算即可。

【解】$\dfrac{C_6^2 + C_4^2}{C_{10}^2} = \dfrac{7}{15}$。答案为 D。

2. 10 颗骰子同时掷出，共掷 5 次，至少有一次全部出现一个点的概率是（ ）

A. $\left[1-\left(\dfrac{5}{6}\right)^{10}\right]^5$ B. $\left[1-\left(\dfrac{5}{6}\right)^6\right]^{10}$ C. $1-\left[1-\left(\dfrac{1}{6}\right)^5\right]^{10}$

D. $1-\left[1-\left(\dfrac{1}{6}\right)^{10}\right]^5$ E. 以上结论均不正确

【解题思路】先求出 5 次不都出现一个点概率 $\left[1-\left(\dfrac{1}{6}\right)^{10}\right]^5$，然后计算 5 次至少一次全都出现一个点概率。

【解】10 个骰子都出现一个点的概率为 $\left(\dfrac{1}{6}\right)^{10}$，不都出现一个点的概率为 $1-\left(\dfrac{1}{6}\right)^{10}$，5 次不都出现一个点的概率为 $\left[1-\left(\dfrac{1}{6}\right)^{10}\right]^5$，5 次至少一次全都出现一个点的概率为 $1-\left[1-\left(\dfrac{1}{6}\right)^{10}\right]^5$。答案为 D。

3. 一学生通过某种英语听力测试的概率为 $\dfrac{1}{2}$，他连续测试 2 次，则恰有 1 次获得通过的概率为（ ）

A. $\dfrac{1}{4}$ B. $\dfrac{1}{3}$ C. $\dfrac{1}{2}$ D. $\dfrac{4}{3}$ E. 以上结论均不正确

【解题思路】恰有一次，这里分为第一次可以第二次不可以，或者第一次不可以第二次可以两种情况讨论。

【解】$\dfrac{1}{2} \times \dfrac{1}{2} + \dfrac{1}{2} \times \dfrac{1}{2} = \dfrac{1}{2}$。答案为 C。

4. 在一条线路上并联着 3 个自动控制的常开开关，只要其中一个开关能够闭合，线路就能正常工作。如果在某段时间里 3 个开关能够闭合的概率分别为 P_1、P_2、P_3，那么这段时间内线路正常工作的概率为（ ）

A. $P_1 + P_2 + P_3$ B. $P_1 P_2 P_3$ C. $\dfrac{P_1 + P_2 + P_3}{3}$

D. $1-(1-P_1)(1-P_2)(1-P_3)$　　E. 以上结论均不正确

【解题思路】在这段时间线路正常工作是"3个开关至少有一个能够闭合",其对立事件是"3个开关均不能够闭合"。

【解】在这段时间线路正常工作是"3个开关至少有一个能够闭合",其对立事件是"3个开关均不能够闭合",所求概率为 $1-(1-P_1)(1-P_2)(1-P_3)$。答案为 D。

5. 若甲以 10 发中 8,乙以 10 发中 6,丙以 10 发中 7 的命中率打靶,3 人各射击 1 次,则 3 人中只有 1 人命中的概率为(　　)

A. $\dfrac{21}{250}$　　B. $\dfrac{47}{250}$　　C. $\dfrac{42}{750}$　　D. $\dfrac{3}{20}$　　E. 以上结论均不正确

【解题思路】3 枪中只有 1 人命中,需要考虑是甲乙丙中哪一个命中。

【解】记"甲命中"为事件 A、"乙命中"为事件 B、"丙命中"为事件 C,则"3 人中只有 1 人命中"为事件 $A\overline{B}\overline{C}+\overline{A}B\overline{C}+\overline{A}\overline{B}C$。因为 $A\overline{B}\overline{C}$、$\overline{A}B\overline{C}$、$\overline{A}\overline{B}C$ 是互斥事件,且 A、B、$\overline{A}$、$\overline{B}$、C、$\overline{C}$ 均为相互独立事件,所以根据题目意思可以得到所要求的概率为:
$P = P(A)P(\overline{B})P(\overline{C}) + P(\overline{A})P(B)P(\overline{C}) + P(\overline{A})P(\overline{B})P(C)$。因为 $P(A)=\dfrac{4}{5}$, $P(B)=\dfrac{3}{5}$, $P(C)=\dfrac{7}{10}$,所以 $P(\overline{A})=\dfrac{1}{5}$, $P(\overline{B})=\dfrac{2}{5}$, $P(\overline{C})=\dfrac{3}{10}$,故 $P=\dfrac{4}{5}\times\dfrac{2}{5}\times\dfrac{3}{10}+\dfrac{1}{5}\times\dfrac{3}{5}\times\dfrac{3}{10}+\dfrac{1}{5}\times\dfrac{2}{5}\times\dfrac{7}{10}=\dfrac{47}{250}$。答案为 B。

6. 打靶时,甲每打 10 次可中靶 8 次,乙每打 10 次可中靶 7 次,若两人同时射击一次,他们都中靶的概率为(　　)。

A. $\dfrac{3}{5}$　　B. $\dfrac{3}{4}$　　C. $\dfrac{12}{25}$　　D. $\dfrac{14}{25}$　　E. 以上结论均不正确

【解题思路】都中靶说明甲和乙都需要打中。

【解】$\dfrac{4}{5}\times\dfrac{7}{10}=\dfrac{14}{25}$。答案为 D。

7. 两个射手彼此独立射击一目标,甲射中目标的概率为 0.9,乙射中目标的概率为 0.8,在一次射击中,甲、乙同时射中目标的概率是(　　)

A. 0.72　　B. 0.85　　C. 0.1　　D. 0.38　　E. 以上结论均不正确

【解题思路】甲和乙同时射中表明甲需要射中和乙需要射中二者并立。

【解】甲射中目标的概率为 0.9,乙射中目标的概率为 0.8,所以甲、乙同时射中目标的概率是 $0.9\times0.8=0.72$。答案为 A。

8. 甲、乙两队进行排球决赛,现在的情形是甲队只要在赢一次就获冠军,乙队需要再赢两局才能得冠军,若两队胜每局的概率相同,则甲队获得冠军的概率为(　　)

A. $\dfrac{3}{5}$　　B. $\dfrac{1}{2}$　　C. $\dfrac{3}{4}$　　D. $\dfrac{14}{25}$　　E. 以上结论均不正确

【解题思路】甲获得冠军有两种情况:第一是第一场甲就取胜;第二种是甲第一场失败,第二场胜利。

【解】甲要获得冠军共分为两个情况一是第一场就取胜，这种情况的概率为 $\frac{1}{2}$，一是第一场失败，第二场取胜，这种情况的概率为 $\frac{1}{2} \times \frac{1}{2} = \frac{1}{4}$，则甲获得冠军概率为 $\frac{1}{2} + \frac{1}{4} = \frac{3}{4}$。答案为 C。

9. 某台机器上安装甲乙两个元件，这两个元件的使用寿命互不影响。已知甲元件的使用寿命超过 1 年的概率为 0.6，要使两个元件中至少有一个的使用寿命超过 1 年的概率至少为 0.9，则乙元件的使用寿命超过 1 年的概率至少为（ ）

    A. 0.3   B. 0.6   C. $\frac{3}{4}$ D. 0.9   E. 以上结论均不正确

【解】设甲元件的使用寿命超过 1 年的事件为 A，乙元件的使用寿命超过 1 年的事件为 B，则由已知中甲元件的使用寿命超过 1 年的概率为 0.6，得 $P(A) = 0.6$，而两个元件中至少有一个的使用寿命超过 1 年的概率至少为 0.9，故其对立事件两个元件的使用寿命均不超过 1 年的事件概率有：

$P(\bar{A} \cap \bar{B}) = P(\bar{A}) \cdot P(\bar{B}) = [1 - P(A)] \cdot [1 - P(B)] = 0.4 \times [1 - P(B)] < 1 - 0.9 = 0.1$，即 $1 - P(B) < 1/4$，$P(B) > 1 - 1/4 = 0.75$，即乙元件的使用寿命超过 1 年的概率至少为 0.75。

答案为 C。

10. 从应届高中生中选出飞行员，已知这批学生体型合格的概率为 $\frac{1}{3}$，视力合格的概率为 $\frac{1}{6}$，其他几项标准合格的概率为 $\frac{1}{5}$，从中任选一学生，则该生三项均合格的概率为（ ）（假设三项标准互不影响）

    A. $\frac{4}{9}$ B. $\frac{1}{90}$ C. $\frac{3}{4}$ D. 0.9   E. 以上结论均不正确

【解题思路】三项均合格要求体型合格、视力合格，其他各项合格三者同时存在。

【解】由题意知三项标准互不影响，本题是一个相互独立事件同时发生概率，所以 $P = \frac{1}{3} \times \frac{1}{6} \times \frac{1}{5} = \frac{1}{90}$。答案为 B。

11. 甲、乙两人进行三打二胜的台球赛，已知每局甲取胜的概率为 0.6，乙取胜的概率为 0.4，那么最终乙胜甲的概率为（ ）

    A. 0.36   B. 0.352   C. 0.432   D. 0.648   E. 以上结论均不正确

【解题思路】最终乙胜甲则包含乙先胜两局和乙胜一三两局，这三种情况是互斥的。

【解】因为每局甲取胜的概率为 0.6，乙取胜的概率为 0.4，最终乙胜甲则包含乙先胜两局和乙胜一三两局，这三种情况是互斥的，所以 $P = 0.4 \times 0.4 + 0.4 \times 0.6 \times 0.4 + 0.4 \times 0.6 \times 0.4 = 0.352$。答案为 B。

12. 甲、乙两人相互独立地解同一道数学题. 已知甲做对此题的概率是 0.8，乙做对此题的概率是 0.7，那么甲、乙两人中恰有一人做对此题的概率是（　　）

　　A. 0.56　　　　B. 0.38　　　　C. 0.24　　　　D. 0.648　　　E. 以上结论均不正确

【解题思路】恰有一人解决就是甲解决、乙没有解决或甲没有解决、乙解决。

【解】根据题意，恰有一人解决就是甲解决、乙没有解决或甲没有解决、乙解决，则所求概率是 0.8×(1 − 0.7) + 0.7×(1 − 0.8) = 0.38。答案为 B。

真题解析

（2007-10-29）（条件充分性判断）若王先生驾车从家到单位必须经过三个有红绿灯的十字路口，则他没有遇到红灯的概率为 0.125。

　　（1）他在每一个路口遇到的红灯的概率都是 0.5

　　（2）他在每一个路口遇到的红灯的事件相互独立

【解】观察题目所给条件后，不难发现条件（1）必须建立在条件（2）的基础之上方可成立，故条件（1）和条件（2）联合后，$P = 0.5 \times 0.5 \times 0.5 = 0.125$。答案为 C。

（2010-1-6）某商店举行店庆活动，顾客消费达到一定数量后，可以在 4 种赠品中随机选取两件不同的赠品，任意两位顾客所选的赠品中，恰有 1 件品种相同的概率是（　　）

　　A. $\dfrac{1}{6}$　　　B. $\dfrac{1}{4}$　　　C. $\dfrac{1}{3}$　　　D. $\dfrac{1}{2}$　　　E. $\dfrac{2}{3}$

【解】恰有 1 件品种相同的概率为 $P = \dfrac{C_4^1 C_3^1 C_2^1}{C_4^2 C_4^2} = \dfrac{2}{3}$。答案为 E。

（2008-1-14）若从原点出发的质点 M 向 x 轴的正向移动一个和两个坐标单位的概率分别是 $\dfrac{2}{3}$ 和 $\dfrac{1}{3}$。则该质点移动 3 个坐标单位，到达 $x = 3$ 的概率是（　　）

　　A. $\dfrac{19}{27}$　　B. $\dfrac{20}{27}$　　C. $\dfrac{7}{9}$　　D. $\dfrac{22}{27}$　　E. $\dfrac{23}{27}$

【解】质点 M 向 x 轴的正向移动可以采取每次移动一个单位，或者一次移动一个单位一次移动两个单位来考虑故到达 $x = 3$ 的概率是：$\left(\dfrac{2}{3}\right)^3 + C_2^1 \times \dfrac{1}{3} \times \dfrac{2}{3} = \dfrac{20}{27}$。答案为 B。

（2009-10-25）（条件充分性判断）命中来犯敌机的概率是 99%。

　　（1）每枚导弹命中率为 0.6

　　（2）至多同时向来犯敌机发射 4 枚导弹

【解】单独的条件（1）和条件（2）均不充分，考虑二者联合的情况，则由条件（1）+ 条件（2）可知，命中来犯敌机的概率是 $1 - (0.4)^4 = 0.9744$ 也不充分。答案为 E。

（2009-10-15）若以连续两次掷色子得到的点数 a 和 b 作为点 P 的坐标，则点 $P(a,b)$ 落在直线 $x + y = 6$ 和两坐标轴围成的三角形内的概率为（　　）

A. $\dfrac{1}{6}$　　　　B. $\dfrac{7}{36}$　　　　C. $\dfrac{2}{9}$　　　　D. $\dfrac{1}{4}$　　　　E. $\dfrac{5}{18}$

【解】那么可以采取列举法进行运算。点 $P(a,b)$ 落在直线 $x+y=6$ 和两坐标轴围成的三角形内的所有可能情况有 36 种，满足在其内的情况有：$(1,1)$，$(1,2)$，$(1,3)$，$(1,4)$，$(2,1)$，$(2,2)$，$(2,3)$，$(3,1)$，$(3,2)$，$(4,1)$，故满足的概率为 $P=\dfrac{10}{36}=\dfrac{5}{18}$。答案为 E。

（2010-1-12）某装置的启动密码是由 0～9 中的 3 个不同数字组成，连续 3 次输入错误密码，就会导致该装置永久关闭，一个记得密码是由 3 个不同数字组成的人能够启动此装置的概率为（　　）

A. $\dfrac{1}{120}$　　　B. $\dfrac{1}{168}$　　　C. $\dfrac{1}{240}$　　　D. $\dfrac{1}{720}$　　　E. $\dfrac{3}{1000}$

【解】$P=\dfrac{3}{P_{10}^3}=\dfrac{1}{240}$。答案为 C。

（2010-1-15）在一次竞猜活动中，设有 5 关，如果连续通过 2 关就算闯关成功，小王通过每关的概率都是 $\dfrac{1}{2}$，他闯关成功的概率为（　　）。

A. $\dfrac{1}{8}$　　　　B. $\dfrac{1}{4}$　　　　C. $\dfrac{3}{8}$　　　　D. $\dfrac{4}{8}$　　　　E. $\dfrac{19}{32}$

【解】本题采用分类讨论的方法，1 代表过关成功，2 代表过关失败，0 代表未进行，比赛情况见下表。

可能情况					发生概率
第一关	第二关	第三关	第四关	第五关	
1	1	0	0	0	$\dfrac{1}{4}$
2	1	1	0	0	$\dfrac{1}{8}$
2	2	1	1	0	$\dfrac{1}{16}$
1	2	1	1	0	$\dfrac{1}{16}$
2	2	2	1	1	$\dfrac{1}{32}$
1	2	2	1	1	$\dfrac{1}{32}$
2	1	2	1	1	$\dfrac{1}{32}$

从而概率为 $P=\dfrac{1}{4}+\dfrac{1}{8}+\dfrac{1}{16}\times 2+\dfrac{1}{32}\times 3=\dfrac{19}{32}$。答案为 E。

（2011-1-8）将 2 个红球与 1 个白球随机地放入甲、乙、丙三个盒子中，则乙盒中至少有 1 个红球的概率为（　　）

A. $\dfrac{1}{8}$　　　　B. $\dfrac{8}{27}$　　　　C. $\dfrac{4}{9}$　　　　D. $\dfrac{5}{9}$　　　　E. $\dfrac{17}{27}$

【解】从反面入手：$1-\dfrac{C_3^1\times 2^2}{3^3}=\dfrac{5}{9}$。答案为 D。

（2011-10-16）（条件充分性判断）某种流感在流行。从人群中任意找出 3 人，其中至少有 1 人患该种流感的概率为 0.271。

（1）该流感的发病率为 0.3

（2）该流感的发病率为 0.1

【解】针对条件（1）而言，$1-(1-P)^3=1-0.7^3\neq 0.271$，不充分；针对条件（2）而言，$1-(1-P)^3=1-0.9^3=0.271$，充分。

答案为 B。

（2012-1-7）经统计，某机场的一个安检口每天中午办理安检手续的乘客人数及相应的概率见下表。

乘客人数	0～5	6～10	11～15	16～20	21～25	25 以上
概率	0.1	0.2	0.2	0.25	0.2	0.05

该安检口 2 天中至少有 1 天中午办理安检手续的乘客人数超过 15 的概率是（　　）。

A. 0.2　　　　B. 0.25　　　　C. 0.4　　　　D. 0.5　　　　E. 0.75

【解】每天办理安检手续的乘客人数多于 15 的概率为 $0.25+0.2+0.05=0.5$；2 天中至少有 1 天中午办理安检手续的乘客人数超过 15 的概率为 $1-(1-0.5)\times(1-0.5)=0.75$。答案为 E。

（2012-1-19）（条件充分性判断）某产品由两道独立工序加工完成，则该产品是合格品的概率大于 0.8

（1）每道工序的合格率为 0.81

（2）每道工序的合格率为 0.9

【解】针对条件（1）而言 $P=0.81\times 0.81<0.8$，不充分；针对条件（2）而言，$P=0.9\times 0.9>0.8$，充分。

答案为 B。

（2013-1-20）（条件充分性判断）档案馆在一个库房安装了 n 个烟火反应报警器，每个报警器遇到烟火成功报警的概率为 p，该库房遇烟火发出报警的概率达到 0.999

（1）$n=3$，$p=0.9$　　　　　　　（2）$n=2$，$p=0.97$

【解】针对条件（1）而言，$1-0.1^3=0.999$；针对条件（2）而言，$1-(1-0.97)^3=0.9991$，二者均充分。答案为 D。

贝努里试验事件

【万能解题】 如果在 1 次试验中，某事件发生的概率为 P，那么在 n 次独立重复试验中这个事件恰好发生 k 次的概率为：$P_n(k) = C_n^k P^k (1-P)^{n-k}$。

例题精讲

1. 甲、乙两人进行乒乓球比赛，比赛规则为"3 局 2 胜"，即以先赢 2 局者为胜。根据经验，每局比赛中甲获胜的概率为 0.6，则本次比赛甲获胜的概率是（　　）

   A. 0.216　　　B. 0.36　　　C. 0.432　　　D. 0.236　　　E. 0.648

   【解题思路】 甲获胜有两种情况，一是甲以 2∶0 获胜；二是甲以 2∶1 获胜。

   【解】 甲获胜有两种情况，一是甲以 2∶0 获胜，此时 $p_1 = 0.6^2 = 0.36$。二是甲以 2∶1 获胜，此时 $p_2 = C_2^1 \cdot 0.6 \times 0.4 \times 0.6 = 0.288$，故甲获胜的概率 $p = p_1 + p_2 = 0.648$。答案为 E。

2. 某人射击一次击中的概率为 0.6，经过 3 次射击，此人至少有两次击中目标的概率为（　　）

   A. $\dfrac{1}{125}$　　B. $\dfrac{8}{125}$　　C. $\dfrac{81}{125}$　　D. $\dfrac{5}{9}$　　E. $\dfrac{17}{27}$

   【解题思路】 至少有两次击中目标是有 2 次击中或者 3 次击中。

   【解】 由题意知，本题是一个 n 次独立重复试验恰好发生 k 次的概率，射击一次击中的概率为 0.6，经过三次射击，因为至少有两次击中目标包括两次击中目标或三次击中目标，这两种情况是互斥的，所以至少有两次击中目标的概率为 $C_3^2 0.6^2 \times 0.4 + C_3^3 0.6^3 = \dfrac{81}{125}$。答案为 C。

3. 某射手射击一次，击中目标的概率是 0.9，他连续射击 4 次，且各次射击是否击中目标相互没有影响。给出下列结论：

   ① 他第 3 次击中目标的概率是 0.9；

   ② 他恰好 3 次击中目标的概率是 $0.9^3 \times 0.1$；

   ③ 他至少有一次击中目标的概率是 $1-0.1^4$。

   其中正确结论的个数是（　　）。

   A. 0　　　B. 1　　　C. 2　　　D. 3　　　E. 以上结论为不正确

   【解】 ① 他第 3 次击中目标的概率是 0.9，此是正确命题，因为某射手射击一次，击中目标的概率是 0.9，故正确；

   ② 他恰好 3 次击中目标的概率是 $0.9^3 \times 0.1$，此命题不正确，因为恰好 3 次击中目标的概率是 $C_4^3 \times 0.9^3 \times 0.1$，故不正确；

   ③ 他至少有一次击中目标的概率是 $1-0.1^4$，由于他一次也未击中目标的概率是 0.1^4，

故至少有一次击中目标的概率是 $1-0.1^4$。此命题是正确命题。

综上①③是正确命题。答案为 C。

真题解析

（2008-10-28）（条件充分性判断）张三以卧姿射击 10 次，命中靶子 7 次的概率是 $\dfrac{15}{128}$

（1）张三以卧姿打靶的命中率是 0.2

（2）张三以卧姿打靶的命中率是 0.5

【解】由结论可得：$C_{10}^{7}P^{7}(1-P)^{3}=\dfrac{15}{128}$，解得 $P=0.5$，故条件（2）充分，条件（1）不充分。答案为 B。

（2012-1-22）（条件充分性判断）在某次考试中，3 道题中答对 2 道即为及格，假设某人答对各题的概率相同，则此人及格的概率是 $\dfrac{20}{27}$

（1）答对各题的概率为 $\dfrac{2}{3}$

（2）3 道题全部答错的概率为 $\dfrac{1}{27}$

【解】针对条件（1）而言，此人及格的概率为 $P=C_{3}^{2}\left(\dfrac{2}{3}\right)^{2}\times\dfrac{1}{3}+\left(\dfrac{2}{3}\right)^{3}=\dfrac{20}{27}$，条件充分；针对条件（2）而言，可知全部答错的概率为 $\dfrac{1}{27}$，则答对每题的概率为 $\dfrac{2}{3}$，和条件（1）等价，充分。答案为 D。

（2014-1-9）掷一枚均匀的硬币若干次，当正面向上次数大于反面向上次数时停止，则在 4 次之内停止的概率为（　　）

A. $\dfrac{1}{8}$　　　B. $\dfrac{3}{8}$　　　C. $\dfrac{5}{8}$　　　D. $\dfrac{3}{16}$　　　E. $\dfrac{5}{16}$

【解】在 4 次之内停止包含两种情况：

（1）第一次就为正面，其概率 $P_1=\dfrac{1}{2}$；

（2）前三次分别是：反、正、正，其概率 $P_2=\dfrac{1}{2}\times\dfrac{1}{2}\times\dfrac{1}{2}=\dfrac{1}{8}$。

所以在 4 次之内停止的概率：$P=P_1+P_2=\dfrac{5}{8}$。答案为 C。

第三节　数据处理

知识框架图

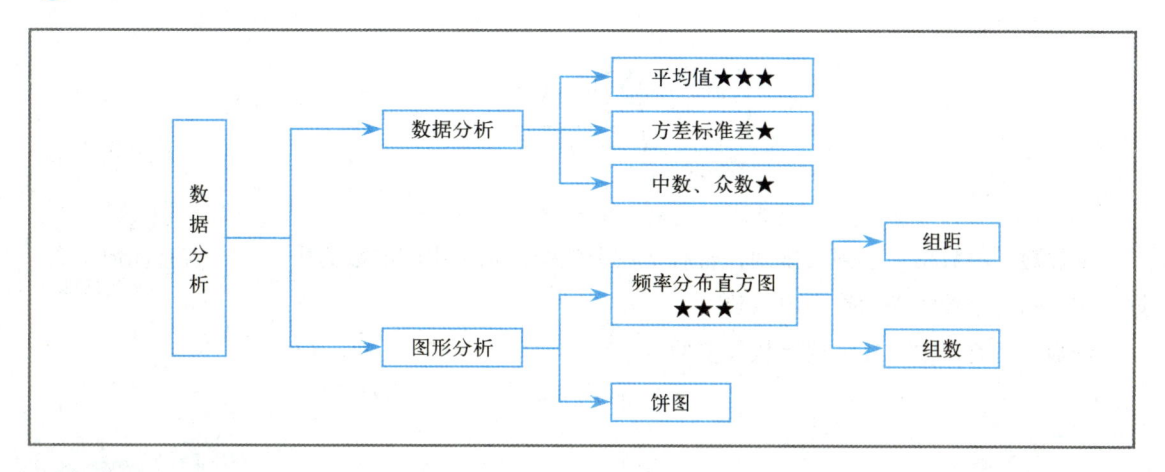

```
                            ┌──→ 平均值 ★★★
              ┌── 数据分析 ──┼──→ 方差标准差 ★
              │             └──→ 中数、众数 ★
数据分析 ──────┤
              │                                    ┌──→ 组距
              │             ┌── 频率分布直方图 ──┤
              └── 图形分析 ──┤       ★★★           └──→ 组数
                            │
                            └──→ 饼图
```

考点说明

考生在本节需要理解平均值、方差和频率直方图的定义和性质，尤其要牢固掌握平均值和方差的实际应用，以及通过频率直方图可以观察出中位数、众数、平均数。

模块化讲解

数据分析

一、基本概念

（一）平均值

算术平均值：有 n 个数 $x_1, x_2, x_3, \cdots, x_n$，称 $\dfrac{x_1 + x_2 + x_3 + \cdots + x_n}{n}$ 为这 n 个数的算术平均值，记作 $\bar{x} = \dfrac{1}{n}\sum\limits_{i=1}^{n} x_i$。

几何平均值：n 个正实数 $x_1, x_2, x_3, \cdots, x_n$，称 $\sqrt[n]{x_1 x_2 x_3 \cdots x_n}$ 为这 n 个数的几何平均值，记作 $x_n = \sqrt[n]{\prod\limits_{i=1}^{n} x_i}$。

（二）方差和标准差

方差：用来度量随机变量和其数学期望（即均值）之间的偏离程度。公式如下：

$$s^2 = \dfrac{1}{n}\left[(x_1 - \bar{x})^2 + (x_2 - \bar{x})^2 + \cdots + (x_n - \bar{x})^2\right]$$

标准差：也称均方差，是各数据偏离平均数的距离的平均数，它是离均差平方和平均后的方根，用 σ 表示。标准差是方差的算术平方根。标准差能反映一个数据集的离散程度。平均数相同的，标准差未必相同。

公式如下：

$$\sigma = \sqrt{\frac{\sum_{i=1}^{n}(x_i - \bar{x})^2}{n}}$$

（三）中位数和众数

中位数：将数据由小到大排列，若有奇数个数据，则正中间的数为中位数，若有偶数个数据，则中间两个数的平均数为中位数。

众数：所有数中重复出现次数最多的数。

二、例题精讲

1. 某人 5 次上班途中所花的时间（单位：分钟）分别为 $x, y, 10, 11, 9$。已知这组数据的平均数为 10，方差为 2，则 $|x-y|$ 的值为（　　）
   A. 1　　　　B. 2　　　　C. 3　　　　D. 4　　　　E. 5

   【解题思路】利用平均数和方差的基本公式求解。

   【解】由题意可得：$x + y = 20$，$(x-10)^2 + (y-10)^2 = 8$，设 $x = 10 + t$，$y = 10-t$，则 $2t^2 = 8$，解得 $t = \pm 2$，所以 $|x-y| = 2|t| = 4$。答案为 D。

2. 在一次歌手大奖赛上，7 位评委为歌手打出的分数如下：9.4，8.4，9.4，9.9，9.6，9.4，9.7，去掉一个最高分和一个最低分后，所剩数据的平均值和方差分别为（　　）
   A. 9.4，0.484　　B. 9.4，0.016　　C. 9.5，0.04　　D. 9.5，0.016　　E. 9.5，0.025

   【解】去掉一个最高分和一个最低分后，所剩数据为 9.4，9.4，9.6，9.4，9.7，
   平均值为 $(9.4 + 9.4 + 9.6 + 9.4 + 9.7)/5 = 9.5$，
   方差为 $[(9.4-9.5)^2 + (9.4-9.5)^2 + (9.6-9.5)^2 + (9.4-9.5)^2 + (9.7-9.5)^2]/5 = 0.016$。答案为 B。

3. 某班有 48 名学生，某次数学考试的成绩经计算得到的平均分为 70 分，标准差为 S，后来发现成绩记录有误，某甲得 80 分却误记为 50 分，某乙得 70 分，却误记为 100 分，更正后计算得标准差为 S_1，则 S 与 S_1 之间的大小关系是（　　）
   A. $S_1 < S$　　B. $S_1 = S$　　C. $S_1 > S$　　D. 无法判断　　E. 以上答案均不正确

   【解】设更正前甲，乙，丙，…的成绩依次为 $a_1, a_2, \cdots, a_{48}$，再设原来的方差 $S = 75$。则
   $a_1 + a_2 + \cdots + a_{48} = 48 \times 70$，即 $50 + 100 + a_3 + \cdots + a_{48} = 48 \times 70$，
   $(a_1-70)^2 + (a_2-70)^2 + \cdots + (a_{48}-70)^2 = 48 \times 75$，
   $20^2 + 30^2 + (a_3-70)^2 + \cdots + (a_{48}-70)^2 = 48 \times 75$。
   更正后平均分 $\bar{x} = 80 + 70 + a_3 + \cdots + a_{48} = 70$

方差 $S^2 = \dfrac{1}{48}[(80-70)^2 + (70-70)^2 + (a_3-70)^2 + \cdots + (a_{48}-70)^2]$

$= \dfrac{1}{48}[100 + (a_3-70)^2 + \cdots + (a_{48}-70)^2]$

$= \dfrac{1}{48}[100 + 48 \times 75 - 20^2 - 30^2] = 50 < 75 = S$

答案为 A。

4. 已知一组数据 $x_1, x_2, x_3, \cdots, x_n$ 的平均数 $\bar{x} = 5$，方差 $S^2 = 4$，则数据 $3x_1+7, 3x_2+7, 3x_3+7, \cdots, 3x_n+7$ 的平均数和标准差分别为（　　）

A. 15，36　　　　B. 22，6　　　　C. 15，6　　　　D. 22，36　　　E. 以上答案均不正确

【解】因为 $x_1, x_2, x_3, \cdots, x_n$ 的平均数为 5，所以 $(x_1+x_2+\cdots+x_n)/n = 5$，所以

$(3x_1+3x_2+\cdots+3x_n)/n + 7 = 3(x_1+x_2+\cdots+x_n)/n + 7 = 3 \times 5 + 7 = 22$

因为 $x_1, x_2, \cdots, x_n$ 的方差为 4，所以 $3x_1+7, 3x_2+7, 3x_3+7, \cdots, 3x_n+7$ 的方差是 $3^2 \times 4 = 36$。答案为 B。

5. 某汽车配件厂对甲、乙两组设备生产的同一型号螺栓的直径进行抽样检验，各随机抽取了 6 个螺栓，测得直径数据（单位：毫米）如下。

甲组：8.94　8.96　8.97　9.02　9.05　9.06

乙组：8.93　8.98　8.99　9.02　9.03　9.05

由数据知两组样本的均值都是 9 毫米，用 $S_甲^2, S_乙^2$ 分别表示甲、乙的样本方差，在用该样本来估计两组设备生产的螺栓质量波动的大小时，下面结论正确的是（　　）

A. $S_甲^2 < S_乙^2$，甲组波动小于乙组波动　　　　B. $S_乙^2 < S_甲^2$，乙组波动小于甲组波动

C. $S_甲^2 < S_乙^2$，甲组波动大于乙组波动　　　　D. $S_乙^2 < S_甲^2$，乙组波动大于甲组波动

E. 以上答案均不正确

【解】由题意知本题考查一组数据的方差，因为甲的平均数是 $= 9.00$，甲的方差是 $16(0 + 0.04 + 0 + 0.25 + 0.01 + 0.04) = 0.057$，乙的平均数是 $= 9.00$，乙的方差是 $16(0.01 + 0.36 + 0.25 + 0.21 + 0.16 + 0.01) = 0.058$，因为 $0.057 < 0.058$，所以甲的稳定性比乙要好。答案为 A。

真题解析

（2012-1-6）甲、乙、丙三个地区的公务员参加一次测评，其人数和考分情况如下表所示：

地区＼人数＼分数	6	7	8	9
甲	10	10	10	10
乙	15	15	10	20
丙	10	10	15	15

三个地区按平均分由高到低的排名顺序为（　　）

A. 乙，丙，甲　　　　　B. 乙，甲，丙　　　　　C. 甲，丙，乙

D. 丙，甲，乙　　　　　E. 丙，乙，甲

【解】$x_{甲} = \dfrac{6\times10+7\times10+8\times10+9\times10}{6+7+8+9} = 10$，$x_{乙} = \dfrac{6\times15+7\times15+8\times10+9\times10}{6+7+8+9} = \dfrac{73}{6}$，

$x_{丙} = \dfrac{6\times10+7\times10+8\times15+9\times15}{6+7+8+9} = \dfrac{77}{6}$，所以由高到低的顺序为：丙，乙，甲。

答案为 E。

频率分布直方图

一、基本概念

在直角坐标系中，横轴表示样本数据，纵轴表示频率与组距的比值，将频率分布表中各组频率的大小用相应矩形面积的大小来表示，由此画成的统计图叫作频率分布直方图。图中，各个长方形的面积等于相应各组频率的数值，所有小矩形面积和为 1。

把全体样本分成组的个数称为**组数**。每一组两个端点的差称为**组距**。落在不同小组中的数据个数为该组的**频数**。各组的频数之和等于这组数据的总数。频数与数据总数的比为**频率**。频率 = 各组频率之和，且它的值为 1。频率大小反映了各组频数在数据总数中所占的分量。

频率分布直方图能清楚显示各组频数分布情况又易于显示各组之间频数的差别。它主要是为了将我们获取的数据直观、形象地表示出来，让我们能够更好地了解数据的分布情况，因此其中组距、组数起关键作用。分组过少，数据就非常集中；分组过多，数据就非常分散，这就掩盖了分布的特征。当数据在 100 以内时，一般分 5～2 组为宜。

从频率分布直方图可以求出的几个数据。

众数：频率分布直方图中最高矩形的底边中点的横坐标。

平均数：频率分布直方图各个小矩形的面积乘底边中点的横坐标之和。

中位数：把频率分布直方图分成两个面积相等部分的平行于 Y 轴的直线横坐标。

二、例题精讲

1. 为了了解某地区高一新学生的身体发育情况，抽查了该地区 100 名年龄为 17.5～18 岁的男生体重（千克），得到频率分布直方图如下：根据上图可得这 100 名学生中体重大于等于 56.5 小于等于 64.5 的学生人数是（　　）

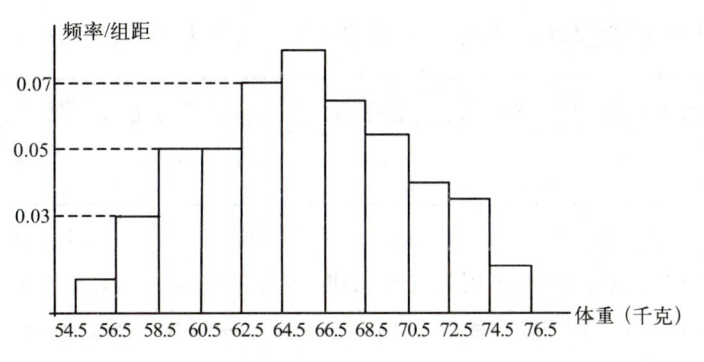

A. 10　　　　B. 20　　　　C. 30　　　　D. 40　　　　E. 50

【解】由图可知：56.5～64.5 段的频率为 $0.03+0.05\times2+0.07=0.2$，则频数为 $100\times0.2=20$。答案为 B。

2. 有一个容量为 200 的样本，其频率分布直方图如图所示，根据样本的频率分布直方图估计，样本数据落在区间 [10，12] 内的频数为（　　）

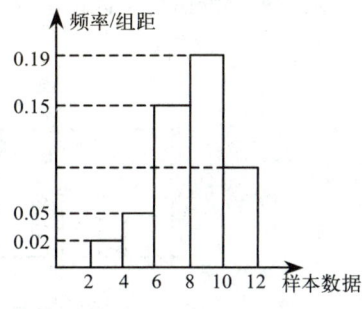

   A. 18　　　　B. 23　　　　C. 36
   D. 54　　　　E. 72

【解】观察直方图易得

数据落在[10, 12)外的频率 $=(0.02+0.05+0.15+0.19)\times2=0.82$；

数据落在[10, 12]外的频率 $=1-0.82=0.18$；

所以样本数落在[10, 12]内的频数为 $200\times0.18=36$。答案为 C。

3. 为了解某校高三学生的视力情况，随机抽查了该校 100 名高三学生的视力情况，得到频率分布直方图如图所示，由于不慎将部分数据丢失，但知道前 4 组的频数成等比数列，后 6 组的频数成等差数列，设最大频率为 a，视力在 4.6～5.0 之间的学生数为 b，则 a，b 的值分别为（　　）

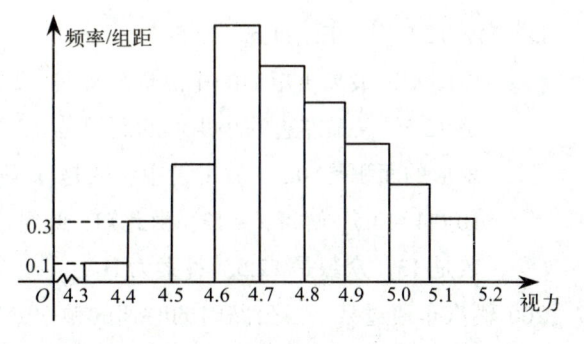

   A. 0.27，78　　　　B. 0.27，83
   C. 2.7，78　　　　D. 2.7，83
   E. 2.7，93

【解】由频率分布直方图知组距为 0.1，4.3～4.4 的频数为 $100\times0.1\times0.1=1$。4.4～4.5 的频数为 $100\times0.1\times0.3=3$。又前 4 组的频数成等比数列，所以公比为 3。根据后 6 组频数成等差数列，且共有 100–13 = 87 人。从而 4.6～4.7 的频数最大，且为 $1\times3^3=27$，所以 $a=0.27$，设公差为 d，则 $6\times27+6\times52d=87$。所以 $d=-5$，从而 $b=4\times27+4\times32(-5)=78$。答案为 A。

4. 在抽查某批产品尺寸的过程中，样本尺寸数据的频率分布表如下，则 m 等于（　　）

分组	[100,200]	[200,300]	[300,400]	[400,500]	[500,600]	[600,700]
频数	10	30	40	80	20	m
频率	0.05	0.15	0.2	0.4	a	b

A. 10　　　　B. 20　　　　C. 30　　　　D. 40　　　　E. 50

【解】频率、频数的关系：频率 = 频数数据总和，所以 $80 \times 0.4 = 20a$，$a = 0.1$。因为根据表中各组的频率之和等于 1 得，所以 $b = 1 - 0.9 = 0.1$，$m = 20$。答案为 B。

5. 某校高中研究性学习小组对本地区 2005~2007 年快餐公司发展情况进行了调查，制成了该地区快餐公司个数情况的条形图和快餐公司盒饭年销售量的平均数情况条形图（如图），根据图中提供的信息可以得出这三年中该地区每年平均销售盒饭（　　）万盒

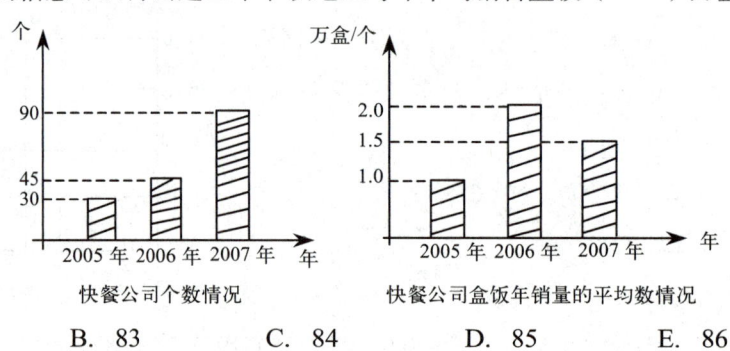

A. 82　　　　B. 83　　　　C. 84　　　　D. 85　　　　E. 86

【解】该地区三年销售盒饭总数 = $30 \times 1 + 45 \times 2 + 90 \times 1.5 = 255$，所以该地区每年平均销售盒饭 $255 \div 3 = 85$（万盒）。答案为 D。

6. 根据频率分布直方图估计样本数据的中位数，众数分别为（　　）

A. 12.5，12.5　　B. 13，12.5　　C. 12.5，13

D. 14，12.5　　E. 11.5，12.5

【解】由图知，最高小矩形的中点横坐标是 12.5，故众数是 12.5。又最左边的小矩形的面积是 0.2，最高的小矩形的面积是 0.5，故可设中位数是 x 则 $0.2 + (x - 10) \cdot 0.1 = 0.5$，解得 $x = 13$。由此知，此组数据的中位数是 13，众数是 12.5。答案为 B。

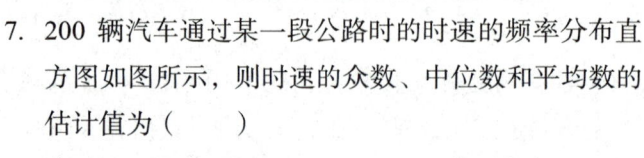

7. 200 辆汽车通过某一段公路时的时速的频率分布直方图如图所示，则时速的众数、中位数和平均数的估计值为（　　）

A. 65，62.5，57

B. 65，60，62

C. 65，62.5，62

D. 65，62.5，67

E. 62.5，62.5，57

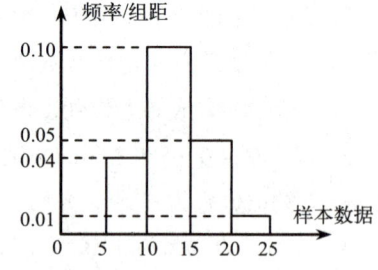

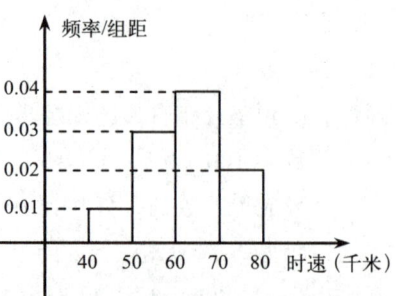

【解】最高的矩形为第三个矩形，所以时速的众数为 65，前两个矩形的面积为 (0.01 + 0.03) × 10 = 0.4，0.5–0.4 = 0.1，$\frac{0.1}{0.4}$ × 10 = 2.5，所以中位数为 60 + 2.5 = 62.5，所有的数据的平均数为 45 × 0.1 + 55 × 0.3 + 65 × 0.4 + 75 × 0.2 = 62。答案为 C。

8. 某校从高一年级期末考试的学生中抽出 60 名学生，统计其成绩（均为整数）的频率分布直方图如图，由此估计此次考试成绩的中位数，众数分别是（　　）

   A. 73.5，75　　　B. 73.3，80　　　C. 70，70
   D. 65，80　　　E. 62.5，75

   【解】频率分布直方图是按照一定的规律排列的，一般是按照由小到大或由大到小，就把组数想成一组数字，如果它是偶数就取它相邻的那组数据的平均数，得数就是横坐标；如果组数是奇数，就取这些组数的中间的那组的数据，那组数就是横坐标；小于 70 的有 24 人，大于 80 的有 18 人，则在 [70, 80] 之间 18 人，所以中位数为 $70 + \frac{10}{3} = 73.3$；众数就是分布图里最高的那条，即 [70, 80] 的中点横坐标 75。
   答案为 A。

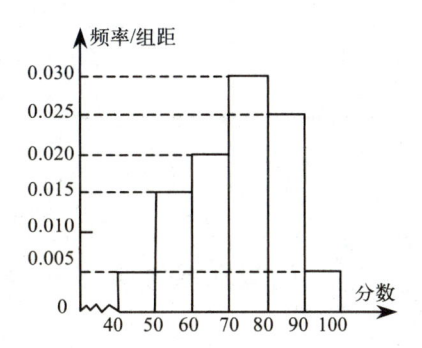

真题解析

（2016-1-21）（条件充分性判断）设有两组数据 $S_1 : 3, 4, 5, 6, 7$ 和 $S_2 : 4, 5, 6, 7, a$，则能确定 a 的值
（1）S_1 与 S_2 的均值相等　　　　（2）S_1 与 S_2 的方差相等

【解】对条件（1），根据均值公式显然可以得到 $a=3$，条件（1）充分；对条件（2），根据公式 $s_1^2 = \frac{1}{5}(3^2 + 4^2 + 5^2 + 6^2 + 7^2 - 5 \times 5^2) = 2$，$s_2^2 = \frac{1}{5}\left[a^2 + 4^2 + 5^2 + 6^2 + 7^2 - 5 \times \left(\frac{4+5+6+7+a}{5}\right)^2\right]$，由 S_1 与 S_2 的方差相等，所以 $s_2^2 = \frac{1}{5}\left[a^2 + 4^2 + 5^2 + 6^2 + 7^2 - 5 \times \left(\frac{4+5+6+7+a}{5}\right)^2\right] = 2$，整理得 $a^2 - 11a + 24 = 0$，解得 $a = 3$ 或 $a = 8$，条件（2）不充分。
答案为 A。

（2017-1-14）甲、乙、丙三人每轮各投篮 10 次，投了三轮。投中数如下表：

	第一轮	第二轮	第三轮
甲	2	5	8
乙	5	2	5
丙	8	4	9

记 $\sigma_1, \sigma_2, \sigma_3$ 分别为甲、乙、丙投中数的方差，则（　　）

   A. $\sigma_1 > \sigma_2 > \sigma_3$　　　　B. $\sigma_1 > \sigma_3 > \sigma_2$　　　　C. $\sigma_2 > \sigma_1 > \sigma_3$

D. $\sigma_2 > \sigma_3 > \sigma_1$ E. $\sigma_3 > \sigma_2 > \sigma_1$

【解】一列数的方差 $S^2 = \dfrac{1}{n}\left[(x_1-\bar{x})^2 + (x_2-\bar{x})^2 + \cdots + (x_n-\bar{x})^2\right]$，解得方差见下表：

	第一轮	第二轮	第三轮	平均数	方差
甲	2	5	8	5	6
乙	5	2	5	4	2
丙	8	4	9	7	$\dfrac{14}{3}$

故 $\sigma_1 > \sigma_3 > \sigma_2$。

> **周老师提醒您**
>
> 考生针对频率直方图需要牢记频率和总量的关系，然后需要理解通过图可以观察出众数、平均数和中位数。

第二部分 技巧精编

"时间紧，题量大，灵活度高"是管理类研究生入学考试数学的明显特点，正因为如此，考生往往在规定时间内做不完试题。不是因为考生基础知识不牢固，对于知识点不理解，而是考生在考场上所采用的解题方法不符合考试的原则。对于一些特殊的题型采取特定的解题思路，可以让考生在最短的时间内找出准确的答案，所以，获取高分不再是梦想。编者通过多年的教学研究和对考试的深入解析，发现对于特殊的题型采取特定的方法可以帮助考生减轻复习压力。以下是编者介绍的一些针对管理类研究生入学考试数学的特定解题思路。

特殊值代入法

特殊值代入法是数学考试中使用最多的方法，也是应用最有效的方法。但是往往有部分考生对此应用不是很熟练，通过以下几个例题的讲解，要求考生对此方法必须牢固掌握，考场上灵活运用。

【例1】（2007-10-8）若方程 $x^2 + px + q = 0$ 的一个根是另一个根的 2 倍，则 p 和 q 应该满足（　　）

A. $p^2 = 4q$　　　　　　　　B. $2p^2 = 9q$　　　　　　　　C. $4p^2 = 9q$

D. $2p^2 = 3q$　　　　　　　　E. 以上结论均不正确

【解】方法 1：设方程 $x^2 + px + q = 0$ 的两个根为 a, b，其中 $b = 2a$，根据韦达定理可知 $a + b = -p$，$ab = q$，由此可知 $2p^2 = 9q$。答案为 B。

方法 2（特殊值代入法）：设方程 $x^2 + px + q = 0$ 的两个根为 1, 2，所以可知 $p = -3, q = 2$，代入以下选项可知仅有选项 B 满足等式。

【例2】（2007-10-27）（条件充分性判断）$x > y$

(1) 若 x 和 y 都是正整数，且 $x^2 < y$

(2) 若 x 和 y 都是正整数，且 $\sqrt{x} < y$

【解】针对条件（1）而言，假设 $x = 2, y = 5$，则不满足结论，故不充分；针对条件（2）而言，假设 $x = 4, y = 5$，则不满足结论，故不充分。答案为 E。

【例3】（2008-1-11）如果数列 $\{a_n\}$ 的前 n 项的和 $S_n = \dfrac{3}{2}a_n - 3$，那么这个数列的通项公式是（　　）

A. $a_n = 2(n^2 + n + 1)$　　　　B. $a_n = 3 \times 2^n$　　　　C. $a_n = 3n + 1$

D. $a_n = 2 \times 3^n$　　　　　　E. 以上都不是

【解】方法1（公式推导法）：当 $n = 1$ 时，$S_1 = \dfrac{3}{2}a_1 - 3 = a_1$，$a_1 = 6$；当 $n \geq 2$ 时，$a_n = S_n - S_{n-1} = 2 \times 3^n$，故 $a_n = 2 \times 3^n$。

方法2（特殊值代入法）：当 $n=1$ 时，$S_1 = \frac{3}{2}a_1 - 3 = a_1$，$a_1 = 6$；当 $n=2$ 时，$a_2 = 18$，故将 $n=1$ 和 $n=2$ 代入，答案满足上述结论的只有 D。答案为 D。

【例4】（2008-10-1）若 $a:b = \frac{1}{3}:\frac{1}{4}$，则 $\frac{12a+16b}{12a-8b} = (\quad)$

A. 2　　　　B. 3　　　　C. 4　　　　D. -3　　　　E. -2

【解】方法1：$a:b = \frac{1}{3}:\frac{1}{4} = 4:3$，所以 $\frac{12a+16b}{12a-8b} = \frac{12\frac{a}{b}+16}{12\frac{a}{b}-8} = 4$。

方法2（特殊值代入法）：设定 $a = \frac{1}{3}$，$b = \frac{1}{4}$，故 $\frac{12a+16b}{12a-8b} = \frac{4+4}{4-2} = 4$。答案为 C。

【例5】（2009-1-16）（条件充分性判断）$a_1^2 + a_2^2 + a_3^2 + \cdots + a_n^2 = \frac{1}{3}(4^n - 1)$

（1）数列 $\{a_n\}$ 的通项公式为 $a_n = 2^n$

（2）在数列 $\{a_n\}$ 中，对任意正整数 n，有 $a_1 + a_2 + a_3 + \cdots + a_n = 2^n - 1$

【解】方法1：针对条件（1）而言，当 $n=1$，$a_1 = 2$，$a_1^2 = 4 \neq \frac{1}{3}(4-1) = 1$，故条件不充分；针对条件（2）而言，$a_1 + a_2 + \cdots + a_n = S_n = 2^n - 1$，故 $a_n = S_n - S_{n-1} = 2^{n-1}$。$a_1 = 1, q = 2$，$\{a_n^2\}$ 为等比数列，$a_1^2 = 1, q = 5$，故 $a_1^2 + a_2^2 + a_3^2 + \cdots + a_n^2 = \frac{1}{3}(4^n - 1)$。

方法2（特殊值代入法）：针对条件（1）而言，当 $n=1$，时 $a_1 = 2$，而 $a_1^2 = 1$，所以条件不充分；针对条件（2）而言，当 $n=1$ 时，$a_1 = 1$，$a_1^2 = 1$；当 $n=2$ 时，$a_1 + a_2 = 3$，$a_2 = 2$，$a_1^2 + a_2^2 = 5$ 满足结论，所以条件充分。答案为 B。

【例6】（2011-10-8）若三次方程 $ax^3 + bx^2 + cx + d = 0$ 的三个不同实根 x_1, x_2, x_3 满足：$x_1 + x_2 + x_3 = 0$，$x_1 x_2 x_3 = 0$，则下列关系式中恒成立的是（　　）

A. $ac = 0$　　　　B. $ac < 0$　　　　C. $ac > 0$

D. $a + c < 0$　　　　E. $a + c > 0$

【解】方法1：根据 $x_1 x_2 x_3 = 0$ 可知方程中有一根为 0，则 $d = 0$，利用因式定理可知 $x(ax^2 + bx + c) = 0$，然后利用韦达定理可知两根之和为 0，即 $-\frac{b}{a} = 0, ac < 0$。

方法2（特殊值代入法）：取 $x_1 = 1, x_2 = 0, x_3 = 1$，代入进行运算后可得 $-\frac{b}{a} = 0$，$ac = -1 < 0$。答案为 B。

【例7】（2012-1-21）（条件充分性判断）已知 a, b 是实数，则 $a > b$

(1) $a^2 > b^2$ (2) $a^2 > b$

【解】通过举特殊值 $a=-2$，$b=-1$，即可判断条件（1）和条件（2）均不充分。答案为 E。

反向代入法

解答一些给出答案为具体数值的题型中，如果考生找不到一个正确的解题方法，那么在这种情况之下，考生就可以将这些具体的数字反向代入条件中，如果满足则该答案正确，反之则不正确。

【例 1】（2007-10-22）从含有 2 件次品，$n-2(n>2)$ 件正品中随机抽查 2 件，其中恰有 1 件次品的概率为 0.6

(1) $n=5$ (2) $n=6$

【解】方法 1：根据结论所给条件，可列出 $P = \dfrac{C_2^1 C_{n-2}^1}{C_n^2} = 0.6$，解得 $n=5$，可知条件（1）充分。

方法 2（反向代入法）：直接采用逆向思维做法，将所给的条件（1）和条件（2）直接代入，即可迅速解答出条件（1）是充分的。答案为 A。

【例 2】（2009-1-6）方程 $|x-|2x+1||=4$ 的根是（ ）

A．$x=-5$ 或 $x=1$
B．$x=5$ 或 $x=-1$
C．$x=3$ 或 $x=-\dfrac{5}{3}$
D．$x=-3$ 或 $x=\dfrac{5}{3}$

E．以上答案均不正确

【解】方法 1（反向代入法）：直接将答案代入后可以迅速找到只有第三项满足等式。

方法 2：亦可选择分情况讨论去绝对值符号法，但是很复杂，考试不建议使用，如若有兴趣，可以自己尝试做一下。答案为 C。

【例 3】（2009-10-6）若 x,y 是有理数，且满足 $(1+2\sqrt{3})x+(1-\sqrt{3})y-2+5\sqrt{3}=0$，则 x,y 的值分别为（ ）

A．1, 3 B．-1, 2 C．-1, 3
D．1, 2 E．以上结论都不正确

【解】方法 1（有理数和无理数的性质推导法）：$x+y-2+\sqrt{3}(2x-y+5)=0$，$x+y-2=0$，$2x-y+5=0$，$x=-1$，$y=3$。

方法 2（反向代入法）：将所给的四个答案直接代入 $(1+2\sqrt{3})x+(1-\sqrt{3})y-2+$

$5\sqrt{3} = 0$，发现只有 C 满足等式。答案为 C。

【例 4】（2012-1-17）（条件充分性判断）直线 $y = ax + b$ 过第二象限。

(1) $a = -1, b = 1$ (2) $a = 1, b = -1$

【解】 直接将条件（1）和条件（2）代入，根据其大致图像可知只有条件（1）充分。答案为 A。

估算法

在解答某些题目的时候，考生可以不必通过复杂的计算找到具体的准确数据，只需要根据实际情况估算出大致的范围即可迅速找到答案。

【例 1】（2009-10-2）某人在市场上买猪肉，小贩称得肉重为 4 斤。但此人不放心，拿出一个自备的 100 克重的砝码，将肉和砝码放在一起让小贩用原称复称，结果重量为 4.25 斤。由此可知顾客应要求小贩补猪肉（　　）两

A. 3   B. 6   C. 4   D. 7   E. 8

【解】 设定肉的实际重量为 a 斤，则根据题意可列：

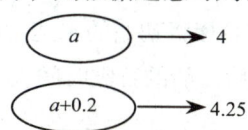

$a \rightarrow 4$

$a+0.2 \rightarrow 4.25$

故 $\dfrac{a}{a+0.2} = \dfrac{4}{4.25}$，$a = 3.2$ 斤，所以短缺 $4 - 3.2 = 0.8$ 斤 $= 8$ 两。答案为 E。

【备注】 本题可以根据称前和称后的差值，大致估算出为 8 两左右。

【例 2】（2009-10-10）一个球从 100 米高处自由落下，每次着地后又跳回前一次高度的一半再落下。当它第 10 次着地时，共经过的路程是（　　）米。（精确到 1 米且不计任何阻力）

A. 300   B. 250   C. 200   D. 150   E. 100

【解】 从 100 米的高空落下，第一次反弹高度为 50，下落高度还是 50 米，第二次反弹为 25 米，第二次下落高度 25 米，第三次反弹为 12.5 米，第三次下落为 12.5 米，仅仅就前面三次我们就可以发现球经过的路程总和为 275>250，故只有 A 选项符合条件。答案为 A。

【例 3】（2011-10-4）一列火车匀速行驶时，通过一座长为 250 米的桥梁需要 10 秒钟，通过一座长为 450 米的桥梁需要 15 秒钟，该火车通过长为 1050 米的桥梁需要（　　）秒

A. 22   B. 25   C. 28   D. 30   E. 35

【解】 设定火车的长度为 x，则利用火车的速度为 $v = \dfrac{250+x}{10} = \dfrac{450+x}{15}$，$x = 150$，那么通

过 1050 米的桥梁的时间为 $\frac{1050+150}{40}=30$（秒）。答案为 D。

【注意】根据 250 米需要 10 秒，450 米需要 15 秒，那么 1050 米大致需要时间在 30 秒左右。

极限法

有些题目中的已知条件告诉的不是很确切，比如四边形、三角形等，那么对待这些题目的时候，考生就可以采用极限思维，将其考虑为在一种理想的状态下解题，这样就会很快找出答案。

【例 1】（2009-1-5）一艘轮船往返航行于甲、乙两码头之间，着船在静水中的速度不变，则当这条河的水流速度增加 50% 时，往返一次所需的时间比原来将（　　）

A．增加　　　　　　　　B．减少半个小时　　　　　　C．不变

D．减少 1 个小时　　　　E．无法判断

【解】设定船速为 v，水速为 y，由此根据题意可列出如下方程：

$$t=\frac{S}{v-y}+\frac{S}{v+y}=\frac{2vS}{v^2-y^2}, \quad t'=\frac{S}{v-1.5y}+\frac{S}{v+1.5y}=\frac{2vS}{v^2-(1.5y)^2}>t$$

答案为 A。

【注意】本题在运算的时候可以直接将初始的水速考虑为 0，船速为 0，开始船的行驶时间为 0，后来水速变化后，船的行驶时间大于 0。答案为 A。

【例 2】（2009-10-5）一艘小轮船上午 8:00 起航逆流而上（设船速和水流速度一定），中途船上一块木板落入水中，直到 8:50 船员才发现这块重要的木板丢失，立即调转船头去追，最终于 9:20 追上木板。由上述数据可以算出木板落水的时间是（　　）

A．8:35　　　　B．8:30　　　　C．8:25　　　　D．8:20　　　　E．8:15

【解】设小轮船的速度为 v，水速为 v_1，木块落水的时间为 t，由此可根据题意列出方程 $50(v-v_1)+(50-t)v_1+30v_1=30(v+v_1)$，$t=20$，故木块落水的时间为 8:20。

【注意】可以设定水速为 0，船行驶前与追击木块的速度一定，故船从 8:50 到 9:20 追击木块花了 30 分钟，那么可知木块在水中运行了 30 分钟，故掉入的时间为 8:20。答案为 D。

尺规丈量法

考试中，试卷上所给出的几何图形都是最准确的，考生在计算一些长度和面积的过程中，通过做辅助线或者运用平时所学的知识一时间可能计算不出来，那么就可以利用所带的尺子直接测量，这样可以很快得到答案。

【例 1】（2007-10-15）已知正方形 ABCD 四条边与圆 O 内切，而正方形 EFGH 是圆 O 的内接正

方形（如右图）。已知正方形 ABCD 的面积为 1，则正方形 EFGH 的面积是（　　）

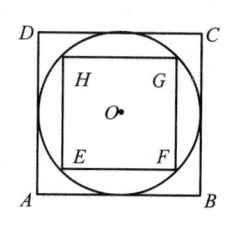

A. $\dfrac{2}{3}$　　　B. $\dfrac{1}{2}$　　　C. $\dfrac{\sqrt{2}}{2}$

D. $\dfrac{\sqrt{2}}{3}$　　　E. $\dfrac{1}{4}$

【解】此题连接 OD、OC 可知在 Rt△ODC 中 $\dfrac{HG}{DC}=\dfrac{\sqrt{\dfrac{1}{4}+\dfrac{1}{4}}}{1}=\dfrac{\sqrt{2}}{2}$，所以 $\dfrac{S_{EFGH}}{S_{ABCD}}=\left(\dfrac{\sqrt{2}}{2}\right)^2=\dfrac{1}{2}$，可知正方形 EFGH 的面积是 $\dfrac{1}{2}$。答案为 B。

【注意】本题在运算的过程中，考生可以直接测量出正方形 EFGH 中的一个边长即可运算正方形的面积。

【例 2】（2008-10-5）右图中，若△ABC 的面积为 1。△AEC，△DEC，△BED 的面积相等，则△AED 的面积为（　　）

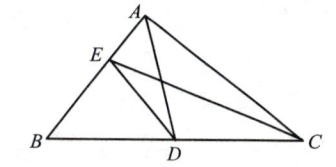

A. $\dfrac{1}{3}$　　　B. $\dfrac{1}{6}$　　　C. $\dfrac{1}{5}$

D. $\dfrac{1}{4}$　　　E. $\dfrac{2}{5}$

【解】△DEC，△BED 的面积相等，则 BD = DC，又由于△AEC，△DEC，△BED，△ABC 的面积为 1，所以 $S_{\triangle AEC}=S_{\triangle DEC}=S_{\triangle BED}=\dfrac{1}{3}$。D 是 BC 中点，故可知 D 到 AB 的距离为 C 到 AB 距离的一半，则 $S_{\triangle AED}=\dfrac{1}{2}S_{\triangle AEC}=\dfrac{1}{6}$。答案为 B。

【注意】考生可以首先测量出 AE 和 AB 的长度，判断线段之间的关系，利用同一个高 h，根据面积和线段之间关系求解。

【例 3】（2012-1-15）如图所示，△ABC 是直角三角形，S_1，S_2，S_3 为正方形。已知 a，b，c 分别是 S_1，S_2，S_3 的边长，则（　　）

A. $a=b+c$　　　　　　B. $a^2=b^2+c^2$
C. $a^2=2b^2+2c^2$　　　D. $a^3=b^3+c^3$
E. $a^3=2b^3+2c^3$

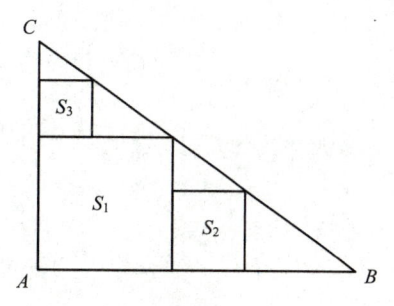

【解】利用三角形相似得到 $\dfrac{c}{a-c}=\dfrac{a-b}{b}\Rightarrow a=b+c$。

答案为 A。

【注意】直接测量出 a，b，c 的长度即可判断其关系。

第三部分 模拟实战

全真模拟试题

管理类硕士联考数学模拟测试一

一、问题求解（本大题共 15 题，每小题 3 分，共 45 分，在每小题的五项选择中选择一项）

1. 已知 m, n 是有理数，且 $(\sqrt{5}+2)m+(3-2\sqrt{5})n+7=0$，求 $m+n=$（　　）

   A. -2　　　B. -3　　　C. 1　　　D. 2　　　E. 3

2. 已知实数 a, b, c 满足 $\frac{1}{2}|a-b|+\sqrt{2b+c}+c^2-c+\frac{1}{4}=0$，则 $\frac{c}{ab}$ 的算术平方根是（　　）

   A. 8　　　B. 16　　　C. $2\sqrt{2}$　　　D. $\pm 2\sqrt{2}$　　　E. 4

3. 一项工程由甲、乙、丙三个工程队单独做，甲队要 12 天，乙队要 20 天，丙队要 15 天，现在甲、乙两队先合做 4 天，剩下的工程再由乙、丙两队合做若干天就完成了，问乙队共做了（　　）天

   A. 8　　　B. 6　　　C. 4　　　D. 10　　　E. 12

4. 若变量 x, y 满足约束条件 $\begin{cases} y \leqslant 1 \\ x+y \geqslant 0 \\ x-y-2 \leqslant 0 \end{cases}$，则 $z=x-2y$ 的最大值为（　　）

   A. 4　　　B. 3　　　C. 2　　　D. 1　　　E. 0

5. 某企业发奖金是根据利润提成的，利润低于或等于 10 万元时可提成 10%；低于或等于 20 万元时，高于 10 万元的部分按 7.5% 提成；高于 20 万元时，高于 20 万元的部分按 5% 提成。当利润为 40 万元时，应发放奖金（　　）万元

   A. 2　　　B. 2.5　　　C. 3　　　D. 4.5　　　E. 2.75

6. 某储户于 1999 年 1 月 1 日存入银行 6 万元，年利率为 2%，存款到期日即 2000 年 1 月 1 日将存款全部取出，国家规定凡 1999 年 11 月 1 日后滋生的利息收入应缴纳利息税，税率为 20%，则该储户实际提取本金合计为（　　）元

   A. 61 200　　　B. 61 152　　　C. 61 000　　　D. 61 160　　　E. 61 048

7. 已知各项均为正数的等比数列 $\{a_n\}$，$a_1 a_2 a_3 = 5$，$a_7 a_8 a_9 = 10$，则 $a_4 a_5 a_6 =$（　　）

   A. $5\sqrt{2}$　　　B. 7　　　C. 6　　　D. $4\sqrt{2}$　　　E. 11

8. 某校开设 A 类选修课 3 门，B 类选修课 4 门，一位同学从中共选 3 门，若要求两类课程中各至少选 1 门，则不同的选法共有（　　）

   A. 30 种　　　B. 35 种　　　C. 42 种　　　D. 48 种　　　E. 60 种

9. 甲杯中有浓度为 17% 的溶液 400 克，乙杯中有浓度为 23% 的溶液 600 克。现在从甲、乙两

杯中取出相同总量的溶液，把从甲杯中取出的倒入乙杯中，把从乙杯中取出的倒入甲杯中，使甲、乙两杯溶液的浓度相同。问现在两倍溶液的浓度是多少（　　）

A. 20%　　　　B. 20.6%　　　　C. 21.2%　　　　D. 21.4%　　　　E. 以上答案均不正确

10. 设 $\{a_n\}$ 为公比 $q>1$ 的等比数列，若 a_{2004} 和 a_{2005} 是方程 $4x^2-8x+3=0$ 的两根，则 $a_{2006}+a_{2007}=$（　　）

A. 3　　　　B. 6　　　　C. 18　　　　D. 24　　　　E. 2

11. 函数 $y=\log_a(x+3)-1$（$a>0$ 且 $a\neq 1$）的图像恒过定点 A，若点 A 在直线 $mx+ny+1=0$ 上，其中 $mn>0$，则 $\dfrac{1}{m}+\dfrac{2}{n}$ 的最小值为（　　）

A. 2　　　　B. 3　　　　C. $2\sqrt{2}$　　　　D. 8　　　　E. $1+2\sqrt{2}$

12. 一个球从 90 米高处自由落下，每次着地后又跳回到原来高度的 $\dfrac{1}{3}$，再落下，当它第三次着地时，共经过的路程为（　　）米

A. 150　　　　B. 170　　　　C. 200　　　　D. 250　　　　E. 300

13. 设 a,b,c 是 $\triangle ABC$ 的三边长，二次函数 $y=\left(a-\dfrac{b}{2}\right)x^2-cx-a-\dfrac{b}{2}$ 在 $x=1$ 时取最小值 $-\dfrac{8}{5}b$，则 $\triangle ABC$ 是（　　）

A. 等腰三角形　　　　B. 锐角三角形　　　　C. 钝角三角形

D. 直角三角形　　　　E. 以上答案均不正确

14. 某商品原价为 100 元，现有 4 种调价方案，其中 $0<n<m<100$，则调价后该商品价格最高的方案是（　　）

A. 先涨价 $m\%$，再降低 $n\%$　　　　B. 先涨价 $n\%$，再降低 $m\%$

C. 先涨价 $\dfrac{m+n}{2}\%$，再降低 $\dfrac{m+n}{2}\%$　　　　D. 先涨价 $\sqrt{mn}\%$，再降低 $\sqrt{mn}\%$

E. 以上答案均不正确

15. 某人每次射击击中目标的概率是 $\dfrac{3}{4}$，每次射击是否击中目标相互之间没有影响，规定若他连续两次没有击中目标就停止射击，则恰好在射击 5 次后被中止射击的概率是（　　）

A. $\dfrac{3}{1024}$　　　　B. $\dfrac{45}{1024}$　　　　C. $\dfrac{18}{1024}$　　　　D. $\dfrac{27}{1024}$　　　　E. $\dfrac{39}{1024}$

二、条件充分性判断（本大题共 10 小题，每小题 3 分，共 30 分）

【解题说明】本大题要求判断所给出的条件能否充分支持题干中陈述的结论。阅读条件（1）和（2）后选择

A：条件（1）充分，但条件（2）不充分。

B：条件（2）充分，但条件（1）不充分。

C：条件（1）和（2）单独都不充分，但条件（1）和条件（2）联合起来充分

D：条件（1）充分，条件（2）也充分

E：条件（1）和条件（2）单独都不充分，条件（1）和条件（2）联合起来也不充分

16. $\dfrac{c}{a+b} < \dfrac{a}{b+c} < \dfrac{b}{a+c}$

（1）$0 < a < b < c$ （2）$0 < c < a < b$

17. 不等式 $(a-2)x^2 + 2(a-2)x - 4 < 0$ 对一切 $x \in R$ 恒成立

（1）$-2 < a < 2$ （2）$a = 2$

18. 三角形周长为 7

（1）直角三角形，三边成等差数列，且内切圆半径为1

（2）等腰三角形两边 a, b 满足 $|a-b+2| + (2a+3b-11)^2 = 0$

19. 体积 $V = 28\pi$

（1）长方体的三个相邻面的面积分别为 2, 1, 1，这个长方体的顶点都在同一个球面上，则这个球的体积为 V

（2）某圆柱侧面面积为 28π，底面半径为 2，则该圆柱的体积为 V

20. $x - 2$ 是多项式 $f(x) = x^3 + 2x^2 - ax + b$ 的一个因式

（1）$a = 1, b = 2$ （2）$a = 2, b = 3$

21. $\dfrac{a^2 - b^2}{19a^2 + 96b^2} = \dfrac{1}{134}$

（1）a, b 均为实数，且 $|a^2 - 2| + (a^2 - b^2 - 1)^2 = 0$

（2）a, b 均为实数，且 $\dfrac{a^2 b^2}{a^4 - 2b^4} = 1$

22. 某高速公路收费站对过往车辆每辆收费标准是：大客车10元，小客车6元，小轿车3元。某日通过此站共收费4700元，则小轿车通过的数量为420辆

（1）大、小客车之比是 5 : 6

（2）小客车与小轿车之比为 4 : 7

23. 某校六年级共有110人，参加语文、英语、数学三科活动小组，每人至少参加一组。已知参加数学小组的有63人，只参加数学小组的有21人，那么三组都参加的有9人

（1）参加语文小组的有52人，只参加语文小组的有16人

（2）参加英语小组的有61人，只参加英语小组的有15人

24. 某项选拔赛共有四轮考试，每轮设有一个问题，能正确回答问题者进入下一轮考核，否则即被淘汰。已知某选手各轮问题能否正确回答互不影响，则该选手至多进入第三轮考核的概率为 $\dfrac{23}{25}$

（1）该选手能正确回答第一、二、三和四轮问题的概率分别为 $\dfrac{4}{5}, \dfrac{3}{5}, \dfrac{2}{5}, \dfrac{1}{5}$

（2）该选手能正确回答第一、二、三和四轮问题的概率分别为 $\dfrac{6}{7}, \dfrac{5}{7}, \dfrac{4}{7}, \dfrac{3}{7}$

25. 某校从高三年级期末考试的学生中抽出 60 名学生，其成绩（均为整数）的频率分布直方图如图所示：此次考试成绩的众数为 m 和中位数为 n

（1）$m=80$，$n=70$

（2）$m=75$，$n=73.3$

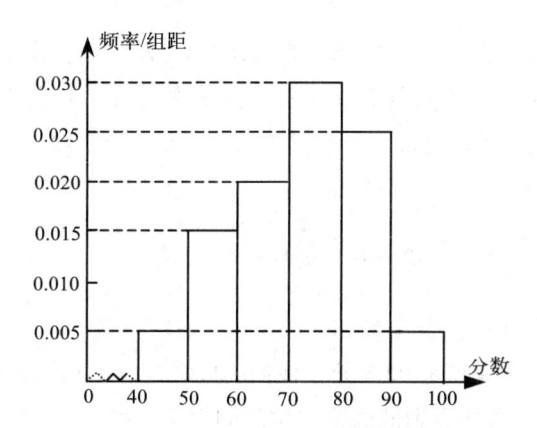

管理类硕士联考数学模拟测试二

一、问题求解（本大题共 15 题，每小题 3 分，共 45 分，在每小题的五项选择中选择一项）

1. 幼儿园大班和中班共有 32 个男生，18 个女生。已知大班中男生数与女生数的比为 5：3，中班中男生数与女生数的比为 2：1，那么大班中女生有（　　）人
   A. 9　　　　B. 10　　　　C. 11　　　　D. 12　　　　E. 13

2. A、B、C 为三个不相同的小于 20 的质数，已知 $3A+2B+C=20$，则 $A+B+C=$（　　）
   A. 12　　　B. 13　　　C. 14　　　D. 15　　　E. 以上答案均不正确

3. 甲、乙、丙三个工程队的效率比为 6：5：4，现将 A、B 两项工作量相同的工程交给这三个工程队，甲队负责 A 工程，乙队负责 B 工程，丙队参与 A 工程若干天后转而参与 B 工程。两项工程同时开工，耗时 16 天同时结束。问丙队在 A 工程中参与施工（　　）天
   A. 6　　　　B. 7　　　　C. 8　　　　D. 9　　　　E. 10

4. 若 x, y 为实数，且 $|x+2|+\sqrt{y-2}=0$，则 $\left(\dfrac{x}{y}\right)^{2009}$ 的值为（　　）
   A. 1　　　B. -1　　　C. 2　　　D. -2　　　E. 以上答案均不正确

5. 六位同学数学考试的平均成绩是 92.5 分，他们的成绩是互不相同的整数，最高分是 99 分，最低分是 76 分，则按分数从高到低居第三位的同学至少得（　　）
   A. 93　　　B. 94　　　C. 95　　　D. 96　　　E. 97

6. 一个圆柱体的容器中，放有一个长方形铁块。现在打开一个水龙头往容器中注水，3 分钟时，水恰好没过长方体的顶面，又过了 18 分钟，水灌满容器。已知容器的高度是 50 厘米。长方体的高度是 20 厘米，那么长方体底面积：容器底面面积等于（　　）
   A. 1：3　　B. 2：3　　C. 1：4　　D. 3：4　　E. 2：5

7. 若分式 $\dfrac{|x|-3}{x+3}$ 的值为零，则 x 的值必是（　　）
   A. 3 或 -3　　B. 3　　C. -3　　D. 0　　E. -1

8. 某房地产公司分别以 80 万人民币的相同价格出售两套房屋。一套房屋以盈利 20% 的价格出售，另一房屋以盈利 30% 的价格出售。那么该房地产公司从中获利约为（　　）
   A. 30.5 万元　　　　B. 34.0 万元　　　　C. 32.7 万元
   D. 33.8 万元　　　　E. 31.8 万元

9. 如图，AB 是 $\odot O$ 的直径，且 $AB=10$，弦 MN 的长为 8，若弦 MN 的两端在圆上滑动时，始终与 AB 相交，记点 A、B 到 MN 的距离分别为 h_1，h_2，则 $|h_1-h_2|$ 等于（　　）
   A. 5　　　　B. 6　　　　C. 7
   D. 8　　　　E. 9

10. 某市规定，出租车合乘部分的车费向每位乘客收取显示费用的60%，燃油附加费由合乘客人平摊。现有从同一地方出发的三位客人合乘，分别在D、E、F点下车，显示的费用分别为10元、20元、40元。那么在这样的合乘中，司机的盈利比正常多（   ）

    A. 2元　　　　B. 10元　　　　C. 12元　　　　D. 15元　　　　E. 20元

11. 直线 $x-2y+1=0$ 关于直线 $x=1$ 对称的直线方程是（   ）

    A. $x+2y-1=0$　　　　B. $2x+y-1=0$　　　　C. $2x+y-3=0$

    D. $x+2y-3=0$　　　　E. 以上答案均不正确

12. 把一枚六个面编号分别为 1、2、3、4、5、6 的质地均匀的正方体骰子先后投掷2次，若两个正面朝上的编号分别为 m，n，则二次函数 $y=x^2+mx+n$ 的图像与 x 轴有两个不同交点的概率是（   ）

    A. $\dfrac{5}{12}$　　　　B. $\dfrac{4}{9}$　　　　C. $\dfrac{17}{36}$　　　　D. $\dfrac{1}{2}$　　　　E. 以上答案均不正确

13. 某高校对一些学生进行问卷调查。在接受调查的学生中，准备参加注册会计师考试的有63人，准备参加英语六级考试的有89人，准备参加计算机考试的有47人，三种考试都准备参加的有24人，准备选择两种考试参加的有46人，不参加其中任何一种考试的有15人。接受调查的学生共有（   ）人

    A. 120　　　　B. 144　　　　C. 177　　　　D. 192　　　　E. 200

14. 某商场销售一批名牌衬衫，平均每天可售出20件，每件盈利40元，为扩大销售，增加盈利，尽快减少库存，商场决定采取适当的降价措施，经调查发现，如果每件衬衫每降价1元，商场平均每天可多售出2件。若商场平均每天盈利1200元，每件衬衫应降价（   ）元

    A. 4　　　　B. 10　　　　C. 10 或 20　　　　D. 20　　　　E. 30

15. 下面是考研第一批录取的一份志愿表：

志　愿	学　校	专　业	
第一志愿	1	第1专业	第2专业
第二志愿	2	第1专业	第2专业
第三志愿	3	第1专业	第2专业

现有4所重点院校，每所院校有3个专业是你较为满意的选择，如果表格填满且规定学校没有重复，同一学校的专业也没有重复的话，你将有不同的填写方法的种数是（   ）

    A. $P_4^3(P_3^2)^3$　　B. $4^3(C_3^2)^3$　　C. $P_4^3(C_3^2)^3$　　D. $4^3(P_3^2)^3$　　E. 以上答案均不正确

二、条件充分性判断（本大题共 10 小题，每小题 3 分，共 30 分）

【解题说明】本大题要求判断所给出的条件能否充分支持题干中陈述的结论。阅读条件（1）和（2）后选择

A：条件（1）充分，但条件（2）不充分

B：条件（2）充分，但条件（1）不充分

C：条件（1）和（2）单独都不充分，但条件（1）和条件（2）联合起来充分

D：条件（1）充分，条件（2）也充分

E：条件（1）和条件（2）单独都不充分，条件（1）和条件（2）联合起来也不充分

16. $|5-3x|-|3x-2|=3$ 的解是空集

    （1）$x > \dfrac{5}{3}$ 　　　　　　　　　（2）$\dfrac{7}{6} < x < \dfrac{5}{3}$

17. 多项式 $f(x) = x^2 + x - 1$ 与 $g(x) = a(x+1)^2 + b(x-1)(x+1) + c(x-1)^2$ 相等

    （1）$a = -\dfrac{1}{2}$，$b = 2$，$c = -\dfrac{1}{2}$　　（2）$a = \dfrac{1}{4}$，$b = 1$，$c = -\dfrac{1}{4}$

18. $a_6 + a_7 = 26$

    （1）$\{a_n\}$是等差数列，且 $a_2 + a_3 + a_{10} + a_{11} = 52$

    （2）$\{a_n\}$是等差数列，$a_1 = 2$，$a_2 = 4$

19. 直线 $l_1: x + 2ay + 1 = 0$ 与 $l_2: (a-1)x - ay + 1 = 0$ 平行

    （1）$a = \dfrac{1}{2}$　　　　　　　　　　（2）$a = 0$

20. 在股票交易中，每买进或卖出一种股票都需交纳成交金额的 0.35% 的印花税和 0.15% 的佣金（手续费），老杨买卖某种股票一共赚了 6183.2 元

    （1）老杨 2 月 12 日以每股 7.6 元的价格买进 4000 股，4 月 24 日以每股 9.24 元全卖出了这种股票

    （2）老杨 2 月 12 日以每股 8.6 元的价格买进 4000 股，4 月 24 日以每股 10.24 元全卖出了这种股票

21. 小王沿街匀速行走，发现每隔 6 分钟从背后驶过一辆 18 路公交车，每隔 3 分钟从迎面驶来一辆 18 路公交车。假设每辆 18 路公交车行驶速度相同，而且 18 路公交车总站每隔固定时间发一辆车，那么发车间隔的时间是 K 分钟

    （1）$K = 4$　　　　　　　　　　（2）$K = 6$

22. 把三张大小相同的正方形卡片 A、B 和 C 叠放在一个底面为正方形的盒底上，底面未被卡片覆盖的部分用阴影表示。若按左图摆放时，阴影部分的面积为 S_1；若按右图摆放时，阴影部分的面积为 S_2

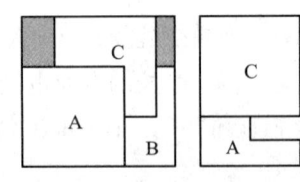

    （1）$S_1 = S_2$　　　　　　　　　（2）$S_1 > S_2$

23. 父亲把所有财物平均分成若干份后全部分给儿子们，结果所有儿子拿到的财物都一样多，请问父亲一共有 9 个儿子

（1）长子拿一份财物和剩下的 $\dfrac{1}{10}$，次子拿两份财物和剩下的 $\dfrac{1}{10}$

（2）三儿子拿三份财物和剩下的 $\dfrac{1}{10}$

24. 正整数 m, n 是两个不同的质数，那么 $\dfrac{m^2+n^2}{p^2} = \dfrac{13}{121}$

（1）$m+n+mn$ 的最小值为 p

（2）$m=2, n=3, p=11$

25. $P = \dfrac{1}{5}$

（1）某篮球运动员在三分线投球的命中率是 $\dfrac{1}{2}$，他投球 10 次，恰好投进 3 个球的概率为 P

（2）甲、乙两人每次的命中目标的概率分别是 $\dfrac{3}{4}$ 和 $\dfrac{4}{5}$，且各次射击相互独立，若甲、乙各射击 1 次，则两人命中目标次数相等的概率为 P

管理类硕士联考数学模拟测试三

一、问题求解（本大题共 15 题，每小题 3 分，共 45 分，在每小题的五项选择中选择一项）

1. 在式子$|x+1|+|x+2|+|x+3|+|x+4|$中，用不同的 x 值代入，得到对应的值，在这些对应值中，最小的值是（　　）
   A. 1　　　B. 2　　　C. 3　　　D. 4　　　E. 5

2. 某品牌的同一种洗衣粉有 A、B、C 三种袋装包装，每袋分别装有 400 克、300 克、200 克洗衣粉，售价分别为 3.5 元、2.8 元、1.9 元。A、B、C 三种包装的洗衣粉每袋包装费用（含包装袋成本）分别为 0.8 元、0.6 元、0.5 元。厂家销售 A、B、C 三种包装的洗衣粉各 1200 千克，获得利润最大的是（　　）
   A. A 种包装的洗衣粉　　　B. B 种包装的洗衣粉　　　C. C 种包装的洗衣粉
   D. 三种包装的洗衣粉一样多　　　E. 以上答案均不正确

3. 已知实数 a,b,c 满足 $2|a+3|+\sqrt{4-b}=0$，$c^2+4b-4c-12=0$，则 $a+b+c$ 的值为（　　）
   A. 0　　　B. 3　　　C. 6　　　D. 9　　　E. 10

4. 某人将甲、乙两种商品卖出，甲商品卖出 1200 元，盈利 20%，乙商品卖出 1200 元，亏损 20%，则此人在这次交易中是（　　）
   A. 盈利 50 元　　　B. 盈利 100 元　　　C. 亏损 150 元
   D. 亏损 100 元　　　E. 以上答案均不正确

5. 现定义两种运算"⊕""*"。对于任意两个整数，$a \oplus b = a+b-1$，$a*b = a \times b - 1$，则 $(6 \oplus 8)*(3 \oplus 5)$ 的结果是（　　）
   A. 60　　　B. 69　　　C. 90　　　D. 112　　　E. 97

6. 2002 年韩日足球世界杯共有 32 支球队参赛，第一轮共有 8 个小组进行循环赛（每组 4 个队，每个队与其他 3 个队进行单循环比赛）；各组前 2 名进入第二轮 16 强比赛；第二轮按规则进行淘汰赛（胜者进入下一轮，败者淘汰出局）进入 8 强；第三轮也按规则进行淘汰赛，进入前 4 名。第四轮将前 4 名分二组决出胜负，二负者决 3、4 名，二胜者决冠亚军，则这届世界杯共有（　　）场次比赛
   A. 112　　　B. 58　　　C. 63　　　D. 38　　　E. 64

7. 如果 a,b,c,d 是互不相等的整数，并且 $abcd=25$，那么 $a+b+c+d=$（　　）
   A. 0　　　B. -9　　　C. 10　　　D. 9　　　E. 1

8. 张阿姨准备在某商场购买一件衣服、一双鞋和一套化妆品，这三件物品的原价和优惠方式如下表所示。请帮张阿姨分析一下，选择一个最省钱的购买方案。此时，张阿姨购买这三件物品实际所付出的钱的总数为（　　）元

欲购买的商品	原价（元）	优惠方式
一件衣服	420	每付现金200元，返购物券200元，且付款时可以使用购物券
一双鞋	280	每付现金200元，返购物券200元，但付款时不可以使用购物券
一套化妆品	300	付款时可以使用购物券，但不返购物券

  A．500   B．600   C．700   D．800   E．900

9. 已知轴截面是正方形的圆柱的高与球的直径相等，则圆柱的全面积与球的表面积的比是（　　）

  A．$6:5$ B．$5:4$ C．$4:3$ D．$3:2$ E．以上答案均不正确

10. 若$xy+yz+zx=0$，则$3xyz+x^2(y+z)+y^2(z+x)+z^2(x+y)$等于（　　）

  A．1   B．-1   C．0   D．2   E．-2

11. 如果一个三角形的三边a、b、c满足$a^2+b^2+c^2+338=10a+24b+26c$，则这个三角形一定是（　　）

  A．锐角三角形   B．直角三角形   C．钝角三角形

  D．等腰三角形   E．以上答案均不正确

12. 某城市新修建的一条道路上有12盏路灯，为了节省用电但又不能影响正常的照明，可以熄灭其中的3盏灯，但两端的灯不能熄灭，也不能熄灭相邻的两盏灯，则熄灯的方法有（　　）

  A．C_{11}^3种 B．C_9^3种 C．C_8^3种 D．P_8^3种 E．以上答案均不正确

13. 如图为一张方格纸，纸上有一灰色三角形，其顶点均位于某两网格线的交点上，若灰色三角形面积为$\frac{21}{4}$平方厘米，则此方格纸的面积为（　　）平方厘米

  A．12   B．16   C．13

  D．14   E．15

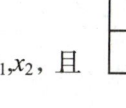

14. 关于x的方程$ax^2-(3a+1)x+2(a+1)=0$有两个不相等的实根x_1,x_2，且有$x_1-x_1x_2+x_2=1-a$，则a的值是（　　）

  A．1   B．2   C．1或-1 D．-1 E．0

15. 学生甲与学生乙玩一种转盘游戏．如图是两个完全相同的转盘，每个转盘被分成面积相等的四个区域，分别用数字"1""2""3""4"表示。固定指针，同时转动两个转盘，任其自由停止，若两指针所指数字的积为奇数，则甲获胜；若两指针所指数字的积为偶数，则乙获胜；若指针指向扇形的分界线，则都重转一次。在该游戏中乙获胜的概率是（　　）

  A．$\frac{1}{4}$ B．$\frac{1}{2}$ C．$\frac{3}{4}$ D．$\frac{5}{6}$ E．以上答案均不正确

二、条件充分性判断（本大题共10小题，每小题3分，共30分）

  【解题说明】本大题要求判断所给出的条件能否充分支持题干中陈述的结论。阅读条件（1）和（2）后选择

A：条件（1）充分，但条件（2）不充分

B：条件（2）充分，但条件（1）不充分

C：条件（1）和（2）单独都不充分，但条件（1）和条件（2）联合起来充分

D：条件（1）充分，条件（2）也充分

E：条件（1）和条件（2）单独都不充分，条件（1）和条件（2）联合起来也不充分

16. 实数 a,b 满足：$|a|(a+b) > a|a+b|$

    （1）$a < 0$ （2）$b > -a$

17. $\dfrac{2x - 3xy - 2y}{x - 2xy - y} = 3$

    （1）$\dfrac{1}{x} - \dfrac{1}{y} = 3$ ($x \neq 0, y \neq 0$) （2）$\dfrac{1}{y} - \dfrac{1}{x} = 3$ ($x \neq 0, y \neq 0$)

18. 多项式 $x^4 + mx^2 - px + 2$ 能被 $x^2 + 3x + 2$ 整除

    （1）$m = -6,\ p = 3$ （2）$m = 3,\ p = -6$

19. $\{a_n\}$ 为等差数列，其中 $a_{10} = 210$，$a_{31} = -280$，则前 n 项之和 S_n 取得最大值

    （1）$n = 19$ （2）$n = 18$

20. 今年父亲年龄与儿子年龄的和为 52 岁，能确定 3 年后父亲年龄是儿子年龄的 3 倍

    （1）8 年后父亲年龄是儿子年龄的 2.5 倍

    （2）2 年前儿子年龄是父亲年龄的 $\dfrac{1}{4}$

21. 曲线 C 所围成的面积是 8

    （1）曲线 C 的方程式 $|x| + |y - 1| = 2$ （2）曲线 C 的方程式 $|x - 1| + |y| = 2$

22. $kx^2 - (k-8)x + 1$ 对一切实数 x 均为正值（其中 $k \in R$ 且 $k \neq 0$）

    （1）$k = 4$ （2）$4 < k < 8$

23. $a_1 + a_3 + a_5 = 13$

    （1）等式 $(3x - 2)^2 = a_0 x^5 + a_1 x^4 + a_2 x^3 + a_3 x^2 + a_4 x + a_5$，对于任意实数 x 都成立

    （2）$\{a_n\}$ 为等差数列，满足 $a_2 + a_4 = \dfrac{26}{3}$

24. 两个杯中分别装有浓度 40% 与 10% 的食盐水，倒在一起后混合食盐水的浓度为 30%，则原有 40% 的食盐水 200 克

    （1）若再加入 200 克 20% 的食盐水，则浓度变为 15%

    （2）若再加入 300 克 20% 的食盐水，则浓度变为 25%

25. 假设某应聘者对三门指定课程考试及格的概率分别是 0.5、0.6、0.9，且三门课程考试是否及格相互之间没有影响，则应聘者考试通过的概率为 0.43

    （1）在三门课程中，随机选取两门，这两门都及格为考试通过

    （2）考三门课程，至少有两门及格为考试通过

管理类硕士联考数学模拟测试四

一、问题求解（本大题共 15 题，每小题 3 分，共 45 分，在每小题的五项选择中选择一项）

1. 已知 a, b, c 是有理数，且 $a+b+c=0$，$abc<0$，则 $\dfrac{b+c}{|a|}+\dfrac{a+c}{|b|}+\dfrac{a+b}{|c|}$ 的值是（　　）

   A. 0　　　B. 3　　　C. -3　　　D. -1　　　E. 1

2. 记 $S_n = a_1 + a_2 + \cdots + a_n$，令 $T_n = S_1 + S_2 + S_3 + \cdots + S_n$，称 T_n 为 $a_1, a_2, \cdots, a_n$ 这列数的"理想数"。已知 $a_1, a_2, \cdots, a_{500}$ 的"理想数"为 2004，那么 $8, a_1, a_2, \cdots, a_{500}$ 的"理想数"为（　　）

   A. 2007　　　B. 2008　　　C. 2009　　　D. 2010　　　E. 2005

3. 甲、乙两个容器分别装有水和浓度为 50% 的酒精溶液各 400 升。第一次从乙中倒给甲一半酒精溶液，混合后再从甲中倒出一半给乙，混合后再从乙中倒一半给甲，则此时甲容器中含纯酒精为（　　）升

   A. 75　　　B. 85　　　C. 95　　　D. 105　　　E. 125

4. 关于 x 的一元二次方程 $x^2 - mx + 2m - 1 = 0$ 的两个实数根分别是 x_1, x_2，且 $x_1^2 + x_2^2 = 7$，则表达式 $(x_1 - x_2)^2$ 的值是（　　）

   A. 1　　　B. 12　　　C. 13　　　D. 25　　　E. 28

5. 第一届世界杯足球赛于 1930 年在乌拉圭举办，每隔 4 年举办一次，曾因第二次世界大战影响于 1942 年、1946 年停办两届（1938 年举办第三届，1950 年举办第四届），下表列出了 1974 年联邦德国第十届世界杯足球赛以来的几届世界杯举办地；则 2010 年南非世界杯应是第（　　）届

时间（年）	1974	1978	1982	……	2006
举办地	联邦德国	阿根廷	西班牙	……	德国

   A. 19　　　B. 20　　　C. 18　　　D. 21　　　E. 22

6. 甲、乙、丙三人沿着 400 米环行跑道进行 800 米跑比赛，当跑 1 圈时，乙比甲多跑 $\dfrac{1}{7}$ 圈，丙比甲少跑 $\dfrac{1}{7}$ 圈。如果他们各自跑步的速度始终不变，那么，当乙到达终点时，甲在丙前面（　　）米

   A. 50　　　B. 100　　　C. 200　　　D. 300　　　E. 400

7. 从编号为 1、2、3、4、5、6 的 6 个小球中任取 4 个，放在标号为 A、B、C、D 的四个盒子里，每盒一球，且 2 号球不能放在 B 盒中，4 号球不能放在 D 号盒中，则不同的放法有（　　）种

   A. 96　　　B. 180　　　C. 252　　　D. 280　　　E. 360

8. 一艘游轮逆流而行，从 A 地到 B 地需 6 天；顺流而行，从 B 地到 A 地需 4 天。问若不考虑

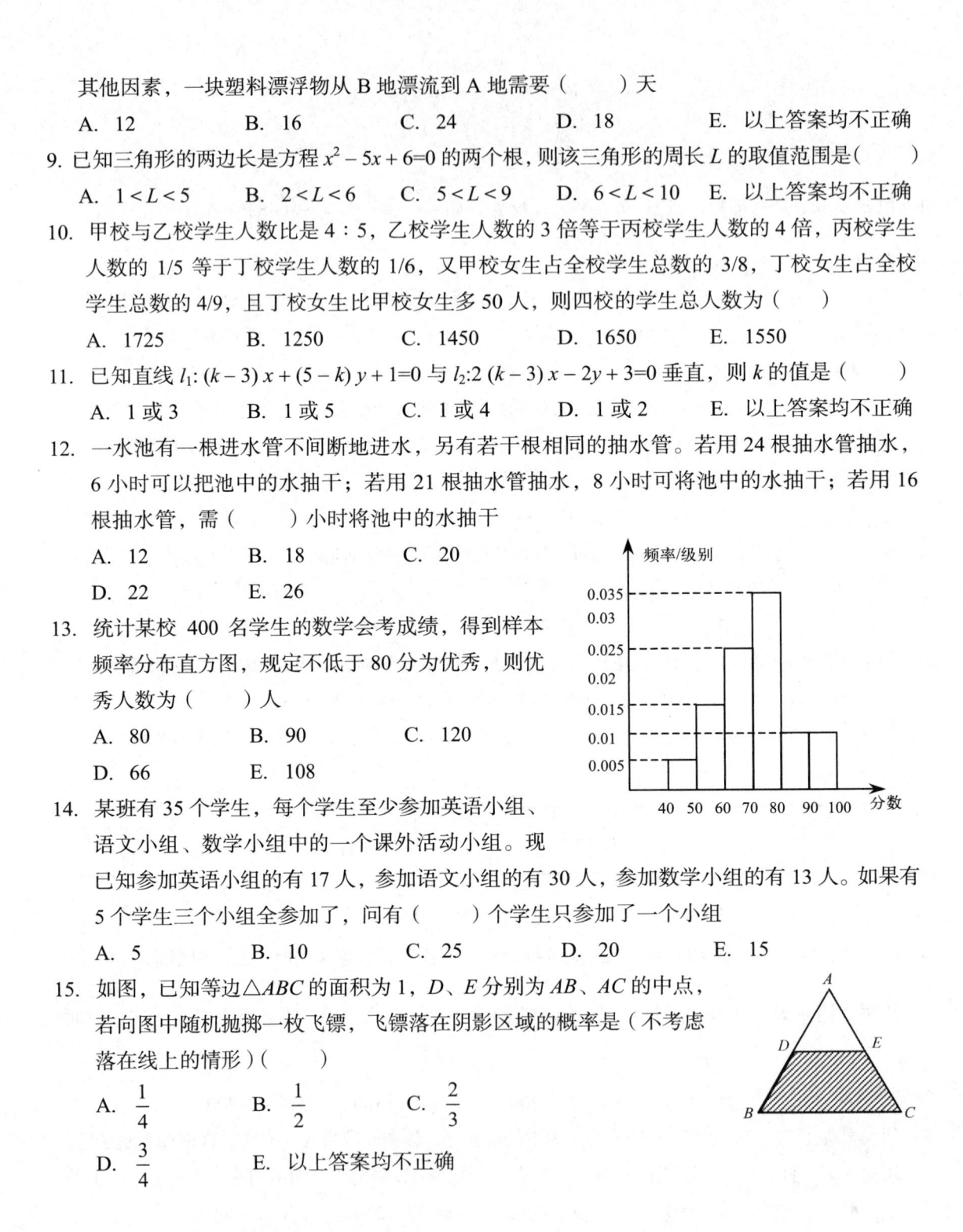

其他因素, 一块塑料漂浮物从 B 地漂流到 A 地需要(　　)天
　　A. 12　　　　B. 16　　　　C. 24　　　　D. 18　　　　E. 以上答案均不正确

9. 已知三角形的两边长是方程 $x^2 - 5x + 6 = 0$ 的两个根, 则该三角形的周长 L 的取值范围是(　　)
　　A. $1 < L < 5$　　B. $2 < L < 6$　　C. $5 < L < 9$　　D. $6 < L < 10$　　E. 以上答案均不正确

10. 甲校与乙校学生人数比是 4∶5, 乙校学生人数的 3 倍等于丙校学生人数的 4 倍, 丙校学生人数的 1/5 等于丁校学生人数的 1/6, 又甲校女生占全校学生总数的 3/8, 丁校女生占全校学生总数的 4/9, 且丁校女生比甲校女生多 50 人, 则四校的学生总人数为(　　)
　　A. 1725　　B. 1250　　C. 1450　　D. 1650　　E. 1550

11. 已知直线 $l_1: (k-3)x + (5-k)y + 1 = 0$ 与 $l_2: 2(k-3)x - 2y + 3 = 0$ 垂直, 则 k 的值是(　　)
　　A. 1 或 3　　B. 1 或 5　　C. 1 或 4　　D. 1 或 2　　E. 以上答案均不正确

12. 一水池有一根进水管不间断地进水, 另有若干根相同的抽水管。若用 24 根抽水管抽水, 6 小时可以把池中的水抽干; 若用 21 根抽水管抽水, 8 小时可将池中的水抽干; 若用 16 根抽水管, 需(　　)小时将池中的水抽干
　　A. 12　　　　B. 18　　　　C. 20
　　D. 22　　　　E. 26

13. 统计某校 400 名学生的数学会考成绩, 得到样本频率分布直方图, 规定不低于 80 分为优秀, 则优秀人数为(　　)人
　　A. 80　　　　B. 90　　　　C. 120
　　D. 66　　　　E. 108

14. 某班有 35 个学生, 每个学生至少参加英语小组、语文小组、数学小组中的一个课外活动小组。现已知参加英语小组的有 17 人, 参加语文小组的有 30 人, 参加数学小组的有 13 人。如果有 5 个学生三个小组全参加了, 问有(　　)个学生只参加了一个小组
　　A. 5　　　　B. 10　　　　C. 25　　　　D. 20　　　　E. 15

15. 如图, 已知等边△ABC 的面积为 1, D、E 分别为 AB、AC 的中点, 若向图中随机抛掷一枚飞镖, 飞镖落在阴影区域的概率是 (不考虑落在线上的情形)(　　)
　　A. $\dfrac{1}{4}$　　B. $\dfrac{1}{2}$　　C. $\dfrac{2}{3}$
　　D. $\dfrac{3}{4}$　　E. 以上答案均不正确

二、条件充分性判断（本大题共 10 小题，每小题 3 分，共 30 分）

【解题说明】本大题要求判断所给出的条件能否充分支持题干中陈述的结论。阅读条件（1）和（2）后选择

A：条件（1）充分，但条件（2）不充分

B：条件（2）充分，但条件（1）不充分

C：条件（1）和（2）单独都不充分，但条件（1）和条件（2）联合起来充分

D：条件（1）充分，条件（2）也充分

E：条件（1）和条件（2）单独都不充分，条件（1）和条件（2）联合起来也不充分

16. 设实数 a、b 满足不等式 $||a|-(a+b)|<|a-|a+b||$

（1）$a>0$ 且 $b>0$ （2）$a<0$ 且 $b>0$

17. 设 $0<a<1$，函数 $f(x)=\log_a(a^{2x}-2a^x-2)$，则使 $f(x)<0$

（1）$x<\log_a 3$ （2）$x>\log_a 3$

18. $\alpha^2+\beta^2$ 有最小值 12

（1）设 α,β 是方程 $4x^2-4mx+m+2=0\ (x\in R)$ 的两个实根

（2）$\alpha+\beta=12$

19. 已知 $\{a_n\}$ 为等差数列，以 S_n 表示 $\{a_n\}$ 的前 n 项和，S_n 达到最大值的 $n=20$

（1）已知 $\{a_n\}$ 为等差数列，$a_1+a_3+a_5=105$，$a_2+a_4+a_6=99$

（2）已知 $\{a_n\}$ 为等差数列，$a_1=39,d=-2$

20. 一种商品，按期望得到 50%的利润来定价，结果只销售掉 70%的商品，为尽早售出剩下的商品，商店决定按定价打折出售。这样获得的全部利润，是原来所期望利润的 82%，问打了几折

（1）8   （2）6

21. $N=240$

（1）将标号为 1,2,⋯,10 的 10 个球放入标号为 1,2,⋯,10 的 10 个盒子里，每个盒内放一个球，恰好 3 个球的标号与其在盒子的标号不一致的放入方法种数为 N

（2）从 6 名志愿者中选出 4 人分别从事翻译、导游、导购、保洁 4 项不同工作。若其中甲、乙两名支援者都不能从事翻译工作，则选派方案共有 N 种

22. 体积 $V=18\pi$

（1）长方体的三个相邻面的面积分别为 2,3,6，这个长方体的顶点都在同一个球面上，则这个球的体积为 V

（2）半球内有一内接正方体，正方体的一个面在半球的底面圆内，正方体的边长为 $\sqrt{6}$，半球的体积为 V

23. 如果有一只鸟以每小时 30 千米的速度和两列车同时启动，从洛杉矶出发，碰到另一列车后

返回，往返在两列火车间，直到两列火车相遇为止。已知洛杉矶到纽约的铁路长 4500 千米，请问，这只小鸟飞行了 450 千米路程

（1）有一列火车以每小时 140 千米的速度离开洛杉矶直奔纽约，同时，另一列火车以每小时 160 千米的速度从纽约开往洛杉矶

（2）有一列火车以每小时 120 千米的速度离开洛杉矶直奔纽约，同时，另一列火车以每小时 180 千米的速度从纽约开往洛杉矶

24. 在平面直角坐标系中，曲线所围成的图形是正方形

（1）曲线方程为 $|xy|+1=|x|+|y|$

（2）曲线方程为 $|x-2|+|2y-1|=4$

25. $p = 0.648$

（1）甲、乙两人进行乒乓球比赛，比赛规则为"3局2胜"，即以先赢 2 局者为胜。根据经验，每局比赛中甲获胜的概率为 0.6，则本次比赛甲 2：1 获胜的概率是 p

（2）甲、乙两人进行乒乓球比赛，比赛规则为"3局2胜"，即以先赢 2 局者为胜。根据经验，每局比赛中甲获胜的概率为 0.6，则本次比赛甲获胜的概率是 p

管理类硕士联考数学模拟测试五

一、问题求解（本大题共 15 题，每小题 3 分，共 45 分，在每小题的五项选择中选择一项）

1. 若 $0<a<1$，$-2<b<-1$，则 $\dfrac{|a-1|}{a-1}-\dfrac{|b+2|}{b+2}+\dfrac{|a+b|}{a+b}$ 的值是（　　）
   A. 0　　　　B. -1　　　　C. -3　　　　D. -4　　　　E. 1

2. 已知 $m=1+\sqrt{2}$，$n=1-\sqrt{2}$，且 $(7m^2-14m+a)(3n^2-6n-7)=8$，则 a 的值等于（　　）
   A. -5　　　　B. 5　　　　C. 1　　　　D. 9　　　　E. -9

3. 轮船往返于一条河的两码头之间，如果船本身在静水中的速度是固定的，那么，当这条河的水流速度增大时，船往返一次所用的时间将（　　）
   A. 增多
   B. 减少
   C. 不变
   D. 增多、减少都有可能
   E. 以上答案均不正确

4. 如图，纸上画了四个大小一样的圆，圆心分别是 A、B、C、D，直线 m 通过 A、B，直线 n 通过 C、D，用 S 表示一个圆的面积，如果四个圆在纸上盖住的总面积是 $5(S-1)$，直线 m、n 之间被圆盖住的面积是 8，阴影部分的面积 S_1、S_2、S_3 满足关系式 $S_3=\dfrac{1}{3}S_1=\dfrac{1}{3}S_2$，则 $S=$（　　）
   A. $\dfrac{81}{20}$　　　　B. $\dfrac{81}{19}$　　　　C. $\dfrac{81}{8}$
   D. 81　　　　E. 以上答案均不正确

5. 设 a、b 为正整数 $(a>b)$。p 是 a、b 的最大公约数，q 是 a、b 的最小公倍数，则 p、q、a、b 的大小关系是（　　）
   A. $p\geqslant q\geqslant a>b$　　　　B. $p\geqslant a>b\geqslant q$　　　　C. $q\geqslant p\geqslant a>b$
   D. $q\geqslant a>b\geqslant p$　　　　E. 以上答案均不正确

6. 某同学求出 1991 个有理数的平均数后，粗心地把这个平均数和原来的 1991 个有理数混在一起，成为 1992 个有理数，而忘掉哪个是平均数了。如果这 1992 个有理数的平均数恰为 1992，则原来的 1991 个有理数的平均数是（　　）
   A. 1991.5　　　　B. 1991　　　　C. 1992　　　　D. 1992.5　　　　E. 以上答案均不正确

7. 某项球类规则达标测验，规定满分 100 分，60 分及格，模拟考试与正式考试形式相同，都是 25 道选择题，答对记 4 分，答错或不答记 0 分。并规定正式考试中要有 80 分的试题就是模拟考试中的原题。假设某人在模拟考试中答对的试题，在正式考试中仍能答对，某人欲在正式考试中确保及格，则他在模拟考试中，至少要得（　　）
   A. 80 分　　　　B. 76 分　　　　C. 75 分　　　　D. 64 分　　　　E. 60 分

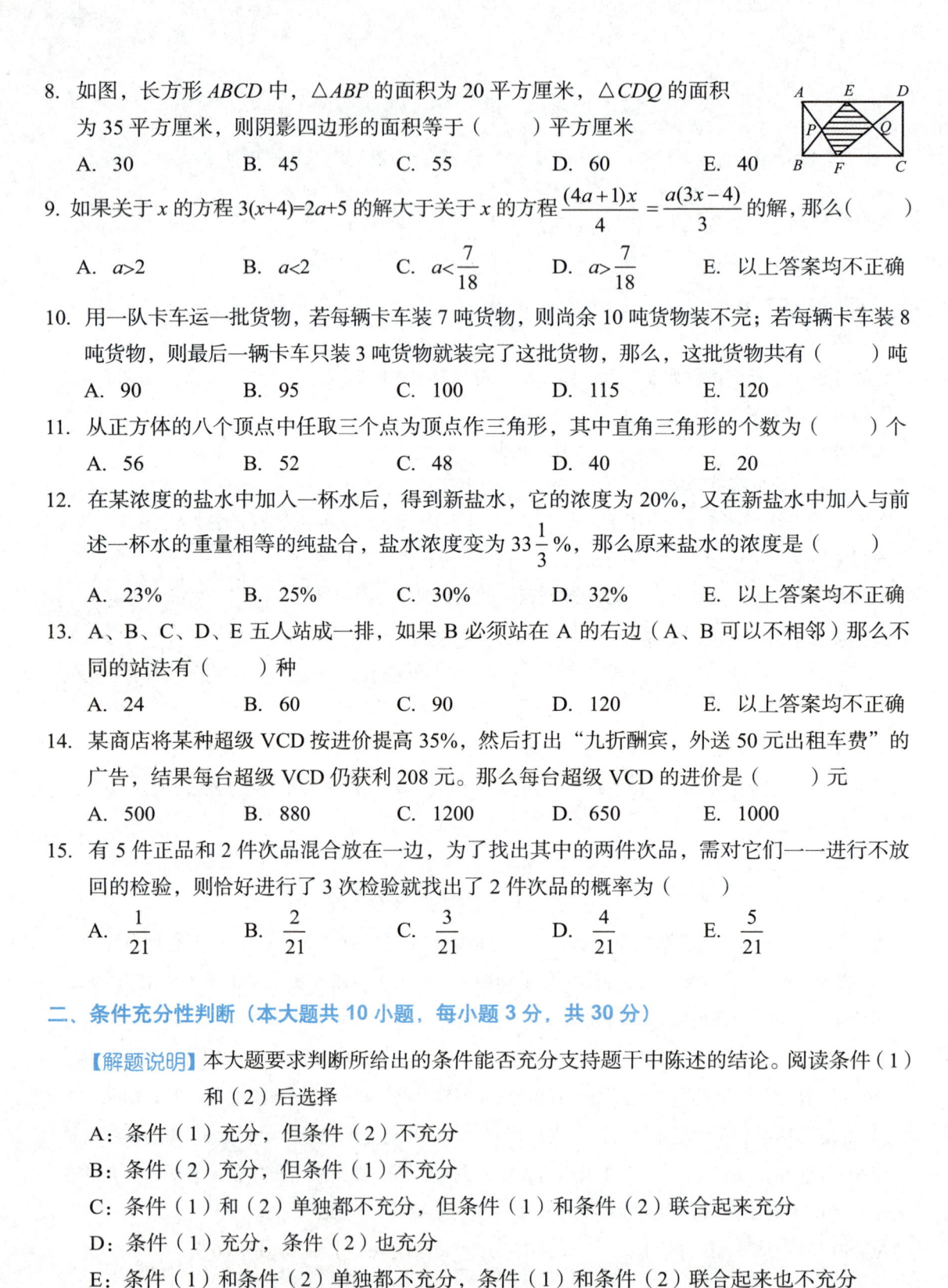

8. 如图，长方形 ABCD 中，△ABP 的面积为 20 平方厘米，△CDQ 的面积为 35 平方厘米，则阴影四边形的面积等于（　　）平方厘米
   A. 30　　B. 45　　C. 55　　D. 60　　E. 40

9. 如果关于 x 的方程 3(x+4)=2a+5 的解大于关于 x 的方程 $\dfrac{(4a+1)x}{4}=\dfrac{a(3x-4)}{3}$ 的解，那么（　　）
   A. $a>2$　　B. $a<2$　　C. $a<\dfrac{7}{18}$　　D. $a>\dfrac{7}{18}$　　E. 以上答案均不正确

10. 用一队卡车运一批货物，若每辆卡车装 7 吨货物，则尚余 10 吨货物装不完；若每辆卡车装 8 吨货物，则最后一辆卡车只装 3 吨货物就装完了这批货物，那么，这批货物共有（　　）吨
    A. 90　　B. 95　　C. 100　　D. 115　　E. 120

11. 从正方体的八个顶点中任取三个点为顶点作三角形，其中直角三角形的个数为（　　）个
    A. 56　　B. 52　　C. 48　　D. 40　　E. 20

12. 在某浓度的盐水中加入一杯水后，得到新盐水，它的浓度为 20%，又在新盐水中加入与前述一杯水的重量相等的纯盐合，盐水浓度变为 $33\dfrac{1}{3}$%，那么原来盐水的浓度是（　　）
    A. 23%　　B. 25%　　C. 30%　　D. 32%　　E. 以上答案均不正确

13. A、B、C、D、E 五人站成一排，如果 B 必须站在 A 的右边（A、B 可以不相邻）那么不同的站法有（　　）种
    A. 24　　B. 60　　C. 90　　D. 120　　E. 以上答案均不正确

14. 某商店将某种超级 VCD 按进价提高 35%，然后打出"九折酬宾，外送 50 元出租车费"的广告，结果每台超级 VCD 仍获利 208 元。那么每台超级 VCD 的进价是（　　）元
    A. 500　　B. 880　　C. 1200　　D. 650　　E. 1000

15. 有 5 件正品和 2 件次品混合放在一边，为了找出其中的两件次品，需对它们一一进行不放回的检验，则恰好进行了 3 次检验就找出了 2 件次品的概率为（　　）
    A. $\dfrac{1}{21}$　　B. $\dfrac{2}{21}$　　C. $\dfrac{3}{21}$　　D. $\dfrac{4}{21}$　　E. $\dfrac{5}{21}$

二、条件充分性判断（本大题共 10 小题，每小题 3 分，共 30 分）

【解题说明】 本大题要求判断所给出的条件能否充分支持题干中陈述的结论。阅读条件（1）和（2）后选择

A：条件（1）充分，但条件（2）不充分

B：条件（2）充分，但条件（1）不充分

C：条件（1）和（2）单独都不充分，但条件（1）和条件（2）联合起来充分

D：条件（1）充分，条件（2）也充分

E：条件（1）和条件（2）单独都不充分，条件（1）和条件（2）联合起来也不充分

16. $\sqrt{a^2+b^2}+\sqrt{b^2+c^2}+\sqrt{c^2+a^2} \geqslant \sqrt{2}(a+b+c)$

（1）a, b, c 均为正数　　　　　　（2）a, b, c 均为负数

17. 若 $m \neq n$，则有 $m+n+5mn=0$

（1）$2m^2-5m-1=0$，且 $\dfrac{1}{n^2}+\dfrac{5}{n}-2=0$

（2）$2n^2-5n-1=0$，且 $\dfrac{1}{m^2}+\dfrac{5}{m}-2=0$

18. 方程 $a^2x^2-(3a^2-8a)x+2a^2-13a+15=0$（其中 a 是非负整数）至少有一个整数根

（1）$a=1$　　　　　　　　　　（2）$a=5$

19. $a>5$

（1）$|a-3|+|a-1|>8$　　　　（2）$4ax^2+5x+5>0$ 恒成立

20. 已知一种空心混凝土管道，内直径是 40 厘米，外直径是 80 厘米，长 300 厘米，则可以浇制 100 根这样的管道

（1）有 113 立方米混凝土　　　　（2）有 115 立方米混凝土

21. $\dfrac{a+b}{a^2+b^2}=-\dfrac{1}{3}$

（1）$a^2, 1, b^2$ 成等差数列　　　（2）$\dfrac{1}{a}, 1, \dfrac{1}{b}$ 成等比数列

22. 甲企业一年的总产值为 $\dfrac{a}{p}[(1+p)^{12}-1]$

（1）甲企业一月份的产值为 a，以后每月产值的增长率为 p

（2）甲企业一月份的产值为 $\dfrac{a}{2}$，以后每月产值的增长率为 $2p$

23. 已知 $y=|x-1|+|x-3|$，则 y 的最大值为 4

（1）$x \in [-1, 4)$　　　　　　　（2）$x \in [0, 3.5]$

24. 在平面直角坐标系中，曲线所围成的图形是正方形，面积为 4

（1）曲线方程为 $|xy|+1=|x|+|y|$

（2）曲线方程为 $|x-2|+|2y-1|=4$

25. 若 x、y 分别表示将一枚骰子先后抛掷两次时第一次、第二次出现的点数，则 $p=\dfrac{25}{36}$

（1）满足 $x-y=-1$ 的概率为 p　　（2）满足 $x-2y>0$ 的概率为 p

全真模拟试题详解

管理类硕士联考数学模拟测试一详解

1. 【考点】有理数和无理数的性质

   【详解】根据题意，有 $(m-2n)\sqrt{5}+(2m+3n+7)=0$，利用有理数和无理数的性质，所以有 $\begin{cases} m-2n=0 \\ 2m+3n+7=0 \end{cases}$ 解得 $m=-2, n=-1$，所以，$m+n=-3$。

   【答案】B

2. 【考点】非负性和算术平方根

   【详解】根据题意，有 $\frac{1}{2}|a-b|+\sqrt{2b+c}+\left(c-\frac{1}{2}\right)^2=0$，所以

   $\begin{cases} a-b=0 \\ 2b+c=0 \\ c-\frac{1}{2}=0 \end{cases}$，解得 $\begin{cases} a=-\frac{1}{4} \\ b=-\frac{1}{4} \\ c=\frac{1}{2} \end{cases}$，所以 $\frac{c}{ab}=8$，其算数平方根是 $2\sqrt{2}$。

   【答案】C

3. 【考点】工程问题

   【详解】甲、乙、丙三队的工作效率分别是 $\frac{1}{12}, \frac{1}{20}, \frac{1}{15}$，甲、乙两队合作 4 天后，剩下的工作量为 $1-\left(\frac{1}{12}+\frac{1}{20}\right)\times 4=\frac{7}{15}$，乙、丙两队完成剩下的工程所需时间为 $\frac{7}{15}\div\left(\frac{1}{20}+\frac{1}{15}\right)=4$，所以乙队一共做了 8 天。

   【答案】A

4. 【考点】最优化问题

   【详解】根据约束条件，画出如图所示（阴影部分），而 $z=x-2y$ 可以看作函数 $y=\frac{x}{2}-\frac{z}{2}$，把这个函数在阴影部分按斜率平行的上下移动，那么 $-\frac{z}{2}$ 是这个直线与 y 轴的截距，这个值越小，z 值越大。很显然，直线上下移动，在点 P 时，截距最小，P 点为 $(1,-1)$，带入 $z=x-2y=1+2=3$ 为最大值。

【答案】B

5. 【考点】阶梯形价格

   【详解】根据题意，当利润为 40 万元时，应发奖金为

   $10 \times 10\% + 10 \times 7.5\% + 20 \times 5\% = 2.75$（万元）。

   【答案】E

6. 【考点】比例问题

   【详解】由题意首先可以计算出一年的利息总额为 $60\,000 \times 2\% = 1200$（元）。

   按规定只有后两个月的利息应交税，税额应为 $[(1200 \div 12) \times 2] \times 20\% = 40$（元）。

   则实际取的本金合计为 $60\,000 + 1200 - 40 = 61\,160$（元）。

   【答案】D

7. 【考点】等比数列

   【详解】方法 1：$a_1 a_2 a_3 = a_2^3 = 5$，$a_7 a_8 a_9 = a_8^3 = 10$，则 $a_4 a_5 a_6 = a_5^3 = \left(\sqrt{a_2 a_8}\right)^3 = 5\sqrt{2}$

   方法 2：由于 $a_1 a_2 a_3 = 5$，$a_7 a_8 a_9 = a_1 a_2 a_3 q^{18} = 10 \Rightarrow q^{18} = 2$

   所以，$a_4 a_5 a_6 = a_1 a_2 a_3 q^9 = 5\sqrt{2}$。

   【答案】A

8. 【考点】排列组合

   【详解】共选 3 门，且两类课程各至少选一门，则可以 A 类选 1 门，B 类选 2 门，或者 A 类选 2 门，B 类选 1 门，根据组合公式，不同的选法共有 $C_3^1 C_4^2 + C_3^2 C_4^1 = 30$（种）。

   【答案】A

9. 【考点】浓度问题

   【详解】方法 1：甲乙浓度相等，相当于把甲乙直接混合到一起，然后分开装。

   若把甲乙混合到一起，则有浓度为 $[(400 \times 17\% + 600 \times 23\%)/1000] \times 100\% = 20.6\%$。

   方法 2：设甲取出 x，乙取出了 y，最后浓度为 c。

   那么 $(400 + y - x) \times c + (600 + x - y) \times c = 4 \times 17 + 6 \times 23$，得 $1\,000c = 4 \times 17 + 6 \times 23$，

   解得 $c = 20.6\%$。

   【答案】B

10. 【考点】韦达定理和等比数列

    【详解】方法 1：根据题意有 $\begin{cases} a_{2004} + a_{2005} = 2 \\ a_{2004} a_{2005} = \dfrac{3}{4} \end{cases}$，求得 $\begin{cases} a_{2004} = \dfrac{1}{2} \\ a_{2005} = \dfrac{3}{2} \end{cases}$，所以 $q=3$，$a_{2006} = \dfrac{9}{2}$，$a_{2007} = \dfrac{27}{2}$，

    $a_{2006} + a_{2007} = 18$。

    方法 2：a_{2004}, a_{2005} 是方程 $4x^2 - 8x + 3 = 0$ 的两个根，$a_{2005} = a_{2004} q$，所以 $a_{2004} +$

$a_{2005} = a_{2004}(1+q) = 2$，而且 $a_{2004} \cdot a_{2005} = a_{2004}^2 \cdot q = \dfrac{3}{4}$，容易解出 $q = 3$，$a_{2006} + a_{2007} = (a_{2004} + a_{2005}) \cdot q^2 = 2 \times 9 = 18$。

【答案】C

11. 【考点】对数函数和平均值定理

    【详解】$y = \log_a(x+3) - 1$ 恒过 $A(-2, -1)$，将 A 代入 $mx + ny + 1 = 0$，得到 $2m + n = 1$，$\dfrac{1}{m} + \dfrac{2}{n} = \left(\dfrac{1}{m} + \dfrac{2}{n}\right)(2m + n) = 4 + \dfrac{n}{m} + \dfrac{4m}{n} \geqslant 4 + 2\sqrt{\dfrac{n}{m} \times \dfrac{4m}{n}} = 8$。

    【答案】D

12. 【考点】等差数列

    【详解】因为每次着地后又跳回原来高度的 1/3，所以第 2 次、第 3 次跳起的高度分别为 30、10，共经过的路程为 90 + 60 + 20 = 170（米）。

    【答案】B

13. 【考点】判断三角形的形状

    【详解】因为 $x=1$ 时有最小值 $-\dfrac{8}{5}b$，

    所以① $y = \left(a - \dfrac{b}{2}\right) - c - a - \dfrac{b}{2} = -\dfrac{8}{5}b$，化简得到 $c = \dfrac{3}{5}b$；

    ② $\dfrac{c}{2\left(a - \dfrac{b}{2}\right)} = 1$，化简得到 $a = \dfrac{4}{5}b$。

    $b^2 = a^2 + c^2$，则 $\triangle ABC$ 是直角三角形。

    【答案】D

14. 【考点】比例问题

    【详解】经过计算可知

    A　$100(1 + m\%)(1 - n\%)$

    B　$100(1 + n\%)(1 - m\%)$

    C　$100\left(1 + \dfrac{m+n}{2}\%\right)\left(1 - \dfrac{m+n}{2}\%\right)$

    D　$100\left(1 + \sqrt{mn}\%\right)\left(1 - \sqrt{mn}\%\right)$

    因为 $0 < n < m < 100$，可设 $n=20$，$m=25$，计算可得 A=100，B=90，C=94.9375，D=95。

    【答案】A

15. 【考点】概率初步

    【详解】若恰好射击 5 次后被中止射击，根据规定，可能的情况有三种：前 3 次全击中，后面 2 次未击中；第 1 次未击中，第 2、3 次击中，后面 2 次未击中；第 1、3 次击中，第 2 次未击中，后面 2 次未击中。

概率大小为 $\left(\dfrac{3}{4}\right)^3 \cdot \left(\dfrac{1}{4}\right)^2 + \dfrac{1}{4} \cdot \left(\dfrac{3}{4}\right)^2 \cdot \left(\dfrac{1}{4}\right)^2 + \dfrac{3}{4} \cdot \dfrac{1}{4} \cdot \dfrac{3}{4} \cdot \left(\dfrac{1}{4}\right)^2 = \dfrac{45}{1024}$。

【答案】B

16. 【考点】不等式问题

    【详解】特殊值代人。

    对条件（1），令 $a = 1$，$b = 2$，$c = 3$，不能推出题干，条件不充分；

    对条件（2），令 $c = 1$，$a = 2$，$b = 3$，可以得出题干等式，条件充分。

    【答案】B

17. 【考点】不等式恒成立

    【详解】当 $a = 2$ 时，不等式 $-4 < 0$ 恒成立，条件（2）充分；

    当 $a \neq 2$ 时，根据 $\begin{cases} \Delta = 4(a^2 - 4) < 0 \\ a - 2 < 0 \end{cases}$，得 $-2 < a < 2$，条件（1）也充分。

    【答案】D

18. 【考点】三角形的周长和内切圆

    【详解】① 设三边是 $a-d$、a、$a+d$，则 $(a+d)^2 = (a-d)^2 + a^2$，则 $a^2 = 4ad$，即 $a = 4d$，从而这个三角形三边是 $3d$、$4d$、$5d$，其中 d 为整数。内切圆半径 $r = $(两直角边和 $-$ 斜边)$/2 = d = 1$，即三角形三边长为 3、4、5，周长不为 7，条件（1）不充分。

    ② 根据条件有 $\begin{cases} a - b + 2 = 0 \\ 2a + 3b - 11 = 0 \end{cases}$，解得 $\begin{cases} a = 1 \\ b = 3 \end{cases}$，因为是等腰三角形，所以周长是 $2 \times 3 + 1 = 7$，条件（2）充分。

    【答案】B

19. 【考点】立体几何

    【详解】① 根据三个相邻面的面积可求得长方体的长、宽、高分别为 2、1、1，则外接球的直径为 $\sqrt{2^2 + 1^2 + 1^2} = \sqrt{6}$，体积为 $\sqrt{6}\pi$，条件（1）不充分。

    ② 底面周长 $C = 4\pi$，则由 $S_{侧} = Ch = 28\pi$ 得 $h = 7$，所以 $V = S_{底}h = \pi \cdot 4 \cdot 7 = 28\pi$，条件（2）充分。

    【答案】B

20. 【考点】因式定理

    【详解】若 $x - 2$ 是该多项式的一个因式，则满足 $f(2) = 0$，由此得 $2a - b + 16 = 0$，条件（1）和（2）均不满足该等式，故都不充分。

    【答案】E

21. 【考点】非负性

【详解】 ① 由 $\begin{cases} a^2 - 2 = 0 \\ a^2 - b^2 - 1 = 0 \end{cases}$ 得 $a^2 = 2, b^2 = 1$，代入 $\dfrac{a^2 - b^2}{19a^2 + 96b^2} = \dfrac{1}{134}$，条件（1）充分。

② 由 $\dfrac{a^2 b^2}{a^4 - 2b^4} = 1$，得 $a^2 b^2 = a^4 - 2b^4$，即 $a^4 - a^2 b^2 - 2b^4 = (a^2 - 2b^2)(a^2 + b^2) = 0$。

因为 $a^2 + b^2 \neq 0$，所以 $a^2 - 2b^2 = 0$，即 $a^2 = 2b^2$，条件（2）充分。

【答案】D

22. 【考点】比例问题

【详解】条件（1）和条件（2）单独均不充分，考虑联合时的情况。根据所给条件，大客车、小客车、小轿车三者之比是 10：12：21，因此可设三种车的数量分别是 $10m$、$12m$、$21m$，则共收费 $10 \times 10 + 12 \times 6 + 21 \times 3 = 4700$，求得 $m=20$，小轿车的数量为 $21 \times 20 = 420$ 辆。

【答案】C

23. 【考点】画饼问题

【详解】条件（1）和条件（2）单独均不充分，考虑联合时的情况。

根据题意，只参加一个小组的有 $16 + 15 + 21 = 31 + 21 = 52$ 人；

不止只参加一个小组的有 $110 - 52 = 58$ 人；

不止只参加语文小组的有 36 人；

不止只参加英语小组的有 46 人；

不止只参加数学小组的有 43 人；

所以设参加三个组的有 x 人，得

$58 - x = (36 + 46 + 43 - 3x)/2$

$116 - 2x = 125 - 3x$

$x = 9$

所以三组都参加的有 9 人，条件充分。

【答案】C

24. 【考点】独立事件概率

【详解】若选手至多进入第三轮，则有三种情况，即第一轮就被淘汰，或第二第三轮被淘汰，三种情况相加。

① $\dfrac{1}{5} + \dfrac{4}{5} \cdot \left(1 - \dfrac{3}{5}\right) + \dfrac{4}{5} \cdot \dfrac{3}{5} \cdot \left(1 - \dfrac{2}{5}\right) = \dfrac{101}{125}$

② $\dfrac{1}{7} + \dfrac{6}{7} \cdot \left(1 - \dfrac{5}{7}\right) + \dfrac{6}{7} \cdot \dfrac{5}{7} \cdot \left(1 - \dfrac{4}{7}\right) = \dfrac{223}{343}$

【答案】E

25. 【考点】数据处理

【详解】

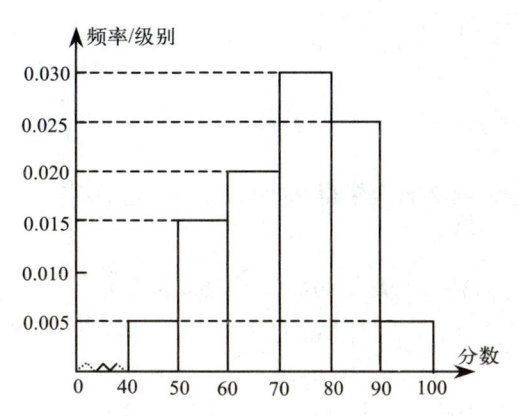

从图中可以发现众数 $m=75$，中位数 $n=73.3$。

【答案】B

管理类硕士联考数学模拟测试二详解

1. 【考点】比例问题

   【详解】设大班人数 x，中班人数 y，则 $\begin{cases} \dfrac{5}{8}x + \dfrac{2}{3}y = 32 \\ \dfrac{3}{8}x + \dfrac{1}{3}y = 18 \end{cases}$，解出 $x=32$，$y=18$。

   所以大班男生为 20 人，女生为 12 人，中班男生为 12 人，女生为 6 人。

   【答案】D

2. 【考点】质数问题

   【详解】20 以内的质数有 2,3,5,7,11,13,17,19。先考虑 $A=2$，发现 $3A$ 为偶数，2 无论与什么数相乘都是偶数，20 为偶数，偶数减去偶数还是得偶数，而是偶数又是质数的数只有 2，而 $A=2$，C 就不能为 2。所以，A 不能为 2。同理 C 不能为 2。
   考虑 $B=2$，$A=3$，$C=7$，满足条件；$A=5$，$C=1$（不为质数）；$A=7$，无解；$B=3$，$A=5$ 无解。故满足条件的质数有 3,5,7。
   所以 $A+B+C=12$。

   【答案】A

3. 【考点】工程问题

   【详解】设 A、B 两项工程的工作量均为 a，三个工程队一起工作 16 天完成了两项工程，所以有 $2a=16\times(6+5+4)$，丙对在 A 项工程中工作的天数为 $(a-16\times 6)\div 4=6$。

   【答案】A

4. 【考点】非负性

   【详解】由 $|x+2|+\sqrt{y-2}=0$，得 $\begin{cases} x+2=0 \\ y-2=0 \end{cases}$，所以 $x=-2$，$y=2$，$\dfrac{x}{y}=-1$。

   【答案】B

5. 【考点】不等式问题

   【详解】设第 3 名得 x 分，第 2 名至多得 98 分，第 4 名至多得 $x-1$ 分，第 5 名至多得 $x-2$ 分，则：

   $$76+(x-2)+(x-1)+x+98+99 \geqslant 92.5 \times 6 = 555$$
   $$3x \geqslant 285$$
   $$x \geqslant 95$$

   所以，第三名至少得 95 分。

   【答案】C

6. 【考点】立体几何

   【详解】方法 1：设长方体的底面积为 S_1，圆柱体的底面积为 S_2。每分钟注入容器内的水的体积为 V。

   那么根据"打开一个水龙头往容器中注水，3 分钟时，水恰好没过长方体的顶面"和"长方体的高度是 20 厘米"这两个条件，可得到方程式：$20 \times S_1 + 3 \times V = 20 \times S_2$；再根据"又过了 18 分钟，水灌满容器"和"容器的高度是 50 厘米，长方体的高度是 20 厘米"这两个条件，又可得到方程式 $18 \times V = (50-20) \times S_2$（化简为 $3 \times V = 5 \times S_2$，带入第一个方程中，得到 $20 \times S_1 + 5 \times S_2 = 20 \times S_2$，即 $20 \times S_1 = 15 \times S_2$）；则可根据上面两个方程式联合解得长方体和圆柱容器的底面积之比为 $S_1/S_2 = 3/4$。

   方法 2：设圆柱体的底面半径为 r，长方体的底面积为 S，水龙头每分钟进水量为 V，所以有 $\pi \cdot r^2 \cdot 20 - S \cdot 20 = 3V$，$\pi \cdot r^2 \cdot 30 = 18 \cdot V \Rightarrow 20\pi \cdot r^2 - 20S = 5\pi \cdot r^2 \Rightarrow \dfrac{S}{\pi \cdot r^2} = \dfrac{3}{4}$。

   【答案】D

7. 【考点】分式

   【详解】首先保证该分式有意义，即分母不为 0，$x \neq -3$，由分式值为 0，知 $|x|-3=0$，$x=\pm 3$，所以 $x=3$。

   【答案】B

8. 【考点】比例问题

   【详解】80 万售出，实际上盈利 2/10、3/10，所以盈利部分占 80 的比例分别为 2/12 和 3/13，所以获利 $80 \times (2/12 + 3/13) = 31.795$（万元），选 31.8 万元。

   【答案】E

9. 【考点】平面几何

【详解】设 AB、NM 交于 H，做 OD⊥MN 于 D，连接 OM

∵ AB 是⊙O 的直径，且 AB = 10，弦 MN 的长为 8

∴ DN = DM = 4，OD = 3

∵ BE⊥MN，AF⊥MN，OD⊥MN

∴ BE // OD // AF

∴ △AFH∽△ODH∽△BEH

∴ $\dfrac{AF}{OD} = \dfrac{AH}{OH} = \dfrac{5-OH}{OH}$

即 $\dfrac{AF}{3} = \dfrac{5-OH}{OH}$

$\dfrac{BE}{OD} = \dfrac{HB}{OH} = \dfrac{5+OH}{OH}$

即 $\dfrac{BE}{3} = \dfrac{5+OH}{OH}$

∴ $\dfrac{1}{3}(AF - BE) = -2$

∴ $|h_1 - h_2| = |AF - BE| = 6$

【答案】B

10. 【考点】阶梯形价格

【详解】司机正常的盈利为 40 元，按合乘规定收取的费用为 $(10 + 20 + 40) \times 60\% = 42$，所以司机盈利比正常多 $42 - 40 = 2$（元）。

【答案】A

11. 【考点】解析几何

【详解】直线 $x - 2y + 1 = 0$ 与 x 轴交于点 $(-1, 0)$，与直线 $x = 1$ 交于点 $(1, 1)$。

点 $(-1, 0)$ 关于直线 $x = 1$ 的对称点是点 $(3, 0)$，点 $(1, 1)$ 关于直线 $x = 1$ 的对称点是点 $(1, 1)$。直线 $x - 2y + 1 = 0$ 关于直线 $x = 1$ 对称的直线过点 $(3, 0)$ 和点 $(1, 1)$。

把 $(3, 0)$ 和点 $(1, 1)$ 代入 $Ax + By + C = 0$ 待定解析式即可求得直线方程是：$x + 2y - 3 = 0$。

【答案】D

12. 【考点】概率初步

【详解】掷骰子共有 $6 \times 6 = 36$ 种情况，根据题意有：$4n - m^2 < 0$

因此满足的点有：$n = 1$，$m = 3,4,5,6$

$n = 2$，$m = 3,4,5,6$

$n = 3$，$m = 4,5,6$

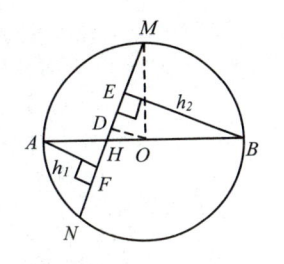

$$n = 4,\ m = 5, 6$$
$$n = 5,\ m = 5, 6$$
$$n = 6,\ m = 5, 6$$

共有 17 种，故概率为：$17 \div 36 = \dfrac{17}{36}$。

【答案】C

13. 【考点】画饼问题

    【详解】$63 + 89 + 47 - 46 - 24 \times 2 + 15 = 120$（人）。

    【答案】A

14. 【考点】一元二次方程最值问题

    【答案】设每件衬衫应降价 x 元，则每件盈利 $40 - x$ 元，每天可以售出 $20 + 2x$，
    由题意，得 $(40 - x)(20 + 2x) = 1200$，即 $(x - 10)(x - 20) = 0$，解得 $x_1 = 10, x_2 = 20$。
    为了尽快减少库存，所以只能选择降价最多，才能卖得最多。
    所以，若商场平均每天要盈利 1200 元，每件衬衫应降价 20 元。

    【答案】D（很多同学错选 C）

15. 【考点】排列组合

    【详解】根据题意，可分两步完成。第一步，从 4 所学校中选择 3 所填报学校志愿，因为需要考虑先后顺序，所以为 P_4^3；第二步，根据每所学校的 3 个专业选择 2 个专业，每所学校是 P_3^2，三所学校的专业选择是相互独立的，所以为 $(P_3^2)^3$，不同的填写方法种数为 $P_4^3 (P_3^2)^3$。

    【答案】A

16. 【考点】如何去绝对值符号

    【详解】① 当 $x > \dfrac{5}{3}$ 时，等式左边去掉绝对值符号，变形为 $3x - 5 - (3x - 2) = -3$，等式右边为 3，解集为空集，满足条件（1）。

    ② 当 $\dfrac{7}{6} < x < \dfrac{5}{3}$ 时，等式左边去掉绝对值符号，变形为 $5 - 3x - (3x - 2) = 7 - 6x$，解得 $x = \dfrac{2}{3}$，不满足 $x > \dfrac{5}{3}$ 方程解集为空集，满足条件（2）。

    【答案】D（很多同学容易错选 A）

17. 【考点】多项式相等

    【详解】方法 1：若两多项式相等，则有 $\begin{cases} a + b + c = 1 \\ 2a - 2c = 1 \\ a - b + c = -1 \end{cases}$，解得 $\begin{cases} a = \dfrac{1}{4} \\ b = 1 \\ c = -\dfrac{1}{4} \end{cases}$，条件（2）充分。

方法2：多项式 $f(x)=x^2+x-1$ 与 $g(x)=a(x+1)^2+b(x-1)(x+1)+c(x-1)^2$ 相等，则 $a(x+1)^2+b(x-1)(x+1)+c(x-1)^2=x^2+x-1$ 可知对于所有的 x 均成立，则令 $x=-1$ 时，$4c=-1$，$c=-\dfrac{1}{4}$；令 $x=1$，$4a=1$，所以 $a=\dfrac{1}{4}$，然后令 $x=0$，求出 $b=1$。

【答案】B

18. 【考点】等差数列

    【详解】根据条件（1）可得 $2(a_6+a_7)=52$，$a_6+a_7=26$；根据条件（2）$d=2$，则 $a_6=a_1+5d=12$，$a_7=a_1+6d=14$，$a_6+a_7=26$。

    【答案】D

19. 【考点】解析几何

    【详解】当 $a=\dfrac{1}{2}$ 时，直线 l_1: $x+y+1=0$，直线 l_2: $x+y-2=0$，斜率相同，平行

    当 $a=0$ 时，直线 l_1: $x+1=0$，直线 l_2: $x-1=0$，斜率相同，平行。

    【答案】D

20. 【考点】比例问题

    【详解】根据条件（1），老杨共赚：

    $(9.24-7.6)\times 4000-7.6\times 4000\times(0.35\%+0.15\%)-9.24\times 4000\times(0.35\%+0.15\%)$
    $=6223.2$，不是 6183.2，不充分。

    根据条件（2），老杨共赚：

    $(10.24-8.6)\times 4000-8.6\times 4000\times(0.35\%+0.15\%)-10.24\times 4000\times(0.35\%+0.15\%)$
    $=6183.2$，充分。

    【答案】B

21. 【考点】相对速度

    【详解】设小王速度 x，公交车速度 y，则 $\begin{cases} yK=6(y-x) \\ yK=3(y+x) \end{cases}$，解得 $K=4$。

    发车间隔时间是 4 分钟。

    【答案】A

22. 【考点】阴影部分面积的求解

    【详解】设底面的正方形的边长为 a，正方形卡片 A、B 和 C 的边长为 b，由左图得 $S_1=(a-b)(a-b)=(a-b)^2$，由右图得 $S_2=(a-b)(a-b)=(a-b)^2$，故 $S_1=S_2$。

    【答案】A

23. 【考点】比例问题

    【详解】针对条件（1）而言，根据题目意思，第 1 个人拿的和第 2 个人一样多，根据这句

话列出方程，假设父亲总财富为 x，那么第 1 个人拿到的为 $1+(x-1)\times 0.1$，第 2 个人拿到的为 $2+[(x-1)\times 0.9-2]\times 0.1$，两式相等解得 $x=81$，然后代入第 1 个式子，得第 1 个人拿到的是 9。又已知每人拿的相等，所以 $\frac{81}{9}=9$，所以有 9 个人，条件充分。

条件（2）单独不充分。

【答案】A

24. 【考点】质数

    【详解】针对条件（1）而言，$m+n+mn$ 的最小值是 p，则 m、n 必须取最小且不相等的质数，故只有 $m=2,n=3$ 或 $m=3,n=2$ 时，p 才最小，此时 $p=11$，则 $\frac{m^2+n^2}{p}=\frac{13}{121}$。

    条件（2）代入，也满足结论，充分。

    【答案】D

25. 【考点】概率初步

    【详解】条件（1）所求，$p=C_{10}^3\left(\frac{1}{2}\right)^3\left(\frac{1}{2}\right)^7\neq\frac{1}{5}$；条件（2）所求，$p=\frac{3}{4}\cdot\frac{4}{5}+\frac{1}{4}\cdot\frac{1}{5}=\frac{13}{20}\neq\frac{1}{5}$。

    所以条件（1）和条件（2）均不充分。

    【答案】E

管理类硕士联考数学模拟测试三详解

1. 【考点】绝对值最值

    【详解】把原式看成数轴上的点 P 到 $-1,2,-3,-4$ 点的距离的和，画数轴知，当 $x=-2$ 或 $x=-3$ 时，最小值是 4。

    【答案】D

2. 【考点】比例问题

    【详解】销售 A 种产品获得的利润为 $\frac{1200}{400}\times(3.5-0.8)=8100$（元），销售 B 类产品获得的利润为 $\frac{1200}{300}\times(2.8-0.6)=8800$（元），销售 C 类产品获得的利润为 $\frac{1200}{200}\times(1.9-0.5)=8400$（元）。

    【答案】B

3. 【考点】非负性

    【详解】先将 $c^2+4b-4c-12=0$ 变形为 $4-b=(c-2)^2$，代入 $2|a+3|+4-b=0$，可得 $2|a+3|+(c-2)^2=0$，根据非负数的性质列出关于 a、c 方程组，然后解方程组求出 a 和 c 的值，再代入求得 b 的值。解得 $a=-3$，$c=2$，$b=4$，所以 $a+b+c=3$。

【答案】B

4. 【考点】利润问题

    【详解】假设买甲商品的成本是 x，买乙商品的成本是 y。

    $x \times (1 + 20\%) = 1200 \Rightarrow x = 1000$

    $y \times (1 - 20\%) = 1200 \Rightarrow y = 1500$

    那么甲的收益是 $1200 - 1000 = 200$（元），乙的收益是 $1200 - 1500 = -300$（元）。

    所以这次交易亏损 100 元。

    【答案】D

5. 【考点】特殊符号

    【详解】$(6 \oplus 8) * (3 \oplus 5) = (6 + 8 - 1) \times (3 + 5 - 1) - 1 = 90$。

    【答案】C

6. 【考点】排列组合

    【详解】分 8 个小组，小组赛共打 $8C_4^2 = 48$ 场，前十六名进淘汰赛，八强赛打 8 场，四强赛打 4 场，前四名之间两两互打，然后胜者间争冠军，败者争第三，共 64 场。

    【答案】E

7. 【考点】分解因数

    【详解】$25 = 1 \times 25 = 5 \times 5 = (-1) \times (-25) = (-5) \times (-5)$，4 个不相同的整数 $abcd = 25$，所以 $25 = (-1) \times 1 \times 5 \times (-5)$，可得 $a + b + c + d = 0$。

    【答案】A

8. 【考点】阶梯形价格

    【详解】先付 280 买鞋，得到 200 的券；再用 220 现金和 200 的券买衣服，得到 200 的券；再用 100 现金和 200 的券买化妆品。总共花了 $280 + 220 + 100 = 600$（元）。

    【答案】B

9. 【考点】立体几何

    【详解】设圆柱的高为 $2r$，底面半径为 r，球的半径为 r，圆柱的全面积为 $2\pi \cdot r^2 + 2\pi \cdot r \cdot 2r = 6\pi \cdot r^2$，球的表面积为 $4\pi \cdot r^2$，两者的比为 $3:2$。

    【答案】D

10. 【考点】分解因式

    【详解】$3xyz + x^2(y+z) + y^2(x+z) + z^2(x+y)$

    $= 3xyz + x^2y + x^2z + y^2x + y^2z + z^2x + z^2y$

    $= 3xyz + xy(x+y) + yz(y+z) + xz(x+z)$

    $= xyz + xy(x+y) + xyz + yz(y+z) + xyz + xz(x+z)$

    $= xy(x+y+z) + yz(x+y+z) + yz(x+y+z)$

    $= (x+y+z)(xy+yz+xz) = (x+y+z) \times 0 = 0$

【答案】C

11. 【考点】三角形形状的判断

    【详解】由 $a^2+b^2+c^2+338=10a+24b+26c$，得 $a^2+b^2+c^2-10a-24b-26c+338=0$，即 $a^2-10a+5^2+b^2-24b+12^2+c^2-26c+13^2=0$，$(a-5)^2+(b-12)^2+(c-13)^2=0$。

    由于三项都是大于等于 0，又三项和为 0，所以这三项必为零。

    故有 $a=5$，$b=12$，$c=13$，且满足 $a^2+b^2=c^2$。因此，此三角形为直角三角形。

    【答案】B

12. 【考点】排列组合

    【详解】关掉其中的三盏，但不能关掉相邻的两盏，也不能关掉两端的路灯。所以可用插空法解，可把这三盏灯插于除这三盏以外的 9 盏灯形成的 8 个空中，有 C_8^3 种不同的熄灯方法。

    【答案】C

13. 【考点】平面几何

    【详解】方格纸的边长是 x，$x^2-\frac{1}{2}\cdot\frac{1}{2}x\cdot x-\frac{1}{2}\cdot\frac{1}{2}x\cdot\frac{3}{4}x-\frac{1}{2}\cdot x\cdot\frac{1}{4}x=\frac{21}{4}$，解得 $x^2=12$，所以方格纸的面积是 12 平方厘米。

    【答案】A

14. 【考点】一元二次方程韦达定理

    【详解】$x_1+x_2=\frac{3a+1}{a}$，$x_1x_2=\frac{2(a+1)}{a}$，将上面两式代入方程得到 $\frac{(3a+1)}{a}-\frac{2(a+1)}{a}=1-a$，解得 $a=1$ 或者 $a=-1$。

    因为方程有两个不相等的实数根，所以根的判别式大于 0，即 $(3a+1)^2-4a(2a+2)=9a^2+6a+1-8a^2-8a=a^2-2a+1=(a-1)^2>0$，所以 a 不等于 1，$a=-1$。

    【答案】D

15. 【考点】概率初步

    【详解】共有 16 种情况，积为奇数的有 4 种情况，即（1,1），（1,3），（3,1），（3,3）。所以在该游戏中甲获胜的概率是 $\frac{4}{16}=\frac{1}{4}$，乙获胜的概率为 $1-\frac{1}{4}=\frac{3}{4}$。

    【答案】C

16. 【考点】如何去绝对值符号

    【详解】条件（1）中，$a<0$，若 $a=-1,b=0$ 时，$|a|(a+b)=a|a+b|=-1$；条件（2）中，若 $a=1,b=0$ 时，$|a|(a+b)=a|a+b|=-1$；考虑两条件联合时，$|a|(a+b)=(-a)(a+b)>a|a+b|=a(a+b)$，满足题干。

    【答案】C

17. 【考点】分式的运算

【详解】条件（1）中，$\dfrac{1}{x} - \dfrac{1}{y} = 3 \Rightarrow x - y = -3xy$，此时 $\dfrac{2x - 3xy - 2y}{x - 2xy - y} = \dfrac{-9xy}{-5xy} = \dfrac{9}{5}$，条件（2）中，$\dfrac{1}{y} - \dfrac{1}{x} = 3 \Rightarrow x - y = 3xy$，此时 $\dfrac{2x - 3xy - 2y}{x - 2xy - y} = \dfrac{3xy}{xy} = 3$，满足题干。

【答案】B

18. 【考点】因式定理

【详解】多项式 $x^2 + 3x + 2$ 可以分解为 $(x+1)(x+2)$，即 $x^4 + mx^2 + nx - 16$ 能被 $(x+1)(x+2)$ 整除，说明 -1 和 -2 可以使得多项式 $x^4 + mx^2 + nx - 16$ 的值为 0，由此得 $\begin{cases} 1 + m + p + 2 = 0 \\ 16 + 4m + 2p + 2 = 0 \end{cases}$，解得 $m = -6$，$p = 3$。

【答案】A

19. 【考点】等差数列

【详解】由题意知，$a_{10} = a_1 + 9d = 210$，$a_{31} = a_1 + 30d = -280$，可解得 $a_1 = 420, d = -\dfrac{70}{3}$，$a_{19} = 420 + 18 \times \left(-\dfrac{70}{3}\right) = 0$，所以 $S_{18} = S_{19}$ 为最大值。

【答案】D

20. 【考点】年龄问题

【详解】设父亲今年的年龄为 a，儿子今年的年龄为 b，由题干可知 $a + b = 52$，要满足题干则有 $a + 3 = 3(b + 3) \Rightarrow a = \dfrac{81}{2}$，$b = \dfrac{23}{2}$，没有整数解，所以不可能。

【答案】E

21. 【考点】解析几何

【详解】曲线 $|x| + |y - 1| = 2$ 是四线段围成的正方形，边长为 $2\sqrt{2}$，正方形面积为 8。曲线 $|x - 1| + |y| = 2$ 也是四线段围成的正方形，边长为 $2\sqrt{2}$，正方形面积为 8。

【答案】D

22. 【考点】不等式恒成立

【详解】当 $k = 4$ 时，原式化为 $4x^2 + 4x + 1 = (2x + 1)^2 \geqslant 0$，不能保证均为正值，故条件（1）不充分；当 $4 < k < 8$ 时，开口向上，且 $\Delta = (k-8)^2 - 4k = (k-4)(k-16) < 0$，对一切 x 均为正值，条件充分。

【答案】B

23. 【考点】等差数列

【详解】方法 1：根据条件（1）可得 $a_0 = a_1 = a_2 = 0$，$a_3 = 9$，$a_4 = -12$，$a_5 = 4$，所以 $a_1 + a_3 + a_5 = 13$；

根据条件（2）得，$a_2+a_4=a_1+a_5=2a_3=\dfrac{26}{3}$，所以$a_1+a_3+a_5=13$。

方法 2：条件（1）中，当$x=1$时，有$1=a_0+a_1+a_2+a_3+a_4+a_5$；当$x=-1$时，存在关系$25=-a_0+a_1-a_2+a_3-a_4+a_5$。两式相加可得$26=2(a_1+a_3+a_5)$，满足题干。

条件（2）中，$a_1+a_3+a_5=a_2+a_3+a_4=\dfrac{3}{2}(a_2+a_4)=13$。

【答案】D

24. 【考点】浓度问题

【详解】用十字交叉法求解。由条件（1）得：

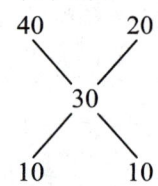

```
40    20
   30
10    10
```

所以 40% 跟 10% 的是 2∶1。

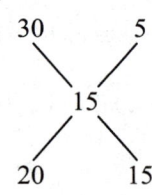

```
30    5
   15
20    15
```

30% 跟 20% 的是 1∶3。

所以 30% 的是 200/3 克，40% 的食盐水共有 200/3 × 2/3 = 400/9，不充分。

由条件（2）得：

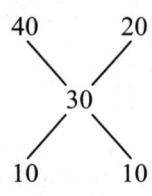

```
40    20
   30
10    10
```

所以 40% 跟 10% 的是 2∶1。

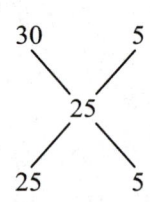

```
30    5
   25
25    5
```

30% 跟 20% 的是 1∶1。

所以 30% 的是 300 克，40% 的食盐水共有 300×2/3 = 200，条件充分。

【答案】B

25. 【考点】概率初步

【详解】记应聘者对三门指定课程考试及格的事件分别为 A、B、C，则 $P(A) = 0.5$, $P(B) = 0.6$,

$P(C) = 0.9$。

应聘者用条件（2）考试通过的概率为：

$$p_1 = P(A\,B\,\overline{C}) + P(\overline{A}\,B\,C) + P(A\,\overline{B}\,C) + P(ABC)$$
$$= 0.5×0.6×0.1 + 0.5×0.6×0.9 + 0.5×0.4×0.9 + 0.5×0.6×0.9$$
$$= 0.03 + 0.27 + 0.18 + 0.27$$
$$= 0.75$$

应聘者用条件（1）考试通过的概率为：

$$p_2 = \frac{1}{3}P(AB) + \frac{1}{3}P(BC) + \frac{1}{3}P(AC)$$
$$= \frac{1}{3} × (0.5×0.6 + 0.6×0.9 + 0.5×0.9)$$
$$= \frac{1}{3} × 1.29$$
$$= 0.43$$

【答案】A（很多同学错选 E）

管理类硕士联考数学模拟测试四详解

1. 【考点】绝对值的性质

   【详解】$\frac{b+c}{|a|} + \frac{a+c}{|b|} + \frac{a+b}{|c|} = \frac{-a}{|a|} + \frac{-b}{|b|} + \frac{-c}{|c|}$，且 $a+b+c=0$，$abc<0$，则 a、b、c 为两正一负，故 $\frac{-a}{|a|} + \frac{-b}{|b|} + \frac{-c}{|c|} = -1-1+1 = -1$。

   【答案】D

2. 【考点】算术平均值

   【详解】它的理想数为 $T_{501} = [8 + (8+S_1) + (8+S_2) + \cdots + (8+S_n)]/501$
   $$= (8×501 + 2004×500)/501$$
   $$= 2008$$

   【答案】B

3. 【考点】浓度问题

   【详解】列酒精含量表如下（升）：

	甲	乙
原始	0	200
第一次	100	100
第二次	50	150
第三次	125	75

此时甲中含 125 升纯酒精。

【答案】E

4. 【考点】韦达定理

   【详解】根据题意有 $x_1+x_2=m$，$x_1x_2=2m-1$。所以 $m^2-4m+2=7$，解得 $m=5$ 或 -1。因为 $(x_1+x_2)^2-4x_1x_2 \geqslant 0$，故 $m=5$ 舍去。$(x_1-x_2)^2=x_1^2+x_2^2-2x_1x_2=13$。

   【答案】C

5. 【考点】等差数列

   【详解】第 10 届相应的举办年份 = $1974+4\times(1-1)=1974+4\times 0=1974$ 年

   第 11 届相应的举办年份 = $1974+4\times(2-1)=1974+4\times 1=1978$ 年

   第 12 届相应的举办年份 = $1974+4\times(3-1)=1974+4\times 3=1982$ 年

   归纳得出：第 $9+n$ 届相应的举办年份 = $1974+4\times(n-1)=1970+4n$ 年。设 $2010=1970+4n$，$n=10$，则 2010 年南非世界杯应是第 19 届。

   【答案】A

6. 【考点】行程问题

   【详解】假设甲速度为 1，乙为 $\dfrac{8}{7}$，丙为 $\dfrac{6}{7}$，所以甲：乙：丙 = 7：8：6

   当乙到达终点时，即乙跑了 800 米，那么甲是 700 米，丙是 600 米，他们相差 100 米，甲在丙前面 100 米。

   【答案】B

7. 【考点】排列组合

   【详解】根据题意知本题是一个分步计数问题，

   首先从 6 个小球中取出 4 个进行全排列有 $P_6^4=360$；

   当 2 在 B 中，在剩下的 5 个球中任取 3 个进行全排列 $C_5^3 P_3^3=60$；

   令 4 在 D 中，在剩下的 5 个球中任取 3 个进行全排列 $P_5^3=60$；

   令 2 在 B 中，4 在 D 中，在剩下的 4 个球中任选 2 个进行全排列 $P_4^2=12$；

   因此不同的方法为 $360-60-60+12=252$（种）。

   【答案】C

8. 【考点】行程问题

   【详解】设总路程为 1，漂浮物行驶速度为 x，水流速度为 y，根据题意得 $\begin{cases} x+y=\dfrac{1}{4} \\ x-y=\dfrac{1}{6} \end{cases}$，解得 $y=\dfrac{1}{24}$，木阀漂流所需时间 = $1\div\dfrac{1}{24}=24$（小时）。

   【答案】C

9. 【考点】三角形存在的条件

【详解】由 $x^2 - 5x + 6 = 0$ 得 $(x-2)(x-3) = 0$，解得 $x = 2$ 或 $x = 3$，即三角形的两边长是 2 和 3，故第三边 a 的取值范围是 $1 < a < 5$，因此该三角形的周长 L 的取值范围是 $6 < L < 10$。

【答案】D

10. 【考点】比例问题

【详解】设甲为 a，乙为 b，丙为 c，丁为 d，则：

$$\begin{cases} 5a = 4d \\ 3b = 4c \\ 6c = 5d \\ \frac{3}{8}(a+b+c+d) = \frac{4}{9}(a+b+c+d) - 50 \end{cases}$$

，解得 $a = 400$，$b = 500$，$c = 375$，$d = 450$，共有 1725 人。

【答案】A

11. 【考点】直线与直线垂直

【详解】直线 l_1 的斜率为 $\frac{k-3}{k-5}$，直线 l_2 的斜率为 $k-3$，两条直线垂直，则有：

$$\frac{k-3}{k-5} \times (k-3) = -1 \Rightarrow k = 1 \text{ 或 } k = 4$$

【答案】C

12. 【考点】工程问题

【详解】设水池原有水量为 A，水管每小时进水量为 V，抽水管每小时排水量为 v，设 N 小时 16 根水管可以抽干水，则有 $A + 6V = 24v \times 6$，$A + 8V = 21v \times 8$，$A + N \cdot V = 16v \cdot N$，可解得 $N = 18$。

【答案】B

13. 【考点】频率分布直方图

【详解】由题意可知，80 分以上的频率为 $0.1 + 0.1 = 0.2$，再由公式频率 = 频数÷总人数，可得优秀的频数 = 400×0.2 = 80（人）。

【答案】A

14. 【考点】画饼问题

【详解】设参加一个、二个、三个小组的人数分别为 X、Y、Z，则

$$\begin{cases} X + Y + Z = 35 \\ X + 2Y + 3Z = 17 + 30 + 13 = 60 \\ Z = 5 \end{cases}$$，求得 $X = 15$。

【答案】E

15. 【考点】概率初步

    【详解】观察这个图可知：非阴影部分的底与高都为原三角形的 $\frac{1}{2}$，其面积为原三角形面积的 $\frac{1}{4}$，则阴影部分的面积为原三角形面积的 $\frac{3}{4}$，所以向图中随机抛掷一枚飞镖，飞镖落在阴影区域的概率是（不考虑落在线上的情形）$\frac{3}{4}$。

    【答案】D

16. 【考点】如何去绝对值符号

    【详解】条件（1）中，当 $a=3$，$b=2$ 时，原不等式为 $2<2$，不成立；条件（2）中，$a=-1$，$b=1$ 时，原不等式为 $1<1$，不成立。

    【答案】E

17. 【考点】指数函数和对数函数

    【详解】令 $t=a^x$，有 $t>0$，则 $y=\log_a(t^2-2t-2)$，若使 $f(x)<0$，即 $\log_a(t^2-2t-2)<0$，由对数函数的性质，$0<a<1$，$y=\log_a x$ 是减函数，故有 $t^2-2t-2>1$，解得，$t>3$ 或 $t<-1$，又因为 $t=a^x$，有 $t>0$，故其解为 $t>3$，即 $a^x>3$，又有 $0<a<1$，由指数函数的图像，可得 x 的取值范围是 $(-\infty, \log_a 3)$。

    【答案】A

18. 【考点】最值问题

    【详解】条件（1）中，$\alpha+\beta=m$，$\alpha\beta=\dfrac{m+2}{4}$，$\Delta=16m^2-16m-32>0 \Rightarrow (m+1)(m-2)>0$ $\Rightarrow m<-1, m>2$，故 $\alpha^2+\beta^2=m^2-\dfrac{m+2}{2}=\left(m-\dfrac{1}{4}\right)^2-\dfrac{5}{4}>\dfrac{5}{16}$，不满足题干；

    条件（2）中，当 $\alpha=6$，$\beta=6$ 时，题干的值为 $6\sqrt{2}$，不满足题干。

    【答案】E

19. 【考点】等差数列

    【详解】由条件（1）设 $\{a_n\}$ 的公差为 d，由题意得

    $a_1+a_3+a_5=a_1+a_1+2d+a_1+4d=105$，即 $a_1+2d=35$ ①

    $a_2+a_4+a_6=a_1+d+a_1+3d+a_1+5d=99$，即 $a_1+3d=33$ ②

    由①②联立得 $a_1=39$，$d=-2$，

    故 $S_n=39n+\dfrac{n(n-1)}{2}\cdot(-2)=n^2+40n=-(n-20)^2+400$。

    因此当 $n=20$ 时，S_n 达到最大值 400。

    由条件（2），因为 $a_1=39$，$d=-2$，$a_n=39-2(n-1)=-2n+41\geqslant 0$，$n\leqslant \dfrac{41}{2}$，即前 20 项是正数，故其前 n 项和 S_n 达到最大值时 n 为 20。

【答案】D

20. 【考点】利润问题

    【详解】设打了 x 折，原价为 a，则预算售价为 $1.5a$，前 70% 原价销售而后 30% x 折销售，总利润为原期望值的 50%，由此题意得：

    $1.5a \times (70\% + 30\% \times x/10) - a = a \times 50\% \times 82\%$

    解得 $x = 8$，所以可知打了 8 折。

    【答案】A

21. 【考点】排列组合

    【详解】条件（1）根据题意，先确定标号与其在盒子的标号不一致的 3 个球，即从 10 个球中取出 3 个，有 $C_{10}^3 = 120$ 种，而这 3 个球的排法有 $2 \times 1 \times 1 = 2$ 种，则共有 $120 \times 2 = 240$ 种。

    条件（2）根据题意，由排列可得，从 6 名志愿者中选出 4 人分别从事 4 项不同工作，有 $P_6^4 = 360$ 种不同的情况，其中包含甲从事翻译工作有 $P_5^3 = 60$ 种，乙从事翻译工作的有 $P_5^3 = 60$ 种。

    若其中甲、乙两名支援者都不能从事翻译工作，则选派方案共有 $360 - 60 - 60 = 240$ 种。

    【答案】D

22. 【考点】立体几何

    【详解】根据条件（1），设长方体的三度为 a,b,c，由题意可知 $ab = 6, bc = 2, ac = 3$，所以 $a = 3, b = 2, c = 1$，所以长方体的对角线的长为 $\sqrt{1^2 + 2^2 + 3^2} = \sqrt{14}$，所以球的半径为 $\frac{\sqrt{14}}{2}$，这个球的面积为 $\frac{4}{3}\pi \left(\frac{\sqrt{14}}{2}\right)^3 \neq 18\pi$。

    根据条件（2），补全整个球体，则内接的是两个正方体（看成一个长方体）。体对角线长 6，所以球半径为 3，所以半球体积为 18π。

    【答案】B

23. 【考点】行程问题

    【详解】根据条件（1），$\frac{4500}{(140+60)} = 15$（小时），$15 \times 30 = 450$（千米）；根据条件（2），$\frac{4500}{(120+180)} = 15$（小时），$15 \times 30 = 450$（千米）。

    【答案】D

24. 【考点】解析几何

    【详解】条件（1）中的曲线是以 $(-1,1), (1,1), (-1,-1), (1,-1)$ 为顶点的正方形；条件（2）

是以 $\left(-2, \frac{1}{2}\right), \left(2, \frac{9}{2}\right), \left(6, \frac{1}{2}\right), \left(2, -\frac{7}{2}\right)$ 为顶点的正方形。

【答案】D

25. 【考点】概率初步

    【详解】根据条件（1），甲获胜的方法有：甲赢乙赢甲赢，$0.6 \times 0.4 \times 0.6 = 0.144$；乙赢甲赢甲赢，$0.4 \times 0.6 \times 0.6 = 0.144$。甲获胜的概率是，$0.144 + 0.144 = 0.288$，不充分。
    根据条件（2），甲获胜的方法有：甲赢甲赢，$0.6 \times 0.6 = 0.36$；甲赢乙赢甲赢，$0.6 \times 0.4 \times 0.6 = 0.144$；乙赢甲赢甲赢，$0.4 \times 0.6 \times 0.6 = 0.144$。甲获胜的概率是：$0.36 + 0.144 + 0.144 = 0.648$，条件充分。

    【答案】B

管理类硕士联考数学模拟测试五详解

1. 【考点】绝对值自比性质

    【详解】根据条件知，$a-1<0, b+2>0, -2<a+b<0$，原式为：
    $\frac{|a-1|}{a-1} - \frac{|b+2|}{b+2} + \frac{|a+b|}{a+b} = -1-1-1 = -3$。

    【答案】C

2. 【考点】数的运算

    【详解】由已知得 $m^2 = 3+2\sqrt{2}, n^2 = 3-2\sqrt{2}$，化简 $(7m^2 - 14m + a)(3n^2 - 6n - 7) = (7+a)(-4) = 8$，所以 $a = -9$。

    【答案】E

3. 【考点】行程问题

    【详解】两码头之间距离为 s，船在静水中速度为 a，水速为 v_0，则往返一次所用时间为 $t_0 = \frac{s}{a+v_0} + \frac{s}{a-v_0}$。

    设河水速度增大后为 $v(v > v_0)$，则往返一次所用时间为 $t = \frac{s}{a+v} + \frac{s}{a-v}$，

    可知 $t_0 - t = s(v - v_0)\left[\frac{1}{(a+v_0)(a+v)} - \frac{1}{(a-v_0)(a-v)}\right]$。

    由于 $(v-v_0) > 0, a+v_0 > a-v_0, a+v > a-v$，所以 $\frac{1}{(a+v_0)(a+v)} < \frac{1}{(a-v_0)(a-v)}$，

    故 $t_0 - t < 0$，即 $t_0 < t$。因此河水速增大所用时间将增多。

    【答案】A

4. 【考点】平面几何

【详解】由题设可得 $\begin{cases} 5(S-1) = 4S - S_1 - S_2 - S_3, \\ S_1 = S_2 = S_3 \end{cases}$，所以 $S_3 = \dfrac{5-S}{7}$，又 $2S = \dfrac{1}{2}S_1 - S_2 - \dfrac{1}{2}S_3 = 8$，

即 $2S - 5S_3 = 8$，由此可解得，$S = \dfrac{81}{19}$。

【答案】B

5. 【考点】最大公约数和最小公倍数

   【详解】根据两个数的最大公约数与最小公倍数的关系判定 $q \geqslant a > b \geqslant p$。

   【答案】B

6. 【考点】算术平均值

   【详解】设原来 1991 个数的平均数为 m，则这 1991 个数总和为 $m \times 1991$，那么 1992 个数之和为 $m \times 1991 + m$，因为这 1992 个有理数的平均数恰为 1992，可得出一元一次方程为 $\dfrac{m \times 1991 + m}{1992} = 1992$，解得 $m = 1992$。

   【答案】C

7. 【考点】不等式

   【详解】设在模拟考试中至少要得 x 分，由题意列式 $\left[\dfrac{80}{4} - \left(25 - \dfrac{x}{4}\right)\right] \times 4 \geqslant 60$，解得 $x \geqslant 80$。

   即某人欲在正式考试中确保及格，则他在模拟考试中至少要得 80 分。

   【答案】A

8. 【考点】阴影部分面积的求解

   【详解】∵ △BEC 的高与矩形 ABCD 的 AB 边相等

   ∴ $S_{\triangle BEC} = \dfrac{1}{2} S_{矩形 ABCD}$

   又有 $S_{\triangle ABF} + S_{\triangle CDF} = \dfrac{1}{2} S_{矩形 ABCD}$

   ∴ 有 $S_{\triangle ABF} + S_{\triangle CDF} = S_{\triangle BEC}$

   等式左边 $= S_{\triangle APB} + S_{\triangle BPF} + S_{\triangle CDQ} + S_{\triangle CFQ}$

   等式右边 $= S_{\triangle BFP} + S_{\triangle CFQ} + S_{阴影部分}$

   两边都减去 $S_{\triangle BFP} + S_{\triangle CFQ}$

   则有 $S_{阴影部分} = S_{\triangle ABP} + S_{\triangle CDQ}$

   $= 20 + 35 = 55$（平方厘米）

   【答案】C

9. 【考点】一元一次方程

   【详解】关于 x 的方程 $3(x+4) = 2a + 5$ 的解为 $x = \dfrac{2a-7}{3}$，

方程 $\dfrac{(4a+1)x}{4} = \dfrac{a(3x-4)}{3}$ 的解为 $x = -\dfrac{16a}{3}$，

由题意得 $\dfrac{2a-7}{3} > -\dfrac{16a}{3}$，解得 $a > \dfrac{7}{18}$。

【答案】D

10. 【考点】不等式

    【详解】设这批货物有 x 吨，根据题意得 $\dfrac{x-10}{7} > -\dfrac{x+5}{8}$，解得 $x = 115$（吨）。

    【答案】D

11. 【考点】排列组合

    【详解】八个顶点中任取三个可以组成三角形 $C_8^3 = 56$，不能组成直角三角形的只有 8 个等边三角形，所以其中直角三角形有 $56 - 8 = 48$ 个。

    【答案】C

12. 【考点】浓度问题

    【详解】设原盐水溶液为 a 克，其中含纯盐 m 克，后加入"一杯水"为 x 克，依题意得
    $\begin{cases}(a+x) \times 20\% = m \\ (a+x+x) \times 33\dfrac{1}{3}\% = m + x\end{cases}$，解得 $a = 4m$，故原盐水的浓度为 $\dfrac{m}{a} = \dfrac{m}{4m} = 25\%$。

    【答案】B

13. 【考点】排列组合

    【详解】根据题意，五人并排站成一排，有 P_5^5 种情况，而其中 B 站在 A 的左边与 B 站在 A 的右边是等可能的，则其情况数目是相等的，则 B 站在 A 的右边的情况数目为 $\dfrac{1}{2} P_5^5 = 60$。

    【答案】B

14. 【考点】比例问题

    【详解】设每台 VCD 的进价为 x 元，则 $(1 + 35\%) x \times 0.9 - x = 208 + 50$，解得 $x = 120$。

    【答案】C

15. 【考点】概率初步

    【详解】满足条件的检验有两类，即正次次、次正次，$P = \dfrac{5}{7} \times \dfrac{2}{6} \times \dfrac{1}{5} + \dfrac{2}{7} \times \dfrac{5}{6} \times \dfrac{1}{5} = \dfrac{2}{21}$。

    【答案】B

16. 【考点】不等式

    【详解】a、b、c 均为负数时，不等号左边大于 0，右边小于 0，满足题干，故条件（1）和条件（2）均充分。

    【答案】D

17. 【考点】分式运算

【详解】条件（1）和（2）中，m、n 均为方程 $2x^2-5x-1=0$ 的两个根，有 $m+n=\dfrac{5}{2}$，$mn=-\dfrac{1}{2}$，带入题干均成立，二者都充分。

【答案】D

18. 【考点】根的分布

【详解】条件（1）中，当 $a=1$ 时，方程存在整数根 $x=-4$；条件（2）中，当 $a=5$ 时，方程存在整数根 $x=0$，二者均为充分条件。

【答案】D

19. 【考点】不等式

【详解】由条件（1），按 $a\leqslant 1$，$1<a<3$，$a\geqslant 3$，三个区域分别解得不等式的解集为 $a<-2$ 或 $a>6$，不满足结论；由条件（2），有 $a>0$ 且 $\Delta=25-20\cdot 4a<0$，解得 $a>\dfrac{5}{16}$，满足题干，不满足结论；条件（1）和条件（2）联合，则 $a>6$，满足结论。

【答案】C（很多同学容易错选 E）

20. 【考点】立体几何

【详解】烧制 100 根这样的管道需要的混凝土为 $\pi(0.4^2-0.2^2)\times 3\times 100=113$，仅有条件（2）为充分条件。

【答案】B

21. 【考点】等差数列和等比数列

【详解】由条件（1）可得 $a^2+b^2=2$，由条件（2）得 $ab=1$，所以 $a+b=\sqrt{2+2}=2$，不满足题干，故二者均不是充分条件。

【答案】E

22. 【考点】比例问题

【详解】条件（1）中的总产值为 $a+a(1+p)+\cdots+a(1+p)^{11}=\dfrac{a}{p}[(1+p)^{11}-1]$，条件（2）中的总产值为 $\dfrac{a}{2}[1+(1+2p)+\cdots+(1+2p)^{11}]$，故只有条件（1）是充分的。

【答案】A

23. 【考点】最值问题

【详解】该方程在 $(-\infty,1]$ 递减到 2，在 $[3,\infty)$ 区域从 2 递增，条件（1）的最大值为 $x=-1$ 时，值为 6，条件（2）的最大值为 $x=0$ 时，值为 4。

【答案】B

24. 【考点】解析几何

【详解】条件（1）中的曲线是以 $(-1,1),(1,1),(-1,-1),(1,-1)$ 为顶点的正方形；条件（2）

中的曲线是以 $\left(-2, \dfrac{1}{2}\right), \left(2, \dfrac{9}{2}\right), \left(6, \dfrac{1}{2}\right), \left(2, -\dfrac{7}{2}\right)$ 为顶点的正方形。

【答案】D

25. 【考点】概率初步

   【详解】条件（1）的直线为 $x = y+1$，满足的点有 $(6,5), (5,4), (4,3), (3,2), (2,1)$，概率为 $\dfrac{5}{C_6^1 C_6^1} = \dfrac{5}{36}$；条件（2）中满足的有 $(6,1), (6,2), (5,1), (5,2), (4,1), (3,1)$，概率为 $\dfrac{6}{C_6^1 C_6^1} = \dfrac{1}{6}$。

   【答案】E